U0193021

深渊科学

地质、环境与生命新前沿

彭晓彤 等 著

NEW FRONTIERS IN HADAL SCIENCE

GEOLOGY, ENVIRONMENT AND LIFE

科学出版社

北京

内 容 简 介

深渊，又称海斗深渊或超深渊，专指海洋中深度大于6000m的海沟和断裂带区域。受探测技术条件的限制，人类目前对深渊区域的了解十分有限，它代表了海洋科学中最后的前沿领域之一。本书是国内第一部深渊科学专业书籍，在介绍深渊基础知识的同时，阐述了深渊背景下奇特的地质、环境和生命现象，以及发生的过程及机制。

本书适合于海洋科学专业研究人员、大学教师、本科生和研究生阅读。

审图号：GS京（2022）0799号

图书在版编目（CIP）数据

深渊科学：地质、环境与生命新前沿/彭晓彤等著. —北京：科学出版社，2023.3

ISBN 978-7-03-075123-2

Ⅰ. ①深… Ⅱ. ①彭… Ⅲ. ① 深海–科学研究 Ⅳ. ①P72

中国版本图书馆CIP数据核字（2023）第042569号

责任编辑：石 珺 李嘉佳 / 责任校对：郝甜甜
责任印制：吴兆东 / 封面设计：无极书装

科学出版社 出版
北京东黄城根北街16号
邮政编码：100717
http://www.sciencep.com
北京中科印刷有限公司 印刷
科学出版社发行 各地新华书店经销
*
2023年3月第 一 版 开本：720×1000 1/16
2023年7月第二次印刷 印张：21 1/4
字数：418 000

定价：168.00元

（如有印装质量问题，我社负责调换）

前　言

深渊，又称海斗深渊或超深渊，专指海洋中深度大于6000m的海沟和断裂带区域。全球共有37条深渊级海沟，其中5条最深的万米深渊海沟分布在西太平洋。深渊环境以压力大、温度低、黑暗无光、构造活跃、地震密集和生命奇特为特点，代表了地球上非常独特的深海极端环境。这里孕育了地球上最神秘的生态系统，分布着特有的洋流运动，与上层海洋、海底及海底以下圈层之间存在着广泛的物质和能量交换。深渊区域与浅海（<200m）、半深海（200~3000m）和深海（3000~6000m）一起，共同构成了完整的地球海洋体系，是驱动地球系统演化的关键一环。

然而，由于深渊巨厚水层和极高静水压力的阻隔，长期以来科学界对深渊生命、环境和地质过程的了解十分有限，深渊区域至今仍然是地球上最为神秘且又最难企及的极端环境之一，人类对这一深海区域的了解程度甚至低于月球表面。近年来，随着深渊运载和探测技术屏障被逐步突破，深渊科学正成为国际地球科学尤其是海洋科学中蕴含重大突破的最新前沿领域。它以全海深载人/无人潜水器、深渊探测装置和深渊环境模拟平台为主要技术装备，探索深渊内发生的生命、地质、化学和物理等自然现象、过程及其规律，重点研究海洋最深处发生的生命过程与生命演化、俯冲作用和板块运动、物质深部运移和循环机制、底部释气与化能生命、早期成岩与生物地球化学过程、基因流迁移与洋流运动等。

“十三五”以来，中国科学院率先启动“海斗深渊前沿科技问题研究与攻关”B类先导专项，组织了多个深渊科学考察航次，获取了马里亚纳海沟/雅浦海沟相关的样品、数据，开启了中国海洋科学研究的万米时代。通过聚焦深渊科学的前沿，我国已在深渊生命演化及适应性、深渊地质活动和深渊环境效应等方面取得了一系列新认识。例如，系统地阐释了深渊特有生物狮子鱼在组学水平上的适应性机制；在深渊微生物中发现了无修饰反义密码子，表明深渊生命体中基因翻译过程可能受到高静水压的影响；在马里亚纳海沟俯冲板块上发现新型伊丁石化泥火山，这是目前报道的全球最深的泥火山活动区域，也是首次在俯冲板块上发现与洋壳蚀变相关联的流体活动和释放现象；在雅浦海沟深渊地幔橄榄岩中发现非生物成因有机质，对地球早期生命起源及地球深部生物圈有着重要的启示意义；报道了持久性污染物和微塑料等人为污染物抵达了马里亚纳海沟挑战者深渊，引起了国内外学术界的广泛关注。

深渊科学是一个多学科交叉的研究领域，涵盖了物理海洋学、地球物理学、海洋化学、海洋地质学、海洋沉积学、海洋生物学和海洋环境学等多个学科。本书是国内第一部深渊科学专业书籍，从深渊地质、深渊生命和深渊环境三个学科方向，汇集了中国科学院“海斗深渊前沿科技问题研究与攻关”B类先导专项的部分研究成果。一方面，本书力图介绍深渊地质、生命与环境科学的基础知识，以期满足读者对深渊专业背景知识的需求；另一方面，也注重最新研究成果的展示，力求突出我国在第一阶段深渊科学研究中取得的进展。

全书共分16个章节。第1章由李栋、陈传绪撰写，以马里亚纳深渊南段为例，介绍了深渊的构造特征与演化历史；第2章由徐洪周、江会常、谢强、喻琉、尚学坤、黄财京、龙桐、王东晓和舒业强撰写，介绍了马里亚纳深渊多尺度动力过程及水团特性；第3章由何舜平、王堃撰写，介绍了马里亚纳深渊狮子鱼的演化历史和适应机制；第4章由张海滨、刘君、刘若愚、穆文丹和李亚男撰写，介绍了马里亚纳深渊大型底栖无脊椎动物物种分布及适应性进化；第5章由崔国杰、李俊、高兆明和王勇撰写，介绍了马里亚纳深渊沉积物原核微生物群落多样性；第6章由连春盎和贺丽生撰写，介绍了马里亚纳和雅浦深渊钩虾、海参和狮子鱼肠道菌群结构及功能；第7章由李学恭、尹群健、张婵、张维佳和吴龙飞撰写，介绍了深渊微生物代谢特征与高压环境适应性机制；第8章由荆红梅、张玥和刘红斌撰写，介绍了马里亚纳和雅浦深渊微微型真核生物群落的生态分布与结构特征；第9章由杜梦然和彭晓彤撰写，介绍了马里亚纳深渊新型泥火山及生命系统；第10章由郭自晓和彭晓彤撰写，介绍了雅浦深渊低级变质洋壳中孕育的化石生命；第11章由南景博和彭晓彤撰写，介绍了深渊岩石圈中的非生物成因有机质；第12章由柳双权和彭晓彤撰写，介绍了马里亚纳深渊有机质早期成岩作用；第13章由李季伟、他开文、陈祉言和彭晓彤撰写，介绍马里亚纳深渊沉积物中生物标志物及来源；第14章由彭晓彤、Dasgupta Shamik和陈明玉撰写，介绍了马里亚纳深渊环境中的持久性有机污染物分布与来源；第15章由陈明玉和彭晓彤撰写，介绍了马里亚纳深渊环境中的微塑料污染；第16章由刘羿、袁晶晶和孙若愚撰写，介绍了马里亚纳深渊生物体内甲基汞的来源与传输途径。

由于撰写时间和作者水平所限，书中难免出现疏漏的地方，请读者海涵并批评指正。在此，特别感谢中国科学院“海斗深渊前沿科技问题研究与攻关”B类先导专项提供的航次和研究经费支持，同时也衷心感谢“探索一号”“探索二号”和“向阳红九号”科考船以及“深海勇士号”和“蛟龙号”载人潜水器全体船员和潜航员提供的海上作业支持。

彭晓彤

2023年1月9日

目　　录

第1章

马里亚纳深渊南段构造与演化

李　栋　陈传绪

中国科学院深海科学与工程研究所

1.1 引言

1.1.1 全球深渊分布

深渊，又称海斗深渊、超深渊，是海洋最深的区域，水深范围为6000~11000m。深渊占全球深海区域的1%~2%，但它们却构成了全球海洋深度范围的45%（Wolff，1959）。目前，已知全球深渊有37处，所涉海域接近于我国的陆地面积。这些深渊5处位于大西洋，4处位于印度洋，其余28处均位于太平洋边缘，其中世界上最深的9处海底深渊均在太平洋西部区域（彭晓彤，2004）。全球海底最深处为马里亚纳海沟（Mariana Trench）挑战者深渊，深度为10984m ± 25m，平均深度8076m，而面积最大的深渊海沟为伊豆 – 小笠原海沟（约99801km^2）（Jamieson，2001）。全球深渊分布如图1.1所示。

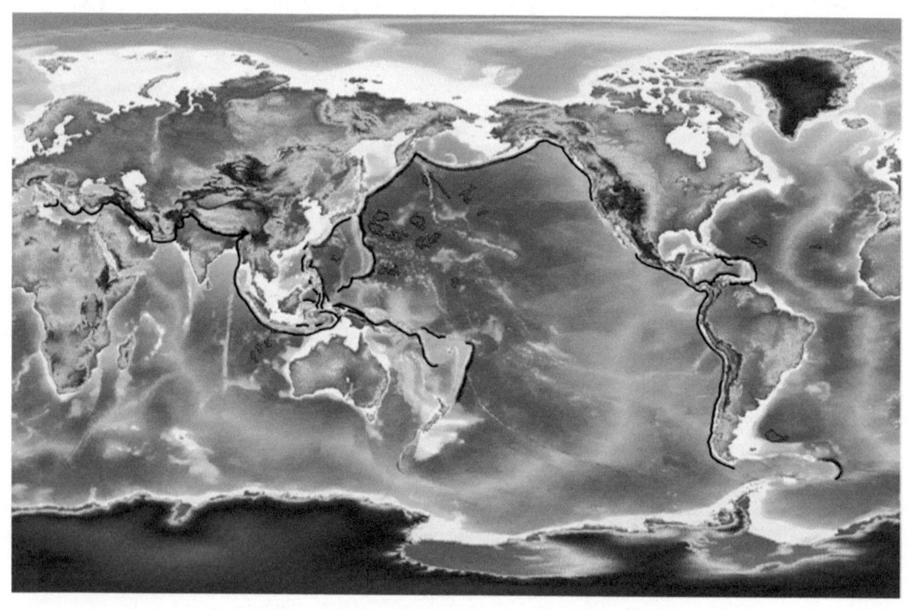

图1.1 深渊海域的全球分布图

深渊由海沟和断裂带组成。海沟被定义为一个明显的、单一的、拉长的区域，通常是由构造汇聚作用形成的，即大洋板块俯冲于大陆板块或者另一个大洋板块之下形成。相比之下，断裂带不是在汇聚板块边界形成的，更可能是在板块扩张边界形成的。它们通常是老的扩张中心的遗迹，位于深海盆地之中。深海平原内的盆地。根据从全球数字测深数据库中提取的数据，有26个海沟（表1.1）和13

个深于 6500m 的断裂带，它们共同组成了全球的深渊系统。在这些深渊海沟中，77% 位于太平洋，11% 在大西洋，8% 在印度洋，4% 在南大洋。在大于 6500m 的深渊海槽中，46% 在大西洋，31% 在太平洋，23% 在印度洋（Jamieson，2001）。

表 1.1　已知水深 6500m 以上的所有深渊海沟一览表（Jamieson，2001）

海沟	大洋	最大深度 /m	海沟	大洋	最大深度 /m
阿德默勒尔蒂①	西南太平洋	7208	阿留申	北太平洋	7822
阿塔卡马	东南太平洋	8074	班达	西南太平洋	7440
布干维尔	西南太平洋	9103	开曼	西北大西洋	8126
蒂阿曼蒂那①	印度洋	7324	天皇①	西北太平洋	8103
伊豆－小笠原	西北太平洋	9701	日本－堪察加②	西北太平洋	10542
爪哇	印度洋	7450	克马德克	西南太平洋	10177
马里亚纳	西北太平洋	10971	中美	东北太平洋	6662
新不列颠	西南太平洋	8320	新赫布里底	西南太平洋	7633
帕劳	西北太平洋	8069	菲律宾	西北太平洋	10540
波多黎各	西北大西洋	8742	琉球	西北太平洋	7790
罗曼什①	南大西洋	7715	圣克里斯托瓦尔	西南太平洋	8641
南桑德韦奇	南大西洋	8428	汤加	西南太平洋	10882
沃尔卡诺	西北太平洋	9156	雅浦	西北太平洋	8850

注：①沟状断层，并非俯冲形成的海沟；②日本海沟和千岛堪察加海沟未被 6500m 深度隔开，因此，从生态角度来看，它们代表了一个连续的深渊。

1.1.2　挑战者深渊

目前，研究程度最好的深渊是西太平洋马里亚纳海沟挑战者深渊，主要集中在研究其形成与演化历史（Stern et al.，2003）。马里亚纳俯冲系统（图 1.2）位于西太平洋地区，是太平洋板块向西俯冲到菲律宾板块之下形成的典型的洋－洋俯冲系统，具有典型的“沟－弧－盆”体系，形成一系列残余岛弧、活动岛弧及弧后盆地，包括马里亚纳海沟、马里亚纳岛弧、马里亚纳海槽、西马里亚纳海岭以及帕里西维拉海盆、九州－帕劳海脊等，是国际 GeoPRISMs（地质棱镜）计划、中国的“两洋一海”“透明海洋”“海斗深渊”等计划的战略优选区（刘鑫等，2017）。马里亚纳海沟南部发育的挑战者深渊是全球海底最深的区域（Fryer et al.，2003）。

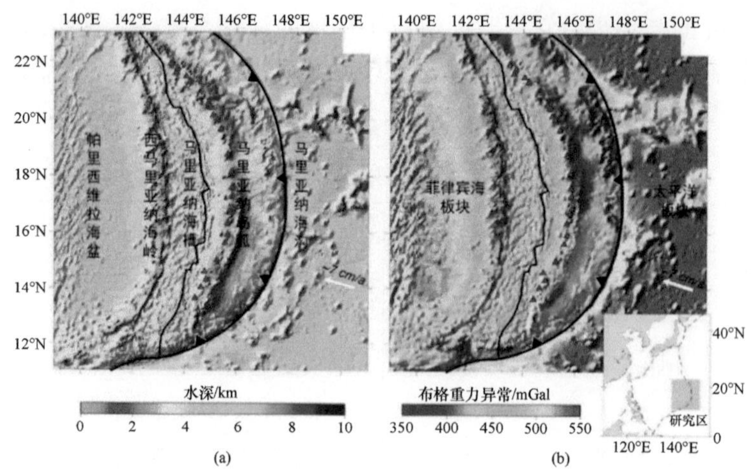

图 1.2 马里亚纳俯冲带地形及布格重力异常图（刘鑫等，2017）

（a）马里亚纳俯冲带地形图；（b）马里亚纳俯冲带布格重力异常图；（a）和（b）中的黑色锯齿线代表马里亚纳海沟，黑色实线代表马里亚纳海槽扩张中心；马里亚纳俯冲带位置见右下角插图

1.2 俯冲带基本构造框架

1.2.1 地球构造演化的威尔逊旋回

威尔逊旋回是板块构造理论的总纲和精髓。随着海底地质知识的不断更新，海底扩张证据的不断积累，板块构造学说便应运而生。它立足于海底，面向全球，是海底扩张说的发展，是传统地质学领域中的一场根本性革命。板块构造的含义如下：岩石圈分裂成许多巨大块体——板块，它们在软流圈上做大规模水平运动，致使相邻板块相互作用。板块边缘便成为地质活动（岩浆、地震、变质、变形、沉积等）最强烈的地带。板块的相互作用从根本上控制了各种内力地质作用和外力地质作用的进程。

加拿大学者威尔逊（Wilson J.T.）对海洋开闭问题进行了系统研究。他提出，从大陆分裂到大洋形成，然后到大洋收缩、关闭和消失，是一个连续演变的过程（Wilson，1963；Condie，2013）。这一过程可以划分为六个阶段，称为威尔逊旋回（图 1.3）。

（1）胚胎期：在引张背景下，大陆岩石圈变薄，地壳张裂，形成大规模地堑或地堑群。地堑中堆积巨厚沉积物。沿断裂发生火山活动，从地幔中分熔的岩浆涌出后形成高碱质的火山岩，其现代的代表是东非裂谷带，为现代火山与地震的

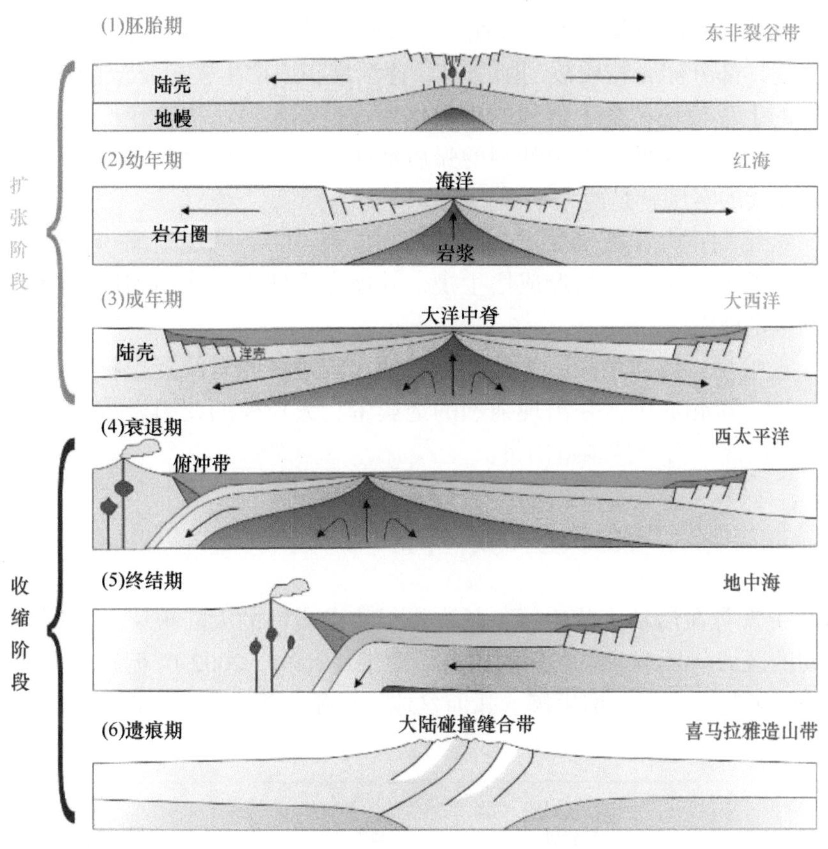

图 1.3　威尔逊旋回

强烈活动带。

（2）幼年期：大陆继续被拉张，岩石圈进一步变薄，分熔的地幔物质大规模上涌，大陆裂谷变成海湾式的狭窄洋盆，其现代的代表为红海和亚丁湾。

（3）成年期：先前形成的狭窄洋盆被进一步扩张，形成广阔的大洋。大洋的中部为洋脊，两侧对称地发育大洋地壳或稳定大陆边缘，堆积巨厚的海相沉积物，其现代的代表是大西洋。

（4）衰退期：稳定大陆边缘与洋底的交接带是个构造薄弱带。沿此薄弱带，岩石圈容易发生断裂，断裂的一侧为大洋岩石圈板块，另一侧为大陆岩石圈板块。沿此断裂带，大洋板块向大陆板块俯冲，遂形成岛弧或山弧。此种过程的发生是因为洋壳从洋脊轴部生成后，在漫长的扩张过程中已不断失热、变冷、变重；而稳定大陆边缘被巨厚沉积物覆盖，地内热量不易散失，因而不断受热膨胀、变轻。在密度和岩石力学性质差异较大的结合带，不可避免地要产生断裂，形成海沟，导致密度较大且刚性较强的大洋板块向密度较小且刚性较弱的大陆板块之下俯冲。在海沟附近，部分洋壳物质被刮削下来，逐渐堆积成增生楔（accretionary prism）。在俯冲带的上盘板块，发生强烈的火山作用、地震作用及构造变形，形成安山质火山岛弧或山弧。在低应力俯冲型的弧后地区，形成弧后火山质碎屑岩盆地或边缘海，其现代的实例就是西太平洋。

（5）终结期：大洋板块的进一步俯冲，使大洋岩石圈逐渐缩小，成为狭窄的残留洋盆。俯冲带附近继续形成增生楔，并伴有强烈火山作用和地震活动，其现代的实例就是地中海。

（6）遗痕期：海洋消失，大陆相碰，使大陆边缘原有的沉积物发生强烈褶皱和变质变形，隆起成山，并出现强烈的地震带、大规模的花岗岩带，其现代的实例就是青藏高原和喜马拉雅造山带。

1.2.2 俯冲带构造的典型构造样式

俯冲带发育在活动大陆边缘，是大洋板块向毗邻的大陆板块之下俯冲形成的强烈活动的区域，是全球最强烈的构造活动带（Stern，2002）。俯冲带主要的构造单元有外缘隆起、海沟、增生楔、弧前盆地、岛弧、弧后盆地（图 1.4）。

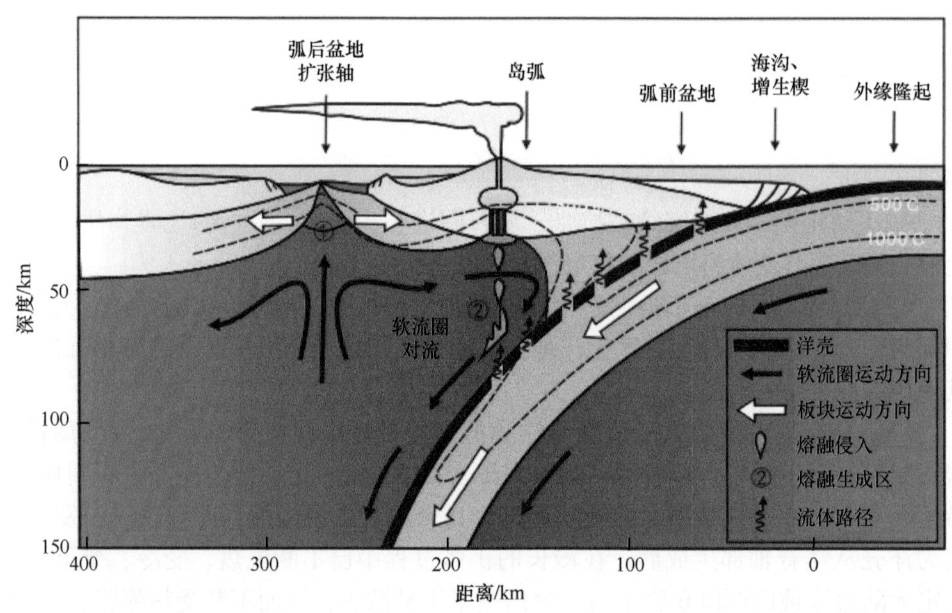

图 1.4 俯冲带主要构造单元（Stern，2002）

1）外缘隆起

外缘隆起是距离海沟轴 100~200km 处，宽 200~500km，高 500m 左右的隆起区域（Stern，2002）。1954 年，Dietz 将处于日本海沟东侧的隆起带命名为边缘凸起。以后，该隆起带也有使用外脊、外侧地形高地或外隆等名称。该隆起带的重力自由空间异常，这种异常是由海底扩张，大洋板块向海沟运动，而海沟边缘上覆板块的阻碍使得扩张速度减小，岩石圈隆起而引起的。

产生重力异常的原因主要有两点：岩石圈密度比周围大；岩石圈厚度增加。岩石圈的弯曲上拱，致使其下部形成高压条件并引起相变，形成高密度矿物；岩石圈的弯曲导致海底沉积层产生大量裂隙，促进了地壳、上地幔内的水热循环，于是下部岩石圈吸热量极具增长（厚度增大），从而产生了正的重力异常。

2）海沟

海沟是由于板块的俯冲作用而形成的深水狭长形凹陷地带，是大洋岩石圈俯冲的直接表现，其中海沟最深部分的连线定义为海沟轴。海沟长几百千米至几千千米，宽 100km 左右，海沟内的充填物厚度情况不一。存在浊积岩楔状体充填的海沟底部较为平缓，呈水平状，海沟宽度与充填物质的大小有关，充填物质大小则与浊积岩沉积速率有关。西太平洋区域和西南太平洋区域大部分海沟沉积物厚度小于 400m，东太平洋区域海沟中存在较厚的充填物。从大洋钻探资料中可以得知充填海沟的物质主要由重力流沉积的中砂、细砂、粉砂和黏土组成，此外还存在较少量的火山灰等。海沟的横剖面呈不对称的“V”形，一般陆侧坡度大于洋侧。

不同的海沟水深有差异，研究表明，俯冲岩石圈的年龄可能是控制海沟最大深度的主要因素，如太平洋两侧海沟深度与俯冲岩石圈年龄的差异便是最好的证明。

3）增生楔

增生楔是大洋板块在海沟处俯冲时被上盘的大陆板块刮削下来的深海沉积物和洋壳碎片，连同岛弧火山喷发碎屑堆积到海沟的向陆侧形成的特有构造。其内部结构为倾向海沟俯冲方向的叠瓦状逆冲岩片依次堆垛，因此年轻的地层在下，老地层在上覆盖。

增生楔主要由混杂岩体组成。沿板块俯冲带，下插板块上的远洋沉积物、红黏土和浊流沉积物等被刮下来，上覆板块的岩块则因重力和水流作用顺坡而下，蓝片岩等高温低压变质岩也夹杂其中，在遭受强烈剪切和变形后，形成了俯冲带混杂岩体。

4）弧前盆地

弧前盆地主要发育在沟弧间隙内，与增生楔状体和活动岛弧相连。在形态上表现为窄而长的不对称结构，一般长度在2000~4000m，宽度在几十千米到上百千米之间。盆地基底的成分主要为蛇绿岩–增生杂岩系，沉积物主要来自火山弧，也有部分来自外弧和局部高地，具有混杂堆积的特征。

5）岛弧

岛弧是大陆边缘连绵呈弧状的一长串岛屿，与强烈的火山活动、地震活动及造山作用过程相伴随的长形曲线状大洋岛链。岛弧包括一条前缘弧和一条火山链，前者无现代或近代的火山作用，后者则有不同数量和强度的活火山。

岛弧可在洋壳、陆壳（地壳厚度大于35km）和过渡型地壳（地壳厚度15~35km）上发育，岛弧地壳之下，往往发育一层地震波速较低、缺乏震源的异常地幔层。

6）弧后盆地

弧后盆地一般在俯冲作用下由岛弧裂离大陆或岛弧本身分裂而形成。其在俯冲带广泛发育，尤以西太平洋边缘最为典型。

在地理位置方面，弧后盆地主要分布于西太平洋，少数分布在大西洋和印度洋。有些是在火山弧与大陆之间，如日本海；有些是在火山弧与火山弧之间，如马里亚纳海槽。

在地壳组成方面，大多数的地壳性质类似于海洋地壳；部分则是拉张变薄的大陆地壳。

弧后盆地通常非常狭长（可能达数百千米到数千千米），且宽度较小（约几百千米）。其有限的宽度可能与俯冲引起的地幔对流仅限于俯冲带附近有关。弧后盆地形成时的扩张速率变化较大，较慢的如马里亚纳海槽（每年几厘米），较快的如劳海盆（每年几十厘米）。在弧后盆地的扩张中心所喷发的火成岩，经常是玄武岩质，类似于中洋脊；两者的些微差异在于岩浆水的含量不同，通常在弧后盆地中的岩浆水含量比较多，在中洋脊的则比较少。至于在弧后盆地中会有比较高的岩浆水含量，可能是来自俯冲板块将水带至深部，然后由此处释出至上覆板块的缘故。

1.3 马里亚纳俯冲带南段构造演化历史

1.3.1 马里亚纳俯冲带区域构造演化历史

西太平洋边缘是全球最著名的板块汇聚边缘之一，发育着世界上最老的洋壳和最年轻、最壮观的海沟–岛弧–弧后盆地体系。菲律宾海位于西太平洋边缘，介于我国东海、我国南海和西太平洋之间，在此区域太平洋板块、菲律宾海板块、欧亚板块相互作用，影响着板块边缘及板块内部的动力过程、应力场特征及构造运动。马里亚纳俯冲带作为菲律宾海东南部边界，是太平洋板块与菲律宾海板块直接作用的前缘，形成了世界上最深的海沟。

马里亚纳海沟区域洋壳平均年龄超过 120Ma，是全球大洋岩石圈俯冲区域最老的岩石圈，而现今已探明的世界上最深处便位于此处（Fryer et al.，2003）。该海沟是太平洋板块向菲律宾海板块下部俯冲形成，俯冲作用大约开始于 50Ma BP，在其发育过程中，由于菲律宾海板块的广泛旋转，其方向、形状和位置不断发生变化，海沟不断向北推进并伴随着顺时针旋转（Stern et al.，2003）。在其发育演化过程中，马里亚纳海沟的展布方向由近东西向变为现今的近南北向。伊豆 – 小笠原 – 马里亚纳（IBM）俯冲带的形成是半球规模岩石圈下沉的一部分，开始于 50Ma BP，在这一阶段，弧前区域火成岩活动，喷发亏损的拉斑玄武岩、玻安岩和低钾流纹英安岩；大约 43Ma BP，太平洋板块由向北移动突然变为向西移动，真正的俯冲——也就是岩石圈向下倾斜运动开始；在 30Ma BP 时，岛弧不再稳定，帕里西维拉海盆打开。在 IBM 俯冲带最北部，扩张开始于 25Ma BP，形成四国海盆；在 20Ma BP 时，帕里西维拉海盆与四国海盆相遇，持续扩张直到 15Ma BP；在 7Ma BP 时，新的扩张开始，形成马里亚纳海槽（Stern et al.，2003）。

马里亚纳海沟地区地震震级较低，由北向南地震带倾角逐渐变大，且南端震源距海沟轴部水平距离相对中部近，且震源深度超过 200km 的地震分布极少，反映出大洋板块下插角度极大，与上覆板块接触不紧密。马里亚纳俯冲带的贝尼奥夫带弯曲很厉害，在它的下部接近垂直，深度达到 620km，在 250~400km 深度缺少 $M_b \geqslant 5.0$ 的地震，深部主压应力方向接近俯冲方向。俯冲带的地表形态为向西凹的弧形，俯冲方向随着弧形而改变，大致呈东西向，两个板块的汇聚速度为 2.3~2.8cm/a，马里亚纳俯冲带是衰老的俯冲带。

马里亚纳俯冲系统岛弧地区的地壳结构，大致呈哑铃状（Takahashi et al.，2007）（图 1.5）。在马里亚纳弧前和岛弧地区，以及西侧的西马里亚纳海岭处，莫霍面（Moho）较深，地壳厚约 20km，而在马里亚纳海槽处，莫霍面较浅，地壳厚约 10km。上地壳 P 波速度介于 4~5km/s，中地壳 P 波速度约 6km/s。下地壳 P 波速度约 7km/s，并具有较明显的横向变化，在岛弧火山前线和马里亚纳海槽（弧后）扩张中心之下速度较低（6.7~6.9km/s），而在马里亚纳岛弧与马里亚纳海槽之间以及西马里亚纳海岭与帕里西维拉海盆之间速度较高（7.2~7.4km/s）。地幔最顶部 P 波速度较低，小于 8km/s（图 1.5）。

马里亚纳弧前增生楔并不十分发育，在弧前盆地中可见显著的正断层，表明马里亚纳弧前地区处于拉张环境条件下（Stern et al.，2003；Oakley et al.，2008）。这些正断层的走向，既有平行于海沟方向的，还有近垂直于海沟方向的。近垂直

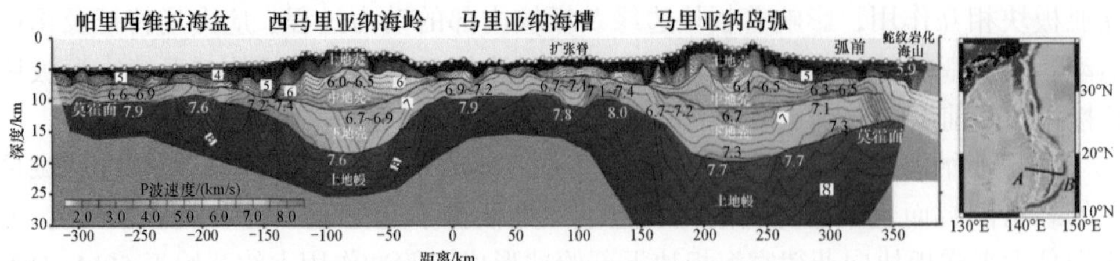

图 1.5　马里亚纳岛弧及周边地区主动源 P 波速度剖面（刘鑫等，2017；Takahashi et al.，2007）

于海沟方向的正断层，被认为是弧后扩张所致（Fernando et al.，2000）。马里亚纳弧前地区还发育有大量蛇纹岩化的海山，这些海山距离海沟 50~120km，可能是弧前地区多周期泥火山喷发所致。在一些蛇纹岩化的海山底部，还发现有逆冲断层，被解释为是泥火山重力坍塌过程中向两侧推挤所形成（图 1.6）（Oakley et al.，2007）。弧前蛇纹岩化海山的出现，说明弧前地幔楔中可能存在大量的水，从而导致了弧前蛇纹岩化（图 1.7），这些水可能是由俯冲板块的相变脱水所释放。

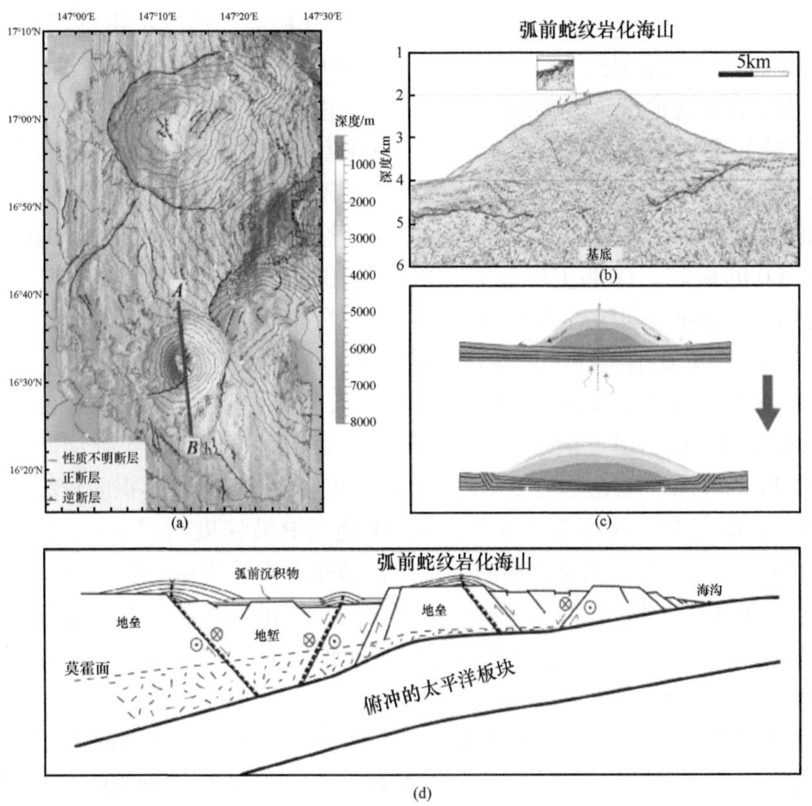

图 1.6　马里亚纳弧前蛇纹岩化海山构造特征及成因机制（刘鑫等，2017；Oakley et al.，2007）

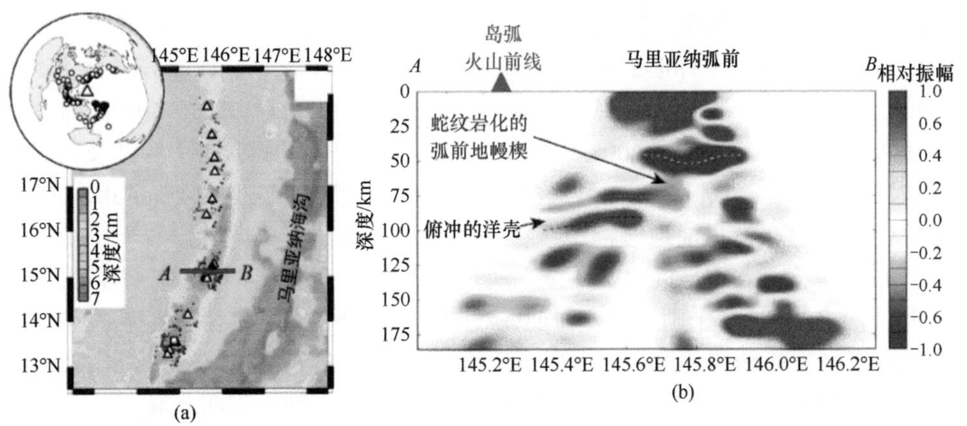

图 1.7　马里亚纳弧前接收函数剖面（刘鑫等，2017；Tibi et al.，2008）

马里亚纳岛弧，主体呈南北向，具有显著的火山前线 [图 1.7（a）]，岛弧岩浆作用十分活跃。地球化学证据表明，马里亚纳岛弧岩浆中富含水，而俯冲板块的脱水作用则可能为其提供了水的来源。马里亚纳岛弧岩浆的含水量可达到 1.5%~6.0%，远大于弧后岩浆的含水量，此外其岛弧岩浆源区的深度（34~87km）也大于弧后岩浆源区深度（21~37km）。马里亚纳岛弧岩浆的含水量存在横向差异，一些岛弧火山岩浆的含水量仅为 2%~3%，类似于弧后岩浆的含水量，而另一些可达 5%~6%，这一特征表明岛弧火山下的地幔楔中可能存在显著的横向不均匀性。

马里亚纳海槽，呈现出不对称的扩张样式，其扩张中心并不位于海槽中心轴部，而是更靠近东侧的马里亚纳岛弧，其扩张速率较慢，在过去的几百万年中为 2~3cm/a。全球定位系统（GPS）测量结果表明现今马里亚纳海槽还在扩张中，其北部（约 19°N）的扩张速率较低（约 1.5cm/a），而南部（约 14°N）的扩张速率较高（约 4.5cm/a），自北向南逐渐升高。马里亚纳海槽中出露的玄武岩类似于洋中脊玄武岩，但两者存在明显的区别。马里亚纳海槽中的玄武岩成分指示了其岩浆源区富含水，而洋中脊玄武岩岩浆源区的水含量则相对较低，这一显著区别表明了俯冲板块的脱水作用，可能也对弧后岩浆的起源以及弧后扩张作用具有重要意义。尽管马里亚纳岛弧岩浆和弧后岩浆的起源都与俯冲相关，但这两者之间还存在明显差异。岛弧岩浆中的俯冲组分（Ba/Nb）更为富集，而弧后岩浆中的软流圈地幔组分（Nb/Yb）更为富集。位于马里亚纳海槽西侧的西马里亚纳海岭，主体呈南北向，无明显岩浆活动，被认为是由马里亚纳海槽的打开所形成的残留弧。

在马里亚纳弧前之下的地幔楔中，存在明显的低地震波速、高衰减构造异常体，表明了马里亚纳弧前蛇纹岩化的存在（Matsuno et al.，2010；Tibi et al.，2008）。利用建立在马里亚纳群岛上的宽频地震台站所记录到的远震 P-S 转换波，揭示出在马里亚纳的弧前地幔楔中，存在一厚 10~25km，上边界位于 40~55km 深度处的低波速异常体（Tibi et al.，2008）（图 1.7）。由于这一低波速异常体内的 S 波速度约 3.6km/s，可能指示了弧前地幔楔蛇纹岩化的程度达 30%~50%，即含水量可达 4%~6%（Tibi et al.，2008）。利用马里亚纳群岛上的宽频地震台站及其周边地区布设的海底地震仪（OBS）开展的地震波衰减层析成像（Pozgay et al.，2009）揭示出，在马里亚纳弧前地幔楔中，存在两个地震波高衰减区域：一个位于岛弧火山东侧，其位置大致与接收函数结果所揭示出的低速异常体相对应（Tibi et al.，2008）（图 1.7）；另一个则正处于弧前蛇纹岩化海山下方（图 1.8）。地震波速度层析成像也在马里亚纳弧前地幔楔中揭示出明显的低波速异常体（Pyle et al.，2010）（图 1.9）。横跨马里亚纳俯冲带中部的大地电磁（MT）剖面表明，高衰减的弧前地幔楔的电阻率值超过 100Ω·m（Matsuno et al.，2010）。这些特征可能指示了弧前地幔楔的蛇纹岩化，但缺乏熔体或自由水。

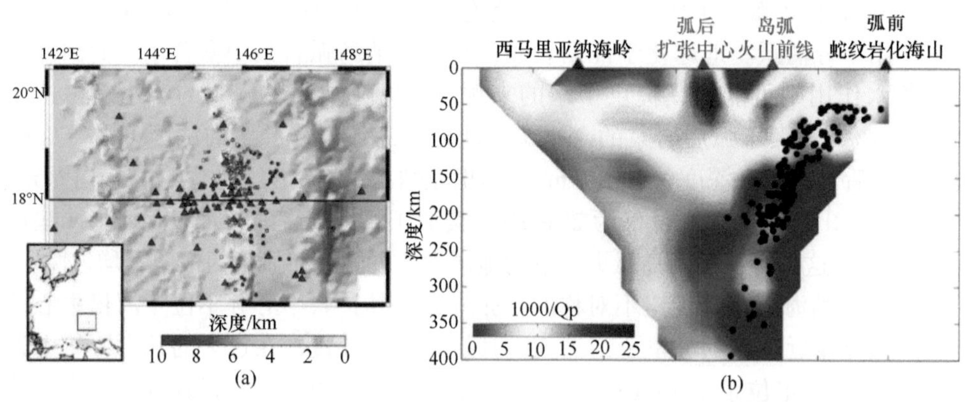

图 1.8 马里亚纳俯冲带 P 波衰减层析成像剖面（刘鑫等，2017；Pozgay et al.，2009）

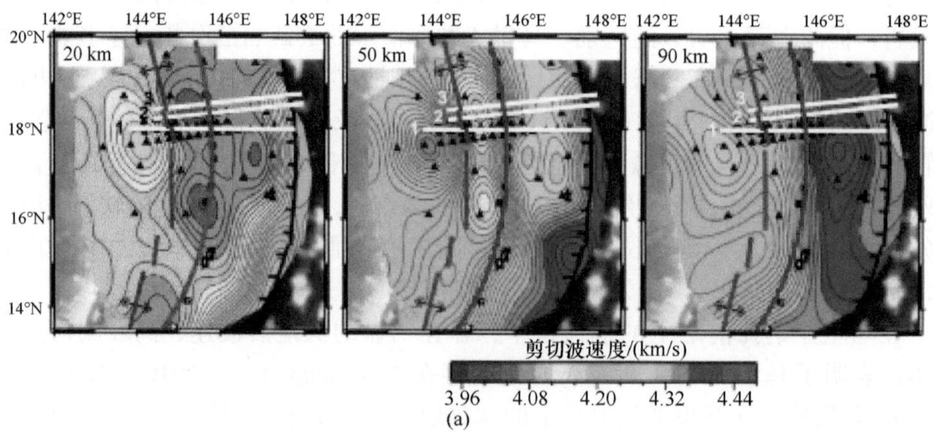

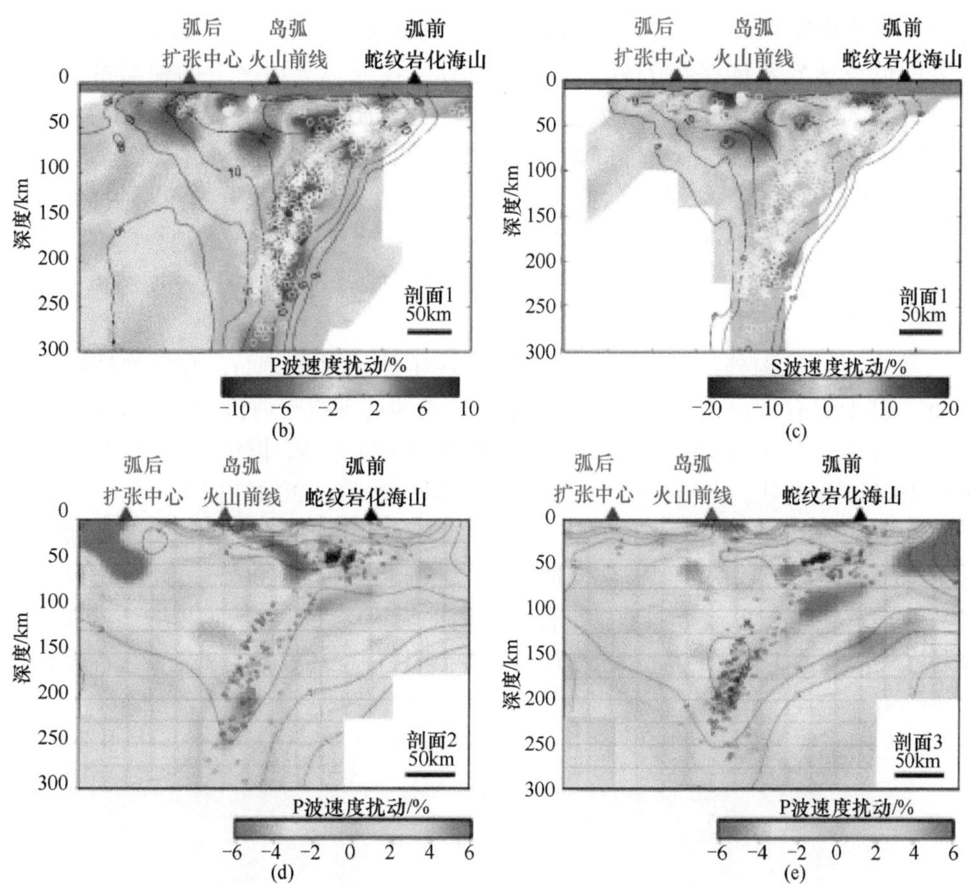

图 1.9　马里亚纳俯冲带地震波速度层析成像（刘鑫等，2017；Pyle et al.，2010）

（a）- 马里亚纳俯冲带不同深度处（20km、50km 和 90km）剪切波速度剖面，黑色锯齿线代表马里亚纳海沟，红色实线代表马里亚纳岛弧火山前线，蓝色实线代表马里亚纳弧后扩张中心，三条白色实线（1，2，3）代表（b）~（e）中的剖面位置；（b）- 马里亚纳俯冲带 P 波速度层析成像剖面，剖面位置见（a）中白色实线 1；（c）- 马里亚纳俯冲带 S 波速度层析成像剖面，剖面位置见（a）中白色实线 1 ；（d）- 马里亚纳俯冲带 P 波速度层析成像剖面，剖面位置见（a）中白色实线 2；（e）- 马里亚纳俯冲带 P 波速度层析成像剖面，剖面位置见（a）中白色实线 3。（b）和（c）中的白色圆圈以及（d）和（e）中的黑色圆圈代表剖面附近的地震事件

在马里亚纳岛弧之下的地幔楔中，存在显著的高导异常体（Matsuno et al.，2010），这些高导异常体还具有低波速、高衰减的特征（Pozgay et al.，2009）。在岛弧火山与弧后扩张中心之间约 60km 以深的地幔楔中，电阻率较小，仅为 3~10Ω·m（Matsuno et al.，2010）。在岛弧之下 50~100km 深度，存在一显著高衰减异常体，这一高衰减异常体向上可延伸至岛弧火山之下（Pozgay et al.，2009）（图 1.8）。面波层析成像结果揭示出在岛弧火山与弧后扩张中心之间的地幔楔中存在明显的低波速异常体（Pozgay et al.，2009）[图 1.9（a）]。而近震与远震联合

反演体波速度层析成像表明，在马里亚纳弧前和弧后扩张中心之下的地幔楔中，显著的低波速异常体存在于20~30km深度处，在岛弧火山之下的地幔楔中，存在倾斜的低波速异常带，其最大振幅处位于60~70km深度（Pozgay et al.，2009）[图1.9（b）、（c）]。与面波层析成像结果不同的是，体波速度层析成像结果显示，岛弧火山与弧后扩张中心之下的低波速异常体，在浅部是分隔开的，而在80km以深则连为一体（图1.8和图1.9）。这些特征可能指示了岛弧之下的地幔楔中熔体或水的存在。需要指出的是，图1.9中马里亚纳弧后扩张中心之下的速度层析成像结果是存在明显差异的。

马里亚纳海沟外缘隆起处的太平洋板块年龄超过150Ma，有效弹性厚度约50km，其上发育大量由于俯冲板块弯曲所形成的近平行于海沟的正断层（Oakley et al.，2008；Zhang et al.，2014）（图1.10和图1.11）。俯冲的太平洋板块，在小于约100km深度处，角度较缓（＜20°）（Oakley et al.，2008）（图1.12），而当俯冲深度大于约100km时，倾角较陡，近于直立，局部地区穿过了地幔转换带，进入下地幔。俯冲板块中的地震从近地表处一直延伸到大于600km深度处，其中大多数地震发生在250km以浅地区，标志着俯冲板块中发生的矿物相变而造成的板块脱水作用（图1.12）。在150km以浅的俯冲板块中，还发育明显的双层深发地震

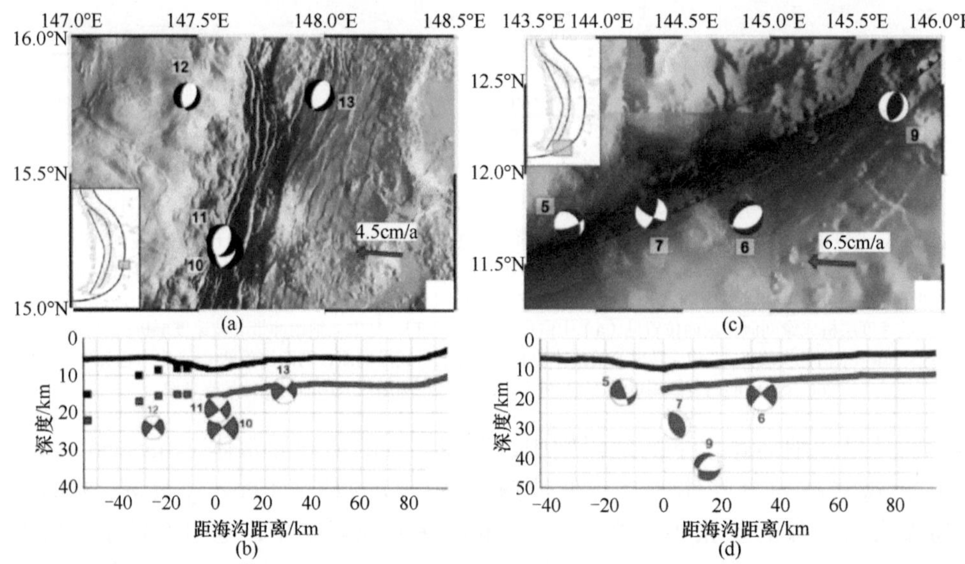

图1.10 马里亚纳海沟外缘隆起及其周边地区震源机制解（刘鑫等，2017；Oakley et al.，2008）

（a）、（c）-平面上地震发生的位置及其震源机制解；（b）、（d）-剖面上地震发生的位置及其震源机制解；（b）和（d）中的黑色粗实线代表地形起伏，而红色粗实线代表太平洋板块的莫霍面位置；（b）中的多个黑色方块描绘出俯冲的太平洋板块上表面位置，多个红色方块描绘出俯冲的太平洋板块的莫霍面位置

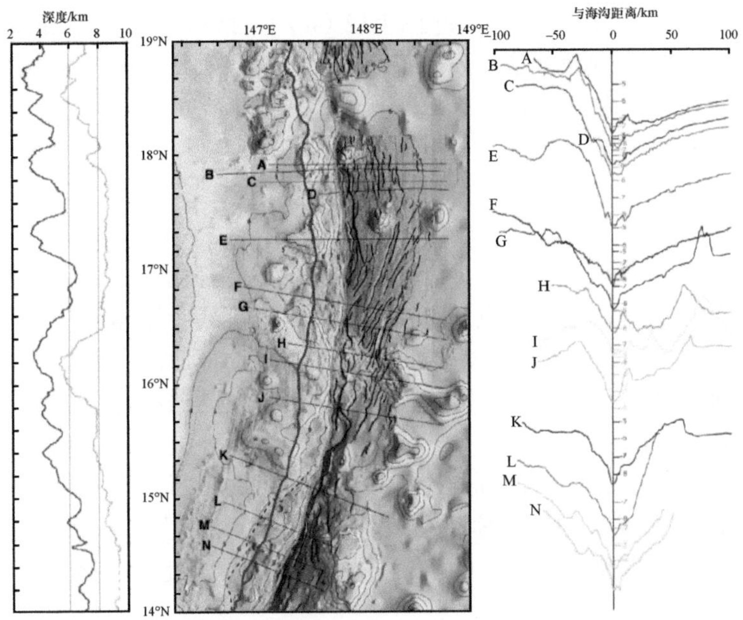

图 1.11　马里亚纳海沟外缘隆起及其周边地区地形（刘鑫等，2017；Oakley et al.，2008）

中间栏：平面图及剖面位置，黑色实线代表海沟外缘隆起处发育的正断层；左侧栏：平行于海沟方向的两条地形剖面，剖面位置见中间栏；右侧栏：垂直于海沟方向的 14 条地形剖面（A~N），剖面位置见中间栏

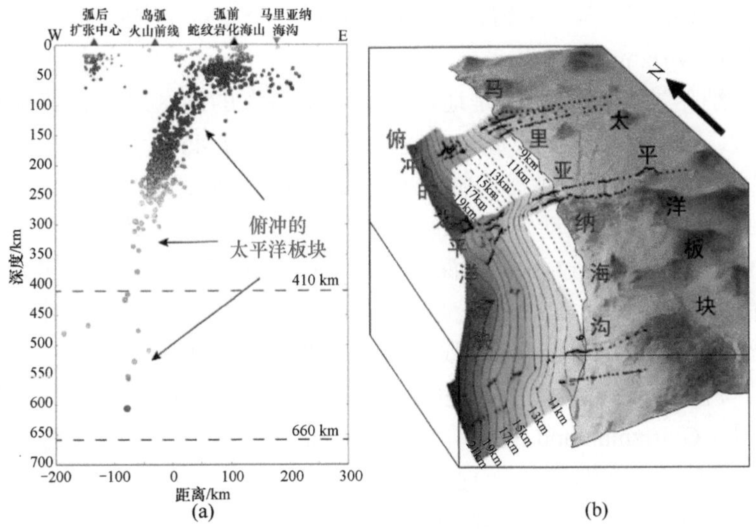

图 1.12　马里亚纳地区俯冲的太平洋板块特征（刘鑫等，2017；Oakley et al.，2008）

（a）- 马里亚纳俯冲带地震分布特征；（b）- 马里亚纳地区俯冲的太平洋板块上表面示意图

面，双层深发地震面间距约为 30km[图 1.12（a）]，指示了俯冲板块的岩石圈地幔中可能存在蛇纹岩化现象，这与弧前正断层的发育导致海水进入太平洋板块岩石圈地幔中，可能具有内在联系。

1.3.2 马里亚纳俯冲带南段深部构造探测

马里亚纳俯冲带南段呈东 – 西走向，不同于其北部俯冲带的南 – 北走向。南马里亚纳海沟以地球表面最深点的存在而闻名——挑战者深渊，它比马里亚纳海沟轴线上的平均深度深 2km（Gvirtzman and Stern，2004）。挑战者深渊的深度很大程度上是俯冲板块沿马里亚纳海沟南部与上覆板块的弱耦合带活动变陡造成的（Gvirtzman and Stern，2004）。

南马里亚纳海沟以南的海底断层几乎与海沟轴线平行，这一点在外海沟区很常见。这些断层形成了细长的地堑和地垒结构，宽度可达 10km。断层落差最大可达 400m 左右。在接近海沟处断层落差增加，断层变陡（Gvirtzman and Stern，2004）。

Gvirtzman 和 Stern（2004）认为通常是俯冲速率和板块年龄控制着海沟深度，但板块耦合区的宽度可能更为重要。在马里亚纳海沟中段，俯冲板块沿着一个 150km 宽的面与上覆板块相连，这个面使俯冲板块的浅部几乎保持水平，所以尽管板块的负荷很大，但海沟没有很深。相比之下，沿马里亚纳海沟南段，岩石圈的俯冲长度要短得多，其与上覆板块的连接仅沿一个相对狭窄的 50km 宽的面，导致海沟较深（Gvirtzman and Stern，2004）。

马里亚纳俯冲带南段地区是地球表面起伏最大的地区之一，特别是在挑战者深渊附近，在 60km 的短距离内，地势起伏达到约 9km（Gvirtzman and Stern，2004）。然而，研究马里亚纳海沟轴线上的水深变化表明，挑战者深渊不仅仅是水深测量中的另一个局部扰动。相反，它是区域地形加深趋势的一部分，延伸超过 1000km 的距离，起伏超过 3km 的深度。图 1.13 显示了这一趋势（实心黑线）叠加在更陡的短波长（100~200km）变化上。图 1.13 进一步显示，沿邻近的马里亚纳海岭（红色实线），向南逐渐变浅 2km 的相反趋势是明显的。马里亚纳俯冲带最南段缺少成熟的岛弧，因此与马里亚纳俯冲带中北段和伊豆 – 小笠原俯冲带存在明显差异（Gvirtzman and Stern，2004）。Wan 等（2019）基于广角折射、反射地震测线数据建立新的地壳、上地幔顶部结构的 P 波速度模型。主动源地震测线从俯冲太平洋板块到上覆菲律宾海板块，穿过挑战者深渊。俯冲板块平均厚度为 6km，地壳底部 P 波速度为（7.0 ± 0.2）km/s，在海沟轴附近降低为 5.5~6.9km/s（Wan et al.，2019）。俯冲板块上地幔顶部 P 波速度较低，为 7.0~7.3km/s。上覆板

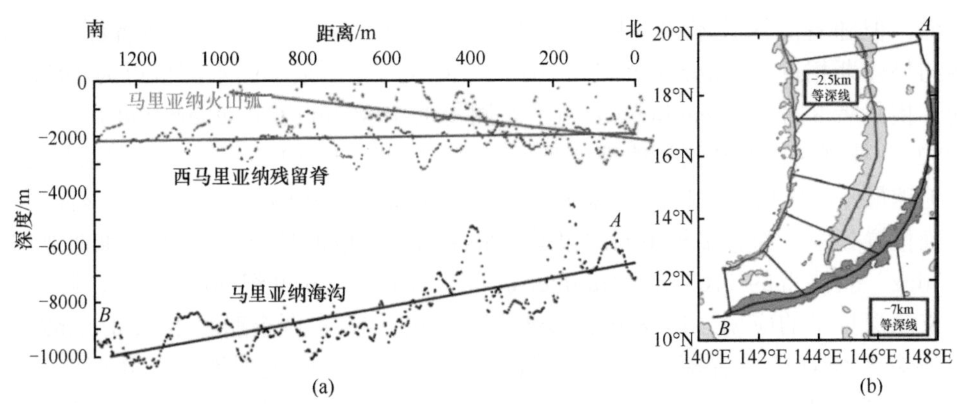

图 1.13　马里亚纳海沟、马里亚纳火山弧和西马里亚纳残留脊轴线的地形图（Gvirtzman and Stern，2004）

块地壳在弧前下方达到最大厚度 18km，地壳底部 P 波速度为 7.4km/s，地幔顶部为 7.5~7.8km/s（Wan et al.，2019）。西南马里亚纳裂谷（SWMR）不同于马里亚纳海槽，没有发生明显的扩张，目前处在构造张裂阶段，在其下方发现一个波速降低的区域。俯冲板块在海沟轴附近的低速地壳区域，可能是存在断层导致的孔隙变化和裂隙填充的流体（Wan et al.，2019）。俯冲板块和上覆板块地幔顶部低速体可以认为是地幔蛇纹岩化（Wan et al.，2019）。

1.4　寻找全球海域最深点

1.4.1　全球海域最深点探测历程

对全球海域最深点的探索从 1521 年就开始了，当时 Ferdinand Magellan 用几百米的测深线进行了第一次尝试（Theberge，2008）。尽管 Ferdinand Magellan 测量的区域远不止几百米深，但他得出的结论是，用测深线探测海底的不足可以证明他找到了海洋的最深点（Gardner et al.，2014）。1875 年 3 月 23 日，英国皇家海军挑战者号（HMS Challenger）探测到了马里亚纳海沟，这个区域最初被称为太古深（Swire Deep），最深深度为 8184m（Murray，1895）。从那时起，确定海洋最深深度成为无数航次的焦点。在 19 世纪末和 20 世纪初，普遍认为全球海域最深点位于太平洋的其他海沟中，而不是在马里亚纳海沟中。事实证明，没有哪一个区域比挑战者深渊的 8184m 还要深（Gardner et al.，2014）。

随着时间的推移，对于全球海域最深点的科学共识最终集中在马里亚纳海沟挑战者深渊上。由于其深度大，常规的测深设备很难准确查明其地形特点与最大水深，但随着测深技术的发展，测量精度也不断提高，各种对挑战者深渊的探测结果逐渐相近（Gardner et al.，2014）。挑战者深渊最早的水深报道为1951年的“挑战者8号”（Chanllenger Ⅷ）船测得的10863m（Carruthers and Lawford，1952），其测深技术和测深值都被普遍认可，因此，自1952年以来，大家都把这个地球最深的区域称为挑战者深渊（Gardner et al.，2014）。几十年来，该深渊的准确位置和水深均有多种不同的报道。最深的水深报道是1957年的“维迪亚兹”（Vitiaz）船测得的11034m（Gardner et al.，2014）。20世纪90年代后，随着多波束测深技术的应用，1998年、1999年、2002年日本调查船利用SeaBeam2100多波束系统对挑战者深渊附近海域进行了全覆盖海底地形测量，并探明该海域存在3个相对较深的洼地，最深点深度为（10920±5）m，位于东部洼地内（Nakanishi and Hashimoto，2011）。2008年美国调查船利用Kongsberg Maritime EM120多波束系统测得10903m的深度（Bowen et al.，2010）。2010年，美国新罕布什尔大学利用美国海军Sumner号搭载Kongsberg Maritime EM122多波束系统对整个马里亚纳海沟进行测量，同样探明在挑战者深渊区域存在3个相对较深的洼地，最深点深度为（10984±25）m，位于西部洼地内（Gardner et al.，2014）。2011年10月和2012年6月，“海洋六号”船在执行中国大洋23航次和27航次期间利用EM122多波束系统，对马里亚纳海沟最深处以及挑战者深渊附近海域进行了全覆盖水深探测，测得最深点深度为10917m，位于西部洼地内（刘方兰和曲佳，2013）。

1.4.2 挑战者深渊海底地形地貌

目前挑战者深渊较为精确的区域范围尺度的水深测量包括由中国广州海洋地质调查局开展的多波束系统测量和美国新罕布什尔大学2010年开展的多波束系统测量。中美双方公布的最深点经纬度和深度值分别为（142.2019°E，11.3321°N，10935m）和（142.199305°E，11.329903°N，10984m），同时所测得的最深点附近地形也有差异（图1.14），特别是图1.14中区域A的部分。据美方数据的处理结果，其多波束系统测量水深值存在25m的误差。“探索一号”船TS03航次对比分析了着陆器搭载温盐深测量仪（CTD）所测水深值与双方多波束系统测量水深值的差异（图1.15），结果表明，多波束系统测量水深值普遍比实际水深值大，特别是区域A内，CTD所测水深值与美国多波束系统测量水深值最大相差近60m。

挑战者深渊是一个大型洼地，被10920m等深线圈闭，该洼地由三个次一级洼地组成，分别为西部、中部和东部洼地，其中轴方向基本与海沟中轴方向一致，

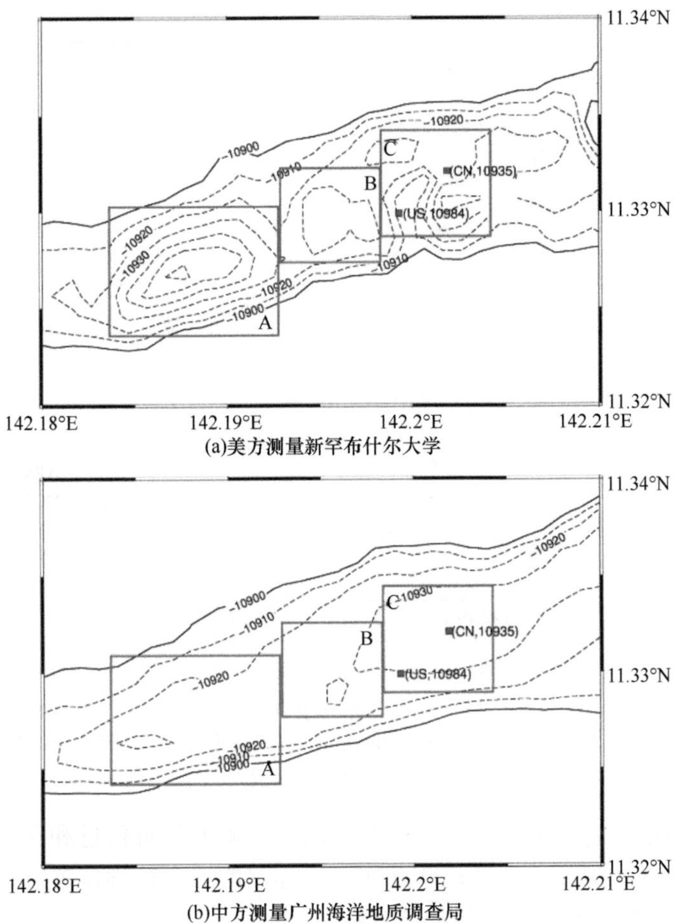

图 1.14　中美挑战者深渊多波束系统测量水深值（m）的对比图

图中 CN 表示中方测量结果；US 表示美方测量结果，下同

但不同等深线圈闭范围和特点略有差异。

1.4.3　寻找最深点对深渊科考装备发展的启示

TS03 航次探索出一条“着陆器 +OBS”的新技术，能同时获取着陆器着陆点的精确位置和精确水深值。其原理是，OBS 搭载着陆器下潜至海底后，以投放点为中心进行十字形的气枪测线放炮作业。利用 OBS 接收到的直达波信号，对 OBS 的位置进行定位，由此可算出 OBS 和着陆器的精确位置。同时着陆器上搭载 CTD，据此可以得到精确的深度值。此项技术创新的意义表现在：①克服了大深

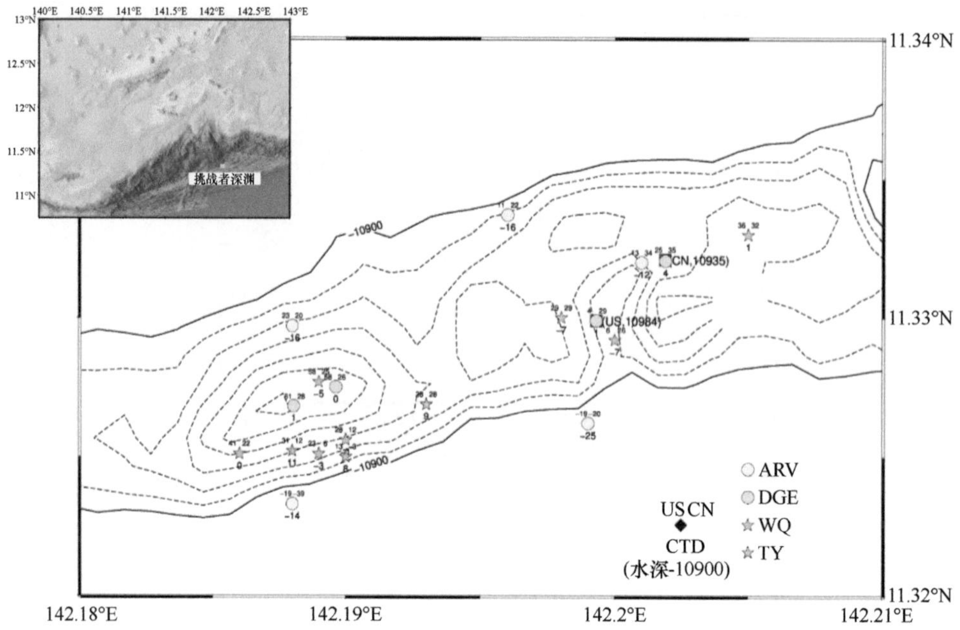

图 1.15　TS03 航次 CTD 所测水深值（m）与多波束系统测量水深值（m）对比图

多波束系统测量数据分别来自美国的新罕布什尔大学和中国的广州海洋地质调查局。图中的等深线来自美国多波束系统测量数据。红色方框为中美双方公布的最深点的位置，最深点水深值分别为 10935m 和 10984m。图中所标示的站位位置均为下潜的入水点

度海域潜水器精确定位的难题；②同时获取了精确的位置信息和深度数值，提高了世界最深点深度探测的精度；③此次航次标定的三个精确位置点，可成为未来载人潜器的水下航行和精确定位的“灯塔”。

针对寻找最深点的需求，开展了多种形式的测深工作，包括：①多波束系统精细测深；②着陆器携带 OBS 和 CTD，地球物理方法实现着陆器着底位置的精确定位，从而提供关于水深值的关键点约束；③“海斗号”自主遥控水下机器人（ARV）携带深度计和高度计，通过近海底巡航测深，为寻找最深点提供关键性的约束。

为精确确定多波束测深结果的误差，利用 TS03 航次中首创的“着陆器+OBS”着底位置精确定位方法，在 TS09 航次实施过程中，在两个疑似最深点处进行了 4 次“着陆器 +OBS”组合作业，精确确定了着陆器的着底位置和水深值。另外航次中“海斗号”ARV 沿西部凹陷最深点附近进行了近海底巡航，测得了 1.5km 的测线上的水深值。

利用 TS03 航次和 TS09 航次中，“着陆器 +OBS”作业方式测定的水深值关键约束点和“海斗号”ARV 近海底巡航测得约束测线，与多波束所测水深值进行了对比分析，如图 1.16 和图 1.17 所示。

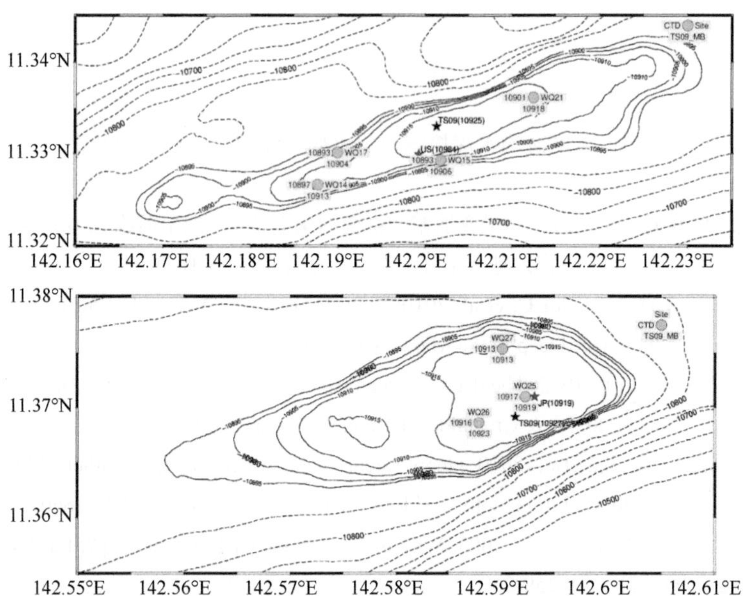

图 1.16　精确定位的着陆器利用搭载的 CTD 所测水深值（m）和多波速系统所测水深（m）的对比图

图中黑色五角星为网格化多波束系统测量水深值之后插值得到的最大水深点。红色五角星为美国公布的最深点位置，蓝色五角星为日本公布的最深点位置。绿色圆圈为精确定位的万泉着陆器的着底位置。需要注意的是，东部凹陷的 WQ25、WQ26 和 WQ27 潜次所测水深值为校正之后的数值

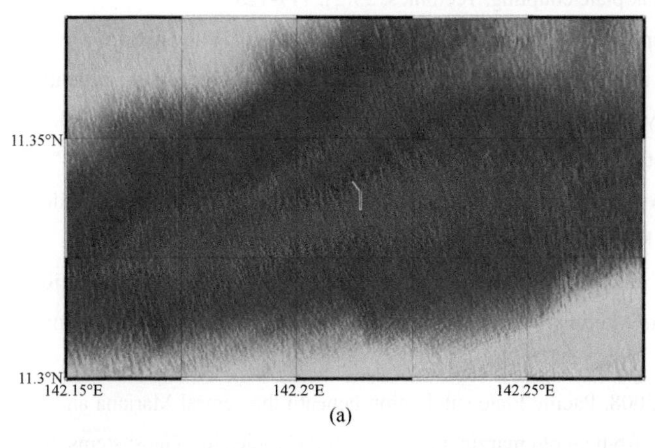

(a)

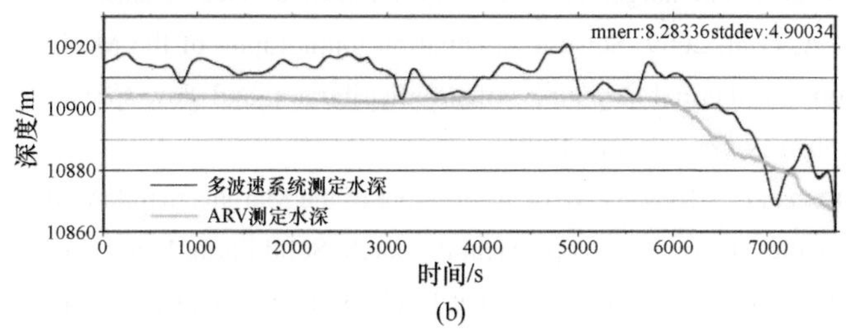

(b)

图 1.17　近底航行所测水深值和多波速系统所测水深的对比图

（a）- 地形匹配后，最后确定的 ARV 的近底航行轨迹；（b）- 近底航行过程中两种方式所测水深的差异

参考文献

刘方兰，曲佳. 2013. 马里亚纳海沟水深探测及"挑战者深渊"海底地形特征. 海洋地质前沿，029(004): 7-11.

刘鑫，李三忠，赵淑娟，等. 2017. 马里亚纳俯冲系统的构造特征. 地学前缘，24(4): 329-340.

彭晓彤. 2014. 海斗深渊——触摸地球上最深的海洋. 光明日报，5 月 29 日.

Bowen A D, Yoerger D R, Taylor C, et al. 2010. Field trials of the Nereus hybrid underwater robotic vehicle in the Challenger Deep of the Mariana Trench. OCEANS 2009. IEEE.

Carruthers J N, Lawford A L. 1952. The deepest oceanic sounding. Nature, 169(4302):601-603.

Condie K C.2013. Plate Tectonics & Crustal Evolution. Netherlands: Elsevier.

Fernando, Martínez, Patricia, et al. 2000. Geophysical characteristics of the southern Mariana Trough, 11°50′N-13°40′N. Journal of Geophysical Research Solid Earth, 105: 16591-16607.

Fryer P, Becker N, Appelgate B, et al.2003. Why is the Challenger Deep so deep?. Earth and Planetary Science Letters, 211(3-4): 259-269.

Gardner J V, Armstrong A A, Calder B R, et al. 2014. So, How deep is the Mariana Trench?. Marine Geodesy, 37(1): 1-13.

Gvirtzman Z, Stern R J .2004. Bathymetry of Mariana trench-arc system and formation of the Challenger Deep as a consequence of weak plate coupling. Tectonics, 23(2): 117-128.

Jamieson A J.2001. Ecology of Deep Oceans: Hadal Trenches. Chichester: John Wiley & Son.

Matsuno T, Seama N, Evans R L, et al.2010. Upper mantle electrical resistivity structure beneath the central Mariana subduction system. Geochemistry, Geophysics, Geosystems, 11(9): Q09003.

Murray J. 1895. Report of the scientific results of the voyage of H.M.S. Challenger, v. 5.

Nakanishi M, Hashimoto J. 2011. A precise bathymetric map of the world's deepest seafloor, Challenger Deep in the Mariana Trench. Marine Geophysical Researches, 32(4): 455-463.

Oakley A J, Taylor B, Fryer P, et al.2007. Emplacement, growth, and gravitational deformation of serpentinite seamounts on the Mariana forearc. Geophysical Journal of the Royal Astronomical Society, 170(2): 615-634.

Oakley A J, Taylor B, Moore G F. 2008. Pacific Plate subduction beneath the central Mariana and Izu - Bonin fore arcs: New insights from an old margin. Geochemistry, Geophysics, Geosystems, 9(6).

Pozgay S H, Wiens D A, Conder J A, et al. 2009. Seismic attenuation tomography of the Mariana subduction system: Implications for thermal structure, volatile distribution, and slow spreading dynamics. Geochemistry, Geophysics, Geosystems, 10(4).

Pyle M L, Wiens D A, Weeraratne D S, et al. 2010.Shear velocity structure of the Mariana mantle wedge from Rayleigh wave phase velocities. Journal of Geophysical Research: Solid Earth, 115(B11).

Stern R J, Fouch M J, Klemperer S L.2003. An overview of the Izu-Bonin-Mariana subduction factory.

Geophysical Monograph Series, 138: 175-222.

Stern R J.2002. Subduction zones. Reviews of Geophysics, 40(4): 1012.

Takahashi N, Kodaira S, Klemperer S L, et al. 2007. Crustal structure and evolution of the Mariana intra-oceanic island arc. Geology, 35(3): L111-L112.

Theberge A. 2008. Thirty years of discovering the Mariana Trench. Hydro International, 12: 38-41.

Tibi R, Wiens D A, Yuan X . 2008. Seismic evidence for widespread serpentinized forearc mantle along the Mariana convergence margin. Geophysical Research Letters, 35(13):337-344.

Wan K, Lin J, Xia S, et al.2019. Deep seismic structure across the southernmost Mariana Trench: Implications for arc rifting and plate hydration . Journal of Geophysical Research Solid Earth, 124: 4710-4727.

Wilson J T .1963. A possible origin of the Hawaiian Islands. Canadian Journal of Physics 41.6: 863-870.

Wolff T. 1959. The Hadal community, an introduction. Deep Sea Research, 6: 95-124.

Zhang F, Lin J, Zhan W. 2014. Variations in oceanic plate bending along the Mariana Trench. Earth and Planetary Science Letters, 401: 206-214.

第2章

马里亚纳深渊多尺度动力过程及水团特性

徐洪周[1] 江会常[1] 谢 强[1] 喻 琉[1] 尚学昆[1]
黄财京[1] 龙 桐[1] 王东晓[2] 舒业强[2]

1. 中国科学院深海科学与工程研究所
2. 中国科学院南海海洋研究所

2.1 引言

全球海洋运动过程在时间和空间尺度上具有多尺度特征，从小尺度湍流至次中尺度内波，再从中尺度涡旋到大尺度环流。它们之间相互作用，控制着全球的能量、热量和物质的交换。受地形约束和外强迫，全球海洋环流结构和水团分布体现局地特征。深渊是全球海洋的一部分，大部分重要的深渊都处在全球深海热盐环流的关键通道上，使得深渊成为深海热盐环流的必经之路。大量观测结果表明深渊内部普遍存在气旋式环流（Warren and Owens，1988；Hallock and Teague，1996；Whitworth et al.，1999；Owens and Warren，2001）。气旋式环流的存在使得深渊底层水从深渊中心上涌进入上层深海，而上层水体通过混合下沉进入深渊系统，从而实现深渊与深海的水体和物质的交换。

马里亚纳海沟位于西北太平洋马里亚纳群岛以东 200km，其西南部分是世界上最深的深渊——挑战者深渊。来自南大洋的深层水被太平洋深层西边界流裹挟至此，进而穿过挑战者深渊进入菲律宾海盆以及邻近海盆。前人对挑战者深渊环流的研究大多基于间接变量的观测和推演以及十分有限的海流观测。一方面，研究者基于深渊水团特性的观测解析水团来源进而推演深渊环流路径。Mantyla 和 Reid（1978）发现在挑战者深渊 6000m 以深充满了与海槛深度处水团一致的均匀水团，且该处深渊水团的盐度、溶解氧、硅酸盐与位温的关系与其以东 2000km 处马绍尔群岛附近的海水没有显著差异。根据世界大洋中深渊水的温度、盐度、密度、溶解氧、硅酸盐的水平和垂向分布特征，Mantyla 和 Reid（1983）进一步推断西北太平洋的底层水源自南极绕极深层水（lower circumpolar deep water，LCDW）。另一方面，研究者基于温盐断面和少量的潜标观测，获得了挑战者深渊环流的基本概况。基于东马里亚纳海盆和东卡罗琳海盆处的温盐断面和雅浦海沟处的潜标观测分别获取的水团要素和流速数据，Siedler 等（2004）指出东马里亚纳海盆的 LCDW 沿着马里亚纳海沟穿过雅浦－马里亚纳通道进入西马里亚纳海盆，并且估算出其流量不超过 1 Sverdrup（$1\text{Sverdrup} = 10^6\ m^3/s$）。利用 1992 年冬季在挑战者深渊观测的三个经向分布的万米温盐剖面，Taira 等（2005）计算的深渊地转流表明挑战者深渊 3000m 以深存在气旋式的环流结构。万米潜标观测的深渊流速显示 6000~7000m 深度范围的深渊主要受西向流控制，没有观测到显著的气旋式环流结构（Taira et al.，2004）。

目前对挑战者深渊环流时空变化和水团特征的认识十分有限，前人不同观测结果对深渊环流结构的刻画存在不同的结论，尤其缺乏针对深渊环流变化特征的长时间观测分析。因而亟须加强对挑战者深渊环流的直接观测以及长时间观测。

2.2　深渊多尺度动力过程

2.2.1　挑战者深渊环流特征

中国科学院深海科学与工程研究所（简称深海所）于 2015 年冬季在西北太平洋马里亚纳海沟挑战者深渊进行了深渊锚系潜标的现场观测。如图 2.1 所示，潜标的观测站位分别为 Q1 和 Q2 站位，两个站位相距约 41km，位于 142.5°E 断面上。潜标的观测节点深度分别约为 4000m、5000m、6000m、7000m、8000m，共 5 层，观测资料包含压力、温度、盐度、海流等海洋动力环境要素。

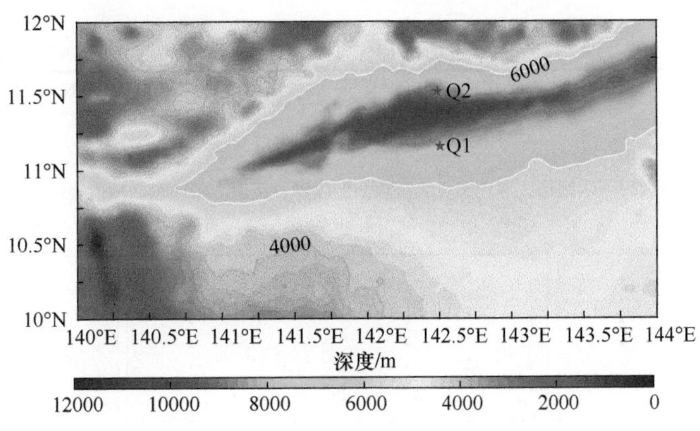

图 2.1　挑战者深渊地形和潜标观测站位分布

红色五星表示潜标布放的位置，Q1 和 Q2 表示对应的站位名称

图 2.2 展示了潜标观测的 142.5°E 断面上 2016 年平均纬向流速分布，展现了深渊环流空间结构。在 6000m 以浅，主要为西向流，强流主要集中在深渊北坡，流速核心在 4000m 层级，且最大达到 2cm/s；南坡只在 Q1 的 4000m 层级存在较弱的东向回流，速度不超过 0.25cm/s。在 6000~7500m 深度层，封闭深渊中为显著的气旋式环流结构，东向流的核心速度达到 0.76cm/s。在 7500m 以深，环流与 6000~7500m 深度层反向。Taira 等（2004）没能直接观测到气旋式的环流，可能是其设在南坡的观测位置离气旋式环流的东向流核心较远，因而仅观测到较弱的东向流（6214m 深处，0.09cm/s）和西向流（6615m 深处，0.48cm/s）。

12 个月逐月平均的纬向流速分布表明，深渊环流存在显著的季节变化特征（图 2.3）。在 6000m 以浅，秋冬季表现出一致的西向流，西向流的核心随时间发生一定的变化；春夏季表现出北坡为西向流、南坡为东向流的分布，东向流的核

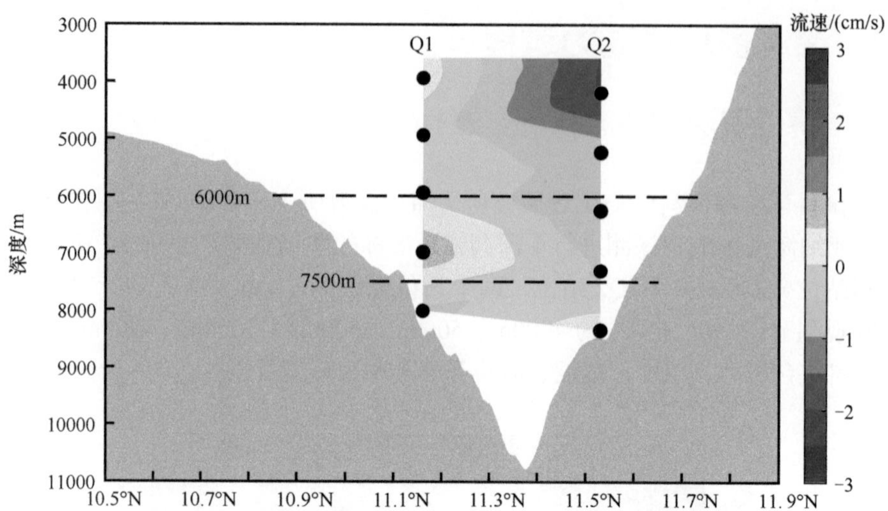

图 2.2 潜标观测的 142.5°E 断面上 2016 年平均纬向流速分布

灰色区域表示地形，黑色圆点表示观测的位置，正值表示向东，负值表示向西

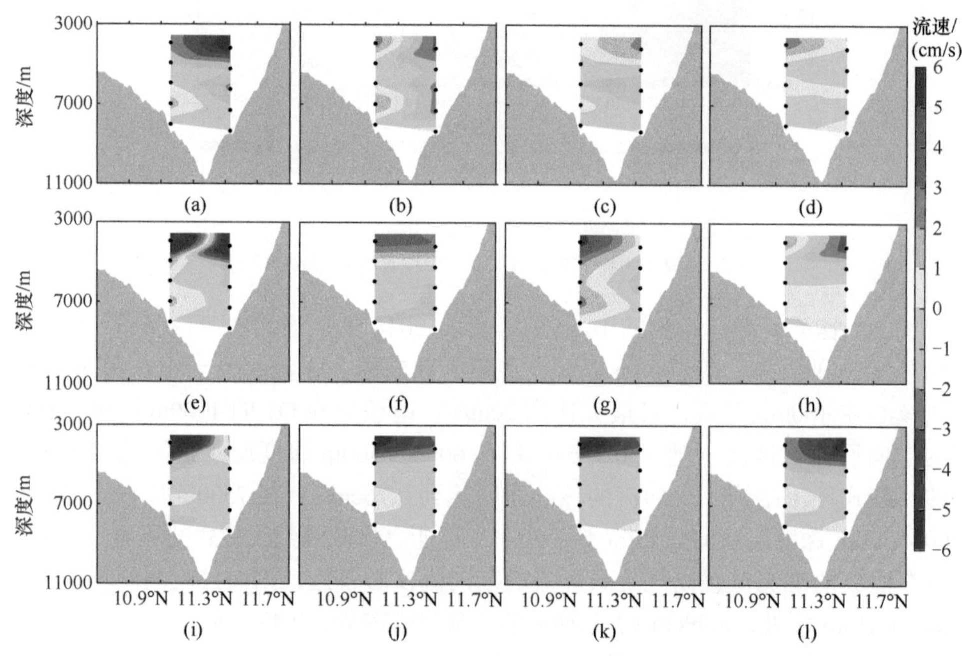

图 2.3 潜标观测的 142.5°E 断面上 2016 年 12 个月逐月平均的纬向流速分布

灰色区域表示地形，黑色圆点表示观测的位置，正值表示向东，负值表示向西，(a)~(l) 依次表示 1~12 月

心主要在 Q1 的 4000m 层级处，且 6 月、7 月完全由东向流控制。在 6000~7500m 深度层基本是稳定的气旋式环流结构，且存在季节和季节内的变化。将东向流的核心作为参考，气旋式环流存在三次加强的过程。在 7500m 以深，大部分时间与 6000~7500m 深度层流速反向，且强度较弱。

2016 年夏天，深海所深渊研究团队在挑战者深渊开展了 2016S1 和 2016S2 两次 CTD 断面观测（图 2.4），通过地转诊断反演了夏季的地转流结构。

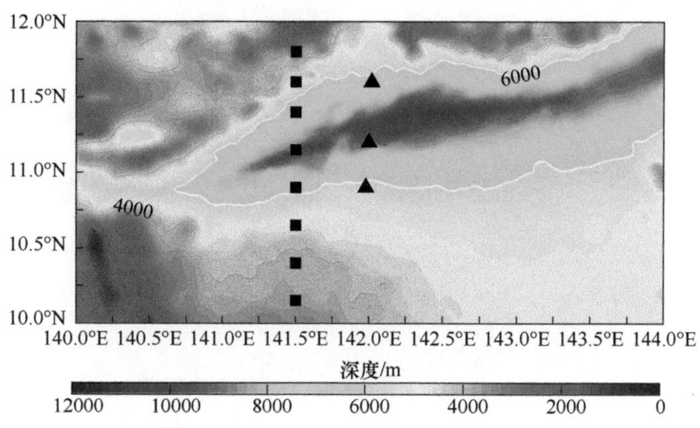

图 2.4　挑战者深渊的地形及 2016S1 和 2016S2 航次的站点

黑色方形点和黑色三角点分别表示 2016S1 和 2016S2 航次的站点

在 2016S1 航次，沿着 142°E 断面的地转流由三个站点的温度、盐度和压力数据进行估算。图 2.5（a）显示了以 3000dbar 为参考面的地转流：该断面 3000m 以深，北坡的流速向西，且西向流速最大为 5.58cm/s；南坡的流速向东，且东向流速最大为 6.84cm/s；0 流速线大概在 11.2°N。相反的地转流方向显示出挑战者深渊的气旋式环流，其流速和环流方向与 Taira 等（2005）估算的沿着 142°35′E 断面的地转流大致相当。

在 2016S2 航次，对 141.5°E 经向断面进行了多站点 CTD 观测，站点间隔约为 50km。地转流结果表明观测断面的南坡为东向流，最大流速达 2.5cm/s；而北坡则为西向流，最大流速约为 3.43cm/s[图 2.5（b）]。无流面在 11.05°N 附近，相较于 142°E 断面略偏南。断面上的流速则比 142°E 断面稍小，显示了更丰富的环流结构。在 11.3°N 以北，3000~4500m 深度上的流速为东向，而在 10.3°N~10.9°N，3200m 深度上的流速为西向。

2.2.2　挑战者深渊潮流及近惯性

已有的研究表明，深层海洋的高频能量主要源于正压潮以及大气风应力的输

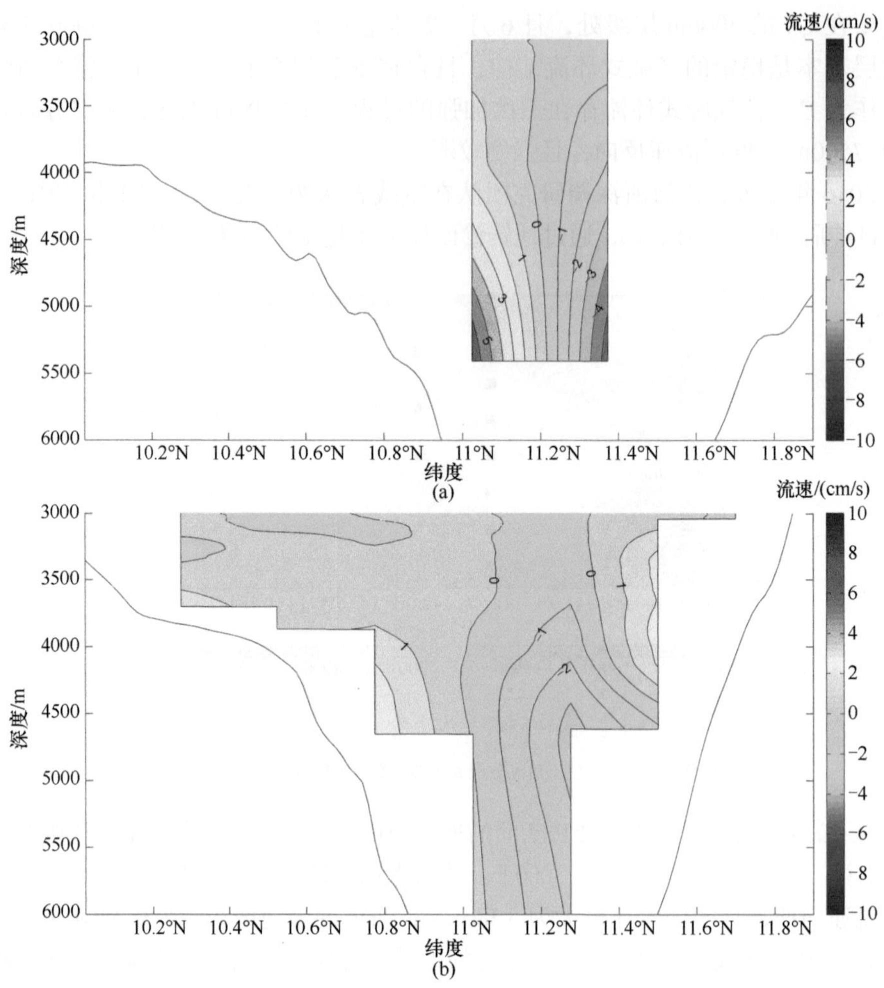

图 2.5　2016S1 航次 142°E 断面的地转流（a）和 2016S2 航次 141.5°E 断面的地转流（b）
等值线间隔是 1cm/s，底部的灰色线条表示断面上的地形

入。当正压潮流经过变化的地形，如陆坡、海山、海槛、海沟等，会在层化海洋中产生多种斜压波动，其中包含潮波频率的内波及其谐波。生成的斜压波一部分陷在生成区内并在边界过程中被耗散；另一部分从生成区向外传，离开海底进入海洋内区。大气风应力的变化在大洋上混合层中引起近惯性震荡，近惯性震荡的一部分能量通过大尺度近惯波的形式传入大洋内部。而目前对挑战者深渊中的高频信号、高频能量及其垂向分布和传播特征仍不清楚。

图 2.6 展示了 Q2 上 5 个深度的纬向流速旋转谱分析。谱分析的结果表明，深渊中的各个深度上都存在显著的近惯性（inertial）、全日潮（O_1，K_1）、半日潮（M_2，

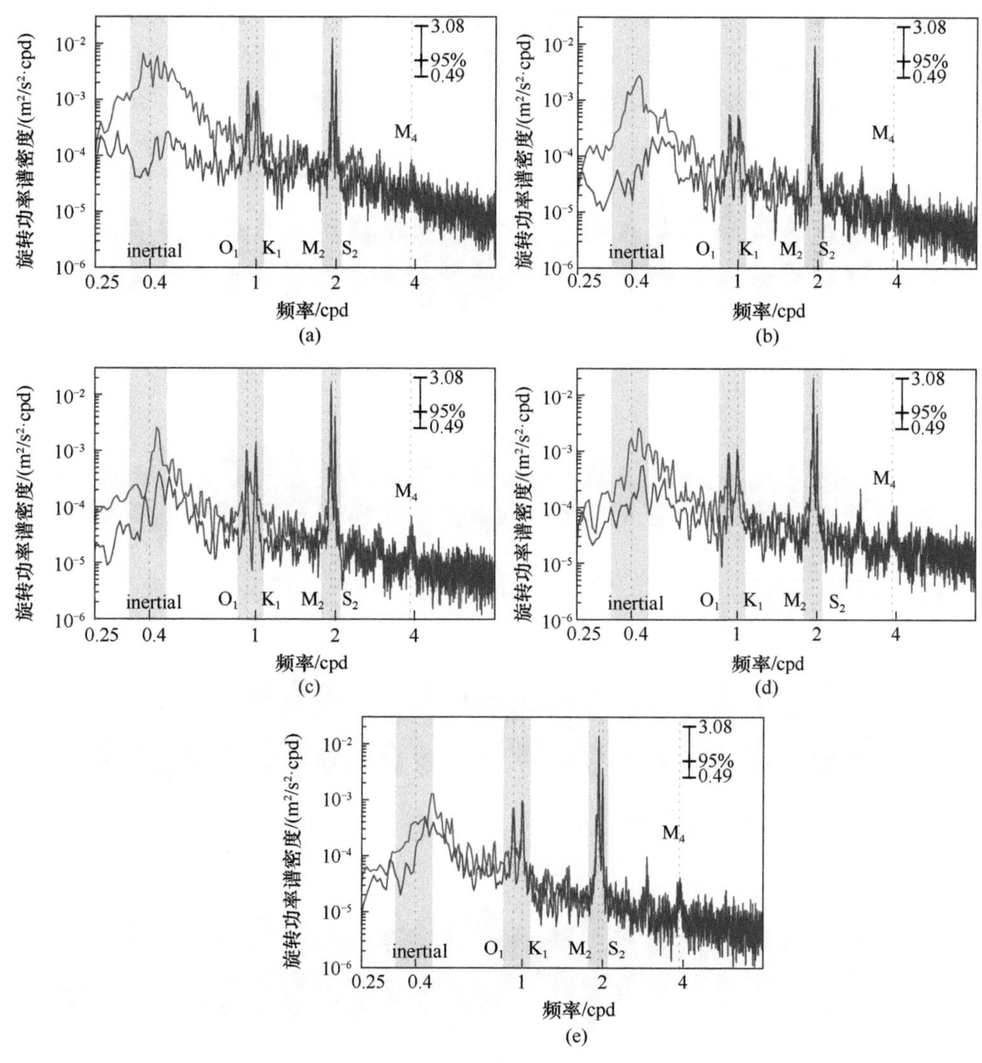

图 2.6 Q2 观测流速的旋转功率谱分析

(a)~(e)分别对应 4200m、5200m、6200m、7300m、8350m，inertial 表示惯性频率，O_1、K_1、M_2、S_2、M_4 表示主要的分潮，红色表示顺时针旋转，蓝色表示逆时针旋转，图中灰色阴影表示流速滤波的频带

S_2）信号。半日潮谱峰始终最强，且强度随深度变化较小，其中 M_2 潮的谱峰强于 S_2 潮。其次是近惯性谱峰，近惯性谱峰随深度加深而减小，4200m 处的谱峰与半日潮谱峰相当，而 8350m 处的谱峰与全日潮谱峰相当。全日潮谱峰最弱，且随深度加深先减弱后增强。

根据流速的旋转谱分析结果，利用 4 阶巴特沃思滤波器，提取 5 个深度上的全日潮、半日潮频带的流速。全日潮流速的滤波范围为 [0.86，1.05] K_1（指 K_1 分潮频率）；半日潮流速的滤波范围为 [0.95，1.07] M_2（指 M_2 分潮频率）。全日潮、半日潮流速表现出与流速旋转功率谱类似的特征。从纬向流速看（图 2.7），半日潮流速

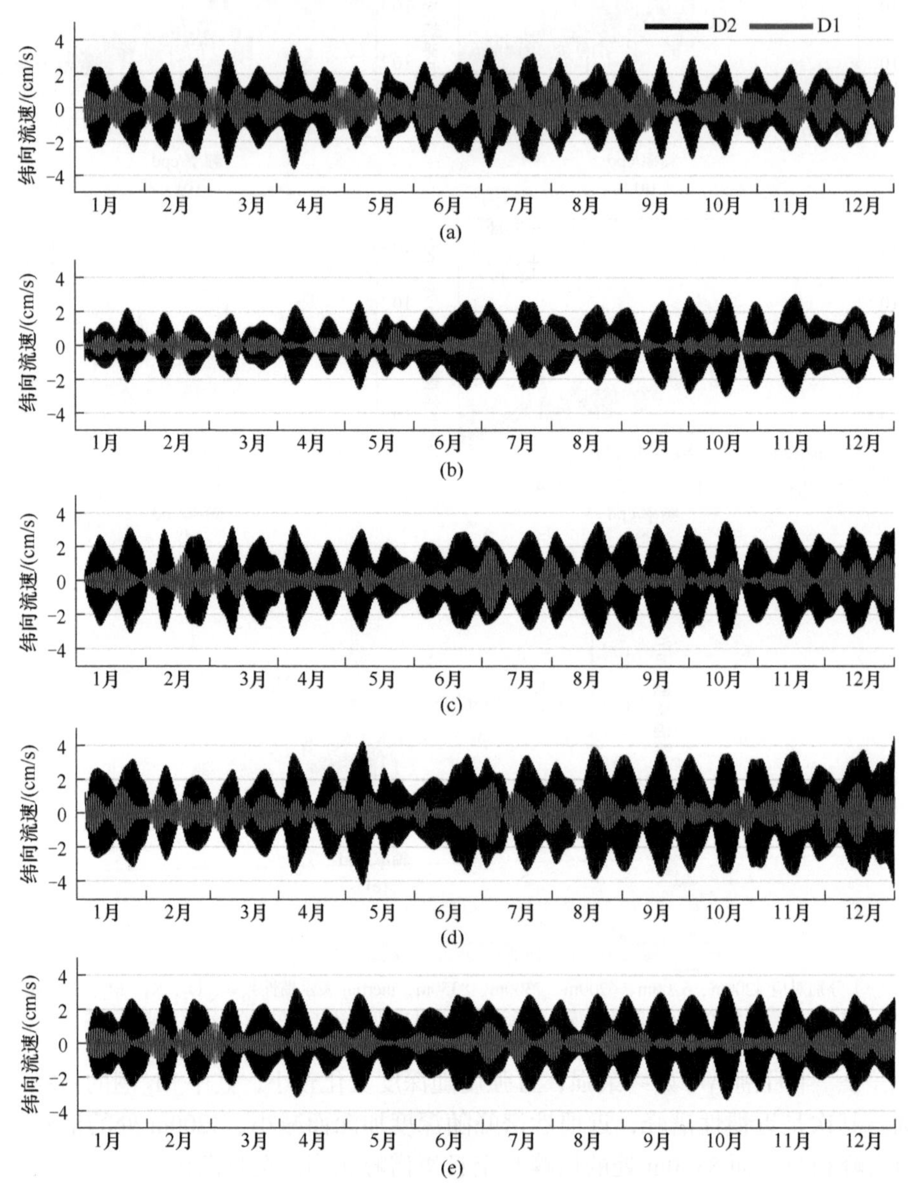

图 2.7 2016 年 5 个深度上纬向的全日潮流速、半日潮流速

D1、D2 分别代表全日潮流速、半日潮流速，(a)～(e) 分别对应 4200m、5200m、6200m、7300m、8350m

显著地大于全日潮流速，且最大流速超过 4cm/s；而全日潮流速基本不超过 2cm/s。相比于纬向流速，经向流速相对较弱（图 2.8），且经向的半日潮流速和全日潮流速相当，基本都不超过 2cm/s，同时，经向流速的强度随时间变化存在较大的差异。

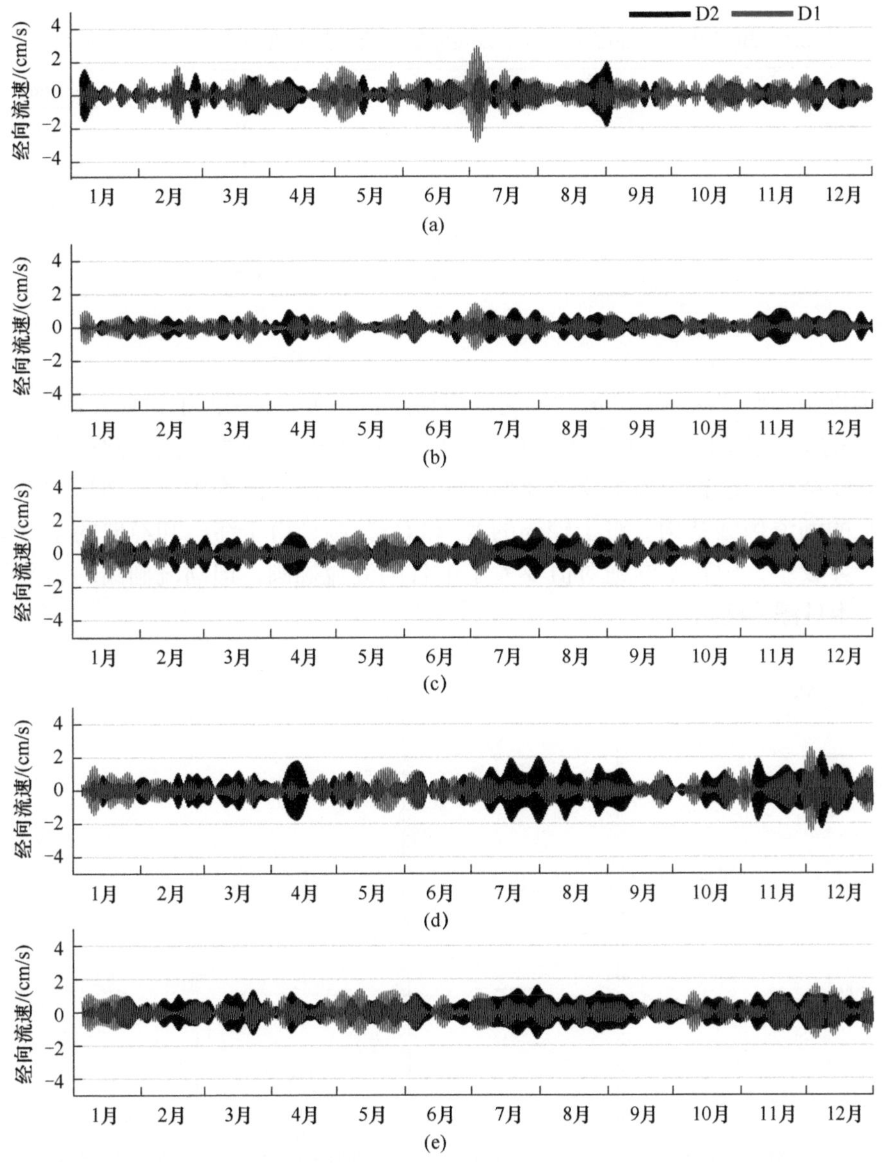

图 2.8　2016 年 5 个深度上经向的全日潮流、半日潮流

D1、D2 分别代表全日潮流、半日潮流，(a)～(e) 分别对应 4200m、5200m、6200m、7300m、8350m

在垂直方向上，全日潮流速和半日潮流速都存在随深度增加先减弱后增强的过程。垂向的动能分布更加准确地展示了这种垂向差异（表 2.1），半日潮和全日潮的动能，从 4200m 的 0.10J/m^3 和 0.03J/m^3，减弱为 5200m 处的 0.07J/m^3 和 0.01J/m^3，后至 7300m 处逐渐增强为 0.17J/m^3 和 0.03J/m^3。

表 2.1　2016 年 5 个深度上总动能以及特定频带的动能在垂向的平均分布结果

深度 /m	总动能 /（J/m^3）	NI/（J/m^3）	D1/（J/m^3）	D2/（J/m^3）
4200	2.27	0.09	0.03	0.10
5200	0.39	0.04	0.01	0.07
6200	0.42	0.02	0.02	0.13
7300	0.57	0.04	0.03	0.17
8350	0.31	0.01	0.02	0.11

注：NI、D1、D2 分别代表近惯性频带、全日潮频带、半日潮频带。

为进一步研究深渊中潮流的空间结构和潮能传递，对深渊中主要分潮 M_2、S_2、K_1、O_1 的潮流椭圆特征进行分析（图 2.9）。M_2 和 S_2 分潮的潮流椭圆基本都为扁平的震荡结构，这种结构主要受地形约束，东西走向的海沟中狭长地形约束出这种扁平的潮流椭圆结构。对于较弱的 K_1 和 O_1 分潮，由于纬向和经向的全日潮流强度差异较小，旋转率的绝对值要大于半日的潮流椭圆，即潮流椭圆的扁平程度要小于半日潮流椭圆。

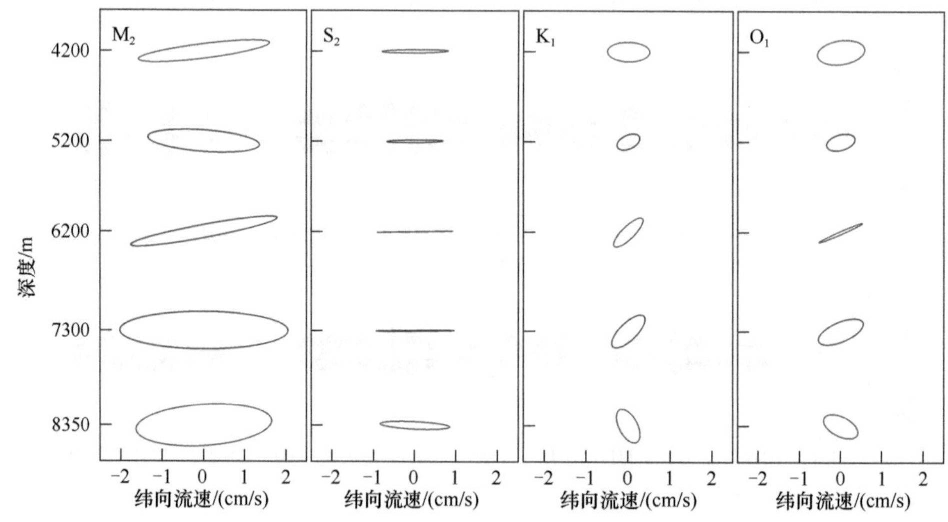

图 2.9　4 个主要分潮的潮流椭圆垂向分布

红色表示顺时针旋转，蓝色表示逆时针旋转

潮流椭圆的旋转方向决定了潮能的传播方向。在 4200m 和 8350m 深，4 个主要分潮的潮流椭圆都为顺时针旋转，能量向下传播；而在 5200m 和 7300m 深，4 个主要分潮的潮流椭圆都为逆时针旋转，能量向上传播；在 6200m 深，M_2 潮的潮流椭圆为逆时针旋转，而其他三个潮流椭圆为顺时针旋转。由于潮流椭圆的旋转方向只与纬向流速和经向流速的位相差有关，而在地形变化复杂的海沟中，地形的水平尺度随深度变化剧烈；同时，不同潮流的周期和波长存在差异，这两个因素的叠加，造成了深渊中复杂的潮流特征。

类似地，利用带通滤波提取 5 个深度上的近惯性频段的流速（图 2.10），其中近惯性流速的滤波范围为 [0.95，1.07] f（f 表示观测位置的局地惯性频率）。在 5 个深度上，纬向近惯性流与经向近惯性流的强度基本相当；仅在 7300m 深，近惯性能量增强期间，经向近惯性流显著地强于纬向近惯性流。在垂直方向上，近惯性流表现出与流速旋转功率谱类似的特征。近惯性流随深度加深而减弱，从 4200~8350m 深，纬向近惯性流速从最大 3cm/s 减弱为最大 1.1cm/s；对应的近惯性流平均动能（表 2.1），从 4200m 深的 0.09J/m^3 减小为 8351m 深的 0.01J/m^3。一方面，流速旋转谱中顺时针的近惯性谱峰始终显著强于逆时针谱峰，这表明近惯性能量始终向下传递，在传递的过程中不断耗散减弱；另一方面，在 6000m 以深，近惯性谱峰开始出现“蓝移”（谱峰向高频方向与移动），这一过程会减小近惯性频带中的近惯性能量，而近惯性谱峰的“蓝移”可能与 6000m 以深的气旋式环流结构以及变化的地形有关。此外，近惯性流随时间存在脉冲式的强弱变化，这可能与风应力爆发性地输入海洋内部有关。

观测结果表明，M_2 潮在深渊高频信号中占主导作用。为了进一步获得 M_2 内潮的时空分布特性，我们运用数值模型模拟了深渊 M_2 内潮，并选择了两个代表性的断面来进行分析（图 2.11）。图 2.12 展示了 M_2 内潮信号在马里亚纳海沟的时空分布特征，如图所示，斜压流速的量值普遍较小，基本都在 6cm/s 以下，最大斜压流速出现在表层。而在中层，斜压流速较小，量值在 2cm/s 左右。从海沟底部至 4000m 以深，斜压流速相对其他区域比较复杂，说明在海沟内的剪切强于大洋中部，这可能是由于内潮被海沟捕获后，在海沟内部来回反射增强了海水的剪切，从而引起斜压流速分布不均匀。海沟内部的斜压流速在 2cm/s 左右，这与前人在马里亚纳海沟中观测到的流速相当（Taira et al.，2004）。从垂向结构随时间的变化上看 [图 2.12（c）、（d）]，在上层斜压流正负值间隔出现，表现出明显的 M_2 潮周期性信号，且斜压流速存在明显的向右倾斜的现象，这表明斜压能向下传。

潮流椭圆可以显示分潮的速度矢量轨迹，其中长轴和短轴分别对应于该分潮的最大和最小潮流。图 2.13 为模式模拟的马里亚纳海沟挑战者深渊区域的 M_2 正压潮的潮流椭圆。在深渊区域，潮流较小，约为 2cm/s，主轴方向与海沟走向一致。

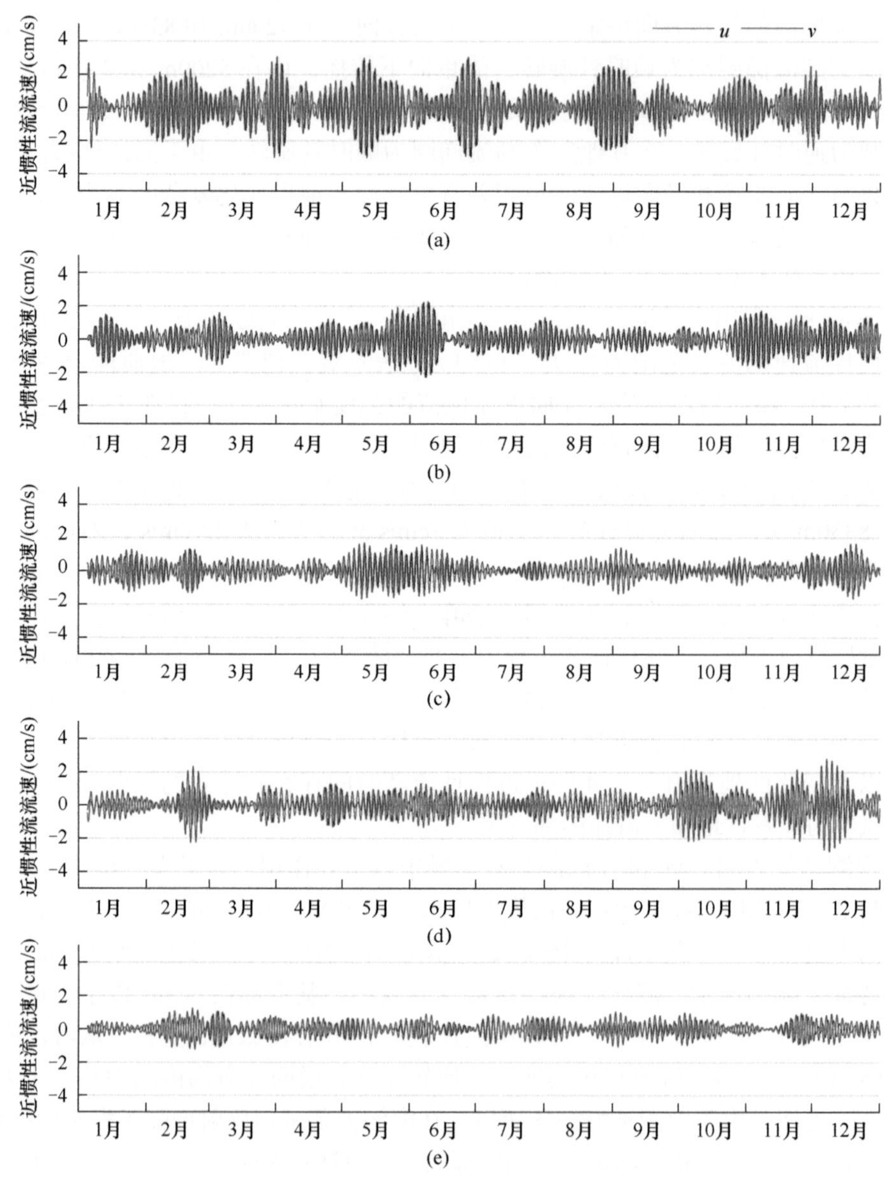

图 2.10　2016 年 5 个深度上纬向和经向的近惯性流

u 表示纬向流速，*v* 表示经向流速

图 2.14 为 M_2 斜压潮流椭圆在断面 1 和断面 2 的垂直分布。显然，M_2 斜压潮流的空间分布差异较大。在断面 1 中 [图 2.14（a）]，随着深度的增加，潮流先减小，然后增大。最大斜压潮流出现在深渊东侧 3000m 处，其值约为 3cm/s。此外，

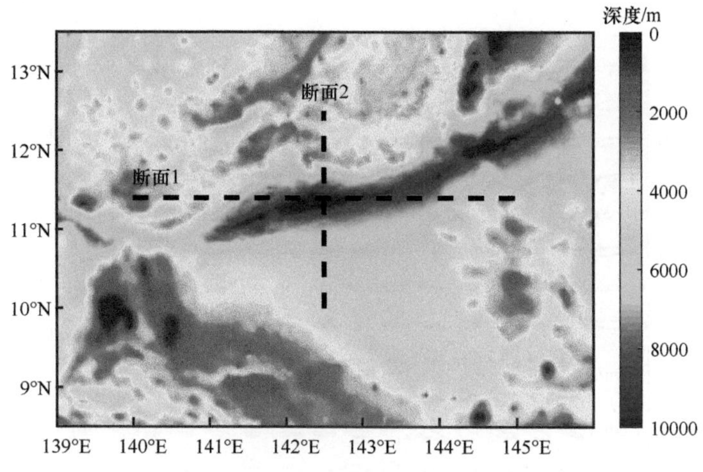

图 2.11 挑战者深渊地形

两条黑色虚线分别表示断面 1 和断面 2 的位置

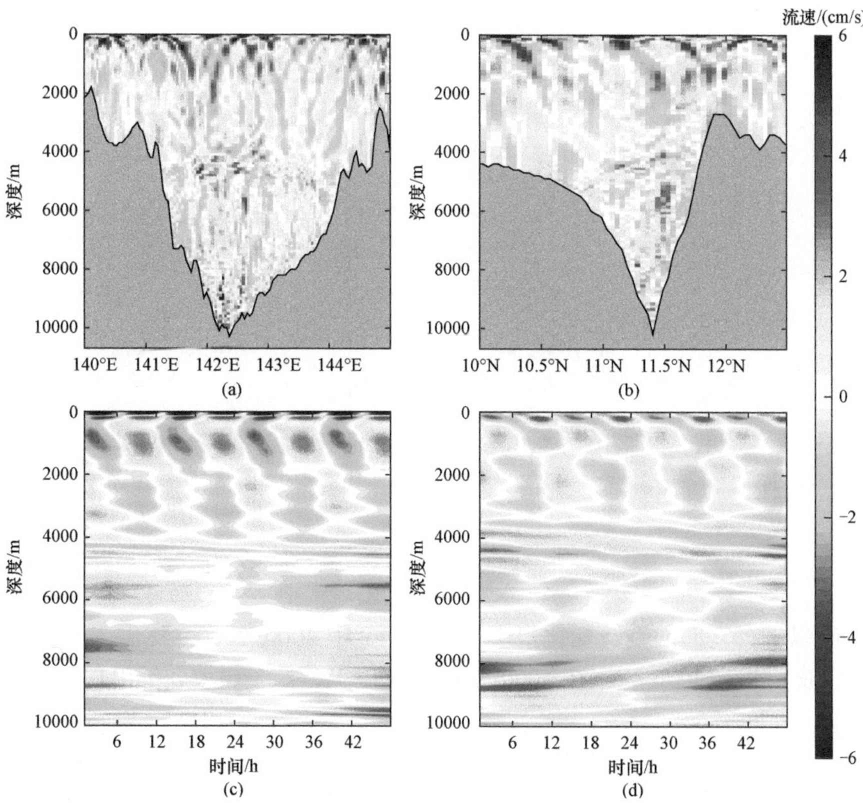

图 2.12 M_2 潮纬向斜压流速 u' 在断面 1（a）和经向斜压流速 v' 在断面 2（b）的垂向分布以及 u' 和 v' 在点 142.5°E（c），11.5°N（d）处的垂向分布随时间的变化

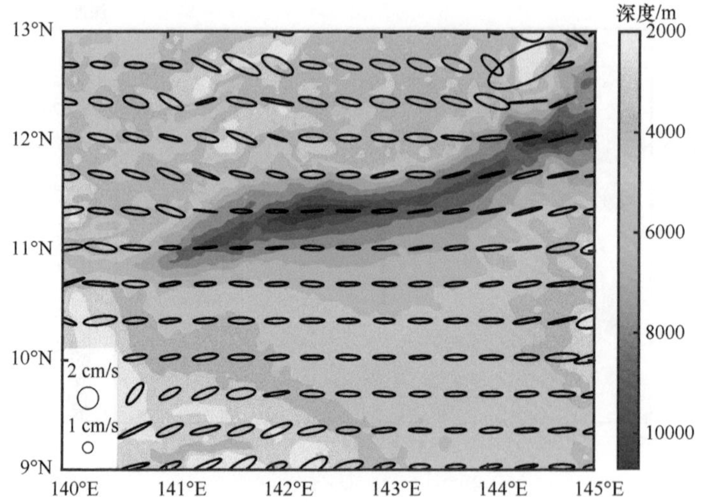

图 2.13　M_2 正压潮流椭圆在马里亚纳海沟挑战者深渊区域的分布

图中填色表示水深，间隔为 1000m

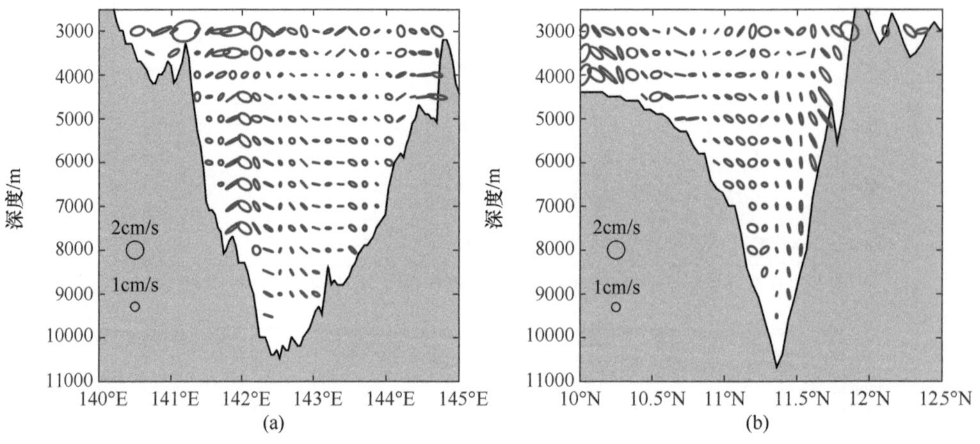

图 2.14　M_2 斜压潮流椭圆分别在断面 1（a）和断面 2（b）的垂向分布

在 4000m 以下，它们的垂直变化很小。在断面 2 中 4000~6000m 深度上，强潮流都出现在北坡 [图 2.14（b）]。在 6000~8500m 深度上，两个斜坡处都出现强潮流。

2.2.3　挑战者深渊内潮混合过程

图 2.15 是由夏季观测的 11 个深于 5000m 的 CTD 站点估算的湍流耗散

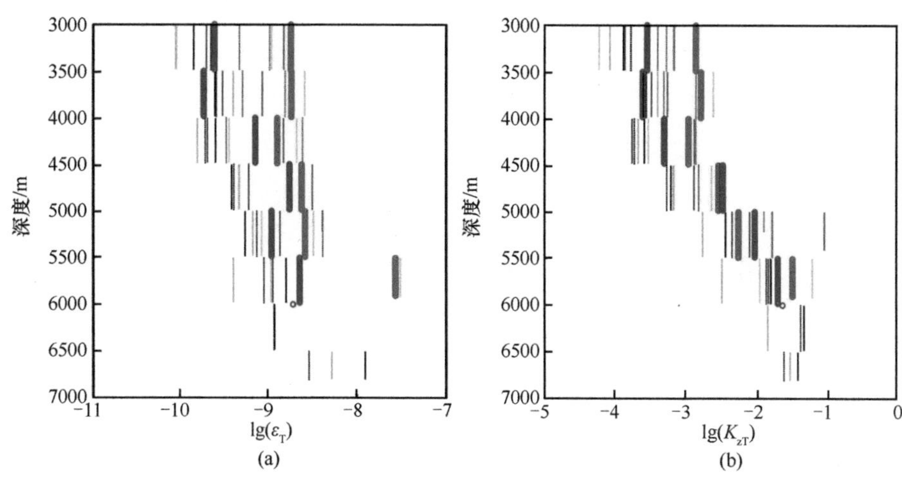

图 2.15　2016 年夏季的湍流耗散率（a）和涡扩散率（b）的对数图

率（ε_T）和涡扩散率（K_{zT}）的对数图。3000m 以深，湍流耗散率几乎不变，而在 4500~6800m 的涡扩散率是 3000~4500m 的 10 倍。在 5000~6800m，平均的湍流耗散率和涡扩散率分别是 $3.277 \times 10^{-8} m^2/s^3$ 和 $2.58 \times 10^{-2} m^2/s$。Haren 等（2017）计算了 6500~8500m 冬季的湍流耗散率和涡扩散率，分别能达到 $10^{-9} m^2/s^3$ 和 $10^{-2} m^2/s$（图 2.16）。Haren 估算的 5000~7750m 冬季的平均湍流耗散率是（2.3 ± 1.5）× $10^{-10} m^2/s^3$，比我们估算的 5000~6800m 夏季的平均湍流耗散率小两个量级；Haren 估算的 5000~7750m 冬季的平均涡扩散率是（1.5 ± 1）× $10^{-3} m^2/s$，比我们估算的 5000~6800m 夏季的平均涡扩散率小一个量级。所以在 5000~6800m，夏季的混合更强。

在马里亚纳海沟挑战者深渊中（图 2.17），我们的数值模拟结果表明，水深超过 5000m 的区域的深度积分的能量耗散弱于周围水深较浅的区域。断面 1 横跨了马里亚纳海沟挑战者深渊东西两侧（图 2.18）。在挑战者深渊的西侧，从 4000m 到底部，临界系数都在 1 左右，模拟结果表明其对应的耗散率和垂向混合扩散率较弱。相比之下，在深渊东侧，除了 143.2°N 附近，临界系数几乎都小于 0.5 [图 2.18（c）]，但其耗散率和垂向混合扩散率比西侧的强。这表明临界系数与耗散率及垂向混合扩散率有着很强联系。此外，在挑战者深渊底部的耗散率和垂向混合扩散率分别可达到约 10^{-8} W/kg 和 10^{-3} m^2/s 的量级。它比维持深海层结所需的垂向混合强度大一个数量级（Munk and Wunsch，1998）。这个结果与 St. Laurent 等（2002）给出的海底混合扩散率分布图一致。相关研究指出在南海内部的潮致混合强度达到 10^{-3} m^2/s（Lien et al.，2005；Qu et al.，2006；Tian et al.，2009），这说明在深渊中的混合量级与边缘海混合量级相当。同时，研究还发现能量损失

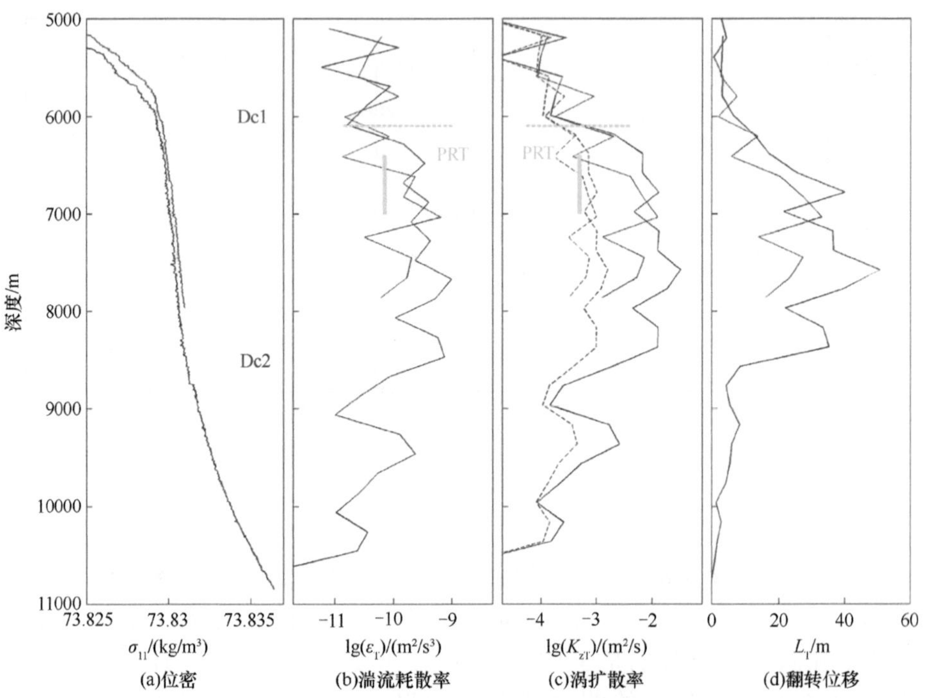

图 2.16 Haren 计算的挑战者深渊位密、湍流耗散率、涡扩散率和翻转位移（Haren et al.，2017）

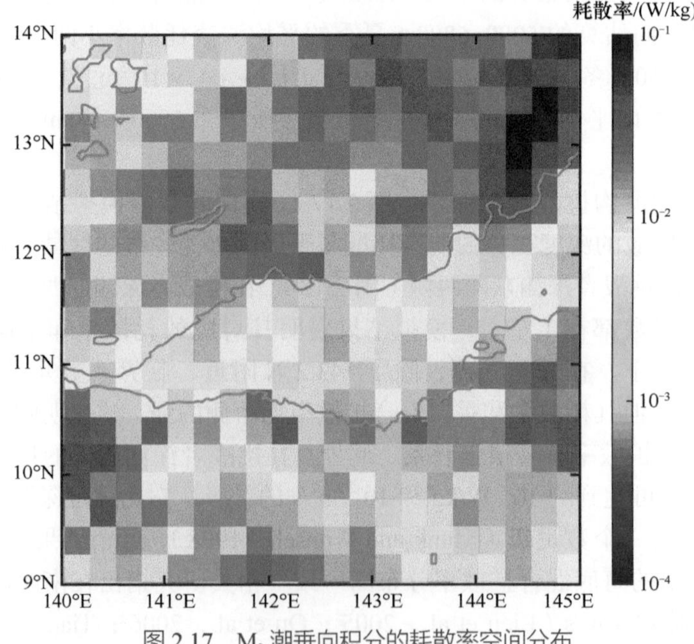

图 2.17 M_2 潮垂向积分的耗散率空间分布

灰实线表示 5000m 等深线

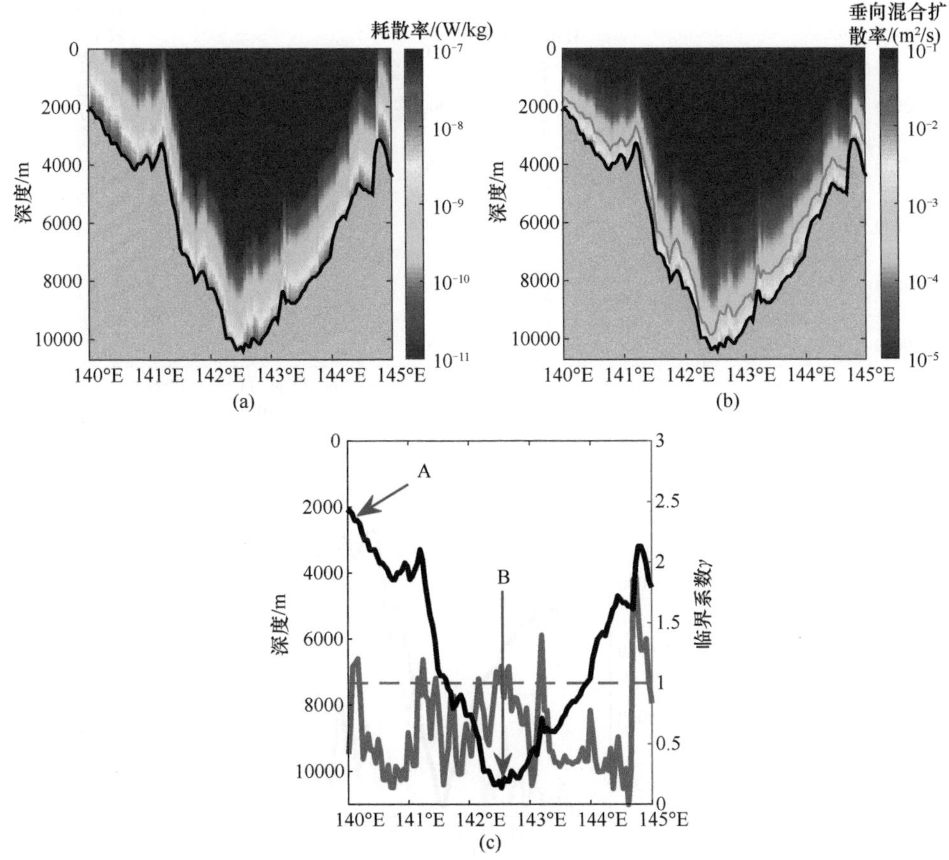

图 2.18　M_2 潮在断面 1 的耗散率和垂向混合扩散率分布以及 M_2 内潮在断面上的临界系数

$\gamma = s/\alpha$，$s = |\nabla h|$表示地形坡度，其中，∇表示梯度算子，$\alpha = \left[(\omega^2 - f^2)/(N^2 - \omega^2)\right]$表示内潮的传播角度（其中，$\omega$为内潮频率，$f$为惯性频率，$N$为浮力频率）；（b）中的灰色线表示 10^{-3} m^2/s 等值线；（c）中的红色虚线表示临界系数等于 1 的位置，下同

大的区域不一定对应着强的混合。以图 2.18 中的 A 和 B 两个区域举例，两处的临界系数均大于 1，而在耗散率较小的 B 区域，引起的强混合在可以达到和 A 区域相同的量级 [图 2.18（c）]。本章推测该现象是由层结强弱不同造成的：在 A 区域中，耗散的能量不足以破坏强的层结引起强烈的混合；而在 B 区域中，层结非常弱，较小的能量即可打破层结，产生强烈的垂直混合。

断面 2 横跨了马里亚纳海沟挑战者深渊南北坡（图 2.19）。从图 2.18（c）可看出，在马里亚纳海沟挑战者深渊区域 4000~7000m 的深度上，南坡为亚临界地形，临界指数小于 0.5[图 2.19（c）]，北坡是一个超临界地形，临界指数超过 1 [图 2.19（c）]。结果表明，南坡靠上的耗散率和垂向混合扩散率较强 [图 2.19（a）、（b）]，这与前人对亚临界和超临界斜坡的内波破碎研究一致（Legg and Adcroft,

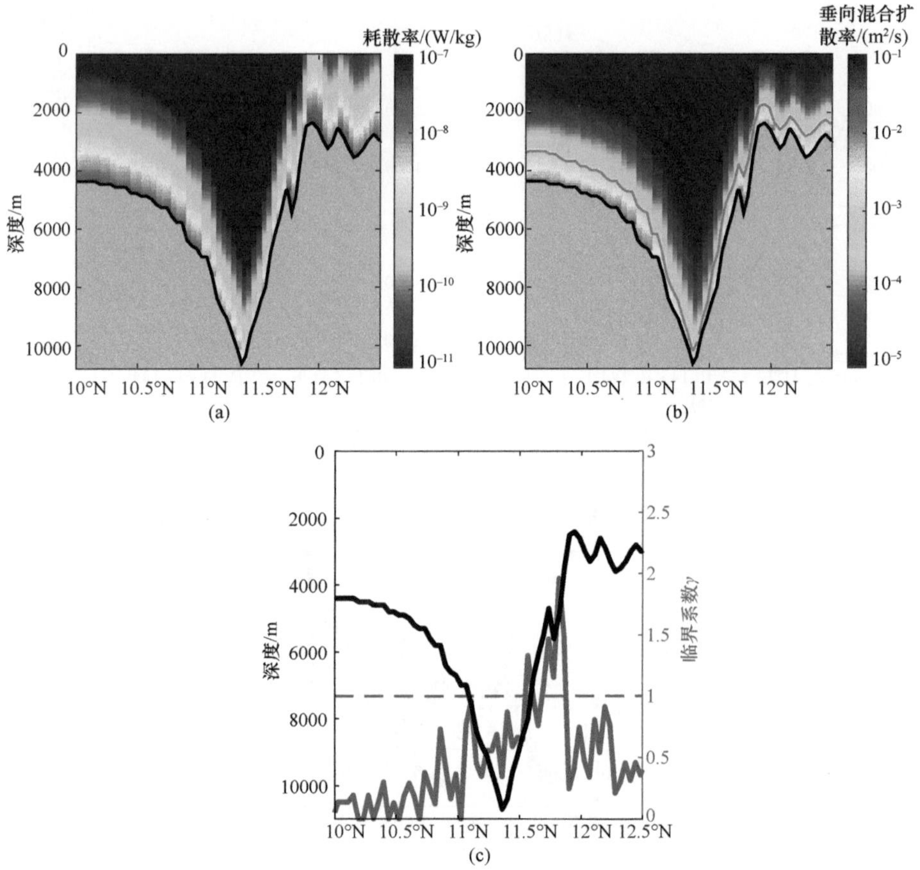

图 2.19 M_2 潮在断面 2 的耗散率和垂向混合扩散率分布以及 M_2 内潮在断面上的临界系数

$\gamma = s/\alpha$，$s = |\nabla h|$表示地形坡度，$\alpha = \sqrt{(\omega^2 - f^2)/(N^2 - \omega^2)}$表示内潮的传播角度；（b）中的灰色线表示 $10^{-3}m^2/s$ 等值线；（c）中的红色虚线表示临界系数等于 1 的位置

2003）。在北坡，当内潮传入时，便立刻被反射出去，在北坡处只损失了少量的能量，以至于不能使垂直混合明显增强。总体而言，在马里亚纳海沟挑战者深渊底部沿该经向断面的耗散率和垂向混合扩散率分别可达 10^{-8} W/kg 和 10^{-3} m^2/s，与经向结果一致，均达到了一个较强的混合量级。

2.3 深渊水团特性

2.3.1 挑战者深渊水团分布及季节变化

深海所分别于 2015 年和 2016 年对挑战者深渊开展了四个航次的水文调查，

分别是 2015W、2016S1、2016S2 和 2016W 航次，共进行了 30 个深于 3000m 的 CTD 站位观测（图 2.20）（Huang 等，2018）。

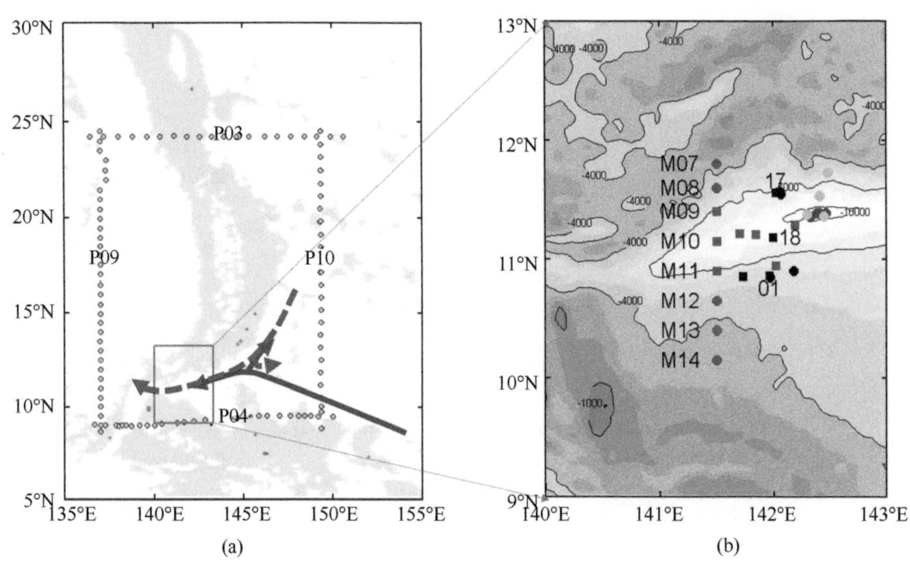

图 2.20　挑战者深渊的地形及四个航次的站点

图（a）中的 P03 P04 P09 P10 表示观测的断面名称；图（b）中的 M07~M14 表示水文站位的站位名称；灰色区域表示水深在 0~4000m 的地方；绿色点、黑色点、红色点和蓝色点分别表示 2015W、2016S1、2016S2 和 2016W 航次的站点

1. 挑战者深渊水团分布

图 2.21 展示了 2016S1 航次位温、盐度、溶解氧和以 3000dbar 参考面的位密 σ_3 的垂直剖面。3000m 以深，位温向下到 5700m 减小至 1.02℃；盐度向下到 5816.3m 增大至 34.699 PSU①；溶解氧是向下增加的，而且最大值是 5.1mg/L（3.56mL/L），这个数值小于 Mantyla 和 Reid（1978）于 1976 年观测到的在 6171 m 的 4.04 mL/L。在 4500m 以深，水团属性随水深变化较小，该水团来自 LCDW，其具有低温、高盐、高密度、富溶解氧的性质。其他三个航次水团属性的垂直剖面有一致的特征。

与伊豆 – 小笠原海沟的 30°N 和 34°N 横断面的位温等值线分布相比（Fujio et al.，2000），针对挑战者深渊的研究结果类似。例如，2016S1 航次沿着 142°E 的经向断面中，位温和位密的等值线在海沟呈下凹的趋势（图 2.22）。在 2016S2 航次，沿着 141.5°E 的位温和位密等值线的变化趋势也呈现下凹趋势，但下凹的位置更靠北，表明更多的冷水聚集在 141.5°E 的南边。Kawabe（1993）发现，菲律宾海最

① PSU 为实用盐度单位，无量纲。

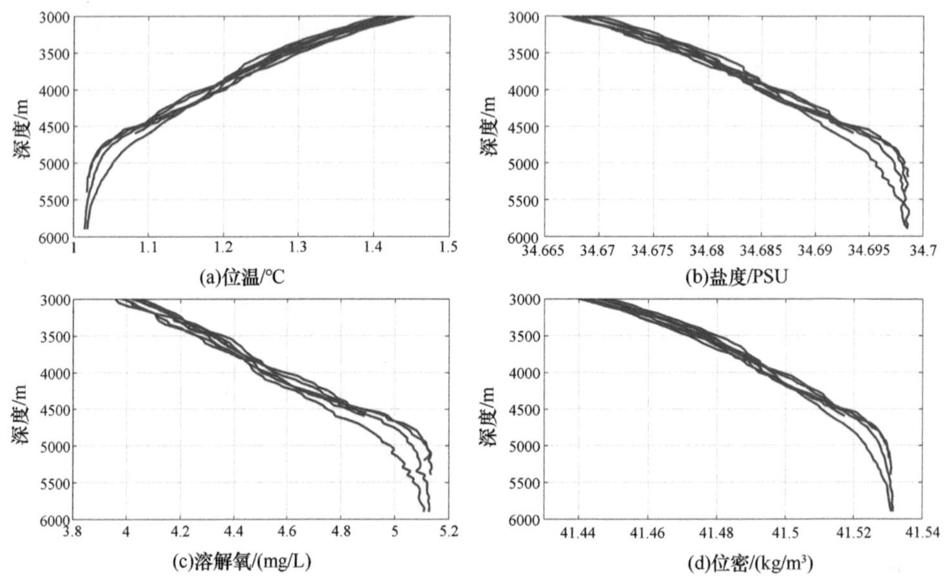

图 2.21　2016S1 航次位温、盐度、溶解氧和以 3000dbar 参考面的位密 σ_3 的垂直剖面

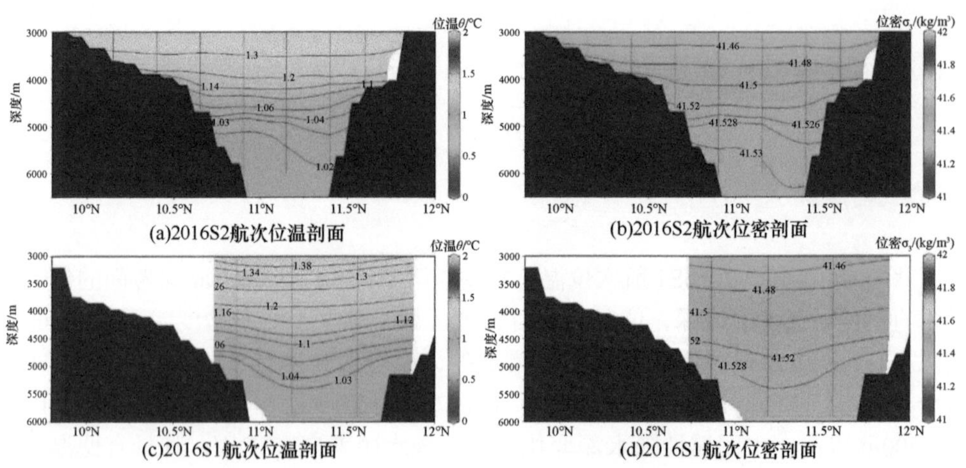

图 2.22　2016S2 航次与 2016S1 航次的位温剖面及位密剖面

大位密（σ_3）为 41.517kg/m^3，出现在靠近雅浦－马里亚纳深层通道的底部。海脊阻碍了温度更低、密度更大的水体进入菲律宾海，密度大于 41.517kg/m^3 的水体没有进入菲律宾海。141.5°E 断面比 141.5°E 断面更靠近雅浦－马里亚纳通道。因此，被海脊阻挡的海水聚集在 141.5°E 的南边。

在海沟，陡峭的地形会导致封闭的地转等值线（f/h 等值线，h 是水柱的总厚度，f 是局地的科里奥利参数）。位势涡度守恒倾向于阻碍水体跨越地转等值线，水体只能通过非地转作用在底部的 Ekman 层跨越地转等值线，这会导致封闭区域内的上升速度比周围的小，并最终使得海沟的位温和位密等值线呈下凹趋。Kawase 和 Straub（1991）关于地转封闭区域的数值实验结果表明，当实验达到最终稳定状态时，流体界面的高度在封闭区域内有永久的下凹，而周围区域有较高的界面。

2. 挑战者深渊水团特性季节性变化

从图 2.23 可以看出，一个明显的温度极小值存在于挑战者深渊的底部。2015W、2016S1、2016S2、2016W 四个航次的温度极小值都在 1.446~1.488℃范围内。在温度极小值以深，温度由于绝热压力会增大。在 2015W 航次，温度向下增大到 8727.3m 的 2.042℃，而在 2016W 航次，温度增大到 8389.9m 的 1.981℃。在夏季（2016S1 航次和 2016S2 航次），温度极小值的深度大约在 4700m，而冬季（2015W 航次和 2016W 航次）的是在 4250.5~4598.9m。温度极小值在冬季的深度明显稍浅于在夏季的深度。根据 Taira 等（2005）在 1992 年冬季的观测，三个站点的温度极小值范围为 1.455~1.470℃，和我们的结果一致，但其温度最小值深度浅于我们 2016 年观测的温度极小值深度。

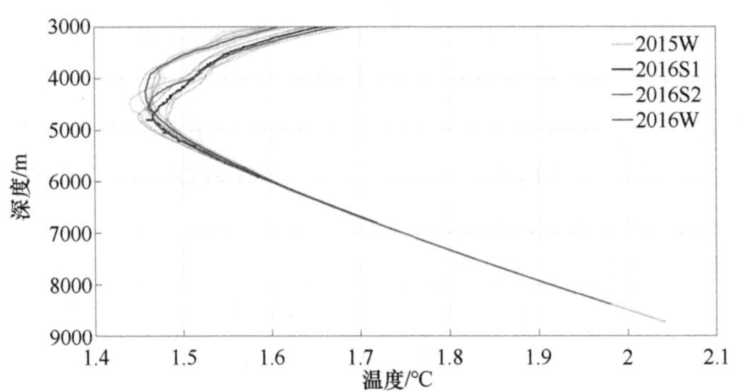

图 2.23　四个航次下的温度垂直剖面

绿色、黑色、红色和蓝色实线分别表示 2015W、2016S1、2016S2 和 2016W 航次站点平均的温度。点表示平均值 ± 标准差

图 2.24 表示 2015W、2016S1、2016S2、2016W 四个航次的温盐点聚图。在同一个位温，2016S1 航次的盐度最高，之后依次为 2016S2、2016W 和 2015W。在同一个位温，2016S1 航次的盐度比 2015W 航次的高 0.004 PSU。2016S1 和 2016S2 为夏季的航次，而 2015W 和 2016W 为冬季的航次。因此，在同一个位温，夏季的底层水体盐度比冬季的盐度更高。

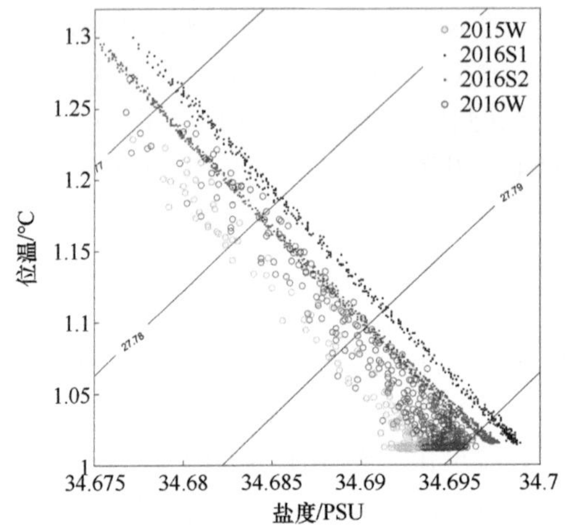

图 2.24　四个航次的温盐点聚图

2.3.2　深渊关键通道水团特性

深渊关键通道对于深渊与大洋、深渊与深渊之间水体和物质交换至关重要。为了了解马里亚纳海沟与雅浦海沟之间水团特性联系，深海所于 2018 年 8 月在雅浦海沟 – 挑战者深渊通道处 140.3°E 经向断面进行了 5 个站位 CTD 全海深观测（图 2.25），此断面最大深度约为 6000m。其中 CTD 数据处理后垂直分辨率为 1m，主要包含温度、盐度和深度等观测要素。

为了探究雅浦 – 马里亚纳海沟通道的海水水团特征分布情况，我们利用航次观测的 CTD 数据将通道区域断面 3000m 以深的位温、盐度、位密垂向分布进行分析。首先通过 CTD 观测的温度、盐度绘制 *T-S* 点聚图，对雅浦 – 马里亚纳海沟通道内海水的水团性质进行判定。

图 2.26（a）表明了中上层水团的分布，依次为北太平洋亚热带次表层水（North Pacific Subtropical Underwater，NPSU），是亚热带盐度最高的水团，位势温度为 24~26℃，盐度为 34.7~35.2 PSU，位密 σ_0 主要为 23.5~24kg/m^3；北太平洋亚热带模态水（North Pacific Subtropical Mode Water，NPSTMW），位温为 16~19℃，盐度为 34.7~34.9 PSU，位密 σ_0 主要为 25.2kg/m^3；北太平洋中央水（North Pacific Central Water，NPCW），从北赤道逆流一直延伸至 40°N，是世界上盐度最低的中央水，最明显特征为低盐度；南极中层水（Antarctic Intermediate Water，AAIW），来源于南极海域，位势温度为 4~6℃，盐度为 34.5 PSU，位密 σ_0 为 27.05~27.5 kg/m^3。

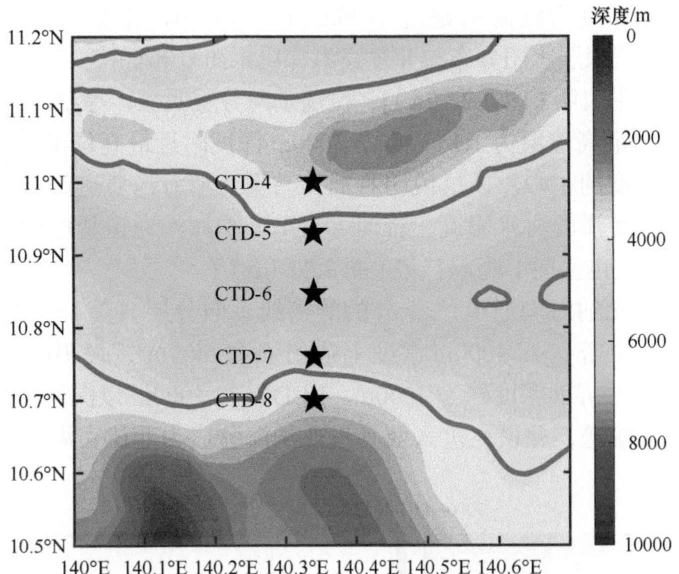

图 2.25　2018 年 8 月科考航次 140.3°E 断面示意图

黑色五角星表示 CTD 站位，紫色粗线表示 4000m 等深线

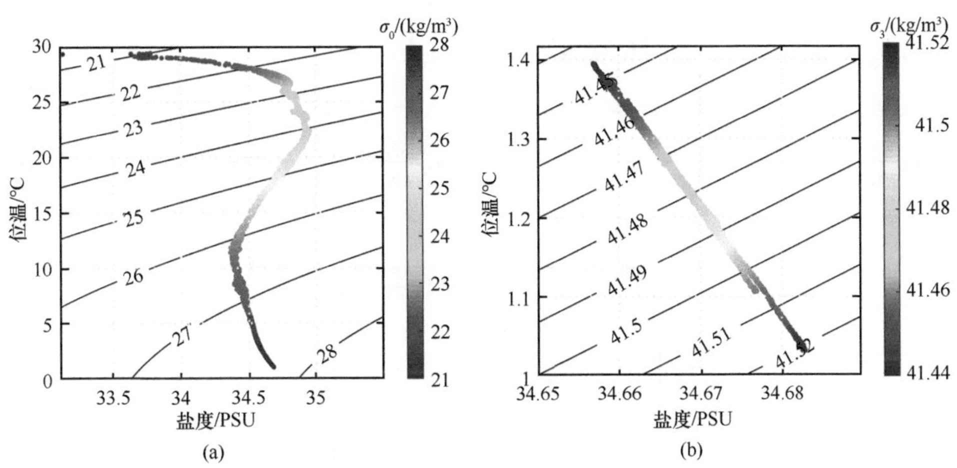

图 2.26　雅浦 – 马里亚纳海沟 2018 年秋季航次观测 140.32°E 断面 *T-S* 图

（a）– 全水深的 *T-S* 图，位密为 σ_0（以海表面为参考面的海水密度）；（b）–3000m 深度以下的 *T-S* 图，位密均为 σ_3（以 3000dbar 为参考面的海水密度）

而超过位密 27.5kg/m^3 的水团，则可以归为深层水团。

图 2.26（b）表明了 3000m 以深水团的分布特征，上层水团是位密 σ_3 为 41.47~41.5kg/m^3 的上层南极绕极深层水（Upper Circumpolar Deep Water，UCDW）

水团，最下层水团则为位密 σ_3 超过 41.5kg/m^3 的 LCDW 水团。可以看出，雅浦－马里亚纳海沟通道深层水团分布与菲律宾海深层水团分布保持一致。

断面观测结果表明[图 2.27（a）]，位温垂向分层明显，等温线呈现凸起趋势，在 4500m 深度上最高位温为 1.15℃。而 3000m 深度附近最高位温只有 1.35℃，小于菲律宾海同深度的 1.42℃，这说明雅浦－马里亚纳海沟通道深层海水温度要小于菲律宾海深层海洋的海水温度。雅浦－马里亚纳海沟通道盐度的垂向分布与温度类似，其等值线也呈向上隆起趋势[图 2.27（b）]。

雅浦－马里亚纳海沟通道位密 σ_3 的等密线垂向分层显著[图 2.27（c）]，等密线向上抬升，位密 σ_3 在 4000m 深度上达到了 41.5kg/m^3，表明该通道处 UCDW 和 LCDW 水团的分界面深度约为 4000m。LCDW 在 4000m 以深通过雅浦－马里亚纳海沟通道向西输送，并最终进入西马里亚纳海盆成为菲律宾海深层环流的重要

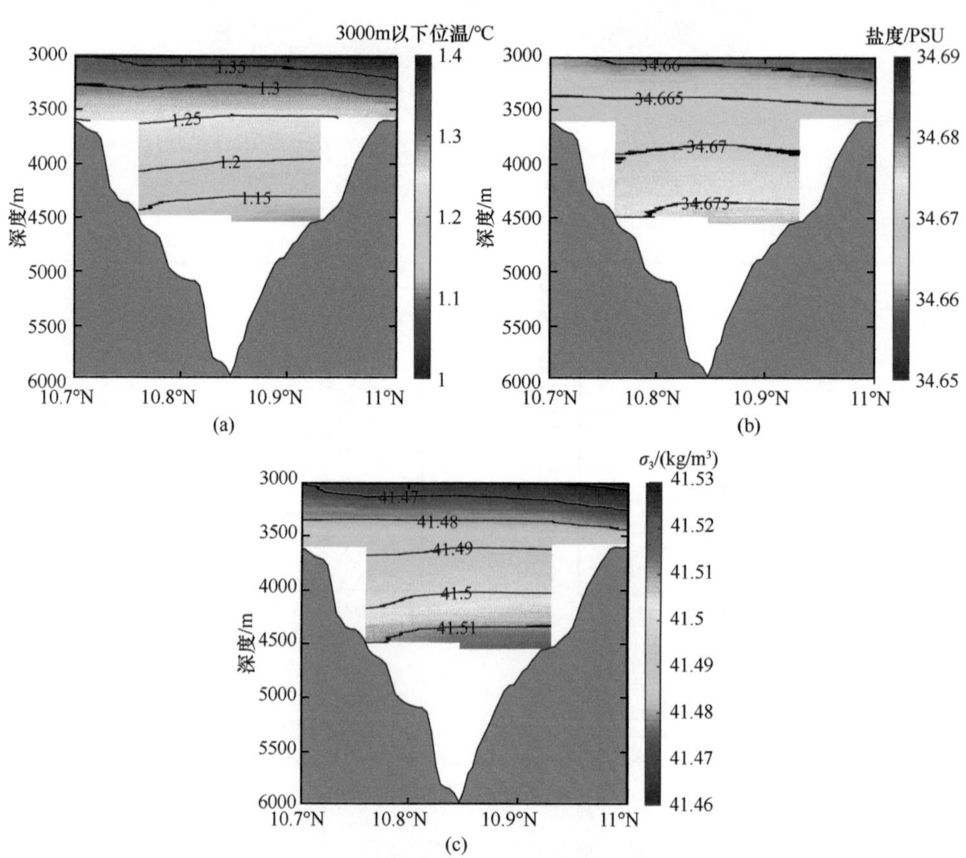

图 2.27　雅浦－马里亚纳海沟通道 140.34°E 断面观测站位以及 3000m 以下位温、盐度、位密 σ_3
（a）-3000m 以下位温图；（b）- 盐度图；（d）- 位密 σ_3 图

组成部分。

位温、盐度、位密等值线在雅浦－马里亚纳海沟通道的抬升表明，在通道狭窄的地形影响下，深层海水会受到地形影响产生抬升运动，进而影响深层水团的垂向分布。

参考文献

Fujio S, Yanagimoto D, Taira K. 2000. Deep current structure above the Izu - Ogasawara Trench. Journal of Geophysical Research: Oceans, 105(C3): 6377-6386.

Hallock Z R, Teague W J. 1996. Evidence for a North Pacific deep western boundary current. Journal of Geophysical Research: Oceans, 101(C3): 6617-6624.

Haren V H, Berndt C, Klaucke I. 2017. Ocean mixing in deep-sea trenches: New insights from the Challenger Deep, Mariana Trench. Deep Sea Research Part I: Oceanographic Research Papers, 129: 1-9.

Huang C, Xie Q, Wang D, et al. 2018. Seasonal variability of water characteristics in the Challenger Deep observed by four cruises. Scientific Reports, 8(1): 11791.

Kawabe M. 1993. Deep water properties and circulation in the western North Pacific. Elsevier oceanography series. Elsevier, 59: 17-37.

Kawase M, Straub D. 1991. Spinup of source-driven circulation in an abyssal basin in the presence of bottom topography. Journal of Physical Oceanography, 21(10): 1501-1514.

Legg S, Adcroft A. 2003. Internal wave breaking at concave and convex continental slopes. Journal of Physical Oceanography, 33(11): 2224-2246.

Lien R C, Tang T Y, Chang M H, et al. 2005. Energy of nonlinear internal waves in the South China Sea. Geophysical Research Letters, 32(5): L05615.

Mantyla A W, Reid J L. 1978. Measurements of water characteristics at depths greater than 10 km in the Marianas Trench. Deep Sea Research, 25(2): 169-173.

Mantyla A W, Reid J L. 1983. Abyssal characteristics of the World Ocean waters. Deep Sea Research Part A. Oceanographic Research Papers, 30(8): 805-833.

Munk W, Wunsch C. 1998. Abyssal recipes II: Energetics of tidal and wind mixing. Deep-sea research. Part I, Oceanographic Research Papers, 45(12): 1977-2010.

Owens W B, Warren B A. 2001. Deep circulation in the northwest corner of the Pacific Ocean. Deep Sea Research Part I: Oceanographic Research Papers, 48(4): 959-993.

Qu T, Girton J B, Whitehead J A. 2006. Deepwater overflow through Luzon strait. Journal of Geophysical Research: Oceans, 111(C1): C01002.

Siedler G, Holfort J, Zenk W, et al. 2004. Deep-water flow in the Mariana and Caroline Basins. Journal of Physical Oceanography, 34(3): 566-581.

St. Laurent L C, Simmons H L, Jayne S R. 2002. Estimating tidally driven mixing in the deep ocean. Geophysical Research Letters, 29(23): 2016.

Taira K, Kitagawa S, Yamashiro T, et al. 2004. Deep and bottom currents in the Challenger Deep, Mariana Trench, measured with super-deep current meters. Journal of Oceanography, 60(6): 919-926.

Taira K, Yanagimoto D, Kitagawa S. 2005. Deep CTD casts in the challenger deep, Mariana Trench. Journal of Oceanography, 61(3): 447-454.

Tian J, Yang Q, Zhao W. 2009. Enhanced diapycnal mixing in the South China Sea. Journal of Physical Oceanography, 39(12): 3191-3203.

Warren B A, Owens W B. 1988. Deep currents in the central subarctic Pacific Ocean. Journal of Physical Oceanography, 18(4): 529-551.

Whitworth III T, Warren B A, Nowlin Jr W D, et al. 1999. On the deep western-boundary current in the Southwest Pacific Basin. Progress in Oceanography, 43(1): 1-54.

第3章

马里亚纳深渊狮子鱼的适应机制

何舜平[1]　王　堃[2]

1. 中国科学院深海科学与工程研究所

2. 西北工业大学

3.1 引言

3.1.1 深渊狮子鱼简介

由于深渊区域静水压极高、环境黑暗寒冷、食物资源匮乏，这一区域属于地球上最恶劣的环境之一。静水压是深海最为不利的因素，其压力平均每百米增加10个标准大气压，在万米海沟可达1000个标准大气压。然而，这里依然是生命繁荣生长的乐园。深渊探索的热潮最早开始于20世纪50年代，近年来的技术进步则推动了新一轮的探索热潮。目前，人们已经在深渊带发现了数百个物种，包括微生物、原生生物、蠕虫、多孔菌、软体动物、棘皮动物、甲壳动物、刺胞动物和鱼类（Jamieson，2015；Wolff，1970）。

能在6000m及以下生活的鱼类主要包括深海鲑科、鼠尾鳕科、鼬鳚科、潜鱼科以及狮子鱼科的部分鱼类。在这些类群中，尤其以狮子鱼分布深度最深，垂直分布深度跨度最大，从潮间带到海底8100m都有报道（Chernova，2004；Linley et al.，2016）。深渊狮子鱼隶属鲈形目（Percoformes）、鲉形目（Scorpaeniformes）、杜父鱼亚目（Cottoidei）狮子鱼科（Liparidae）。前部亚圆筒形，后部渐侧扁狭小，头宽大平扁，吻宽钝，口端位，上颌稍突出。眼小，上侧位。鳃孔中大。体无鳞，皮松软，光滑或具颗粒状小棘。背鳍延长，连续或具一缺刻，鳍棘细弱，与鳍条相似。臀鳍延长；尾鳍平截或圆形，常与背鳍和臀鳍相连。胸鳍基宽大，向前伸达喉部。腹鳍胸位，在浅海类群中具有腹鳍愈合特化形成的吸盘，而在多数深海种类，如副狮子鱼属等，它们的吸盘退化，形成了丝状腹鳍，主要分布于北太平洋、北大西洋及北极海，少数见于南极海。此外，近期的研究也表明狮子鱼是深渊带的顶级捕食者（Blankenship and Levin，2007；Fujii et al.，2010）。然而，人们对这类物种深海适应的分子机制和遗传演化历史的研究仍然十分有限。

2016年，美国科学家在马里亚纳深渊7415m深处观测到了一个新的狮子鱼物种（Gerringer et al.，2017）。随后，我国科研探索者也在此捕获了狮子鱼生物样本。研究人员采用了比较形态学、基因组学和转录组学的手段对其进行了深入的研究，初次解析了深海适应的分子机制。

3.1.2 深渊样品采集

本章（Wang et al., 2019）研究分别于2016年7月19日和2017年1月30日在马里亚纳挑战者深渊三个地点（141°56.8663′E，10°59.2497′N；142°16.7761′E，11°01.0362′N；141°56.1962′E，10°59.6724′N）进行了样品采集，深度分别为7125m、7034m和6879m（表3.1，图3.1）。这些狮子鱼标本在中国科学院水生生

表 3.1　狮子鱼样品采集信息（Wang et al., 2019）

物种	原始编号	本章编号	地点（深度）	采样日期	着陆器	性别	用途
深渊狮子鱼（*Pseudoliparis swirei*）	snailfish No. 0 MT-2016	hadal01	141°56.8663′E，10°59.2497′N（7125 m）	2016 年 7 月 19 日	天涯	雄性	基因组测序，解剖，DNA barcoding
	snailfish No. 1 MT-2016		142°16.7761′E，11°01.0362′N（7034 m）	2016 年 7 月 28 日	海角	未知	表型观测，X-ray，MicroCT
	snailfish No. 2 MT-2016					雌性	表型观测，X-ray
	snailfish No. 3 MT-2017	hadal02	141°56.1962′E，10°59.6724′N（6879 m）	2017 年 7 月 30 日	天涯	未知	全基因组重测序，RNA-Seq
	snailfish No. 4 MT-2017	hadal03				未知	
细纹狮子鱼（*Liparis Tanakae*）	Liparis No. 0 MT-2016		The South Central of the Yellow Sea（about 20 m）	2016 年 12 月 12 日		未知	基因组测序
	Liparis No. 1 MT-2016					未知	表型观测

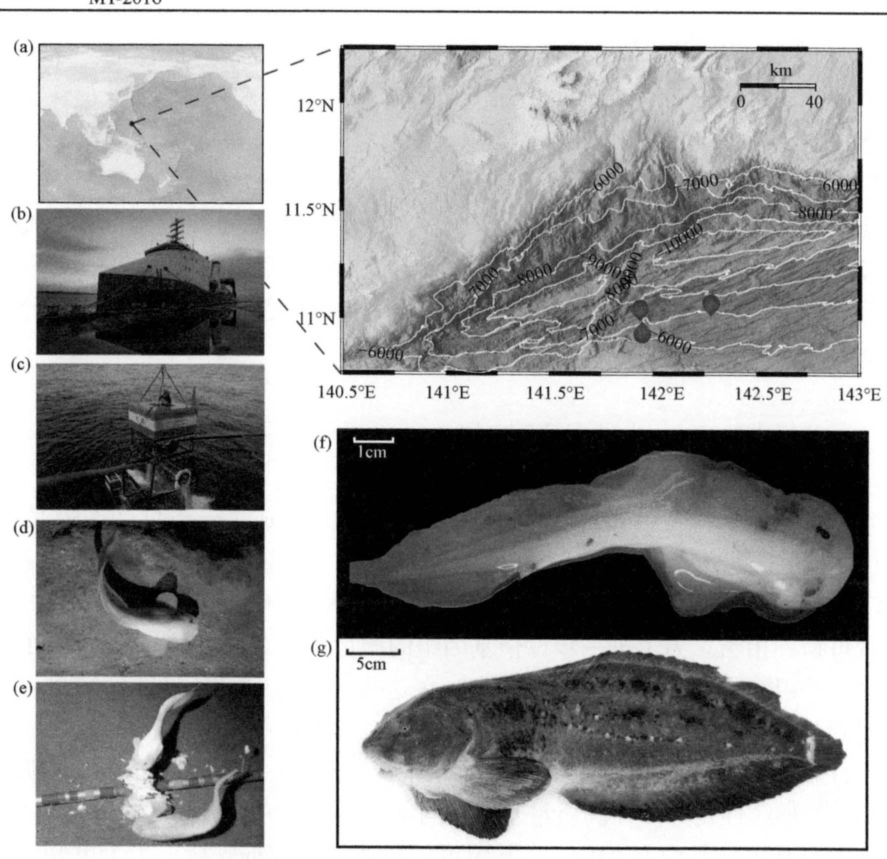

图 3.1　深渊狮子鱼的取样信息和形态特征（Wang et al., 2019）

（a）- 马里亚纳海沟内的收集地点地图；（b）- 研究船“探索一号”；（c）- 深海着陆器“天涯”；（d）、（e）- 在 7034m 记录的深渊狮子鱼图片；（f）- 深渊狮子鱼在甲板上的图片；（g）- 细纹狮子鱼的图片

物研究所完成鉴定，物种名均为 *Pseudoliparis swirei*。

在 7034m 的第一个地点捕获的五个标本中的两个用于形态学研究。捕获后将其中一个标本固定在 95% 乙醇中，并将其全身用于形态学鉴定。另一份标本在航行期间在船上冷冻后固定在 10% 福尔马林中作为模式标本。来自第二个位点的 6879m 深度的两个样本用于转录和重测序研究，而来自第三个位点的 7125m 的三个样本中的一个用于基因组测序。同时，为进行比较分析，于 2017 年在黄海南部采集了深渊狮子鱼的近缘物种细纹狮子鱼。

3.2 深渊狮子鱼形态学及遗传物质

3.2.1 形态学比较研究

通过视频观察发现，这些深渊狮子鱼可以在海床上敏捷地移动，并可以在黑暗中准确和迅速地觅食。其体型和大小与浅海的细纹狮子鱼相似，但深渊狮子鱼通体透明，可以通过皮肤和腹壁清楚地看到它的肌肉和内脏 [图 3.1（e）]。通过 CT 扫描，可以观测到深渊狮子鱼卵径较大（7.1 mm），其眼眶较眼球要大很多，几乎占据整个头部。此外，本章研究在其胃中发现了 98 个完整的甲壳类个体（图 3.2），这些甲壳类生物分别属于三个不同的物种，其中占比最大的为钩虾，拉丁名为 *Hirondellea gigas*。此前的报道也表明钩虾在马里亚纳海沟底部十分繁盛（Lan et al.，2017）。

3.2.2 深渊狮子鱼遗传物质解析

深渊狮子鱼基因组由 6094 个支架（scaffold）构成，scaffold 的 N50 长度为 418.46kB，重叠群（contig）的 N50 长度为 337.85kB，基因组总长为 684MB（表 3.2）。BUSCO 评估表明，91.7% 的辐鳍鱼保守基因在基因组中是完整的，这一指标与其他真骨鱼物种相当。为了进一步评估基因组的质量，对 28 个组织样品进行了转录组测序，并组装得到了 40145 个转录本。在这些转录本中，有超过 89% 可以完整地比对到基因组上，覆盖区域超过基因组总长度 90%，进一步表明了基因组组装的完整性较高。同时，有超过 80% 的转录本只比对到一条 scaffold 上，表明了基因组组装的连续性良好。在高质量基因组的基础上，研究人员共注释得到了 25262 个蛋白编码基因，其中有 23043 个基因可以被转录本数据支持。为了更好地进行比较分析，研究人员对其近缘种，细纹狮子鱼（*Liparis Tanakae*）的基因组也进行了组装测序。

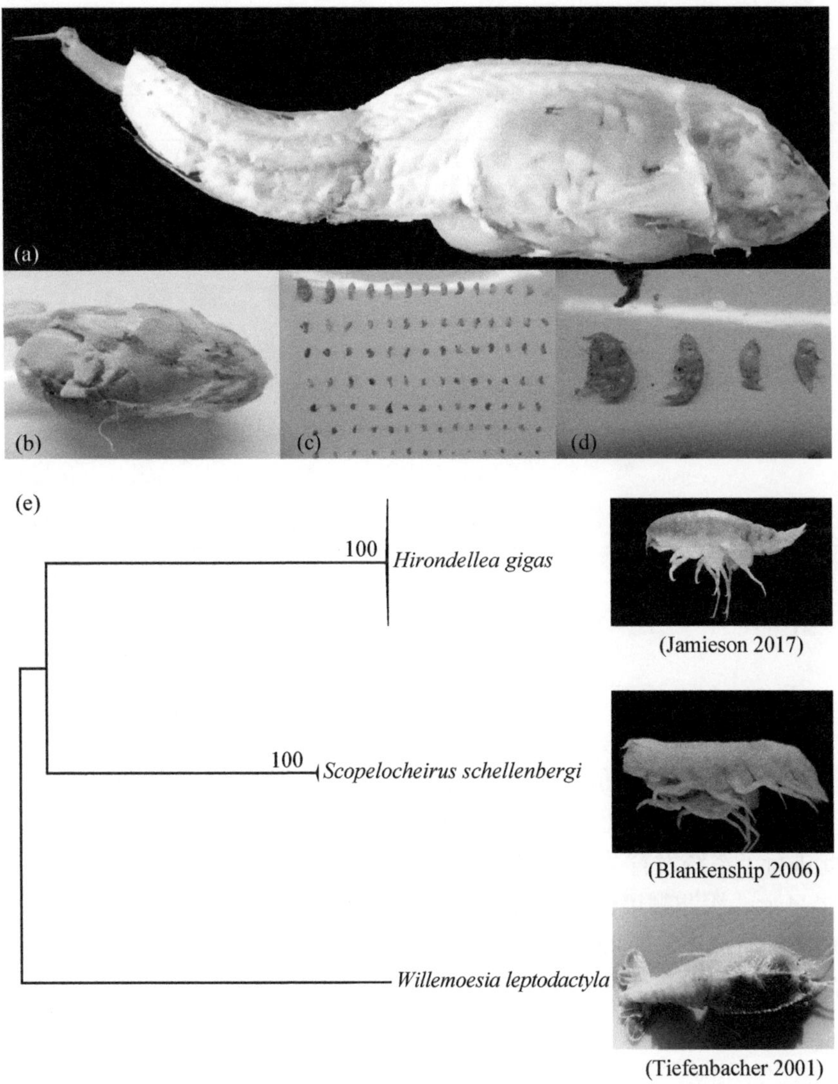

图 3.2　在深渊狮子鱼体内发现了 98 个完整的甲壳类个体（Wang et al., 2019）

（a）、（b）- 用于解剖的狮子鱼个体；（c）、（d）- 在胃中发现的甲壳类样本；（e）- 随机选择的 49 个个体的 DNA barcoding 分类结果

深渊狮子鱼的基因组比细纹狮子鱼要大 21.9%（150MB），这可能是深渊狮子鱼重复序列扩张所导致的。而包含 GC 值、密码子偏好、基因长度和内含子长度在内的其他基因组特性则与细纹狮子鱼类似，这表明这些基础的基因组特性与深渊适应可能关联较小。

表 3.2 深渊狮子鱼和细纹狮子鱼的组装概况（Wang et al., 2019）

	深渊狮子鱼				细纹狮子鱼			
	重叠群		支架		重叠群		支架	
	长度 /kB	数量	长度 /kB	数量	长度 /kB	数量	长度 /kB	数量
N90	38.88	2980	5.80	2194	1.54	63915	18.14	984
N80	77.85	1772	112.11	1344	3.09	41491	250.13	430
N70	132.46	1091	183.84	866	4.83	28801	483.96	277
N60	215.55	684	288.00	562	6.81	20225	767.84	188
N50	337.85	431	418.46	361	9.13	13974	1137.37	130
最长长度（bp）	4977702		6264711		139386		5329700	
总数	8506		6094		184499		107905	
总长度（bp）	681701853		683838013		492483671		533839609	

3.3 深渊狮子鱼的演化历史

3.3.1 系统发育关系

本章研究对深渊狮子鱼和浅海的细纹狮子鱼以及河豚、剑尾鱼、鳕鱼、斑马鱼、比目鱼，以及太平洋蓝鳍金枪鱼进行聚类，鉴定出 3915 个 1:1 的直系同源基因，以此进行了系统发育关系构建和分化时间推断（图 3.3）。

结果显示，深渊狮子鱼和细纹狮子鱼的分化时间约为 2022 万年，相较马里亚纳海沟形成的时间要早 1000 万年。今后还需要不同深度的更多样本来阐明深渊狮子鱼如何逐步进入深渊带。

3.3.2 群体动态

狮子鱼是深渊带的优势物种，也是顶级捕食者，因此深渊狮子鱼可能具有相对较大的群体大小。与这一预期相吻合的是，深渊狮子鱼的杂合度在 0.36%~0.51%，与其他真骨鱼物种相当，并高于细纹狮子鱼（0.26%）。通过对这两种狮子鱼的群体动态重建，我们发现深渊狮子鱼具有相对较高的群体大小，且在约 5 万年前有一次近期扩张。进一步通过更多个体的数据验证了这一扩张事件，这可能与某些未知的地质环境事件相关。此外，此次采样获得的三个个体之间的分化时间分别为 136 万年和 294 万年，进一步表明了深渊狮子鱼具有较高的群体多样性。

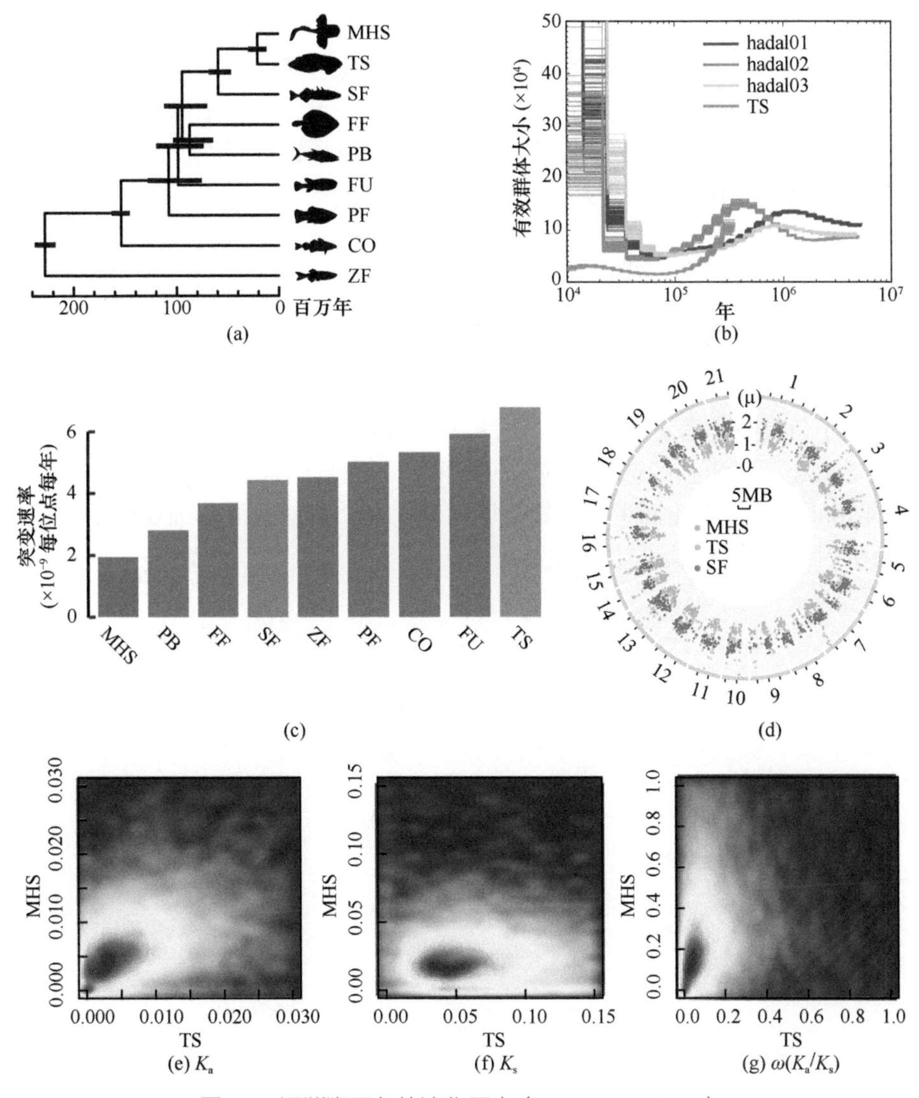

图 3.3　深渊狮子鱼的演化历史（Wang et al., 2019）

（a）- 从四倍简并位点推断的最大似然树，灰色矩形表示置信区间；（b）- 由 PSMC 估计的种群历史；（c）、（d）- 深渊狮子鱼和其他物种的核苷酸突变速率比较；（e）、（g）- 非同义突变速率 [K_a,（e）]、同义突变速率 [K_s,（f）] 和 K_a/K_s（g）的二维密度分布；MHS：深渊狮子鱼，TS：浅海的细纹狮子鱼，SF：三刺鱼，FF：比目鱼，PB：太平洋蓝鳍金枪鱼，FU：河豚，PF：剑尾鱼，CO：鳕鱼，ZF：斑马鱼

3.3.3　核苷酸突变速率

通过构建系统发育树和比较全基因组的序列，发现深渊狮子鱼的核苷酸突变速率只有细纹狮子鱼的三分之一，同时也是真骨鱼类群中突变速率最低物种之一。

突变速率与很多因素相关，如环境、代谢速率、生物本身的特性以及世代时间。而深渊生物通常具有更低的突变速率，深渊狮子鱼可能也是如此。相较于浅海的细纹狮子鱼，深渊狮子鱼雌性个体产卵更少但卵径更大。由于深渊环境食物资源相对匮乏，更大的卵可能会帮助其幼体更容易存活，这可能使得深渊狮子鱼具有更长的世代周期，并最终使得其具有更低的突变速率。

3.3.4 自然选择强度的改变

尽管深渊狮子鱼在核苷酸水平上的突变率很低，但在蛋白水平却并非如此。深渊狮子鱼的 K_s 明显低于浅海的细纹狮子鱼，但两个物种具有非常相似的 K_a，因此深渊狮子鱼具有显著更大的 K_a/K_s 比率（ω）[图 3.3（e）、（g）]，这可能意味着深渊狮子鱼经历了更强的选择效应。另外两种研究自然选择压力的指标（NS/S 和 0-fold/4-fold 杂合位点比例）也同样表明（图 3.4），相对浅海的细纹狮子鱼，深渊狮子鱼基因组上的自然选择信号更强。

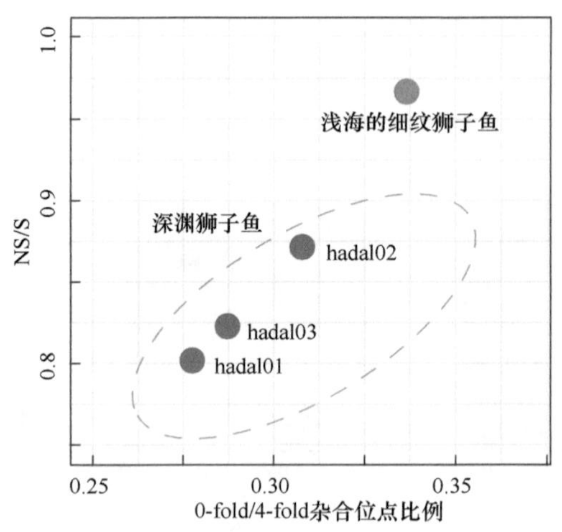

图 3.4 深渊狮子鱼和细纹狮子鱼受自然选择压力的比较（Wang et al., 2019）

3.4 深渊狮子鱼适应机制

近年来，深潜技术和基因组测序技术的进步为研究人员提供了研究深海生物适应性前所未有的机会。对马里亚纳深渊 7000 m 水深处的狮子鱼的基因组测序揭示了这类物种仅仅通过数百万年就适应了深渊环境。虽然其核苷酸突变速率很低，但其氨基酸替换速率较快，这保证了其对环境适应的可塑性。该物种存在大量的适应性改变，以承受深海环境的巨大压力和其他挑战。基因组分析表明，深渊狮子鱼耐压软骨、视觉和色素丢失、细胞膜流动性增强且蛋白质稳定增强等各个方面共同使其得以适应深海极端环境。在这项研究中发现的众多遗传变化将启发研究人员去了解脊椎动物物种如何在深渊生存。

3.4.1 特殊表型的分子机制

在地面上，脊椎动物通常有一个由硬骨构成的封闭的颅骨空间，以保护大脑并保持适当的颅内压。在深海环境中，由于压力非常高，一个坚固的封闭空腔无法支撑抵抗力，解决这个问题的唯一方法就是拥有一个开放的系统。所以即使鱼类有骨骼系统来保持自身的形状，头骨也必须打开以保持压力平衡。因此，深渊生物群主要是无骨生物，如十足类和甲壳类，只有少数结构发生变化的脊椎动物才能在这一地区生存。使用 Micro-CT，我们发现深渊狮子鱼的头骨不是完全封闭的（图 3.5），这使得其头骨内部与外部压力平衡。此外，深渊狮子鱼的骨骼没有

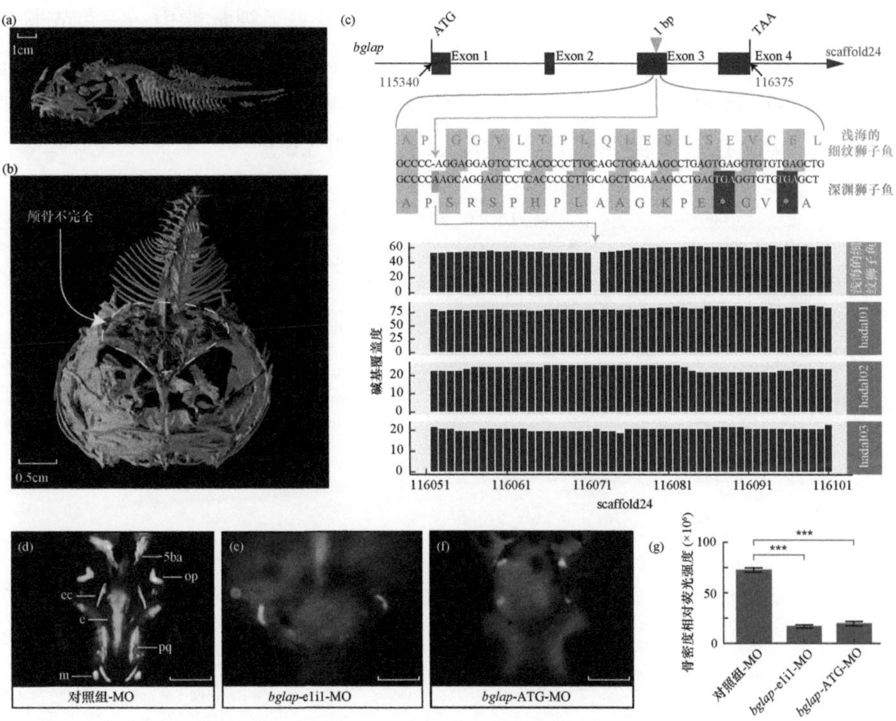

图 3.5 深渊狮子鱼不完整的颅骨与 *bglap* 的提前终止有关（Wang et al., 2019）

使用 Micro-CT 对（a）整个骨骼和（b）整体头骨进行形态计量扫描的结果；（c）- 基因结构（上部），核苷酸和氨基酸序列的比对（中间），以及 *bglap* 基因中的 read depth（底部）；（d）~（g）-*bglap* 敲降对骨钙沉积的影响

完全硬化。调节软骨钙化和骨骼发育的骨钙基因 *bglap9~11*，在深渊狮子鱼中出现了提前终止，这可能导致了这一基因的假基因化或者严重的功能改变。为了评估 *bglap* 在鱼类中的作用，使用两种寡核苷酸分别对斑马鱼的 *bglap* 进行了敲降，其中一个用以阻止 *bglap* 第一个内含子的剪切，另一个用以阻止 *bglap* 的翻译。本章研究发现，*bglap* 敲降的斑马鱼胚胎在第五天的骨钙含量要显著低于正常胚胎。这一结果表明，与哺乳动物类似（Gavaia et al.，2006；Kavukcuoglu et al.，2009；Li et al.，2016），*bglap* 的表达同样会影响鱼类骨骼的表达。因此，深渊狮子鱼中的 *bglap* 提前终止可能与其特殊的骨骼形态以及骨骼软化相关。

海下 7000m 几乎是无光环境，深渊狮子鱼对深海着陆器的灯光没有应激反应。因此，本章研究对深渊狮子鱼晶状体蛋白和视蛋白基因的变化进行了比较基因组分析，发现几个重要的光感受器基因在其中发生了丢失（图 3.6）。同时，只有 5 个光感基因存在表达信号，其中 3 个（*rh1*、*rgra* 和 *rgrb*）在头部样品中特异表达。由 *rh1* 产生并由 *rgr22* 再生的视紫红质是一种在视杆细胞中发现的对光非常敏感的受体蛋白，在暗视觉中发挥作用（Chen et al.，2001；Nathans，1992）。本章推测深渊狮子鱼可能保留了一些感光的能力，或者逐渐失去了视觉能力——首先是失去颜色感知，然后是感知任何形式的光的能力。此外，与其他生活在黑暗中的鱼类一样（McGaugh et al.，2014），深渊狮子鱼皮肤透明。这主要是由于一个重要的色素沉着基因 *mc1r* 在这个物种中已经完全丢失了（图 3.6）。

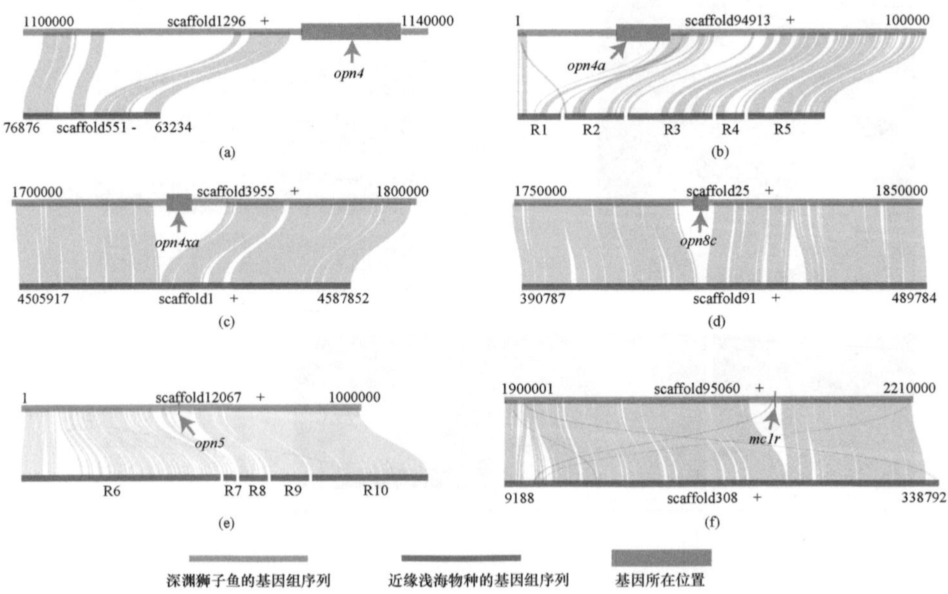

图 3.6 深渊狮子鱼中视觉和色素相关基因的丢失（Wang et al., 2019）

3.4.2　细胞膜上的适应改变

细胞膜是由各种蛋白质镶嵌的脂质层。静水压会降低脂质双层的流动性及其相变的可逆性，最终导致膜相关蛋白的变性和功能紊乱。压力也会使膜变硬、流动性变差，阻碍运输功能。对深渊狮子鱼和其他八种硬骨鱼的基因家族分析发现，深渊狮子鱼中有 310 个基因家族发生了显著的扩张，其中最显著的扩张发生在与脂肪酸代谢有关的基因家族中（图 3.7）。磷脂是细胞膜的主要组成成分，其脂肪酸成分受到调节以维持膜的有序性和流动性。生物化学研究表明，深海适应性生物的膜比浅海生物的膜所含的不饱和脂肪酸含量所占百分比更高（Cossins and MacDonald，1984；Fang et al.，2000）。二十二碳六烯酸（DHA）已被证明能够显著改变膜的许多基本性质，包括芳香链有序性、“流动性”、弹性压缩性、渗透性和高压下的蛋白质活性。DHA 生物合成的最后一步是过氧化物酶体 β- 氧化，而 *acaa1* 编码的蛋白质乙酰辅酶 A 酰基转移酶是这一过程中的限速酶。研究人员发

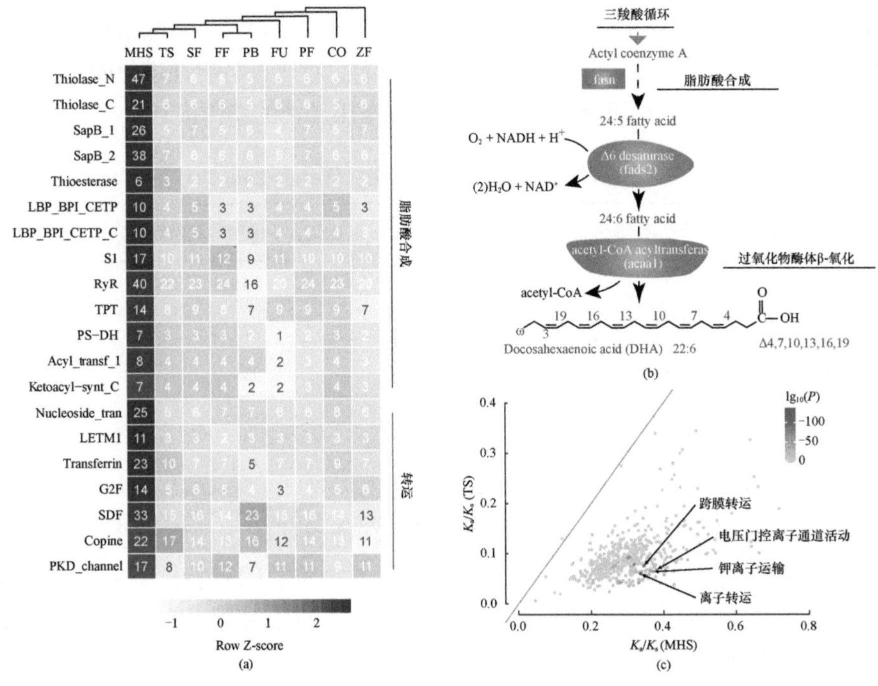

图 3.7　深渊狮子鱼基因组的基因家族扩张和适应性进化（Wang et al., 2019）

（a）- 脂肪酸合成和运输相关功能基因在深渊狮子鱼中发生扩张（HS：深渊狮子鱼，TS：浅海的细纹狮子鱼，SF：三刺鱼，FF：比目鱼，PB：太平洋蓝鳍金枪鱼，FU：河豚，PF：剑尾鱼，CO：鳕鱼，ZF：斑马鱼）；（b）- 在二十二碳六烯酸（DHA）生物合成途径中，扩张基因用蓝色着色；（c）- 快速进化的 GO。数据点表示深渊狮子鱼和浅海的细纹狮子鱼按 GO 分类的平均 K_a/K_s 比率。每个点表示非同义突变中积累的显著性（P 值，单边二项检验）

现深渊狮子鱼基因组中 *acaa1* 基因有 15 个拷贝，而其他的硬骨鱼只有 5 个拷贝（图 3.7）。另一个参与 DHA 生物合成的 *fasn* 基因在深渊狮子鱼基因组中也表现出了拷贝数的增加。这些基因拷贝数的变化可能促使了深渊狮子鱼具有更丰富的流动性脂质，这一特性使它们能够在世界上最深的海沟生存下来并展现出较强的适应性。其他显著扩张的基因家族具有离子和溶质转运相关功能，如 *tfa* 和 *slc29a3*，这与深海生物需要抵抗高压引起的流体运输的抑制相一致。虽然扩张的基因家族中的大多数基因家族的功能仍有待研究，但它们为进一步研究深海狮子鱼对极端静水压的适应机制提供了线索。

深渊狮子鱼的深海适应可能是由于不同的基因家族受到强烈的选择压力。与浅海的细纹狮子鱼相比，“离子运输”“跨膜运输”“钙离子运输”过程的 GO 显示出明显更高的蛋白质进化速率（图 3.7，表 3.3）。同时 86 个正选择基因富集到了“跨膜转运”“腺苷三磷酸（ATP）结合”“离子转运”等功能。在正选择的基因中，79 个基因具有已知功能，其中 18 个与跨膜转运系统相关，包括 3 个 ATP 依赖性转运蛋白，4 个离子通道基因和 11 个次级转运蛋白基因。早期的研究表明，高压抑制了膜运输基因的活性，而深海物种的 Na^+/K^+-ATP 酶等蛋白质的压力敏感性低于浅海物种（Kato et al.，2002）。因此，这些在深渊狮子鱼中特异性进化的基因可能与它们在维持运输活动和细胞稳态中的作用有关，从而使它们即使在高压下也能存活。对这些特异性进化的基因进行氨基酸变异分析将会进一步了解跨膜转运蛋白适应高压环境的遗传机制。

表 3.3 正选择基因富集的 GO 通路（Wang et al., 2019）

基因集合编号	类型	基因集合功能	基因集合中的正选择基因数量	基因集合中的所有基因数量	转正后的显著性 P-value
GO:0055085	BP	跨膜转运	10	346	2.64×10^{-3}
GO:0005524	MF	ATP 结合	16	923	1.12×10^{-2}
GO:0006811	BP	离子转运	7	283	4.65×10^{-2}

3.4.3 高压下的蛋白活性维持

深海巨大的静水压强烈地抑制了蛋白质的功能，影响蛋白质折叠和酶的活性。因此生存在深海的物种必须要建立一个能保持蛋白质的固有特性并具有抗压能力的细胞内环境。目前，深海生物得以维持蛋白功能的主要假设有生理适应机制和结构适应机制两种。

生理适应机制指一些小的溶质分子可以对蛋白起到保护作用，如氧化三甲胺（TMAO）的积累可以使蛋白质在高静水压下保持功能。TMAO 是一种生理上重要的蛋白质稳定剂，它可以将变性的蛋白质恢复到其自然属性。此前研究发现，TMAO 在硬骨鱼中的表达丰度随着海洋深度的增加而增加；深海物种在所有组织中的 TMAO 水平显著高于浅海物种（Yancey et al.，2014）。大多数硬骨鱼基因组含有五个拷贝的 TMAO- 生成酶——黄素单氧化酶 3（*fmo3*），其中四个是串联重复（图 3.8）。这四个串联重复拷贝的第一个基因（*fmo3a*）在深渊狮子鱼的肝脏中

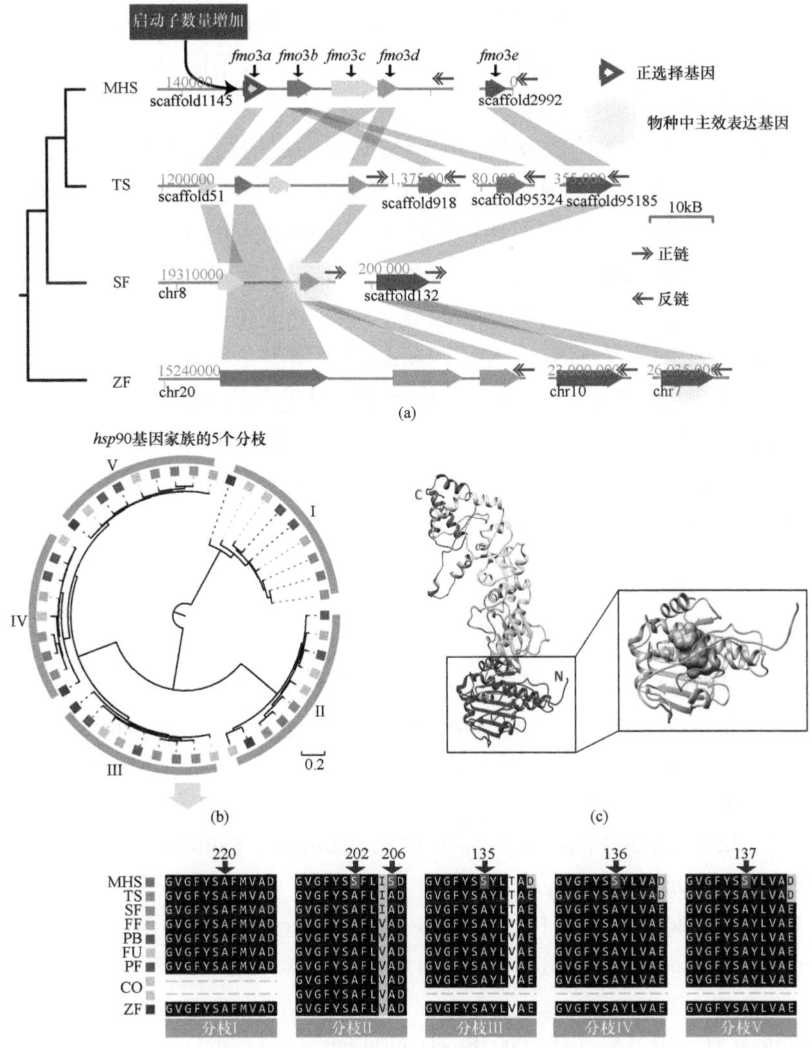

图 3.8　深渊狮子鱼通过增加的蛋白质稳定性抵抗静水压力（Wang et al., 2019）

（a）- 编码 TMAO 产生酶，*fmo3* 的基因的演化模型；（b）- 最大似然树和鱼 *Hsp90* 序列的比对，深渊狮子鱼特有的氨基酸用红色突出显示；（c）-*Hsp90* 蛋白的三维视图，整个氨基酸序列的同源模型显示在左侧图中，Ser202（青色）显示为球形模式，右侧放大图显示了相应的 N- 末端模型，配体结合口袋呈橙色并以平面模式显示；HS：深渊狮子鱼，TS：浅海的细纹狮子鱼，SF：三刺鱼，FF：比目鱼，PB：太平洋蓝鳍金枪鱼，FU：河豚，PF：剑尾鱼，CO：鳕鱼，ZF：斑马鱼

发生了高表达。本章研究发现，在深渊狮子鱼中表达最强的*fmo3*基因其表达水平因物种而异。由于这些拷贝分化久远，相应的蛋白质结构有明显差异，因此*fmo3*的不同拷贝可能具有不同的催化效率。有趣的是，*fmo3a*基因在深渊狮子鱼中受到了正选择的作用。此外，在深渊狮子鱼中预测到的该基因上游的启动子（5个拷贝）数量比浅海的细纹狮子鱼（1个拷贝）和三刺鱼（2个拷贝）更多。这些在基因蛋白质编码和调控序列的变化表明，深渊狮子鱼具有一种不同寻常的合成TMAO的能力，用以增强蛋白质的稳定性。

蛋白质本身的氨基酸构成及其三维结构对压力适应可能也存在一定的适应性。将深渊狮子鱼所有蛋白的氨基酸组成和替换模式与其他真骨鱼物种进行了对比，本章并没有在深渊狮子鱼中发现整体性的改变。但前人的研究表明，某些蛋白的演化模式确实会对静水压做出响应。本章进一步在全基因组水平扫描了是否可能在部分基因家族中存在共同的氨基酸改变。最终发现在*Hsp90*基因家族中，五个拷贝中的四个都在同一个地方出现了丙氨酸到丝氨酸的替换（图3.8），而这个氨基酸位点在真骨鱼中极为保守。*Hsp90*基因家族对蛋白的正确折叠有极为重要的作用。通过对蛋白结构的模拟，发现这个氨基酸突变发生在一个非常保守的FYSSX motif附近，可能会引起其与ATP绑定的效应。因此，推测这一趋同性的改变对深渊狮子鱼的蛋白稳定性有一定的帮助。

参考文献

Blankenship L E, Levin L A. 2007. Extreme food webs: Foraging strategies and diets of scavenging amphipods from the ocean's deepest 5 kilometers. Limnology and Oceanography, 52: 1685-1697.

Chen P, Hao W S, Rife L, et al. 2001. A photic visual cycle of rhodopsin regeneration is dependent on Rgr. Nature Genetics, 28: 256-260.

Chernova N V. 2004. Family Liparidae Scopoli 1777, snailfishes. California Academy of Sciences Annotated Checklists of Fishes, 31: 1-72.

Cossins A R, MacDonald A G. 1984. Homeoviscous theory under pressure: Ⅱ. The molecular order of membranes from deep-sea fish. Biochimica et Biophysica Acta (BBA) - Biomembranes, 776: 144-150.

Fang J, Barcelona M J, Nogi Y, et al. 2000. Biochemical implications and geochemical significance of novel phospholipids of the extremely barophilic bacteria from the Marianas Trench at 11000m. Deep Sea Research Part Ⅰ: Oceanographic Research Papers, 47: 1173-1182.

Fujii T, Jamieson A J, Solan M, et al. 2010. A large aggregation of liparids at 7703 meters and a reappraisal of the abundance and diversity of hadal fish. Bioscience, 60: 506-515.

Gavaia P J, Simes D C, Ortiz-Delgado J B. 2006. Osteocalcin and matrix Gla protein in zebrafish (Danio rerio) and Senegal sole (Solea senegalensis): comparative gene and protein expression during larval development through adulthood. Gene Expression Patterns, 6: 637-652.

Gerringer M E, Linley T D, Jamieson A J, et al. C.2017. Pseudoliparis swirei sp. nov.: a newly-discovered hadal snailfish (Scorpaeniformes: Liparidae) from the Mariana Trench. Zootaxa, 4358: 161-177.

Jamieson A J. 2015. The Hadal Zone: Life in the Deepest Oceans. Cambridge: Cambridge University Press.

Jamieson A J, Fujii T, Solan M, et al. 2009. Liparid and macrourid fishes of the hadal zone: in situ observations of activity and feeding behaviour. Proceedings of the Royal Society B-Biological Sciences, 276: 1037-1045.

Kato M, Hayashi R, Tsuda T, et al. 2002. High pressure-induced changes of biological membrane. Study on the membrane-bound Na(+)/K(+)-ATPase as a model system. Uropean Journal of Biochemistry, 269: 110-118.

Kavukcuoglu N B, Patterson B P, Mann A B. 2009. Effect of osteocalcin deficiency on the nanomechanics and chemistry of mouse bones. Journal of the Mechanical Behavior of Biomedical Materials, 2: 348-354.

Lan Y, Sun J, Tian R, et al. 2017. Molecular adaptation in the world's deepest-living animal: Insights from transcriptome sequencing of the hadal amphipod Hirondellea gigas. Molecular Ecology, 26: 3732-3743 .

Li J, Zhang H, Yang C, et al. 2016. An overview of osteocalcin progress. Journal of Bone and Mineral Metabolism, 34: 367-379.

Linley T D, Gerringer M E, Yancey P H, et al. 2016. Fishes of the hadal zone including new species, in situ observations and depth records of Liparidae. Deep-Sea Research Part Ⅰ -Oceanographic Research Papers 114: 99-110.

McGaugh S E, Gross J B, Aken B, et al. 2014. The cavefish genome reveals candidate genes for eye loss. Nature Communications, 5: 5307.

Nathans J. 1992. Rhodopsin: structure, function, and genetics. Biochemistry, 31: 4923-4931.

Wang K, Shen Y, Yang Y, et al. 2019. Morphology and genome of a snailfish from the Mariana Trench provide insights into deep-sea adaptation. Nature Ecology & Evolution, 3(5): 823-833.

Wolff T. 1970. The concept of the hadal or ultra-abyssal fauna. Deep Sea Research and Oceanographic Abstracts, 17: 983-1003.

Yancey P H, Gerringer M E, Drazen J C, et al. 2014. Marine fish may be biochemically constrained from inhabiting the deepest ocean depths. Proceedings of The National Academy of Sciences of the United States of America, 111: 4461-4465.

第4章

深渊大型底栖无脊椎动物物种分布及适应性进化

张海滨　刘　君　刘若愚　穆文丹　李亚男

中国科学院深海科学与工程研究所

4.1 引言

深渊作为一种超高压的独特极端环境，曾被认为是不适于多细胞生物生存的。但在 1901 年，“爱丽丝公主”（Princess-Alice）号科考航次在 Zeleniy Mys 海槽利用拖网在水深 6035m 处成功获得了一批螠虫动物门（Echiuroidea）、海星纲（Asteroidea）、蛇尾纲（Ophiuroidea）及底栖鱼类等样品（Jamieson，2015），说明深渊区中可能存在不同的生物类群。在此后的 100 多年中，尤其是最近的二三十年里，随着深海探测技术的快速发展，深渊科学重新引起了科学家的注意。随着深渊科考的开展，现已在全球深渊区发现了大量生物类群，包括甲壳类、多毛类、软体动物、棘皮动物等很多大型底栖动物。这些发现表明，深渊区是一个蕴含着丰富生物资源的海洋生境，远超之前人们所想象。但是，目前深渊区仍然是地球上被研究最少的生境之一，我们对深渊生态系统的认识依然非常有限。

深渊环境具有超高静水压力、黑暗、海底地形独特和构造活动剧烈等特征，极大挑战了生物的生命活动。深渊生物是如何适应这些恶劣的环境条件？在这种极端环境下它们以何种形式生存、分布并发展出独特的生物群落？深渊生命的起源和演化历史是怎样的？这些科学问题引发了科学家广泛的关注。随着越来越多的深渊生命被发现、观察、采集和研究，我们对深渊生命有了更多不同的认识。

世界上深度超过 10000m 的海沟有五条，均位于太平洋西边界。马里亚纳海沟是世界上最深的深渊海沟之一。在其西南部的挑战者深渊则是地球上最深的地方。然而，即使在挑战者深渊深度达 10908m 这样深的地方，也发现了大量海参、端足类和有孔虫等（Gallo et al.，2015）。最近通过包括中国大洋 37 航次、38 航次和“探索一号”TS01、TS03 和 TS09 等多个航次，科学家在马里亚纳深渊区，尤其是挑战者深渊，发现并采集了大量包括深渊端足目和深渊狮子鱼等珍贵深渊生物样品。对这些样品和资料的科学研究，将为我们认识深渊生物的起源、演化及适应性等提供科学证据。

4.2 深渊常见大型底栖无脊椎动物

4.2.1 节肢动物

节肢动物是深渊底栖动物类群中非常重要的一个类群，特别是端足目（Amphipoda）和等足目（Isopoda），其在几乎所有的深渊均有发现。目前在深渊中共发现了 11 个目的节肢动物，其中以等足目（133 种）、端足目（77 种）和原足目（53 种）的物种多样性最为丰富（Jamieson，2015）。

端足目隶属于甲壳动物亚门（Crustacea）软甲纲（Malacostraca），是物种较多的一个目，目前已知 8088 个物种。端足目可以划分为 6 个亚目：钩虾亚目（Gammaridea）、蛾亚目（Hyperiidea）、Amphilochidea、Colomastigidea、Hyperiopsidea 和 Senticaudata①。其中 Amphilochidea 亚目物种最为丰富，约占该目物种数目的一半。目前在深渊环境中共发现了 77 个端足目物种，归属于 42 个属 23 个科（表 4.1），均属于 Amphilochidea 亚目。根据最近的深渊科考，科学家又相继发现并命名了一些深渊端足目新的属和种，如 *Abyssododecas styx*、*Rhachotropis saskia* n. sp.。我们相信随着更多科考航次和科学研究，将会发现更多新的端足目物种。

表 4.1　深渊中发现的端足目所有科（来自 Jamieson，2015）

科	属	种	分布水深 /m
Stilipedidae	1	1	7210~7230
Maeridae	2	2	6600~8900
Lysianassidae	5	10	6007~10500
Ischyroceridae	1	1	6324~6328
Ampeliscidae	1	1	6475~6571
Epimeriidae	1	1	6156~7230
Eurytheneidae	1	1	4329~8074
Eusiridae	3	6	6090~9120
Pardaliscidae	3	9	4000~10500
Phoxocephalidae	3	3	6324~7550
Hirondelleidae	1	5	6000~10787
Hyperiopsidae	3	6	4200~8500
Lanceolidae	2	3	4000~10500
Atylidae	1	3	6475~8015
Liljeborgiidae	1	1	6156~6207
Alicellidae	2	4	4329~8480
Cyclocaridae	1	2	6007

①世界海洋生物目录（World Register of Marine Species，WoRMS）https://www.marinespecies.org/。

续表

科	属	种	分布水深 /m
Scinidae	1	2	6000~9400
Scopelocheiridae	2	2	6000~8723
Stegocephalidae	3	9	6000~8500
Uristidae	2	3	5173~6173
Valettiopsidae	1	1	6007
Vitjazianidae	1	1	4200~8480

端足目动物是海洋中较为常见的食腐动物，在深渊中端足类是最主要的食腐动物。研究发现，目前在所有深渊均发现了端足目物种，而且数量巨大，一次诱捕可以获得成百上千只个体。作为深渊食物链中比较低等的生物类群，它们的大量增殖会吸引虾、蟹和鱼类等大型高级捕食生物前来捕食。最近有研究对来自马里亚纳海沟约 7400m 处采集到的狮子鱼进行解剖，结果在其胃含物中发现大量形态较为完整的端足类动物（Wang et al.，2019）。由此推测，深渊端足类空间和密度的变化可能会影响到深渊大型高级捕食者的再分布（李栋等，2018）。这些结果说明端足类动物是深渊生态系统中非常重要的成员，在深渊生态系统中扮演着重要角色。

目前在马里亚纳海沟发现的端足目物种主要为 *Hirondellea gigas*。该物种是一个本地优势物种，在分布和生物量上远远超过任何其他大型动物物种。其次较常见的是巨型端足类 *Alicella gigantea* Chevreux，1899。另外还包括其他一些种类，如 *Paralicella* sp.、*Halice* sp. 和 *Bathycallisoma schellenbergi*。

Hirondellea gigas 属于 Hirondelleidae 科，Lysianassoidea 超科。该物种广泛分布在西北太平洋深渊区，包括马里亚纳海沟（Mariana Trench）、日本海沟（Japan Trench）、菲律宾海沟（Philippine Trench）、雅浦海沟（Yap Trench）、帕劳海沟（Palau Trench）及伊豆–小笠原海沟（Izu-Bonin Trench）等，生物量巨大（Jamieson，2015）。根据目前的纪录，*Hirondellea gigas* 只分布在深渊区（> 6000m 水深），可能是深渊特有物种，其分布深度可达 10000m 以上（France，1993）。*Hirondellea gigas* 是一种底栖食腐动物，以细菌、沉积物、硅藻、线虫及其他甲壳动物等为食。

“探索一号”于 2016 年、2017 年和 2018 年在马里亚纳海沟分别开展了 TS01、TS03 和 TS09 三个科考航次。通过多次诱捕，获得了大量 *Hirondellea gigas* 样品（图 4.1 和表 4.2）。

图 4.1　马里亚纳海沟 7850m 水深的端足目物种 *Hirondellea gigas*（TS01 航次）

表 4.2　"探索一号"在马里亚纳海沟获得的 *Hirondellea gigas* 部分样品记录

航次	经度	纬度	深度 /m	样品数量
TS01	141°57.51′E	10°59.35′N	6985	60
	142°04.3781′E	11°05.4576′N	7850	938
	141°50.364′E	11°12.5016′N	8627	39
TS03	141°56.1962′E	10°59.6724′N	7125	1037
	141°35.0185′E	10°58.8383′N	8226	507
	142°11.6124′E	11°19.6171′N	10909	92
TS09	142°00.7385′E	11°09.8960′N	9207	286
	142°13.6266′E	11°20.4012′N	10910	50
	142°12.7753′E	11°15.2821′N	10109	113
	142°15.7440′E	11°04.4540′N	7329	1083

早期的一项研究对来自马里亚纳海沟、帕劳海沟和菲律宾海沟的 *Hirondellea gigas* 多个群体进行形态学分析，发现不同海沟的群体在形态上发生了分化，说明海沟的隔离可能降低了不同群体间的基因交流（France，1993）。作者研究团队对来自不同海沟的 *Hirondellea gigas* 进行了线粒体 COI 基因序列的分析，发现马里亚纳海沟的群体与日本海沟 / 伊豆 – 小笠原海沟的群体在遗传上已经发生了一定程度的分化，其遗传分化距离 [Kimura2 参数（K2P）模型] 为 1.8%~2.9%（未发表数据）。这些结果表明不同海沟可能形成了地理障碍，在一定水平上阻碍了 *Hirondellea gigas* 群体间的迁移和基因交流。另外，对马里亚纳海沟不同水深分布的 *Hirondellea gigas* 群体进行全基因组水平的遗传学分析，发现来自马里亚纳海沟不同水深的 *Hirondellea gigas* 群体没有表现出明显的遗传分化，说明 *Hirondellea gigas* 群体在垂直分布上可能没有隔离，群体间可以自由交流（未发表数据）。

巨型端足类 *Alicella gigantea* 属于 Alicellidae 科，Alicelloidea 超科。该物种

体型巨大，是已知最大的一种端足类，目前最大的体长纪录为340mm，发现于夏威夷海域一种信天翁的胃内容物内（Jamieson et al.，2013）。该物种主要分布在北大西洋和北太平洋深海区（4850~6000m），但是在水深1720m处也曾经发现过该物种（Jamieson，2015）。直到2013年，科学家首次在南半球深渊区（水深6265~7000m）发现并采集到十几只*Alicella gigantea*（Jamieson et al.，2013）。这些记录表明*Alicella gigantea*可能是一个世界性广布种。我们通过“探索一号”TS01、TS03和TS09航次分别在马里亚纳海沟水深5076~7528m处发现并采集到*Alicella gigantea* 50只（图4.2和表4.3），为该物种的分布增加了新的记录。

图4.2　马里亚纳海沟7125m水深的巨型端足类*Alicella gigantea*（TS03航次）

表4.3　“探索一号”在马里亚纳海沟获得的巨型端足目*Alicella gigantea*记录

航次	经度	纬度	深度/m	样品数量
TS01	141°45.8253′E	10°46.5784′N	5076	1
	142°16.7761′E	11°01.0362′N	6879	3
	141°56.8663′E	10°59.2497′N	7034	5
	142°11.1839′E	11°33.4549′N	7528	3
TS03	141°56.1962′E	10°59.6724′N	7125	17
TS09	141°56.9786′E	10°58.7586′N	6957	12
	142°15.7443′E	11°04.4539′N	7344	1
	141° 56.8480′E	10° 50.6534′N	5453	5
	142°15.7440′E	11°04.4540′N	7329	5

巨型端足类*Alicella gigantea*虽然在深渊中比较常见，但是相对其他体型较小而具有相似分布区域范围的端足类物种，该物种数量似乎比较少。这种现象也反映在“探索一号”TS01、TS03和TS09航次的科考中。根据诱捕结果发现，一次诱捕获得的*Alicella gigantea*数量一般为几只或十几只（表4.3），远远小于*Hirondellea gigas*。目前对该物种形成这种分布的原因还不可知。

4.2.2　棘皮动物

棘皮动物是海洋底栖动物重要成员之一，物种非常丰富，广泛分布在世界各大洋，从海岸带至深渊均有分布，对海洋底栖生态系统具有重要的作用。棘皮动物门包括 5 个纲：海参纲（Holothuroidea）、海星纲（Asteroidea）、海胆纲（Echinoidea）、蛇尾纲（Ophiuroidea）和海百合纲（Crinoidea）。部分棘皮动物类群在深渊中的分布情况见表 4.4，其中海参纲中分布范围达到深渊的种类有 53 种，蛇尾纲中有 25 个种；其中一些海参和海星物种的分布可达到水深 10000 m 左右。另外研究发现，棘皮动物的物种数和捕捉的概率随深度增加呈直线下降趋势（Jamieson，2015）。

表 4.4　棘皮动物门中具有深渊分布的类群的属和种的数量（来自 Jamieson，2015）

纲		目	科	属	种	水深范围 /m
海参纲	Holothuroidea	Apodida	Myriotrochidae	4	15	5650~10730
		Aspidochirotida	Synalactidae	5	5	6490~8260
		Elasipoda	Elpidiidae	7	30	2470~10000
		Molpadonia	Gephyrothuriidae	1	2	6758~9530
		Molpadonia	Molpadiidae	1	1	6490~6650
蛇尾纲	Ophiuroidea	Ophiurae	Ophiacanthidae	2	4	6065~7880
		Ophiurae	Ophiodermatidae	1	1	6052~6150
		Ophiurae	Ophioleucidae	1	1	6680~8006
		Ophiurae	Ophiuridae	9	19	5650~8662
海星纲	Asteroidea	Brisingida	Freyellidae	2	4	5650~8662
		Paxillosida	Porcellanasteridae	6	9	5650~7880
		Valvatida	Goniasteridae	1	1	8021~8042
		Valvatida	Caymanostellidae	1	1	6740~6780
		Valvatida	Pterasteridae	1	2	6052~9990
海胆纲	Echinoidea	Echinothuroida	Echinothuroida	1	1	6090~6235
		Spatangoida	Holasteridae	1	1	5800~6850
		Spatangoida	Pourtalesiidae	3	7	5650~7340
		Spatangoida	Urechinidae	1	1	5800~6780

1. 海参纲

海参纲广泛分布在世界各大洋中，除少数漂浮和浮游的平足目（Elasipoda）海参物种外，绝大多数海参营底栖生活（廖玉麟，1997）。海参是深渊生态系统中重要的生物类群之一，在深渊生态系统中具有重要的生态学意义。海参在深渊底栖生物生物量中占据绝对比例，如在一次拖网中生物量的90%以上都是由海参提供（Beliaev and Brueggeman，1989）。

目前，海参纲中已知分布在深渊的海参共有53种，分别属于5个科4个目，最大分布深度可达10730 m（表4.4）。平足目海参是其中含有最多深渊物种的一个目。平足目共包含4个科，分别为深海参科（Laetmogonidae Ekman，1926）、东参科（Elpidiidae Théel，1882）、蝶参科（Psychropotidae Théel，1882）和浮游参科（Pelagothuriidae Ludwig，1893）。其中东参科是包含深渊物种最多的一个科，据统计共有30个种（占所有深渊海参物种的一半以上），分布于2470~10000m，也是分布水深范围最广的一个类群（表4.4）。此外，随着近年来深渊科学研究的快速发展，一些深渊海参新物种还在不断被发现和命名。

分布于深海的蝶参科是研究最少的海参类群之一。蝶参科包括3个属底游参属（*Benthodytes*）、灵魂参属（*Psycheotrephes*）和蝶参属（*Psychropotes*），其中底游参属和其他属在形态上很不同，该属包括12个物种（WorMS）。我们在大洋37航次中利用“蛟龙号”载人潜水器在马里亚纳海沟水深5567m处采集到一个海参样品（图4.3和表4.5），皮肤深紫色，具有绕身体四周的边缘带。根据形态学与分子系统分析发现该样品是底游参属的一个新种，我们对其进行了相应的形态学描述，

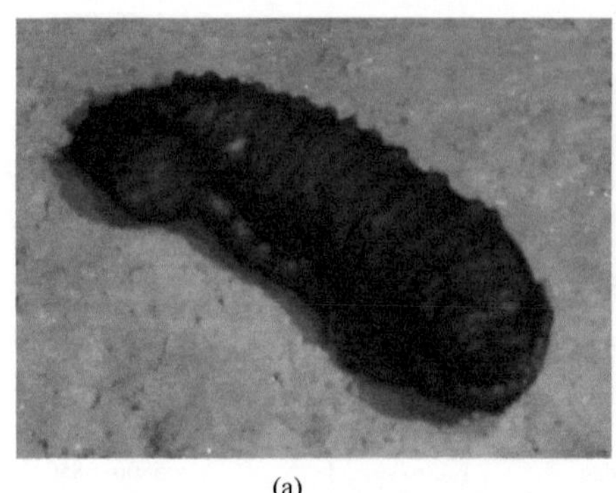
(a)

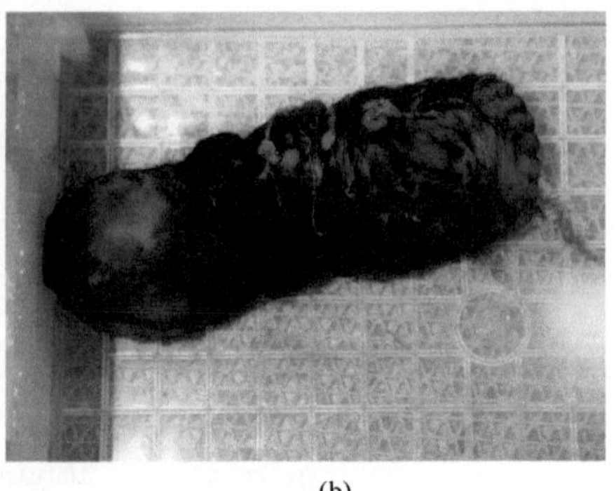
(b)

图4.3　马里亚纳海沟（5567m）采集到的马里亚纳底游参（*Benthodytes marianensis*）
（a）- 原位照片；（b）- 酒精固定之前的样品（Li et al.，2018a）

表 4.5　采自马里亚纳海沟的蝶参科海参

物种	经度	纬度	深度 /m	GenBank 登录号
马里亚纳底游参（*Benthodytes marianensis*）	142.1151°E	11.7996°N	5567	MH208310
长尾蝶参（*Psychropotes longicauda*）	142.1464°E	11.6304°N	6522	MK617312

将其定名为马里亚纳底游参（*Benthodytes marianensis*）（Li et al.，2018a）。随后我们对该样品进行了线粒体全基因组测序分析，据了解这是底游参属第一个报道的线粒体全序列（Mu et al.，2018a），该序列可以为将来深渊海参的系统发生研究提供基础数据。

在大洋 38 航次中，我们利用"蛟龙号"载人潜水器在马里亚纳海沟 6522m 水深处采集到蝶参科蝶参属的一个深渊海参样品，经鉴定为长尾蝶参（*Psychropotes longicauda*）（表 4.5）。我们对该样品进行了线粒体组全序列测序，并分析了其线粒体序列特征，该序列将为深渊海参的系统发生分析提供数据基础。长尾蝶参是深海中主要的一种平足目海参，是一个世界性的广布种，其分布区包括西北太平洋、东北太平洋、印度洋、大西洋等。然而，来自线粒体分子标记的分析发现在其世界分布范围内，长尾蝶参分为两个遗传支系，遗传距离 > 5%，而且地理群体间也存在显著的分化，这些结果说明这个广布种内可能存在隐存种，需要进一步的研究（Gubili et al.，2017）。

2. 海星纲

海星纲海星是现生棘皮动物门中的第二大门类，现生种类约 1900 种，广泛分布在世界各大洋中（Mah and Blake，2012）。据统计，分布在深渊的海星共有 17 种，属于 5 个科的 3 个目（表 4.4）。海星纲在 >6000m 水深的 15 个深渊中都有发现，最大深度可达 10000m，不过一般常见于深渊区 <8500m 水深的海区（Beliaev and Brueggeman，1989；Jamieson，2015）。水深 >9000m 只发现了一个海星属 *Hymenaster*[翅海星科（Pterasteridae）]，即在菲律宾海沟 10000m 水深处（Beliaev and Brueggeman，1989）。比较常见的深渊海星大多来自瓷海星科（Porcellanasteridae）和美神海星科（Freyellidae）（表 4.4）。值得注意的是这两个科的所有物种（瓷海星科共 30 种，美神海星科共 47 种）均属于深海种类（Mah and Blake，2012）。目前有很多深渊海星还没有被描述，如瓷海星科的 9 种深渊海星中有 4 种没有被描述（Jamieson，2015）。

瓷海星科在海星纲中的发生地位近百年来一直有很多争论。最近有一项研究利用线粒体 COI 和 16S rRNA 基因片段重建了柱体目（Paxillosida）系统发生关系，证实瓷海星科与 Ctenodiscidae 科和 Goniopectinidae 科在分子水平上具有较近的亲缘关系，支持其形态学上的观点认为这 3 个科应该属于 Cribellina 亚目（Petrov et al.，2016）。根据现有记录，这 3 个科的海参都只分布在深渊海域（Mah and Blake，2012）。

瓷海星科中的海星物种雅浦棘腕海星（*Styracaster yapensis* sp. nov.）（图 4.4）是最近报道并描述的一个深渊海星新物种，首次发现于雅浦海沟 6377~6575m 水深处（Zhang et al.，2017a）。2016 年在中国大洋 37 航次中，我们在马里亚纳海沟 6300m 水深处获得该种海星样品 1 个（表 4.6），为该物种增加了一个新的分布记录。同时我们也对该样品进行了线粒体序列测定，获得了该物种的线粒体基因组全序列（GenBank 登录号 MH648613）。

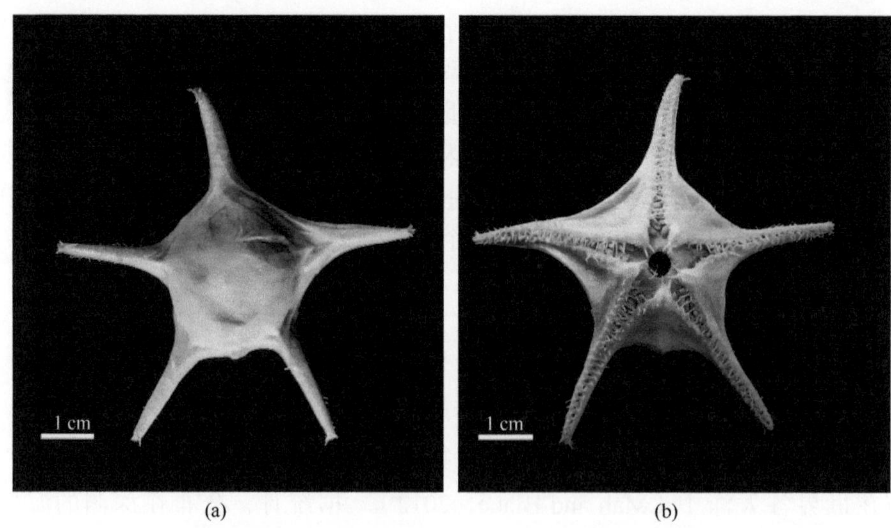

图 4.4　雅浦棘腕海星模式标本（RSIOAS010）（Zhang et al.，2017a）

（a）- 反口面；（b）- 口面

表 4.6　大洋 37 航次马里亚纳海沟采集到的深渊海星

物种	经度	纬度	深度 /m	GenBank 登录号
Freyastera benthophila	141°57.2705′E	10°51.0971′E	5463	MG563681
Freyastera sp.	142°14.8613′E	11°39.9505′E	6000	MH648612
雅浦棘腕海星（*Styracaster yapensis*）	142°13.6523′E	10°53.3210′E	6300	MH648613

美神海星科的长板海星属（*Freyastera*）是深渊中常见的海星类群。在中国大洋 37 航次中，我们在马里亚纳海沟 6000m 水深处获得长板海星属海星样品一个，

目前没有确定到种水平，暂时命名为 *Freyastera* sp.（图 4.5 和表 4.6）。另外，在 5463m 水深处获得海星 *Freyastera benthophila* 样品一个（图 4.6 和表 4.6）。根据现有报道，*Freyastera benthophila* 物种一般分布在南太平洋、北大西洋等地，分布水深 4250~5000m（WoRMS）。我们对这两个样品分别开展线粒体全基因组测序工作（GenBank 登录号分别为 MH648612 和 MG563681），并进行了相应的序列分析和系统发生分析，研究结果为这 2 个物种分类地位的确定等提供了坚实证据（Mu et al.，2018b）。综合这些新的深渊海星样品，序列数据的积累可以为未来深海海星的系统发生研究提供基础。

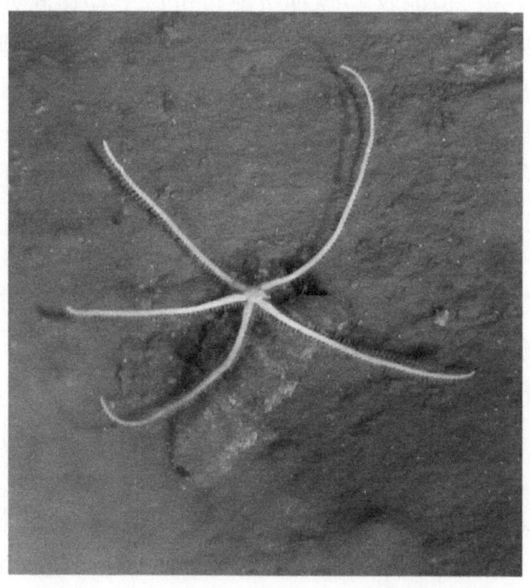

图 4.5　*Freyastera* sp. 海星原位采集照片（马里亚纳海沟 6000 m）

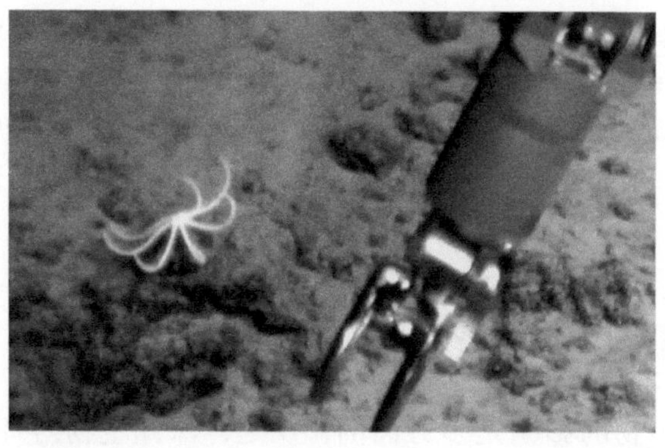

图 4.6　*Freyastera benthophila* 海星原位采集照片（马里亚纳海沟 5463m）

4.2.3 其他无脊椎动物

腹足纲（Gastropoda）和双壳纲（Bivalvia）是软体动物门（Mollusca）中比较有代表性的深渊无脊椎动物类群。腹足纲是深渊动物类群中非常重要的组成部分，在所有的深渊中均有分布，其分布范围为全海深，在克马德克海沟中的分布范围可达 9995~10015m 水深处（Beliaev and Brueggeman，1989）。另外，在更深的海沟中还发现了腹足类的死壳。例如，在汤加海沟（Tonga Trench）水深 10687 m 处发现了小的腹足类空壳，说明这些物种可能也可以生存在此处；在马里亚纳海沟水深 10730 m 处发现的几个小的腹足类空壳已经被溶解，只剩下角质层（Beliaev and Brueggeman，1989）。根据早期的调查统计，大约有 60 种腹足类分布于深渊，其中有很多没有分类到种（Beliaev and Brueggeman，1989；Jamieson，2015）。最近一项针对千岛 – 堪察加海沟（Kuril-Kamchatka Trench）底栖生物的调查（2016 年德 – 俄 KuramBio Ⅱ联合航次）极大丰富了深渊腹足纲贝类物种。该调查在 6442~9584m 的深渊发现了 101 个活体腹足类样品，归属于 22 个种 11 个科，其中 16 个种类是深渊特有种（Fukumori et al.，2019）。但是，目前还没有报道在马里亚纳海沟采集到活体腹足类。

双壳纲贝类是深渊另一个主要无脊椎动物类群，多样性不低于腹足类，而不同于腹足类的是它们在海底特别是在化能合成环境中往往会形成庞大的种群（Jamieson，2015）。双壳贝类是深渊拖网得到的生物中数量第二多的一类生物，仅次于海参（Beliaev and Brueggeman，1989）。早期的报道显示双壳贝类和腹足类相同，也是全海深分布，最深分布可以达 10015 m 水深（Beliaev and Brueggeman，1989）。最近来自德 – 俄 KuramBio Ⅱ联合航次（2016 年）对千岛 – 堪察加海沟底栖生物的调查共发现了 33 种双壳纲贝类，隶属于 15 个科，其中 14 种贝类是第一次发现于该深渊；在超过 9500m 水深的深渊发现了 5 种双壳类；囊螂科（Vesicomyidae）物种 *Vesicomya sergeevi* 和吻状蛤科（Nuculanidae）物种 *Parayoldiella ultraabyssalis* 是采集到的双壳类中数量最多的 2 种（72.9%），是深渊底部的优势物种（Kamenev，2019）。但是目前在马里亚纳海沟还没有相关双壳纲贝类的报道。

4.3 深渊动物的适应性

深渊环境对生物的影响是多方面的，反之，深渊生物对环境的适应也是从形态到生理再到遗传机制等多种层面的综合响应。深渊动物对深渊环境的适应性表现出一定的特异性，如体色和视力的两极进化；但同时又在高压低温的响应机制上具有一定的共性。目前，深渊生物对深渊环境的适应性进化机制等科学问题还有待进一步研究工作的开展。本章节将从形态和生理适应性、觅食策略等行为适应性以及对低温、高压环境的适应性等方面来探讨深渊动物对深渊环境的适应。

4.3.1　形态和生理适应性

与浅层水域相比，深渊海沟具有低温和超高净水压高压等极端特征，为了适应这些极端环境，深渊生物体从形态到生理机能等各方面都发生了适应性进化。例如，狮子鱼为了适应深渊环境，吸盘发生退化；皮肤组织变成一层非常薄的膜，使得体内的生理组织充满水分，以保持体内外压力的平衡；骨骼变得非常薄而且容易弯曲；肌肉组织变得特别柔韧，纤维组织变得很细密。

在运动器官方面，很多深渊生物已经演化出适应深渊环境的特殊形态。例如，浅海狮子鱼具有腹鳍愈合特化形成的吸盘，而深渊狮子鱼的吸盘则已经退化，并形成了丝状腹鳍，这一现象可能是对深海软泥底质的一种适应性进化。这种特殊的运动器官，使得深渊狮子鱼在深渊这种极端的恶劣环境仍旧具有游刃有余的适应能力。另外，尽管深渊无脊椎动物在形态上与浅海动物似乎没有明显不同，但是对于在深渊广泛分布的海参而言，具有较强运动能力的物种数量要多于近海物种。深渊环境进化出诸如浮游海参科（Pelagothuriidae）、深海参科（Laetmogonidae）、蝶参科（Psychropotidae）和东参科（Elpidiidae）等深海特有物种，具备漂浮和较快速游动能力。有观察研究比较深渊海参与近海海参的运动能力，发现即使在高净水压下，深渊 *Elpidia atakama* 的运动能力丝毫不逊于近海物种（Jamieson et al.，2011）。

由于超过了碳酸钙补偿深度（4000~5000m），深渊沉积物一般以硅质软泥为主（Jamieson，2015）。随着静水压的增加，碳酸盐溶解度也会提高，使得动物的骨化（ossification）更困难，因此随着深度增加，身体柔软的动物类群（例如，海参和软壳的有孔虫）逐渐取代了海蛇尾和海胆等硬骨化的动物类群（Jamieson et al.，2010）。很多研究发现深渊生物的钙化程度出现不同程度的降低，更偏向于向柔韧性方面发展。例如，有研究发现，“挑战者深渊”（10896m）的沉积物中存在着丰富的有孔虫类群，其中占有优势的为软壳类的种类（Todo et al.，2005）。对深渊狮子鱼（*Pseudoliparis swirei*）的研究表明，其骨骼变得非常薄且具有弯曲能力，头颅不完全封闭，而来自全基因组数据分析发现深渊狮子鱼的一个与骨骼钙化相关的关键基因 *bglap* 发生了假基因化（Wang et al.，2019）。

4.3.2 觅食策略

深渊生物圈是一个近乎无光的黑暗生物圈。超过 6000m 的深渊，远远超出了阳光可以透射的范围，为数不多的生物微光不足以支撑直接利用太阳能的初级生产力的生产，深渊的最主要的营养源来自海洋上层的有机物沉积，其次是以甲烷、硫化物等滋养的化能自养生态系统（Jamieson，2015）。

海洋上层的有机物沉积是深渊环境最稳定的营养来源。真光层中浮游生物、生物碎屑残骸、动物粪便以及微生物等小颗粒物和絮状物等经年累月的沉积，形成了壮观的“海雪”（marine snow）。“海雪”经年累月的沉积在深渊海底，组成有机质丰富的底泥，这又滋养了深渊细菌、深渊浮游生物的繁茂和食腐的深渊海参、海星、海葵和贝类等生命的繁衍。最近有研究对一种以有机碎屑和微生物为食的深渊海参的肠道进行了研究，来自宏基因组的数据分析显示该深渊海参的肠道已经发生特化，与其特有的肠道内共生菌共生，共同抵御深渊底泥环境中的致病微生物并获得足够的营养（He et al.，2018）。

深渊上层的鱼类和鲸类等大型高等动物的残骸是一种可以快速沉降到深海底部的高品质食物，富含优质脂肪酸和蛋白质，其中尤以“鲸落”（whale falls）最为闻名。作为富营养的硬质基质，这些生物残骸可在短时间内提升深渊局部区域的生物多样性，从而影响深渊生物群落的发育 [参见李栋等（2018）及相应文献]。深渊端足类是深渊中常见的一种大型食腐生物，具有较强的运动能力。来自深渊生物残骸摄食观测发现，这类生物可以在短时间内快速定位并消耗生物残骸。深渊端足类的感知能力和快速游动能力可能是对深渊大型生物残骸这一独特食物来源的摄食行为方式的适应性进化。但是，对于这些底栖生物在广袤的深渊海域如何感知生物残骸并精准地定位尚需进一步的研究。

在有些深渊海域（如波多黎各海沟、克马德克海沟、帕劳海沟和马里亚纳海沟）发现了大量海草碎屑、甘蔗、椰壳和竹子等陆源和沿海湿地植物碎屑，同时还发现了一些专门摄食陆源木质碎屑的腹足类等生物（李栋等，2018）。对深渊端足类 *Hirondellea gigas* 消化酶的研究发现，这类生物进化出了独特的纤维素酶（cellulase），可以将纤维素分解成葡萄糖和纤维二糖，从而可以从沉积的木质碎屑中获得营养（Kobayashi et al.，2018）。这些研究结果说明，陆源有机物的输入可能促进了深渊海沟中这些特殊生物类群的发育。

尽管深渊环境的食物来源途径比较单一，但深渊环境的食物并没有想象中的那样匮乏。在一些深渊海域出现微生物富集，这些化能自养微生物和异养微生物可能也是深渊生态系统重要的食物来源之一，直接或间接为以微生物和底栖有机碎屑为食的底栖动物提供食物（Jamieson，2015）。例如，有研究认为，嗜压菌和嗜冷菌可能是马里亚纳海沟 11000 m 沉积物中多不饱和脂肪酸的主要来源，这些微生物可能对维持深渊底栖生物的生命活动具有重要意义（Fang et al.，2000；李栋等，2018）。

总体上讲，对深渊生物来说，除了“海雪”这种经年累月持续性输入的稳定的营养物质来源以外，大型生物残骸、陆缘碎屑和地质活动都是不稳定的食物来源，这种不稳定的食物供给方式会对深渊生物产生一定的影响。例如，来自深浅海比较组学研究表明，深渊端足类 *Hirondellea gigas* 的 MRPS16、GDE、ACADL、ACO 和 ACADL 等一系列与能量代谢相关的基因发生了正选择进化（Lan et al.，2017），而深渊狮子鱼中与能量代谢相关的基因发生了扩张和正选择（Wang et al.，2019），这些适应性进化在协助深渊生物度过食物匮乏的特殊时期可能发挥了重要作用。

4.3.3　对低温、高压环境的适应

深渊环境对大部分生物来说是非常严苛的，但生存其中的深渊生物却很好地适应了这种极端环境。在深渊诸多的环境因子中，温度和压力对海洋动物的影响是最为直接和广泛的。高压和低温会改变生物膜的流动性、降低蛋白质结构稳定性、酶活性、使遗传物质的活性和功能发生变异等（Lan et al.，2017；Wang et al.，2019），最终影响生物的正常生理机能和活动。此外，溶解氧和盐度也是影响海洋动物生存和分布的重要环境因子。但是，深渊海沟的盐度相对恒定，且与外界环境压力和深度无关，已有研究表明盐度对海沟中生态效应的影响可能较为有限（Jamieson，2015）。在深渊海沟环流体系中，溶解氧也是相对稳定的。虽然深渊海沟水体中溶解氧浓度在不同海沟、季节或深度会出现很大波动，但基本维持在 91μmol/L 以上（李栋等，2018）。有研究发现即使在溶解氧浓度最小的班达海沟（Banda Trench），其底栖动物群落的丰度和多样性和其他海沟相比并没有下降（Beliaev and Brueggeman，1989），说明溶解氧对深渊动物的影响可能非常有限。

深渊海沟是一个低于约 4℃的低温环境，低温会降低生物体内酶活性、代谢速率和压力耐受能力进而影响深渊生物的空间分布（李栋等，2018）。针对深渊的低温环境，深渊生物采取类似极地等低温环境的生命类似的策略，主要通过高表达热休克蛋白和脂质等物质来抵御严寒环境。来自深渊端足类（Lan et al.，2017）和海参（尚未发表数据）的研究发现，与低温适应相关的基因家族或者发生富集收缩反应，或者发生了正选择作用以适应深渊的低温环境。另外，由于静水压作用会导致水体温度以约 0.16℃ /km 的速率随深度增加而上升，因此深渊海沟底部的

底层水体温度会略高于深海和海沟交接处（Jamieson，2015）。研究发现温度升高可以提高海洋动物对静水压力的耐受性（Chen et al.，2019），因此推测海沟中上升的温度可能在一定程度上增强了海沟生物对超高压环境的适应性。

深渊与浅层水域相比，最大的区别在于深渊的海水压力在 600 到 1000 多个大气压，是一个静水压极高的极端环境。对深渊狮子鱼的全基因组数据分析发现，其氧化三甲胺（Trimethylamine N-oxide，TMAO）合成基因和热休克蛋白 *Hsp90* 基因发生了显著的变异（Wang et al.，2019）。生活在深渊中的狮子鱼和端足类体内都具有高水平的 TMAO，TMAO 具有重要的生理作用，可以稳定蛋白结构；而 *Hsp90* 蛋白是一种重要的分子伴侣，也起到稳定蛋白质结构的作用。对深渊端足类转录组的分析发现，其 β-alanin 基因受到正选择作用（Lan et al.，2017），β-alanin 也是一种重要的渗透调节剂。通过上述研究，推测这些基因对深渊动物在高压环境下维持正常生理机能可能起到非常重要作用。另外，还有研究发现，随着静水压的增加，动物体内一些酶的浓度会增加，酶活性也会提高。例如，对马里亚纳深渊两种海参 *Paelopatides* sp.（Li et al.，2019）和长尾蝶参（*Psychropotes longicauda*）（Li and Zhang，2019）的超氧化物歧化酶的研究发现，生活在深渊环境的海参的超氧化物歧化酶的活性比近海生物的相应的酶活性有较大水平的提升。

4.4 马里亚纳海沟特有大型底栖无脊椎动物研究实例

4.4.1 深渊棘皮动物新物种发现

蝶参科（Psychropotidae）隶属于平足目（Elasipodida），是世界海洋中最不为人所知的一类。该科包含底游参属（*Benthodytes*）、灵魂参属（*Psycheotrephes*）和蝶参属（*Psychropotes*）三个属，均由 Théel 在 1882 年创立。底游参属显著区别于另外两个属，具有肛门背部、口部出现环状乳突、触手柔软可伸缩以及缺乏成对的背部附属物等特征。底游参属在全世界的深海以及深渊中都有分布。依据 WoRMS 2018 年统计结果，该属包含 12 个物种：*Benthodytes abyssicola* Théel，1882；*B. gosarsi* Gebruk，2008；*B. incerta* Ludwig，1894；*B. lingua* Perrier R.，1896；*B. plana* Hansen，1975；*B. sanguinolenta* Théel，1882；*B. sibogae* Sluiter，1901；*B. superba* Koehler & Vaney，1905；*B. typica* Théel，1882；*B. valdiviae* Hansen，1975；*B. violeta* Martinez，Solís-Marín & Penchaszadeh，2014 和 *B. wolffi* Rogacheva & Cross。

目前，由于样品匮乏，对底游参属的研究工作非常有限。尽管 Hansen 在 1975 年对该属进行了系统的修订，但是该属的许多种分类地位仍不明确。这里我们描述了采自马里亚纳深渊的一个海参新种马里亚纳底游参（*Benthodytes marianensis* sp. nov.），提供了形态学描述和分子信息，并对其在平足目中的分类地位进行了分析（Li et al.，2018a）。

样品采自马里亚纳海沟（142°6.906′E，11°47.975′N）水深 5567m 的海底。采样后，将样品立即固定在 95% 的乙醇中。使用“蛟龙”号载人潜水器的高清摄像机记录样品原位生活状况。利用扫描电子显微镜（SEM）对样品进行观察。正模标本（IDSSE-2016-0629-HS01）保存于 95% 酒精中，收藏于中国科学院深海科学与工程研究所（IDSSE）。其系统分类为平足目 Elasipodida Théel，1882，蝶参科 Psychropotidae Théel，1882，底游参属 *Benthodytes* Théel，1882，马里亚纳底游参 *Benthodytes marianensis* sp. nov.（图 4.7 和图 4.8）。

在分类特征上，此海参新种体长，背部隆起，腹部扁平，头部压缩，身体后部逐渐变尖。皮肤深紫色，软，厚，具皱褶。背部 9 对大的乳突不均匀分布，呈锥形，上有丝状伸出物，可伸缩。头部散布小的乳突。背部 9 对大的乳突周围散布一些等大或者略小的乳突。肛门背位，口腹位，距离头部前沿有一定距离。管足融合形成宽大的边缘环绕身体，上有深紫色凹槽。触手至少 12 个，缩于触手茎中。背部骨针十字形体，具中央 2~4 分叉的骨突。另有较少的大型十字骨针，具

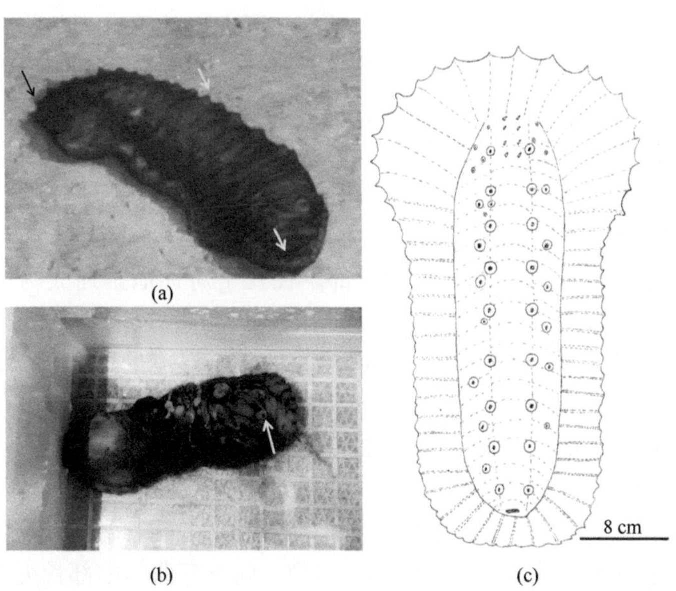

图 4.7　（a）- 原位观察，黑色箭头所示为锯齿状平整的头部边缘，白箭头所示为背部乳突上丝状伸出物，黄色箭头所示为肛门；（b）-95% 酒精固定前的样品，箭头所示为收缩的乳突；（c）- 背部示意图（Li et al.，2018a）

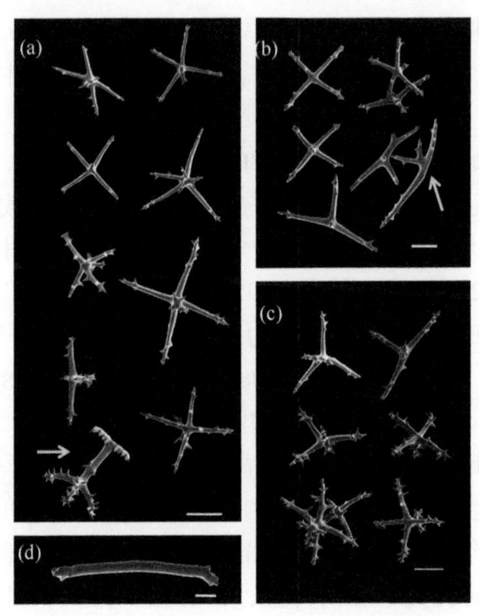

图 4.8　骨针 SEM 图（Li et al.，2018a）

（a）- 背部骨针，箭头所示为特殊类型的十字形骨针；（b）- 腹部骨针，箭头所示为大的棒型骨针；（c）- 边缘骨针；（d）- 触手骨针；标尺 100μm

高的末端平行分叉的骨突，该骨突边缘具有向下发出的垂直刺状物。腹部骨针棒状，具中央二分叉的骨突，交叉体三臂或者四臂，骨突退化。融合管足形成的边缘中骨针强健多刺，三叉型骨针骨突二分叉，十字形体骨突四分叉或者无分叉。骨突分叉发生在基部。触手骨针棒状。

样品长宽比约为 3 ： 1，深紫色，横切面呈半圆形，头部扁平，身体中部隆起，后部变尖（图 4.7）。肛门背位。皮肤软，厚，凝胶状，且覆盖有黏液。背部乳突呈锥状，上有丝状可伸缩物，沿背部半径几乎对称地排列成两行，在头部散布一些微小的乳突 [图 4.7（c）]。每一列有 9 对大的乳突，周围散布等大或者较小的乳突。背部皮肤有褶皱，着色不均。管足融合形成的边缘薄，常向上弯曲，其上分布有水管。边缘在头部进一步扩大，形成锯齿状 [图 4.7（a）]。口腹部，距离头部前端有一定距离。触手至少 12 个，可缩于触手茎中形成大的扁平口盘。

背部骨针为两种十字形。一种宽 190~300μm，中央有多刺的 2~4 分叉的骨突。每臂长 90~180μm，末端稍向下弯曲。臂上的小刺常位于末端或者整个骨臂上。另一种十字形体很少见，其臂长约 100μm，多刺，向下弯曲。中部骨突多刺，高度长于臂部，末端形成平行的开叉，沿边缘分布有向下垂直发生有刺 [图 4.8（a），箭头所示]。腹部骨针棒状，三臂或四臂形成的交叉体骨针。棒型骨针长约 500μm，中部隆起二分叉的骨突。三臂和四臂交叉体大小分别为 230~410μm 和 260~320μm，中部都有退化的骨突 [图 4.8（b）]。边缘中的骨针为三臂或者四臂交叉体。三臂交叉体 290~375μm，有中央二分叉的骨突。四臂交叉体 240~330μm，伴有中部大的、多刺的中央四分叉或者五分叉的骨突。与体壁骨针相比，边缘骨针较为粗壮，骨突或者臂上常布有大的刺状物 [图 4.8（c）]。马里亚纳底游参骨突的分叉点常发生在骨突基部。触手骨针为大的棒状，长约 830μm，末端具刺 [图 4.8（d）]。

形态上，马里亚纳底游参与 *B. incerta* Ludwig，1894 最为接近。它们都具有两排大的乳突和特殊类型的十字形骨针 [图 4.8（a），箭头所指骨针类型]。1984 年，*B. incerta* 由 Ludwig 根据东太平洋的两个样品进行描述。最初的描述缺乏背部骨针示意图，也不清楚该样品是否有特殊类型的十字形体。其乳突骨针为十字形体，具有高的顶端二分叉的骨突。此外，腹部骨针和乳突骨针具长的侧枝。相比较而言，马里亚纳底游参的骨突为基部 2~4 分叉的，缺乏长的侧枝。

1975 年，Hansen 重新对 *Galathea* 航次的 *B. incerta* 样品（简称 Galathea 样品）进行了形态描述。其骨针较大，较为规律。此次马里亚纳海沟的样品和 *Galathea* 航次的样品主要有以下几点不同：① *Galathea* 样品的十字形体较大；② *Galathea* 样品中，骨突在其至少一半高度处发生二分叉，而马里亚纳海沟的样品为骨突从基部形成 2~4 分叉；③ *Galathea* 样品中，其特殊类型的十字形骨针的骨突是光滑的，而马里亚纳海沟的样品，其特殊类型的十字形骨针的骨突具刺。

Benthodytes gotoi Ohshima，1915 采自鄂霍次克海（Okhotsk），有四个样品。Hansen 在 1975 年将其整理为 *B. incerta* 的同名种。Ohshima 样品的十字形体较大，不同于马里亚纳海沟的样品。其臂长 300~800μm，十字形体骨突常为半高处形成二分叉。而马里亚纳海沟的样品臂长 90~180μm，骨突为基部 2~4 分叉。

此外，马里亚纳海沟样品在背部乳突的数目及排列上也与 *B. incerta* 和 *B. gotoi* 不同：*B. incerta* 的乳突较大，沿背部步带呈单排排列，数量 6~9（5~8）个，而马里亚纳海沟的样品为 9 个乳突，与其周围分布的等大或较小的乳突形成 Z 字形排布。因此，基于外部形态和内部骨针的不同，将马里亚纳海沟样品鉴定为新种。

此外，基于核基因（组蛋白 H3）和细胞质基因（线粒体 COI 和 16S rRNA）的系统进化分析都将此次发现的新种归于蝶参科，进一步验证了我们形态鉴定的结果。然而，基于线粒体基因构建的系统发生树显示底游参属存在并系现象，这与传统分类系统不一致。研究所提供的序列信息将进一步丰富海参纲数据库，并指导今后的研究工作。

4.4.2　深渊棘皮动物线粒体组分析及其适应性

线粒体是一种存在于绝大多数真核细胞中的重要细胞器，由脂双层膜构成。

它通过氧化磷酸化合成腺苷三磷酸（ATP），为细胞生命活动提供 >95% 的能量，因此被誉为“动力工厂”。线粒体基因组具有结构简单、拷贝数多、无组织特异性、母系遗传和较少发生重组等特点，因此目前已经成为研究物种进化的重要分子标记之一，在系统发育、线粒体基因组进化、物种鉴定等研究中被广泛应用。

在大多数后生动物中，线粒体基因组是一个小而封闭的环状双链脱氧核糖核酸（DNA）分子（长度在 14~18kB）。大多数动物线粒体基因组在结构上高度保守，一般包含 13 个蛋白质编码基因——3 个细胞色素 *c* 氧化酶（*cox1~cox3*）、细胞色素 *b* 基因（*cob*）、7 个脱氢酶亚单位（*nad1~nad6*，*nad4L*）、2 个 ATP 酶亚基（*atp6*，*atp8*），22 个转运 RNA（tRNA）以及 2 个核糖体 RNA（12S 和 16S rRNA）。此外，还含有一段长度可变、富含碱基 A 和 T 的区域，称之为 AT 富集区或控制区（control region）。13 个蛋白质编码基因在氧化磷酸化反应中起到了非常重要的作用，因此改变线粒体蛋白质编码基因将直接影响其能量代谢效率。尽管受到很强的功能性限制，在极端恶劣环境的压力下，线粒体 DNA 仍然可能受到正向选择。目前已有大量研究证明线粒体蛋白编码基因存在适应性进化，例如，海葵的 ATP 合酶基因和还原型烟酰胺腺嘌呤二核苷酸（NADH）脱氢酶基因（Zhang et al.，2017b）。

棘皮动物如海参和海星等是深渊常见的大型底栖动物。我们对来自马里亚纳海沟 5463m 深的海星物种 *Freyastera benthophila* 和 5567m 深的海参物种马里亚纳底游参进行了线粒体组研究。首先对线粒体基因组的特征、组成、密码子的使用和基因排列信息进行分析。其次，对线粒体基因进行正选择分析，探讨这些棘皮动物的深海适应性进化（Mu et al.，2018a，2018b）。

1. 马里亚纳底游参线粒体组

海参是一个丰富多样的类群，是现存的棘皮动物五大纲之一。它包括约 1400 个物种，存在于从浅水到深渊的各种海洋环境中（Gallo et al.，2015）。近年来，一些研究者对海参的线粒体基因组进行了测序分析。例如，有研究者在糙刺参（*Stichopus horrens*）线粒体 DNA 中发现了一种新的基因排列（Fan et al.，2011）。然而，目前深海物种的线粒体组报道还非常少。在前期研究中，我们首次报道了深海平足目底游参属一种海参（马里亚纳底游参，马里亚纳海沟 5567m）的线粒体全基因组，以此评估深海海参线粒体组特征的变异及其适应深海环境的潜在分子机制（Mu et al.，2018a）。

马里亚纳底游参线粒体基因组（Genbank 登录号：MH208310）是一个 17567bp 的环状分子（图 4.9），其正链核苷酸组成为 32.33% A、17.83% C、12.93% G、36.91% T 碱基。基因组编码 37 个基因，包括 13 个蛋白编码基因（PCGs）、2

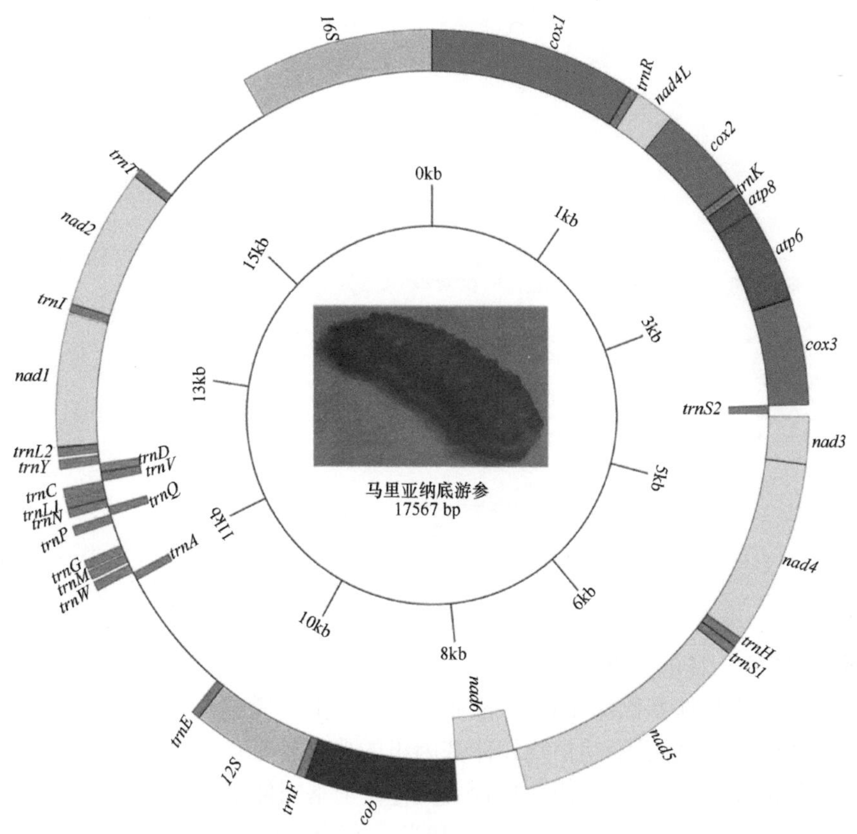

图 4.9　马里亚纳底游参线粒体基因组图谱和注释（Mu et al.，2018a）

个 rRNA 基因和 22 个 tRNA 基因（两个 tRNA 重复：*trnL* 和 *trnS*）。6 个基因在负链上编码，而另外 31 个基因在正链上编码（图 4.9）。总体上看，马里亚纳底游参线粒体基因组的 A+T 含量明显高于其他海参（$p < 0.01$）。有研究表明，A+T/U 碱基对比 G+C 碱基对便宜，因此这种权衡意味着低 GC 基因组在核苷酸生产上花费的能量要比高 GC 基因组少（Chen et al.，2016）。

马里亚纳底游参和其他 55 种棘皮动物正链的 A+T/G+C 含量和 A-T/G-C 偏斜（图 4.10）表明，不同种间 A+T 含量差异较大。棘皮动物的斜率从 –0.3839（*Neogymnocrinus richeri*）到 0.1329（*Salmacis bicolor*）不等。马里亚纳底游参的线粒体基因组 A 和 T 的组成几乎平衡（斜率为 –0.0661）。马里亚纳底游参线粒体基因组强烈偏离 G 而偏向 C（GC 斜率 = –0.1593）。总的来说，A+T 含量（%）从高到低依次为：海百合纲 > 蛇尾纲 > 海星纲 > 海参纲（两种深海生物除外）> 海胆纲（图 4.10）。

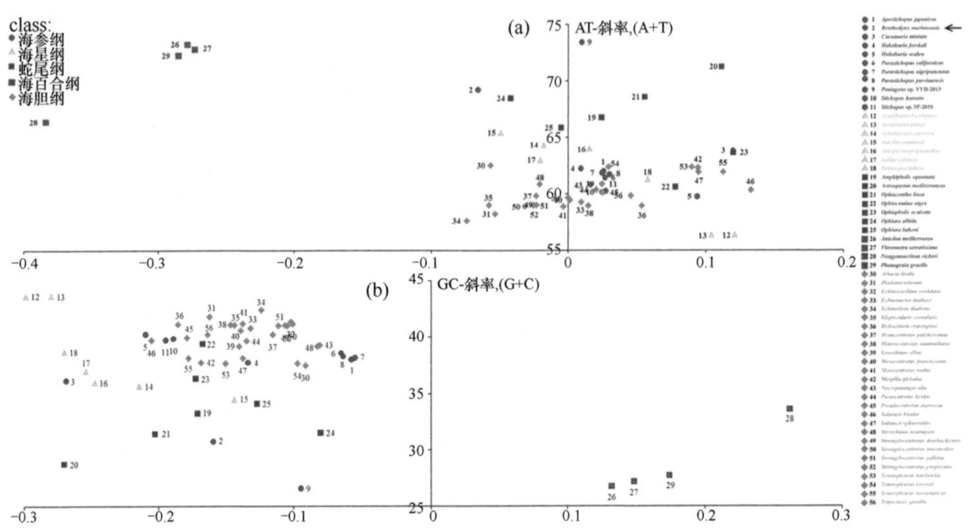

图 4.10　56 种棘皮动物线粒体基因组（A+T）含量（%）和 AT 斜率，（G+C）含量（%）和 GC 斜率（Mu et al.，2018a）

除 *nad6* 外，其他所有的蛋白质编码基因都是由正链编码，这种现象在目前所有发表的海参线粒体基因组中都观察到了。13 个蛋白质编码基因均以标准起始密码子 ATN 启动，这是后生动物线粒体基因组的典型特征。大多数蛋白质编码基因（13 个中的 10 个）使用终止密码子 TAA，有 3 个基因使用终止密码子 TAG。在蛋白质编码基因中，异亮氨酸（13.02%）和半胱氨酸（0.98%）分别是使用最多和最少的氨基酸。五个最常用的密码子：TTA（Leu）、TCT（Ser）、TCA（Ser）、CAA（Gln）和 GTT（Val）。此外，与其他同义密码子相比，第三位的 A 和 T 密码子使用最多。第三位密码子的 A+T 含量（78.80%）明显高于第一位（60.73%）和第二位（63.64%）。这种现象在许多研究中也有报道，如牡蛎（Ren et al.，2010）等。

通过对马里亚纳底游参与其他 10 个海参线粒体基因组的比较，确定了 10 个重组的 tRNA 基因。这些结果与先前的报道一致，即 tRNA 基因可能是线粒体基因组中最易移动的元素之一（Fan et al.，2011）。另外发现，马里亚纳底游参和 *Cucumaria miniata* 是目前已知的具有两个线粒体控制区的海参物种。因此，在已发表的海参基因序列中，马里亚纳底游参线粒体基因组的基因序列是唯一的。

由于深海环境可能影响线粒体基因的功能，我们研究了马里亚纳底游参受到的潜在正选择压力。通过比较非同一突变率 / 同一突变率比值（$\omega = d_N/d_S$）来衡量基因受到的选择作用：当 ω 比值<1，表示基因处于纯化选择压力；ω =1，基因处于中性选择压力；ω>1，代表基因处于正选择压力。将 13 个线粒体蛋白编码基因的 ω 比值与其他 9 个浅海海参进行比较，发现马里亚纳底游参的 ω 比值

（$\omega1 = 0.05055$）和其他 9 种海参的 ω 比值（$\omega0=0.05179$）没有显著差异（卡方：$p>0.05$）。然而，在分析单个基因时，我们发现了 11 个具有高后验概率（BEB 值>95%）的正选择位点，包括 *nad*2（24 S、45 S、185 S、201 G、211 F、313 N）和 *nad*4（108 S、114 S、322 C、400 T、400 S）。这个结果表明这些氨基酸位点可能存在正选择。

在其他深海动物（如海葵）中也发现了类似的结果（Zhang et al.，2017b），这可能与环境的适应性进化有关。在深海极端恶劣的环境下，生物为了生存可能需要一种改良的、具有适应性的能量代谢方式。*nad2* 和 *nad4* 被认为是质子泵（da Fonseca et al.，2008），因此这些蛋白质的突变可以影响质子泵过程的效率。在以往的研究中，NADH 脱氢酶的蛋白编码基因被认为是哺乳动物线粒体组基因适应性进化中的重要基因之一（da Fonseca et al.，2008）。因此，我们预测线粒体基因，特别是 *nad2* 和 *nad4*，可能在马里亚纳底游参对深海环境的适应中发挥重要作用。

2. 海星 *Freyastera benthophila* 线粒体组

海星 *Freyastera benthophila* 一般生活在深度 4250~5000m 的深海环境中，主要分布在太平洋南部、加利福尼亚东太平洋、大西洋中部（亚速尔群岛和西班牙之间）、孟加拉湾和比斯开湾。我们首先对海星 *Freyastera benthophila* 的线粒体基因组的特征、组成、密码子使用和基因排列信息等进行介绍。为了探索其深海适应性进化，对线粒体基因进行了正选择分析（Mu et al.，2018b）。

该海星线粒体基因组（GenBank 登录号：MG563681）是一个 16175bp 的环状分子（图 4.11），在目前海星纲线粒体中是最小的。整个基因组的 A+T 含量为 68.23%，在所比较的 8 种海星中是最高的。该线粒体基因组编码 37 个基因，包括 13 个蛋白质编码基因（PCGs）、2 个 rRNA 基因和 22 个 tRNA 基因。其中 15 个基因在负链上编码，22 个基因在正链上编码。共发现 22 个非编码区（NCR），其中最大的非编码区（284 bp，A+T=67.25%）位于 *trnT* 和 16S 之间。此外，还发现了四个重叠：*trn*C/*trn*V、*trn*A/*trn*L_1、atp8/atp6、cox3/trnS_2。

对于蛋白质编码基因，正链编码 9 个（*cox1-cox3*、*nad3-nad5*、*nad4l*、*cob*、*atp6* 和 *atp8*），负链编码其余 3 个（*nad1*、*nad2*、*nad6*）。这个特征在已发表的所有海星线粒体基因组中都观察到了。这 13 个蛋白质编码基因使用标准起始密码子 ATG；其中 9 个基因使用终止密码子 TAA（13 个中的 9 个），3 个使用终止密码子 TAG，*Cob* 使用不完全终止密码子 T。然而，后生动物线粒体基因组通常使用各种非标准起始密码子。非标准起始密码子 GTG 和不完全终止密码子 TA 在其他海星也有使用。在蛋白质编码基因中亮氨酸（15.85%）和半胱氨酸（0.99%）分别是使

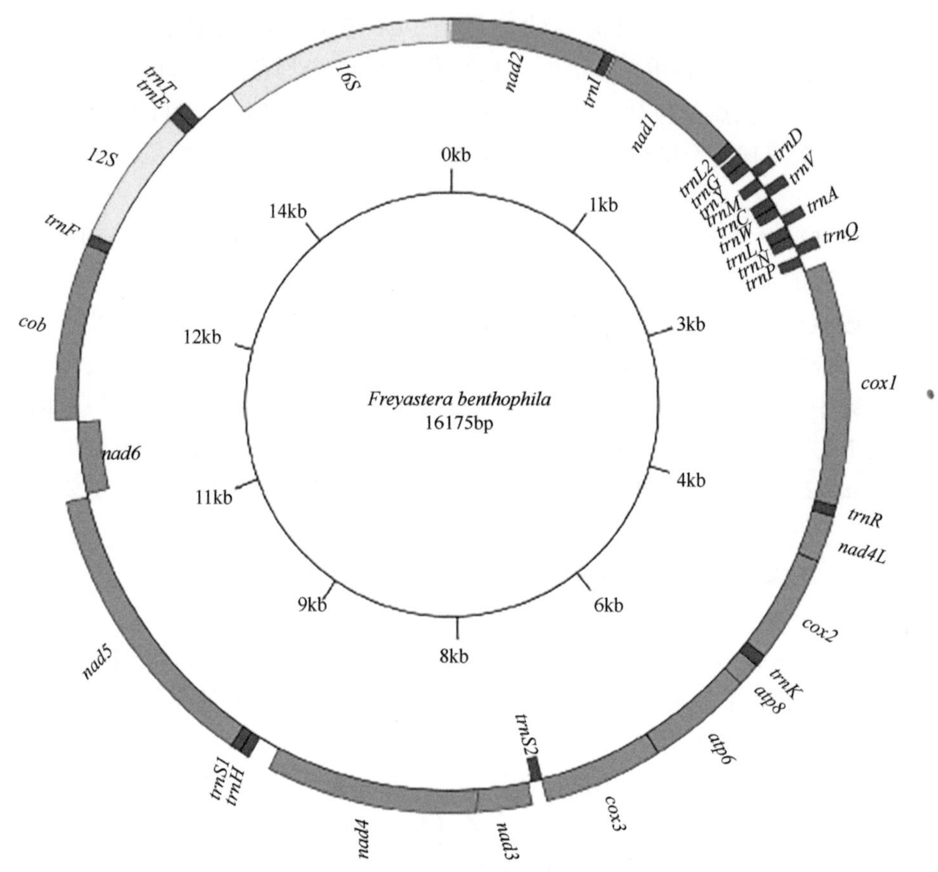

图 4.11 *Freyastera benthophila* 线粒体图谱（Mu et al.，2018b）

用频率最高和最低的氨基酸。密码子 UUA（亮氨酸，6.67%）和 ACG（苏氨酸，0.08%）分别是使用频率最高和最低的密码子。

线粒体基因排列已被证明是解决深层系统发育研究的有效手段。我们对海星纲、棘皮动物纲、海参纲、蛇尾纲和海百合纲等棘皮动物的线粒体基因顺序进行了比较。8 种海星的基因组成和基因顺序却完全相同。这一现象也发生在海胆纲中。然而，线粒体基因序列在海参纲、蛇尾纲和海百合纲中发生了显著的变化。有趣的是，海星和海胆的线粒体基因顺序完全相同。如果不考虑 tRNA，海参蛋白质编码基因的基因顺序也是相同的。这就提出了一个问题：为什么这些物种分布在全世界海洋中，它们的线粒体基因的顺序却没有改变？它们是如何随着时间的推移而进化的？为了进一步研究这种模式在海星、海胆和海参中是否普遍存在，还需要对更多物种的线粒体基因组进行研究。

为了研究深海环境对海星线粒体基因造成的影响，我们进行了选择性压力分析。当比较深海 *Freyastera benthophila* 和其他 8 种浅海海星的 13 个线粒体蛋白编码基因的 ω 比值时，我们未能发现它们的 ω 比值存在显著差异（p >0.05）。然而，在对单个基因的分析中，我们在 *atp8*（8N，16I）、*nad2*（47D，196V）和 *nad5*（599N）中分别发现了后验概率较高的位点。在其他深海动物中也观察到类似结果，推测这可能与其环境适应有关（Zhang et al.，2017b）。在深海极端环境下，动物的生存可能需要更具有适应性的能量代谢方式。由于 ATP 合酶直接产生 ATP，因此 ATP 酶蛋白序列的变化会影响 ATP 的产生，而研究也发现 ATP 酶蛋白中的氨基酸变异比较常见（da Fonseca et al.，2008；Zhang et al.，2017b）。*Nad*2、*nad*4 和 *nad*5 基因一般被用作质子泵装置，因此这些蛋白质的突变很可能会影响代谢效率（da Fonseca et al.，2008；Zhang et al.，2017b）。综上，我们推测线粒体蛋白编码基因，特别是 *atp*8、*nad*2 和 *nad*5，可能在深海海星对深海环境的适应中发挥重要作用。

4.4.3　深渊海参抗氧化酶基因：深渊极端环境下的免疫调节

随着深度的增加，深海生态系统的丰度和生物量逐渐降低。然而越来越多的研究发现，在 4000~6000m 深度范围内，甚至 6000m 以深的深渊中，海参是生物有机碎屑的主要消费者，在深海生态系统中占据着优势地位。深海海参多属底栖生物，以海底沉积物为食，能消化其中的无机物（钙或硅）、生物有机碎屑以及混在泥沙中的硅藻、细菌、原生动物等供自身生长发育。有研究指出，细菌在沉积物食性的海参食物链中占有重要地位。大凡海参密集的区域，该区域沉积物中含有较高的有机物和细菌。研究发现海参消化道中的细菌数量要比周围环境多得多（廖玉麟，1997）。因此，深海海参在底栖生活中会受到高压、低温、食物匮乏以及其他多种环境因子的胁迫影响。

研究表明，水生生物在受到温度、氧气、外源化学物质、盐度、重金属等环境因子胁迫时，会产生大量的活性氧。此外，海洋无脊椎动物一般只依靠体腔细胞与多种体腔免疫因子所构成的非特异性免疫系统对抗病原微生物，而体腔细胞在吞噬、包裹、降解外来病原体的过程中也会产生具有强烈杀菌作用的活性氧。过多的活性氧对机体是有害的，它们很容易与生物体内大分子，如蛋白、糖类、不饱和脂肪酸和核酸等反应，直接损伤大分子或者通过链式反应使自由基从一个大分子传递到另一个大分子，从而破坏生物大分子的结构和功能。所以，及时清除体内过量产生的活性氧，抑制非正常细胞凋亡，对提高机体抵抗力和免疫力具有重要的作用。

为保持体内活性氧的代谢平衡，生物通过抗氧化酶系统等来对抗活性氧造成的损伤。各个抗氧化酶相互影响、相互作用，共同维系机体内部结构的稳定，从而降低自由基对机体的损害程度。因此，水生生物在受到低温、高压、外源化学物质、微生物、盐度、重金属等环境因子胁迫时，抗氧化酶系统会发生相应响应变化。反过来讲，抗氧化酶系统可以反映生物对环境的适应性调节。对抗氧化系统酶类功能基因进行研究有助于我们深入了解生物对环境的适应机制。深渊生物所处的特殊环境决定了其抗氧化系统等机体防御系统的独一无二性，这方面的研究已经引起了科学界的兴趣。

超氧化物歧化酶（superoxide dismutase，SOD）是最重要的抗氧化酶之一，可通过将活性氧转化为氧气和过氧化氢来清除活性氧。真核生物的 SOD 根据其金属辅基的不同分为 Cu,Zn-SOD 和 Mn-SOD。其中，Cu,Zn-SOD 广泛分布于真核生物中，约占 SOD 总量的 90%（Pelmenschikov and Siegbahn，2005）。研究表明 SOD 与无脊椎动物的免疫反应有关，如细菌和病毒入侵（Ncn et al.，2017）。最近有研究表明抗氧化剂与深海环境适应性有关（Xie et al.，2017）。另外，点突变和 Cu,Zn-SOD 的活性丧失与几种严重的人类疾病有关，如家族性肌萎缩侧索硬化症（FALS）、帕金森病、阿尔茨海默病、登革热和癌症（Noor et al.，2002），因此，SOD 在医学和生物工程中有着很好的应用前景。由于其在医学领域应用前景广阔，因此如何高效生产低成本 SOD 显得尤为重要。目前，SOD 的获取途径主要是从各种动植物细胞中提取，或者是使用基因工程细菌进行发酵来大量生产。后者是更为有效的途径。因此，开发动力学性质稳定的优质 SOD 功能基因以及蛋白制备方法就显得尤为重要。

深海由于其独特的生存栖息环境，研究深海生物的功能蛋白，并进行深浅海的系统比较分析已经越来越多的受到科学界的关注。鉴于抗氧化系统在海洋无脊椎动物环境适应性和先天性免疫中的重要作用，以及深渊极端条件下生物资源开发的重要意义，我们对来自马里亚纳海沟的深渊海参（*Paelopatides* sp. 和长尾蝶参）的 SOD 进行了研究，包括基因的克隆、表达、功能分析，从抗氧化系统角度初步探讨深渊海参的生存适应机制（Li et al.，2018b，2019；Li and Zhang，2019）。

1. 马里亚纳海沟 *Paelopatides* sp. 海参的铜锌超氧化物歧化酶

对从马里亚纳海沟 6500m 水深获得的深渊海参（*Paelopatides* sp.）的铜锌超氧化物歧化酶（Ps-Cu,Zn-SOD）进行了克隆、表达和功能分析。序列分析显示，该海参的 Cu,Zn-SOD 的 ORF 包含 459bp，编码 152 个氨基酸；其结构域从 Leu-9

开始到 Ile-147；单体分子量为 15.40 kDa。氨基酸组分中，甘氨酸（Gly）（17.8%）是主要的氨基酸，而蛋氨酸含量最低（仅 0.7%）。参照大肠杆菌的体内研究，Ps-Cu,Zn-SOD 推测的半衰期 >10h，不稳定指数为 21.39，表明该蛋白质比较稳定。没有发现信号肽或跨膜结构域，表明 Ps-Cu,Zn-SOD 可能是一种胞内 SOD，系统发育分析也证实了这一结果。在 Ps-Cu,Zn-SOD 氨基酸序列中发现了两个高度保守的 Cu,Zn-SOD 标签序列。将该 Ps-Cu,Zn-SOD 与其他无脊椎动物 Cu,Zn-SOD 进行比对分析发现，Ps-Cu,Zn-SOD 的活性位点高度保守，表明 Cu,Zn-SOD 的催化功能在不同物种之间高度相似。

如图 4.12（a）所示，铜锌超氧化物歧化酶在 0~60℃范围内可以维持 >75% 的残余酶活。70℃下作用 20min，酶活性急剧下降至 5.49%；80℃下完全失活；最大酶活性出现在 40℃；在 5℃下酶活可以保持在 87.12%。结果表明，Ps-Cu,Zn-SOD 在低温下具有较高的活性，对高温敏感。

如图 4.12（b）所示，Ps-Cu,Zn-SOD 在 pH 4.0~12 下具有活性，其大部分活性维持在 pH 5~9。pH3.0 下无活性，随着 pH 升高酶活逐渐增大；最大酶活出现在 pH 8.5；在此之后，随着 pH 的进一步增加，酶活性急剧下降。在 pH 6~9 下孵育 1h 后，仍保留 >60% 的活性，但在 pH 5 和 pH 12 孵育 1h 后，仅保留 43.78% 和 12.63% 的活性。这些研究结果表明，碱性环境对酶的结构比酸性环境更具破坏性。

测定离子的最终浓度设定为 0.1mmol/L 和 1mmol/L，发现酶活性受到 Mn^{2+}，Co^{2+} 和 Ni^{2+} 的抑制，并且随着离子浓度的增加，抑制作用增强。 在测定浓度下，Ba^{2+},Mg^{2+} 和 Ca^{2+} 对酶活性影响不大。Cu^{2+} 在 1mmol/L 浓度下对酶活有显著抑制作用，而在 0.1mmol/L 浓度下对酶活影响不大。Zn^{2+} 在两种浓度下对酶活性都表现出积极的影响。Mn^{2+} 离子显示出对酶活的最大抑制效应，在 1mmol/L 浓度下残留活性仅为 13.59% ± 2.04%。

Ps-Cu,Zn-SOD 对不同抑制剂，还原剂和洗涤剂的敏感性结果显示，酶活性受到二硫苏糖醇（DTT）和乙二胺四乙酸（EDTA）的抑制，并且随着试剂浓度的增加抑制作用增强。然而，在用 10mmol/L EDTA 和 DTT 处理 40min 后，该酶仍能保留 >50% 的残余活性。在两种测量浓度下，β- 巯基乙醇（β-ME）对重组蛋白活性均显示出积极作用。在 1mmol/L β-ME 作用下，酶活性提高至 122.70% ± 1.40%。洗涤剂对 Ps-Cu,Zn-SOD 活性的影响各不相同。十二烷基硫酸钠（SDS）强烈抑制酶活性，1%SDS 作用下酶活急剧下降至 37.01% ± 3.02%。而吐温 20（Tween 20）、聚乙二醇辛基苯基醚（Triton X-100）和 Chaps，在 1% 浓度下对酶活有轻微抑制作用，在 0.1% 浓度下对酶活有轻微促进作用。为了测定尿素、盐酸胍对酶活的影响，25℃下，在一系列不同浓度梯度下孵育 1h 后测定残余活性，结果如图 4.12（c）。该酶可以抵御 5mmol/L 尿素和 3mmol/L 盐酸胍的强变性作用；25℃

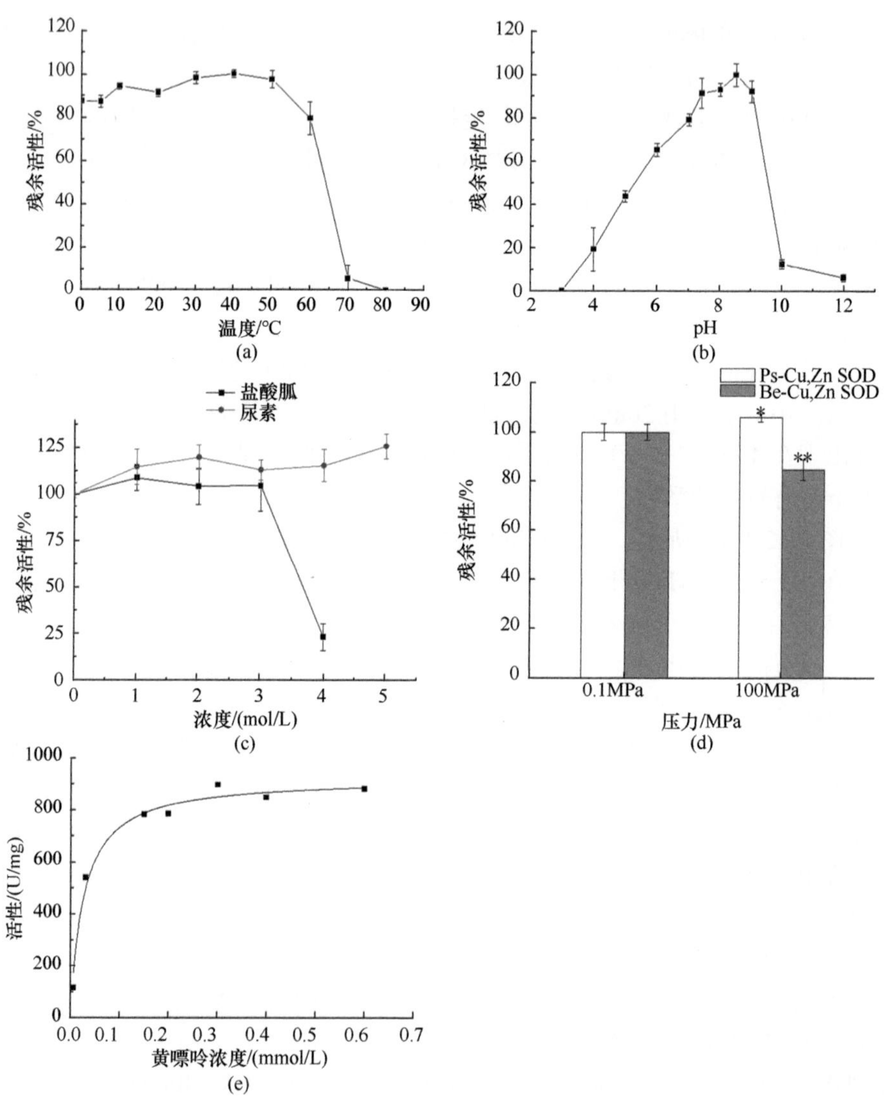

图 4.12　温度对酶活性的影响（a），图中的每个方块表示平均值 ±SD（$n=3$）；pH 对酶活性的影响（b），25℃下，不同 pH 缓冲液（3.0~12.0）中孵育 1h 后测定，图中的每个方块表示平均值 ±SD（$n=3$）；尿素和盐酸胍对 SOD 活性的影响（c），将没有变性剂作用的样品的残留酶活定义为 100%；高静水压力对 SOD 活性的影响（d），5℃下 0.1MPa 的酶活性被认为是 100%，数据显示为平均值（$n=3$）±SD；重组 Ps-Cu，Zn-SOD 的 Michaelis-Menten 方程（e）（Li et al.，2018b）；* $p<0.05$，** $p<0.01$

下作用 1h 后仍能维持 100% 活性。无论如何，8mmol/L 尿素 25℃下孵育该酶 1h 后，活性全部丧失。当盐酸胍浓度升至 4mmol/L 时，酶活急剧下降。

为了测试重组蛋白在消化液中的稳定性，将重组蛋白和消化酶（胰蛋白酶 / 胰凝乳蛋白酶复合物 2400 ： 400）按照 1 ： 77 的质量比进行孵育 0~3h 后，检测残留酶活。生物信息学分析表明，Ps-Cu,Zn-SOD 序列分别含有 12 个胰蛋白酶和 4 个胰凝乳蛋白酶 – 高特异性切割位点。然而，即使在 1/77 的高酶 / 底物（*w/w*）下孵育 3h，酶活仍能保持 93% 以上。结果表明，该酶可以抵抗胰蛋白酶和胰凝乳蛋白酶复合物的消化作用。

高压实验结果显示在图 4.12（d）中。我们选用来自牛红细胞的 SOD 在相同实验条件下的实验结果作为对照。Ps-Cu,Zn-SOD 可在 100MPa 静水压下保持完全活性。相反，来自牛红细胞（Be-Cu,Zn-SOD）的 SOD 在 100MPa 静水压下仅能维持 84% 的活性。这些结果表明 Ps-Cu,Zn-SOD 对高静水压力不敏感。

重组 Ps-Cu,Zn-SOD 形成分子量为 38kDa 的二聚体。使用不同浓度的黄嘌呤（0.006~0.6mmol/L）作为底物测定 Ps-Cu,Zn-SOD 的动力学参数。基于 Michaelis-Menten 方程，在 37℃，pH 8.2 下，重组 Ps-Cu,Zn-SOD 的 Km 和 V_{max} 值分别为（0.0258 ± 0.0048）mmol/L 和（925.1816 ± 28.0430）U/mg[图 4.12（e）]。曲线拟合的 R^2 值为 0.9775。

Ps-Cu,Zn-SOD 是一种寡聚 β- 折叠蛋白，具有动力学稳定性的结构优势。例如，研究表明，来自 *Curcuma aromatica* 的 SOD，当 EDTA 浓度达到 5mmol/L 时，可以维持约 40% 活性；当 DTT 浓度达到 5mmol/L，可以维持 <40% 活性；当 β-ME 浓度达到 6mmol/L 时，活性降至 60% 以下（Kumar et al.，2014）。来自深海嗜热生物 *Geobacillus* sp. EPT3 的 SOD 也受到 EDTA 和 SDS 的显著影响：当 EDTA 达到 10mmol/L 时，其活性降至 <40% ；当 SDS 达到 1% 时，活性全部丧失（Zhu et al.，2014）。相比而言，我们所获得的 Ps-Cu,Zn-SOD 在这些化学品中性质更稳定。此外，Chaps、Triton X-100 和 Tween 20 在保持蛋白质构象方面发挥着一定的作用，在低浓度（0.1%）条件下，可以通过增加 Ps-Cu,Zn-SOD 溶解度，从而提高酶活，1% 浓度条件下，对 Ps-Cu,Zn-SOD 活性影响也不大。而这些洗涤剂在 1% 浓度下，对 *Geobacillus* sp. EPT3 的 SOD 活性却有显著影响（Zhu et al.，2014）。此外，Ps-Cu,Zn-SOD 还具有明显的抗蛋白酶水解和抗高浓度变性剂变形的能力。例如，Ps-Cu,Zn-SOD 可以在 5mmol/L 尿素或者 3mmol/L 盐酸胍作用 1h 后，仍维持原始活性。类似的结果在郁金（*Curcuma aromatica*）的 Cu,Zn-SOD 中也有发现（Kumar et al.，2014）。这些良好的抗性特征可能是由于酶存在构象锁定，可以保护重要的配体、氨基酸以及催化活性位点、二硫键等（Kumar et al.，2014）。Ps-Cu,Zn-SOD 的空间结构使它具有高的解构能垒，从而使它在 SDS、变性剂以及蛋白水解酶中具有缓慢的解折叠速率，表现出对这些试剂的良好抗性。

与其他报道的 SOD 相比，Ps-Cu,Zn-SOD 显示出低的 Km 值。Km 值作为酶的特征常数，反映了酶与底物的亲和力。低的 Km 值表明即使在低底物浓度条件下，Ps-Cu,Zn-SOD 仍能与底物进行有效结合，从而表现出高的催化活力（Kumar et al.，2014）。Ps-Cu,Zn-SOD 的 Km 值低于许多已经报道的 SOD。总之，Ps-Cu,Zn-SOD 具有强的底物亲和力和高催化活性 [V_{max}（925.1816 ± 28.0430）U/mg]，这使其成为生物工程领域的潜在候选者。

一些研究人员研究了深海细菌等的 SOD 的结构、机制、稳定性和生化特征（Zhu et al.，2014）。然而，高静水压力对 SOD 的影响尚待研究。我们对 SOD 进行了第一次高压耐受性实验。正如所料，Ps-Cu,Zn-SOD 来源于深海环境，在 100MPa 压力下可以保持稳定性。根据 Ps-Cu,Zn-SOD 和 Be-Cu,Zn-SOD 的序列比对结果，它们具有 64% 的同源性。Ps-Cu,Zn-SOD（2.0%）含有比 Be-Cu,Zn-SOD（3.9%）略少的脯氨酸。脯氨酸可以破坏 α 螺旋并增加蛋白质的柔韧性，从而导致其在高压下具有高的可压缩性，增强了蛋白质在高压条件下的不稳定性。然而，有研究比较了一种深海嗜压菌（*Shewanella violace*）和大肠杆菌（*Escherichia coli*）的 RNA 聚合酶氨基酸序列，指出蛋白质柔韧性可能并不是压力耐受性的决定因素（Kawano et al.，2004）。无论如何，基于 Ps-Cu,Zn-SOD 和其他 Cu,Zn-SOD 之间的序列差异，其 SOD 结构域或二聚体界面中的一些关键氨基酸残基可能是其具有压力耐受性的原因。

当前的研究工作从一株深海海参中开发出了一个新颖的，且动力学性质稳定的 Cu,Zn-SOD，在高静水压下维持活性稳定，是对深海高静水压条件的一种适应性表现；酶学性质解析也证明它具有非常优良的酶学性质，说明其在生物工程及制药领域有着良好的开发利用前景。

2. 马里亚纳海沟 *Paelopatides* sp. 海参的锰超氧化物歧化酶

从马里亚纳海沟深渊海参（*Paelopatides* sp.）克隆得到了一个新颖、耐冷、酸碱稳定的锰超氧化物歧化酶（Ps-Mn-SOD）。序列分析显示，该海参 Ps-Mn-SOD 的 ORF 包含 768 bp，编码 255 氨基酸。在 N 端包含一个 21 个氨基酸的信号肽。N 端结构域从 Lys-34 到 Ser-127，C 端结构域从 Pro-137 到 Leu-24。Mn 离子与四个保守的氨基酸结合（His-63、His-119、Asp-209 和 His-213）。该蛋白推测的理论等电点为 5.05，分子量为 29.29 kDa，不稳定系数为 36.97，表明蛋白非常稳定。在 Ps-Mn-SOD 的氨基酸组成中，亮氨酸（Leu）含量最高，占到 12.50%，序列中不含半胱氨酸（Cys）。

Ps-Mn-SOD 在 0℃到 70℃范围内都有活性，并且最大活性出现在 0℃。低温下活性较高，在 0~60℃范围内可以维持 >70% 的活性；随着温度的进一步升高，酶活迅速下降，70℃下酶活仅剩 2.53%；80℃时，酶完全失活 [图 4.13（a）]。

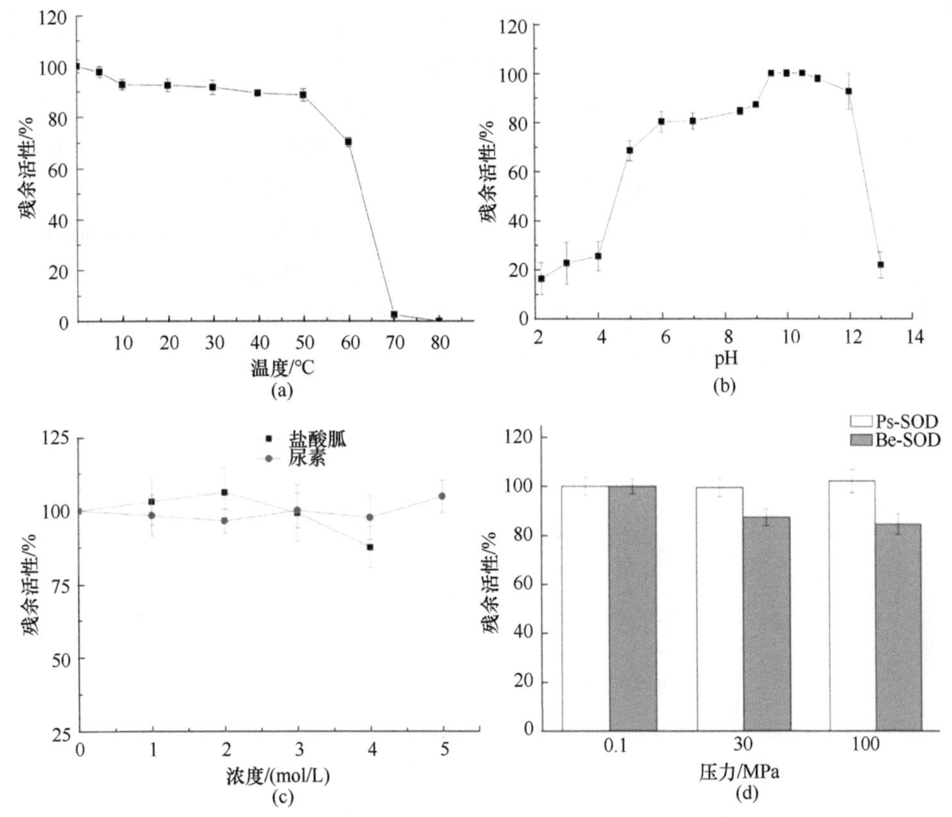

图 4.13　温度（a）、pH（b）、尿素和盐酸胍（c）以及高静水压（d）对酶活的影响（Li et al.，2019）

在 pH 2.2 至 13.0 下测量重组 Ps-Mn-SOD 的活性，最佳 pH 为 10.5[图 4.13（b）]。Ps-Mn-SOD 可以抵抗极端的 pH（在 pH 3.0~13.0 时 >20%），并且在 pH6.0~12.0 下显示出最佳活性（>80%）。

在 0.1mmol 或 1mmol 终浓度下测定金属离子对 Ps-Mn-SOD 活性的影响。Mn^{2+}、Co^{2+}、Ni^{2+} 和 Zn^{2+} 抑制 Ps-Mn-SOD 活性。Cu^{2+} 和 Ba^{2+} 在 1mmol 浓度下也显示出对酶活的抑制作用。Mg^{2+} 和 Ca^{2+} 对酶活性的影响最小。抑制剂、洗涤剂和变性剂对 Ps-Mn-SOD 活性的影响显示，EDTA 和 SDS 强烈抑制 Ps-Mn-SOD 活性，特别是 SDS，对酶活的抑制作用非常强。还原剂 DTT 和 β-ME 对酶活性的影响最小。Tween20、Triton X-100 和 Chaps 等洗涤剂在 0.1% 浓度下可以略微增强酶活。该酶可以抵抗尿素和盐酸胍的强变性作用 [图 4.13（c）]，即在 5mmol 尿素或 4mmol 盐酸胍处理 1h 后几乎保持完整活性。

为了测定 Ps-Mn-SOD 在消化液中的稳定性，在 37℃，pH 7.4 下，将 Ps-Mn-SOD 与蛋白酶复合物按照 1 ∶ 100 的质量比进行孵育，0h、1h、2h、3h、4h 后分别测定残余酶活。结果显示，虽然 Ps-Mn-SOD 序列含有 30 个胰凝乳蛋白酶和 23 个胰蛋白酶酶切位点，孵育 4h 后，Ps-Mn-SOD 仍能够维持全部活性。

如图 4.13（d）所示，重组 Ps-Mn-SOD 可以随着压力的增加而维持酶活性不变。即使在 100MPa 的高压下作用 2h，仍能保持完全活性。相比之下，当压力达到 100MPa 时，来自牛红细胞（Be-SOD）的 SOD，其活性降低至 84.57%。

基于 Michaelis-Menten 方程，使用一系列不同浓度的黄嘌呤（0.006~0.6mmol/L）作为底物，在 37℃，pH8.2（图 4.14）测定重组 Ps-Mn-SOD 的动力学参数。Ps-Mn-SOD 的 Km 和 V_{max} 值分别为（0.0329±0.0040）mmol/L 和（9111.6320±248.0003）U/mg。曲线拟合的 R^2 值为 0.9815。

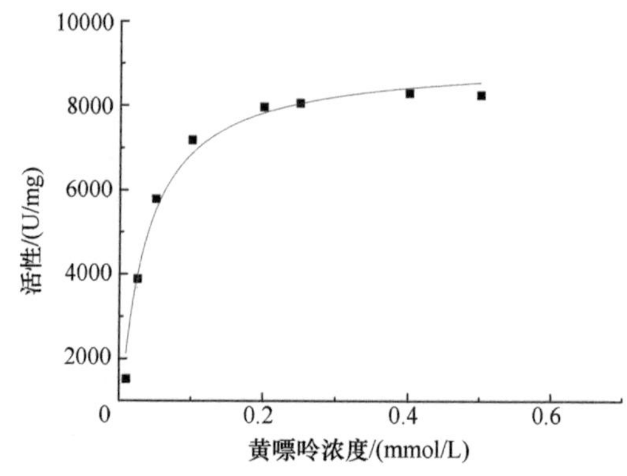

图 4.14　Ps-Mn-SOD 动力学曲线（Li et al.，2019）

根据上述分析，该 Ps-Mn-SOD 是耐低温的，对高温敏感，这与我们之前所报道的来自同一样品的 Cu,Zn-SOD 的研究结果相一致（Li et al.，2018b），尽管它们所含的金属离子类型非常不同。与其他一些已经报道的 Mn-SOD 相比，Ps-Mn-SOD 可以在较宽的 pH 下发挥稳定作用。例如，深海嗜热细菌 *Geobacillus* sp. EPT3 在 pH7.0~9.0 范围内可维持 >70% 的酶活（Zhu et al.，2014），而 Ps-Mn-SOD 能够在 pH 5.0~12.0 范围内维持 >70% 的酶活。另外，pH 实验还显示 Ps-Mn-SOD 在碱性（pH 8.5~12.0）条件下比在酸性（pH 2.2~5.0）条件下更稳定。有报道指出，金属配体可在低 pH 条件下进行质子化，但在碱性条件下可保持相对稳定性（Dolashki et al.，2008）。

值得一提的是，Ps-Mn-SOD 对强变性剂——尿素和盐酸胍表现出优异的抗性，这与来源于同一样品的 Ps-Cn,Zn-SOD（Li et al.，2018b）有类似之处。但 Ps-Mn-SOD 表现出了对盐酸胍更强的耐受性，如 Ps-Mn-SOD 可在 4mol/L 酸胍作用 1h 后，仍维持 >80% 的活性。类似地，来源于深海的嗜热细菌 *Geobacillus* sp. EPT3 的 Mn-SOD，在 2.5mol/L 尿素中处理 30min 后，仍可保持 >70% 的残留活性（Zhu et al.，2014）。无论如何，我们的研究数据表明，来自深渊海参的 SOD 总是表现出对强变性剂扰动的良好抗性。此外，在使用 10mmol/L DTT 和 1% Triton X-100 处理 1h 后，Ps-Mn-SOD 仍能维持 97.00% 和 99.22% 的残余酶活，而来自深海嗜热菌的 *Geobacillus* sp. EPT3 在同等试剂同等浓度下处理 30min 后，仅能维持 84.10% 和 70.30% 的残余活性（Zhu et al.，2014）。

正如预期的那样，Ps-Mn-SOD 来源于深海环境，可以抵抗高静水压力的扰动。由于设备的限制，我们的实验压力设定在 100MPa 以下。事实上，Ps-Mn-SOD 可能能够抵抗 >100 MPa 的静水压力。在一些其他深海酶中也有类似的结果，如同样来自 *Paelopatides* sp. 的 Cu,Zn-SOD（Li et al.，2018b）。尽管如此，酶对高静水压的敏感性并不总是与生物体的生存深度有关。无论如何，关于 SOD 在高压下的活性测定研究结果较少，对其进行压力耐受性机制的解释非常困难。综上所述，所有这些特征都表明，Ps-Mn-SOD 酶学性质优越，可成为生物制药和营养保健领域的潜在候选者。

3. 马里亚纳海沟长尾蝶参的铜锌超氧化物歧化酶

在深渊海参长尾蝶参发现了一个新的铜锌超氧化物歧化酶（Pl-Cu,Zn-SOD）。该 Cu,Zn-SOD（Pl-Cu,Zn-SOD）的 ORF 包含 471 bp，编码 156 个氨基酸。预测的结构域从 Leu-9 到 Ile-151。不存在信号肽序列和跨膜结构域序列。推测的亚基分子量为 15.81kDa，理论等电点为 6.01。氨基酸组成中甘氨酸（Gly）含量最高（17.3%），甲硫氨酸（Met）含量最低（0.60%），不含色氨酸（Trp）和酪氨酸（Tyr）。以酵母活细胞内的 SOD 为参照，推测该蛋白的半衰期 >20h。Pl-Cu,Zn-SO 的不稳定系数为 24.58，说明该蛋白稳定。

根据预实验结果，Pl-Cu,Zn-SOD 的活性测量温度设定在 0~70℃。结果表明，该重组蛋白最适反应温度为 20℃和 30℃，在 0~60℃温度范围内，可维持 >75% 的活性；随着温度进一步升高到 70℃，该蛋白迅速失去活性[图 4.15（a）]。实验结果显示，该重组蛋白在 60℃以下可维持良好的活性，具有一定的冷适应性，这与我们之前关于深海海参 SOD 蛋白的研究结果相一致（Li et al.，2018b）。但是，并不是所有的深海酶都对低温有较好的适应性，如来自深海细菌 *Alteromonas* sp. ML52 的 β- 半乳糖苷酶在 5℃时可维持约 20% 的相对活性（Sun et al.，2018）。

使用 pH 3.0~11.0 的缓冲液在 25℃对 Pl-Cu,Zn-SOD 进行孵育 1h 后，测定残余酶活，以检验该酶在不同 pH 下的稳定性。结果显示，重组 Pl-Cu,Zn-SOD 的最适 pH 为 8.0[图 4.15（b）]，说明碱性环境比酸性条件更有利于 Pl-Cu,Zn-SOD 活性的稳定以及发挥。例如，在 pH 7~9 范围内，该酶可维持大于 80% 的残余活性，这

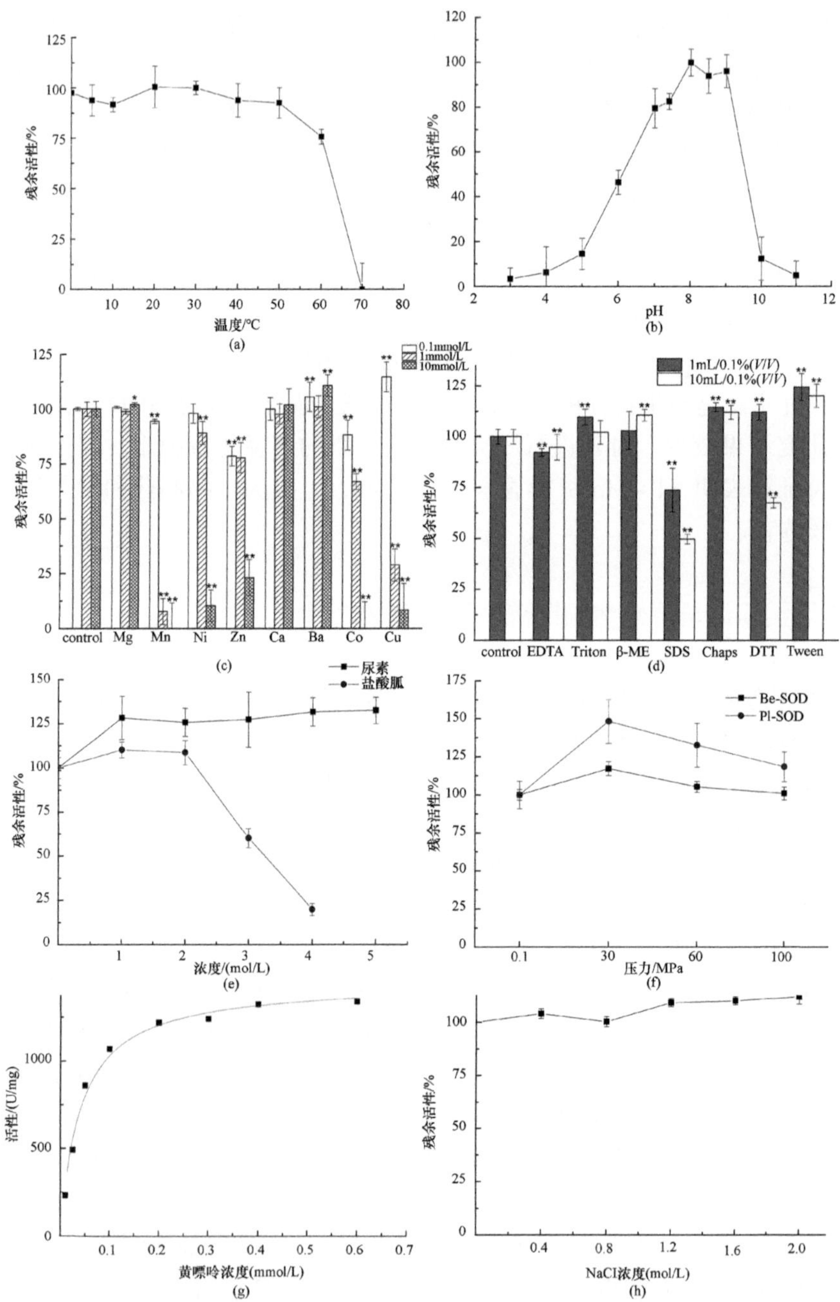

图 4.15　温度（a）；pH（b）；二价金属离子（c）；化学试剂（d）；尿素和盐酸胍（e）；高静水压对酶活性的影响（f）；动力学曲线（g）；盐度（h）对酶活性的影响，* $p < 0.05$，** $p < 0.01$（Li and Zhang，2019）

可能是由于金属离子配体在碱性环境中稳定。但是，当 pH >9 时，Pl-Cu，Zn-SOD 迅速失活。

二价金属离子对 P1-Cu，Zn-SOD 的作用显示在图 4.15（c）中。金属离子浓度设定为 0.1mmol/L，1mmol/L 和 10mmol/L。结果显示，Mn^{2+}，Ni^{2+}，Zn^{2+} 和 Co^{2+} 对 P1-Cu，Zn-SOD 活性有抑制作用，10mmol/L Mn^{2+} 或 Co^{2+} 作用 40min 后，P1-Cu，Zn-SOD 活性完全丧失。测定浓度下，Mg^{2+} 和 Ca^{2+} 对酶活性的影响最小。Ba^{2+} 在 0.1mmol/L 和 10mmol/L 浓度下对酶活性有轻微的促进作用。Cu^{2+} 对酶活性的影响较为复杂，其在 1mmol/L 和 10mmol/L 浓度下对酶活性呈现出限制的抑制作用，在 0.1mmol/L 浓度下对酶活性则呈现出促进作用。

抑制剂、去污剂和变性剂对 P1-Cu，Zn-SOD 活性的影响显示在图 4.15（d）中。EDTA，β-ME 和 DTT 的作用浓度设定为 1mmol/L 和 10mmol/L；Triton X-100、SDS、Chaps 和 Tween 20 的作用浓度设定为 0.1% 和 1%*v/v*。EDTA 和 SDS 对 P1-Cu，Zn-SOD 活性有抑制作用，尤其是 SDS，在测量浓度下对 P1-Cu，Zn-SOD 活性有显著的抑制效应。Chaps、Tween 20 和 Triton X-100（0.1%）可显著增强 P1-Cu，Zn-SOD 活性。10mmol/L β-ME 和 1mmol/L DTT 作用后，P1-Cu，Zn-SOD 活性可显著增强，但 10mmol/L DTT 可显著抑制 P1-Cu，Zn-SOD 活性。

该酶可以抵抗尿素和盐酸胍的强变性作用 [图 4.15（e）]，用 5M 尿素或 2M 盐酸胍处理 1h 后，P1-Cu，Zn-SOD 几乎保持 100% 活性。其他一些来源的 SOD 也表现出了对尿素和盐酸胍相似的抗性，如来自深海嗜热菌 *Geobacillus* sp. EPT3 的 SOD 在 2.5mol/L 尿素或盐酸胍中处理 30min 后，其活性仍可以保持在 70% 以上（Zhu et al.，2014）。有趣的是，根据我们目前所积累的深海来源的 SOD 数据（未发表数据），来自于深海海参的 SOD 总是表现出优异的抗尿素扰动能力，提示尿素可能在海参的深海适应性中扮演着重要渗透物的角色，可以抵消高压对蛋白质结构的部分扰动。当然，这种猜测需要进一步验证。

使用胰蛋白酶 / 胰凝乳蛋白酶复合物用于评估重组 P1-Cu，Zn-SOD 在消化液中的稳定性。37℃，pH 7.4 条件下，将重组 P1-Cu，Zn-SOD 与消化酶复合物按照 1:100 的质量比孵育不同时间后，测定重组 P1-Cu，Zn-SOD 的残余酶活。结果显示，虽然 Pl-Cu，Zn-SOD 序列上含有胰蛋白酶 / 胰凝乳蛋白酶作用位点，但是 Pl-Cu，Zn-SOD 在蛋白酶处理后活性可以完全保持，甚至增强。Pl-Cu，Zn-SOD，属于低聚 β- 折叠蛋白，在空间结构中形成 β 桶状的球体，使其在结构上呈现动力学稳定的特性。蛋白酶可能在反应的初始阶段消化了 Pl-Cu，Zn-SOD 的侧链，暴露出活性中心，从而增加酶的活性。随着作用时间的增长（3h），Pl-Cu，Zn-SOD 活性没有下降，表明其活性中心的构象非常稳定。

由于长尾蝶参采自马里亚纳海沟水深 6522 m 的深渊区域，我们预测其蛋白质可能可以抵抗较高的流体静水压。实验结果亦表明 [图 4.15（f）]，即使在 100MPa 的压力下，Pl-Cu，Zn-SOD 仍能维持全部活性。这一结果和同样来自马里亚纳海沟的海参 *Paelopatides* sp. 的 SOD 检测结果相似（Li et al.，2018b，2019）。相比之下，来自常压生物体的 SOD——牛红细胞 SOD（Be-SOD）——在相同压力下的表现则略逊一筹。究其原因，Pl-Cu，Zn-SOD（1.9%）和 Be-SOD（3.9%）中的脯氨酸组成略有差异，可能会导致在高压下压缩性不同。具体来讲，脯氨酸是一种 α 螺旋的破坏性氨基酸，较多的脯氨酸可能会破坏蛋白中稳定的 α 螺旋结构，从而增加其在高压下的不稳定性和可压缩性（Kawano et al.，2004；Li et al.，2018b）。另外，一些至关重要的氨基酸和空间结构差异可能可以解释目前的结果。当然，这需要进一步的突变实验来证明。目前，越来越多的关于 SOD 的 X 射线结构和突变研究已经在人类、牛和一些无脊椎动物中开展，但很少在深海生物的 SOD 中进行。Pl-Cu，Zn-SOD 的进一步研究工作可以解释由分子水平的结构差异所引起的表征差异。然而，蛋白耐压机制的解释是非常复杂的，并非所有的深海酶相比于大气压力下生物的酶，都具有对压力更高的耐受性。

使用一系列不同浓度的黄嘌呤（0.006~0.6mmol/L），在 37℃，pH 8.2[图 4.15（g）] 下测定重组 P1-Cu，Zn-SOD 的绝对酶活，使用 Michaelis-Menten 方程进行动力学曲线拟合计算 Km 和 V_{max} 值。P1-Cu，Zn-SOD 的 Km 和 V_{max} 值分别为（0.041 ± 0.004）mmol/L 和（1450.275 ± 36.621）U/mg。拟合曲线的 R^2 值为 0.987。Pl-Cu，Zn-SOD 较低的 Km 表明酶与底物具有较强的亲和力，这使其可能有希望应用于工业领域中。

使用不同浓度的 NaCl 对重组 Pl-Cu，Zn-SOD 进行孵育后，测定残余酶活，设 0mol/L NaCl 作用相同时间下的 Pl-Cu，Zn-SOD 残余酶活为 100%，结果如图 4.15（h）所示。当 NaCl 浓度高达 2mol/L 时，重组 P1-Cu，Zn-SOD 仍可以保持活性不受影响，表明其具有高的耐盐能力。当前研究是首次对 SOD 开展盐度耐受性研究，因此，尚无其他数据可供进行比较研究。

参考文献

李栋，赵军，刘诚刚，等 . 2018. 超深渊生境特征及生物地球化学过程研究进展 . 地球科学，43: 162-178.

廖玉麟 . 1997. 中国动物志 棘皮动物门 海参纲 . 北京：科学出版社 .

Beliaev G, Brueggeman P L. 1989. Deep Sea Ocean Trenches and Their Fauna. Moscow: Nauka Publishing House.

Chen J, Liu H, Cai S, et al. 2019. Comparative transcriptome analysis of *Eogammarus possjeticus* at different hydrostatic pressure and temperature exposures. Scientific Reports, 9: 3456.

Chen W H, Lu G, Bork P, et al. 2016. Energy efficiency trade-offs drive nucleotide usage in transcribed regions. Nature Communications, 7: 11334.

da Fonseca R R, Johnson W E, O'Brien S J, et al. 2008. The adaptive evolution of the mammalian mitochondrial genome. BMC Genomics, 9: 119.

Dolashki A, Abrashev R, Stevanovic S, et al. 2008. Biochemical properties of Cu/Zn-superoxide dismutase from fungal strain *Aspergillus niger* 26. Spectrochimica Acta, Part A: Molecular and Biomolecular Spectroscopy, 71: 975.

Fan S, Hu C, Wen J, Zhang L. 2011. Characterization of mitochondrial genome of sea cucumber *Stichopus horrens*: a novel gene arrangement in Holothuroidea. Science China Life Sciences, 54: 434-441.

France S C. 1993. Geographic variation among three isolated populations of the hadal amphipod *Hirondellea gigas* (Crustacea: Amphipoda: Lysianassoidea). Marine Ecology-Progress Series, 92: 277-287.

Fukumori H, Takano T, Hasegawa K, et al. 2019. Deepest known gastropod fauna: species composition and distribution in the Kuril-Kamchatka Trench. Progress in Oceanography, 102176.

Gallo N D, Cameron J, Hardy K, et al. 2015. Submersible- and lander-observed community patterns in the Mariana and New Britain trenches: influence of productivity and depth on epibenthic and scavenging communities. Deep-Sea Research Part I: Oceanographic Research Papers, 99: 119-133.

Gubili C, Ross E, Billett D S, et al. 2017. Species diversity in the cryptic abyssal holothurian *Psychropotes longicauda* (Echinodermata). Deep Sea Research Part Ⅱ: Topical Studies in Oceanography, 137: 288-296.

He L S, Zhang P W, Huang J M, et al. 2018. The enigmatic genome of an obligate ancient *Spiroplasma* symbiont in a hadal holothurian. Applied and Environmental Microbiology, 84: e01965.

Jamieson A. 2015. The Hadal Zone: Life in the Deepest Oceans. Cambridge: Cambridge University Press.

Jamieson A J, Fujii T, Mayor D J, et al. 2010. Hadal trenches: the ecology of the deepest places on Earth. Trends in Ecology & Evolution, 25: 190-197.

Jamieson A, Gebruk A, Fujii T, et al. 2011. Functional effects of the hadal sea cucumber *Elpidia atakama* (Echinodermata: Holothuroidea, Elasipodida) reflect small-scale patterns of resource availability. Marine Biology, 158: 2695-2703.

Jamieson A, Lacey N, Lörz A N, et al. 2013. The supergiant amphipod *Alicella gigantea* (Crustacea: Alicellidae) from hadal depths in the Kermadec Trench, SW Pacific Ocean. Deep Sea Research Part Ⅱ: Topical Studies in Oceanography, 92: 107-113.

Kamenev G M. 2019. Bivalve mollusks of the Kuril-Kamchatka Trench, Northwest Pacific Ocean: Species composition, distribution and taxonomic remarks. Progress in Oceanography, 176:

102127.

Kawano H, Nakasone K, Matsumoto M, et al. 2004. Differential pressure resistance in the activity of RNA polymerase isolated from *Shewanella violacea* and *Escherichia coli*. Extremophiles, 8: 367-375.

Kobayashi H, Nagahama T, Arai W, et al. 2018. Polysaccharide hydrolase of the hadal zone amphipods *Hirondellea gigas*. Bioscience, Biotechnology, and Biochemistry, 82: 1123-1133.

Kumar A, Kaachra A, Bhardwaj S, et al. 2014. Copper, zinc superoxide dismutase of *Curcuma aromatica* is a kinetically stable protein. Process Biochemistry, 49: 1288-1296.

Lan Y, Sun J, Tian R, et al. 2017. Molecular adaptation in the world's deepest-living animal: Insights from transcriptome sequencing of the hadal amphipod *Hirondellea gigas*. Molecular Ecology, 26: 3732-3743.

Li Y N, Kong X, Chen J W, et al. 2018b. Characteristics of the copper, zinc superoxide dismutase of a hadal sea cucumber (*Paelopatides* sp.) from the Mariana Trench. Marine Drugs, 16: 169.

Li Y N, Kong X, Zhang H B. 2019. Characteristics of a novel manganese superoxide dismutase of a hadal sea cucumber (*Paelopatides* sp.) from the Mariana Trench. Marine Drugs, 17: 84.

Li Y N, Xiao N, Zhang L P, et al. 2018a. *Benthodytes marianensis*, a new species of abyssal elasipodid sea cucumbers (Elasipodida: Psychropotidae) from the Mariana Trench area. Zootaxa, 4462: 443-450.

Li Y N, Zhang H B. 2019. A novel, kinetically stable copper, zinc superoxide dismutase from *Psychropotes longicauda*. International Journal of Biological Macromolecules, 140: 998-1005.

Mah C L, Blake D B. 2012. Global diversity and phylogeny of the Asteroidea (Echinodermata). PLoS One, 7: e35644.

Mu W, Liu J, Zhang H. 2018a. Complete mitochondrial genome of *Benthodytes marianensis* (Holothuroidea: Elasipodida: Psychropotidae): insight into deep sea adaptation in the sea cucumber. PLoS One, 13: e0208051.

Mu W, Liu J, Zhang H. 2018b. The first complete mitochondrial genome of the Mariana Trench *Freyastera benthophila* (Asteroidea: Brisingida: Brisingidae) allows insights into the deep - sea adaptive evolution of Brisingida. Ecology and Evolution, 8: 10673-10686.

Ncn P, Godahewa G I, Lee S, et al. 2017. Manganese-superoxide dismutase (MnSOD), a role player in seahorse (*Hippocampus abdominalis*) antioxidant defense system and adaptive immune system. Fish & Shellfish Immunology, 68: 435-442.

Noor R, Mittal S, Iqbal J. 2002. Superoxide dismutase-applications and relevance to human diseases. Medical Science Monitor International Medical Journal of Experimental & Clinical Research, 8: RA210-215.

Pelmenschikov V, Siegbahn P E M. 2005. Copper-Zinc superoxide dismutase: theoretical insights into the catalytic mechanism. Inorganic Chemistry, 44: 3311-3320.

Petrov N, Vladychenskaya I, Dil'man A, et al. 2016. Taxonomic position of the family Porcellanasteridae within the class Asteroidea. Biology Bulletin, 43: 483-490.

Ren J, Xiao L, Feng J, et al. 2010. Unusual conservation of mitochondrial gene order in *Crassostrea* oysters: evidence for recent speciation in Asia. BMC Evolutionary Biology, 10: 394.

Stewart H A, Jamieson A J. 2018. Habitat heterogeneity of hadal trenches: considerations and implications for future studies. Progress in Oceanography, 161: 47-65.

Sun J, Yao C, Wang W, et al. 2018. Cloning, expression and dharacterization of a novel cold-adapted beta-galactosidase from the deep-sea bacterium *Alteromonas* sp. ML52. Marine Drugs, 16: 469.

Todo Y, Kitazato H, Hashimoto J, et al. 2005. Simple foraminifera flourish at the ocean's deepest point. Science, 307: 689.

Wang K, Shen Y J, Yang Y Z, et al. 2019. Morphology and genome of a snailfish from the Mariana Trench provide insights into deep-sea adaptation. Nature Ecology & Evolution, 3: 823-833.

Xie Z, Jian H, Jin Z, et al. 2017. Enhancing the adaptability of the deep-sea bacterium *Shewanella piezotolerans* WP3 to high pressure and low temperature by experimental evolution under H_2O_2 stress. Applied and Environmental Microbiology, 84: e02342-02317.

Zhang B, Zhang Y H, Wang X, et al. 2017b. The mitochondrial genome of a sea anemone *Bolocera* sp. exhibits novel genetic structures potentially involved in adaptation to the deep-sea environment. Ecology and Evolution, 7: 4951-4962.

Zhang R, Zhou Y, Lu B, et al. 2017a. A new species in the genus *Styracaster* (Echinodermata: Asteroidea: Porcellanasteridae) from hadal depth of the Yap Trench in the western Pacific. Zootaxa, 4338: 153-162.

Zhu Y, Li H, Ni H, et al. 2014. Purification and biochemical characterization of manganesecontaining superoxide dismutase from deep-sea thermophile Geobacillus sp. EPT3. Acta Oceanologica Sinica, 33: 163-169.

第5章

深渊沉积物原核微生物群落多样性

崔国杰　李　俊　高兆明　王　勇

中国科学院深海科学与工程研究所深海科学部

5.1 引言

5.1.1 深渊沉积物特征

海底沉积物（sediment）是海洋生态系统的重要组成部分，其厚度变化通常随着岩石圈年龄的增加而增加。太平洋面积几乎占到大洋总面积的1/2，其海底覆盖着大面积广阔而连续的沉积物。在太平洋海底扩张和新洋壳形成的洋中脊，其沉积物厚度为零；离洋中脊距离越远，太平洋海底沉积物累计越多（图5.1）。海底沉积物按照来源可分为以下几类：沿大陆边缘的海底沉积物主要为陆源泥，在开放大洋区域的海底沉积物除小部分为火山沉积物（多集中在俯冲带及洋中脊），其

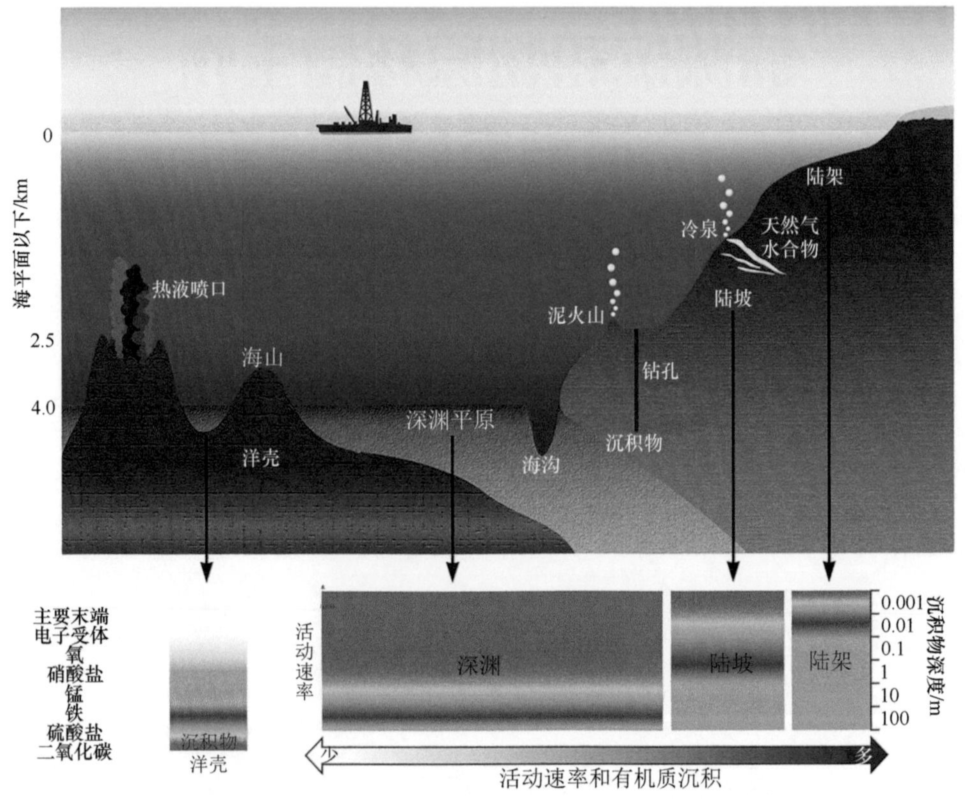

图5.1 海洋栖息地横截面示意图（上图）和沉积物中生物地球化学环境示意图（下图）（Orcutt et al.，2011）

上图：仅作示意未按比例绘制；下图左：沉积物垂直深度中主要电子受体示意图；下图右：每种沉积物类型中有机质相对数量和代谢速率（下方灰度条颜色越深表示代谢速率越高）

余大部分为深海黏土。

深渊海底沉积物的获取较为困难，目前主要采用的获取方式有箱式、插管等。1996 年日本海沟“Kaiko”号潜水器首次在挑战者深渊（水深 10897 m）底部中轴（trench-axis bottom）获得海底沉积物（Takami et al.，1997）[图 5.2（a）]。研究人员在深渊底部沉积物表面观察到动物活动（Glud et al.，2013）[图 5.2（b）]。近年来，我国研究人员通过多种装备对挑战者深渊沉积物进行获取，在深渊北坡观察到多座疑似泥火山，其上沉积物较少；在深渊南坡观察到沉积物且多为棕色黏性泥样（Luo et al.，2017；Jiang et al.，2019），这与马里亚纳海沟东侧海盆区（水深 5000~6000m）的沉积物黏土类型相近（于彦江等，2016）。

(a)

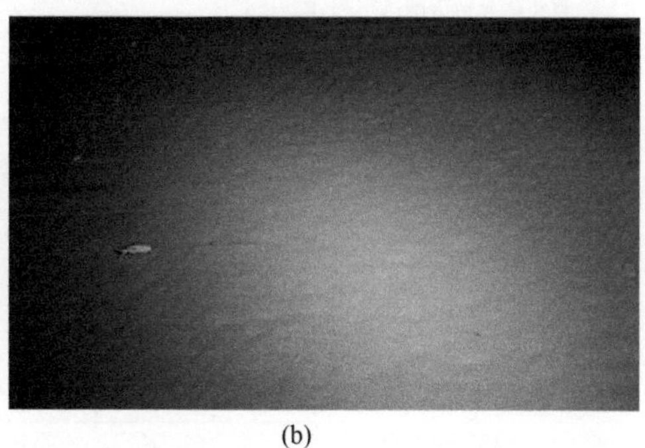

(b)

图 5.2　挑战者深渊底部沉积物表面照片

（a）- 在挑战者深渊底部（水深 10897m）准备采集沉积物（Takami et al.，1997）；（b）- 在挑战者深渊底部（水深 10900m）沉积物表面由于动物（例如，片脚类动物）活动形成的微地形变化（丘、拗陷及痕迹）（Glud et al.，2013）

5.1.2　沉积物中微生物类群及分布

原核微生物的分类鉴定分为表型鉴定和基因型鉴定，以遗传物质（核酸）作为研究对象的基因型鉴定是一种更客观和可信的分类鉴定方法。根据核糖体 16S rRNA 将生命之树划分为三个主要的域：古菌域（Archaea）、细菌域（Bacteria）和真核生物域（Eucarya）。近年来针对海底沉积物中微生物多样性已展开基于核糖体 16S rRNA 的分子生物学研究，并认识到在地理和环境上相异的海底沉积物中微生物群落组成的几个主要类群。海底沉积物中常见细菌类群包括变形菌门（Proteobacteria）、浮霉菌门（Planctomycetes）、绿弯菌门（Chloroflexi）和暗黑菌门（Atribacteria）等 [图 5.3（a）]；常见古菌类群包括奇古菌门（Thaumarchaeota）、深古菌门（Bathyarchaeota）和洛基古菌门（Lokiarchaeota）等 [图 5.3（b）]。通常在沉积物柱内不同深度呈现不同的微生物类群，表层沉积物的主要微生物类群

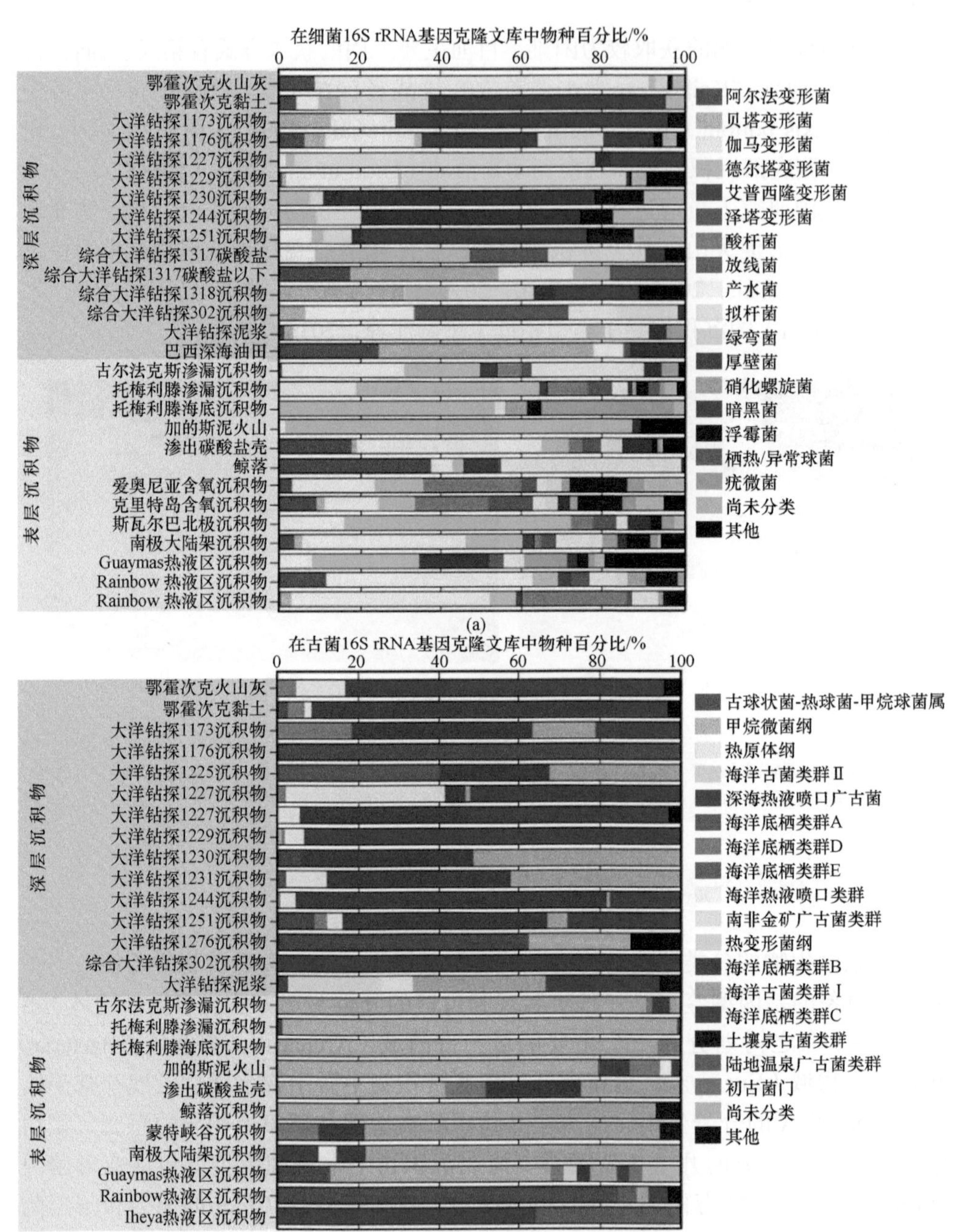

图 5.3　海底沉积物中细菌和古菌的群落组成（Orcutt et al.，2011）

每行代表一个环境样品；（a）- 细菌群落组成；（b）- 古菌群落组成

通常为变形菌门（Proteobacteria），其下方深层沉积物的微生物类群通常为暗黑菌门（Atribacteria）以及上述 3 个古菌类群（Orcutt et al.，2011）。

在高压条件下基于纯培养实验从深渊区分离到的主要微生物类群为伽马变形菌（Gammaproteobacteria），包括希瓦氏菌属（*Shewanella*）、莫里特拉氏菌属（*Moritella*）和冷单胞菌属（*Psychromonas*）（Kato et al.，1998；Nogi et al.，2002），这些可培养微生物只占深渊区微生物群落的小部分。测序技术的发展使得微生物研究从传统生物学向分子生物学转变。2018 年 Nunoura 等首次揭示挑战者深渊底部（水深 10300 m）单个采样站位沉积物中微生物的细胞丰度范围为 3.9×10^5~1.1×10^7 copies/g（0~123cm）（Nunoura et al.，2018），基于 16S rRNA 基因测序分析的结果表明深渊底部沉积物中原核微生物主要类群为绿弯菌门（Chloroflexi）、拟杆菌门（Bacteroidetes）、浮霉菌门（Planctomycetes）、海微菌门（Marinimicrobia）、奇古菌门（Thaumarchaeota）和乌斯古菌门（Woesearchaeota），其中奇古菌门（Thaumarchaeota）主要位于沉积物表层，乌斯古菌门（Woesearchaeota）主要位于沉积物深层（图 5.4）。

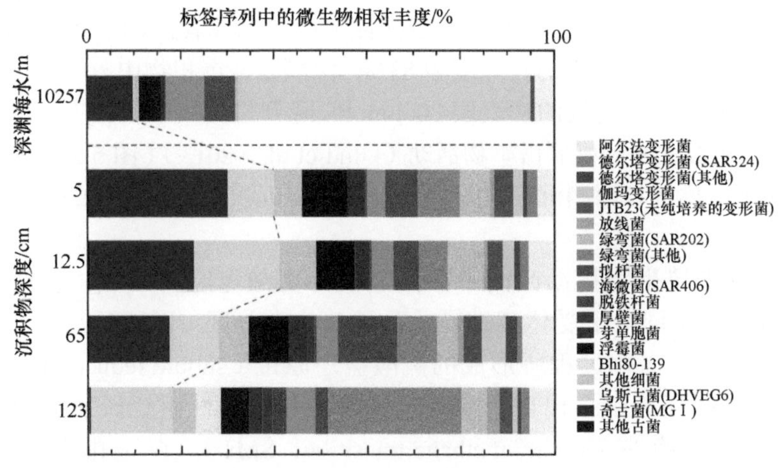

图 5.4　挑战者深渊（水深 10300m）海水与沉积物中微生物的群落组成（Nunoura et al.，2018）

海底生物圈中原核微生物细胞数量估计为 5.39×10^{29} 个，在沉积物 1922m 依然存在有活细胞，在深渊区的原核微生物细胞数量更是远低于全球的平均值（Parkes et al.，2014）。通常情况下，海底沉积物中微生物细胞数量随深度增加呈对数递减。沉积物中微生物的垂直分布大致遵循经验公式 Log_{10} cells = 8.05 – 0.68Log_{10} depth（Parkes et al.，2014）。沉积物中微生物的垂直分布受到水深和地理位置、有机碳含量、沉积物孔隙度、地球化学环境特征等的影响。①水深和地理位置。最近一系列针对不同海沟中微生物群落的比较研究结果表明在海沟深渊区存在有独特的深渊微生物圈（Nunoura et al.，2016；Liu et al.，2018；Peoples et al.，2018）。挑战者深渊面临极端环境（尤其是较高的静水压力）和地理孤立性，其底部沉积物中可能孕育新的微生物类群。②有机碳含量。马里亚纳海沟的漏斗形地形及流体力学作用促使有机质沿沟槽轴水平迁移和聚集，且在海沟观察到有机质随水深的增加而增加，因此挑战者深渊底部表现为有机质的沉积中心。有机碳含量是影响海底沉积物中微生物垂直分布的重要因素，有机碳随沉积物深度增加年代越久远且越难以降解，有机碳可利用度的降低致使沉积物中微生物活细胞数量比表层将降低 2~3 个数量级（Roy et al.，2012）。③沉积物孔隙度和地球化学环境。除有机碳外，沉积物中微生物的垂直分布还受沉积物孔隙度和地球化学环境特征的影响。对于大多数沉积物类型来讲，沉积物的渗透率与孔隙度呈正相关，即随着沉积物柱内深度增加其孔隙度降低，渗透率降低。沉积物中的氧气主要来源于上覆海水中氧气的扩散作用，通常大型动物进出造成的生物扰动发生在沉积物表层（10 ± 5）cm（全球平均深度），表层的氧化环境进一步向下延伸使得沉积物柱内呈现为高度的地球化学不均一性（Boudreau，1998）。几乎毫无例外，沉积物表层有氧区域内微生物活动和群落多样性最高。挑战者深渊底部沉积物（水深 10817m）表层（0~5cm）的孔隙度为 83%，深渊底部沉积物中氧气浓度相较南坡（水深 6018m）可以更快的从表层 200μmol/L 降到检测线以下，支持深渊底部沉积物表层有更高水平的好氧微生物活动（Glud et al.，2013）（图 5.5）。在以上多种因素作用下，挑战者深渊沉积物深层逐渐形成与沉积物表层相异的微生物群落（图 5.4）。

从沉积物表层生物扰动区向下开始过渡为更加稳定的区域，表现为由热力学驱动造成的不同电子受体相继变化的地球化学分区（图 5.6）。通常出现由硫酸盐还原为主要矿化过程所形成的硫酸盐还原带（sulfate reduction zone，SR zone）。在硫酸盐还原带会出现一个狭窄的硫酸盐依赖性甲烷厌氧氧化区称为硫酸盐 – 甲烷转换带（sulfate-methane transition，SMT），在硫酸盐 – 甲烷转换带的硫酸盐消耗殆尽后，在矿化过程中接着主要出现产甲烷过程（Petro et al.，2017）。因此，一种假设是地球化学耦合作用抑或电子受体影响沉积物中原核微生物的垂直分布（Jorgensen et al.，2012）。但通过对微生物功能基因研究和底物摄取模型研究的结果表明发酵作用是沉积物表层下的绝大部分微生物类群的主要功能（Lever，2013）。因此，有科学家已提出：①沉积物 / 水界面附近为有氧呼吸的异养微生物；②较深处为厌氧呼吸的异养生物（硝酸盐还原菌和硫酸盐还原菌）；③海底沉积物最深处则为具有发酵作用的微生物。

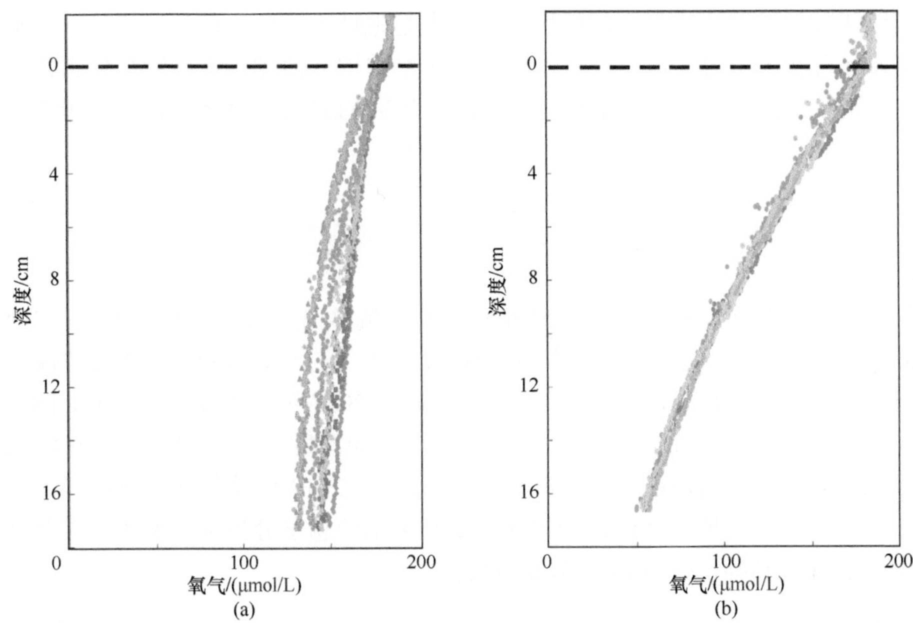

图 5.5　挑战者深渊两个不同水深沉积物中原位氧浓度分布（Glud et al.，2013）

参考点 [水深 6018 m ；（a）] 和挑战者深渊底部 [（水深 10817 m ；（b）] 沉积物剖面中氧气浓度。水平虚线表示沉积物表面位置。挑战者深渊底部沉积物中氧气浓度较快衰减代表更强的氧气消耗

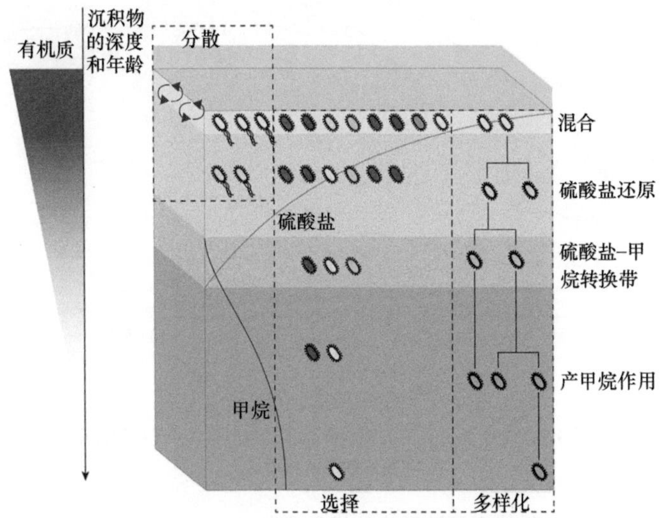

图 5.6　沉积物中微生物群落（Petro et al.，2017）

海底沉积物中微生物群落在垂直方向叠加有生物地球化学环境的作用。有机质随着沉积物深度和年龄的增加而降低；上部 10 cm 通常受到动物活动（生物扰动，生物灌溉）的影响；硫酸盐经微生物的硫酸盐还原作用而逐渐耗尽，并转变为产甲烷作用

深渊区是目前研究最少的地区之一，也是地球上最陌生的地区之一。挑战者深渊具有高静水压力、地形隔离、黑暗及频繁的构造活动，这些特征使得以“挑战者深渊”为代表的深渊科学成为当前海洋研究的最新前沿之一，吸引越来越多学科的关注。

5.2 挑战者深渊沉积物原核微生物群落组成

中国科学院深海科学与工程研究所研究人员参与三次大洋科考航次：“向阳红 09”科考船 2016 年 6~7 月的中国大洋 37 航次第二航段（DY37 Ⅱ），“探索一号”科考船 2016 年 6~8 月第一航次（TS01）以及 2017 年 1~3 月第三航次（TS03）。在挑战者深渊北坡、南坡和底部中轴共 14 个不同深度采样站位获得柱状沉积物（图 5.7，表 5.1），总计 95 个分层样品（Cui et al.，2019）。提取每个分层样品的总 DNA 并分别构建扩增子文库，经序列测定和生物信息学分析，对挑战者深渊沉积物中原核微生物的群落结构及其分布进行揭示。

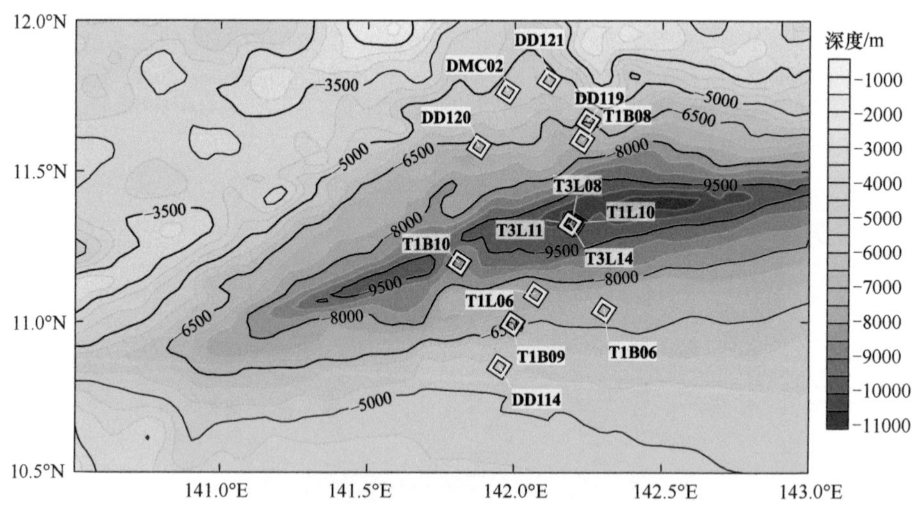

图 5.7 挑战者深渊沉积物采样站位（Cui et al.，2019）

经三次科考航次（TS01、TS03 和 DY37 Ⅱ）获得沉积物样品（黄色菱形）；沉积物样品（水深 >5000m）经插管和箱式取样器获得

表 5.1 挑战者深渊采集的样品信息（Cui et al.，2019）

航次	样品编号	采样方式	纬度	经度	水深 /m	柱样长度 /cm
DY37 Ⅱ	DMC02	插管	11.764°N	141.976°E	5481	34

续表

航次	样品编号	采样方式	纬度	经度	水深 /m	柱样长度 /cm
DY37 Ⅱ	DD121*	插管	11.801°N	142.117°E	5533	27
DY37 Ⅱ	DD120*	插管	11.582°N	141.879°E	6706	26
DY37 Ⅱ	DD119*	插管	11.665°N	142.249°E	6016	19
TS01	T1B08	箱式	11.602°N	142.228°E	7143	64
DY37 Ⅱ	DD114*	插管	10.851°N	141.950°E	5464	28
TS01	T1B06	箱式	11.039°N	142.304°E	7022	60
TS01	T1B09	箱式	10.994°N	141.994°E	7121	64
TS01	T1L06	插管	11.091°N	142.073°E	7850	15
TS01	T1B10	箱式	11.195°N	141.812°E	8638	66
TS01	T1L10	插管	11.328°N	142.202°E	10953	25
TS03	T3L11	插管	11.325°N	142.191°E	10908	22
TS03	T3L08	插管	11.327°N	142.194°E	10909	20
TS03	T3L14	插管	11.325°N	142.189°E	10911	18

* 表示“蛟龙”载人潜水器采集的沉积物样品，万米沉积物样品（水深 >10000m）是通过深渊着陆器获得。

5.2.1　微生物细胞丰度

挑战者深渊沉积物中原核微生物 SSU rRNA 基因的丰度范围介于 1.5×10^5~5.5×10^8copies/g。在沉积物（0~66cm）中原核微生物丰度的垂直分布随着柱状样深度的增加而减少，底部中轴沉积物表层（0~2cm）的 SSU rRNA 基因丰度比南北坡表层沉积物至少高一个数量级（图 5.8）。

5.2.2　微生物群落组成

稀释曲线可以用于评估样品中的生物多样性及测序深度的相关性，核糖体扩增子测序数据的分析结果表明挑战者深渊沉积物中微生物群落组成极为复杂（图 5.9）。

对挑战者深渊沉积物 95 个分层样品扩增子测序数据进行 QIIME 分析，高质量 reads 共聚类到 123955 个操作分类单元（OTU），属于 69 个原核微生物门。其中主要的细菌门（丰度 >1%）11 个，分别是变形菌门（Proteobacteria）、绿弯菌门（Chloroflexi）、放线菌门（Actinobacteria）、浮霉菌门（Planctomycetes）、髌骨细菌门（Patescibacteria）、海微菌门（Marinimicrobia）、芽单胞菌门（Gemmatimonadetes）、拟杆菌门（Bacteroidetes）、厚壁菌门（Firmicutes）、酸杆菌门（Acidobacteria）和河床菌门（Zixibacteria）（图 5.10）。

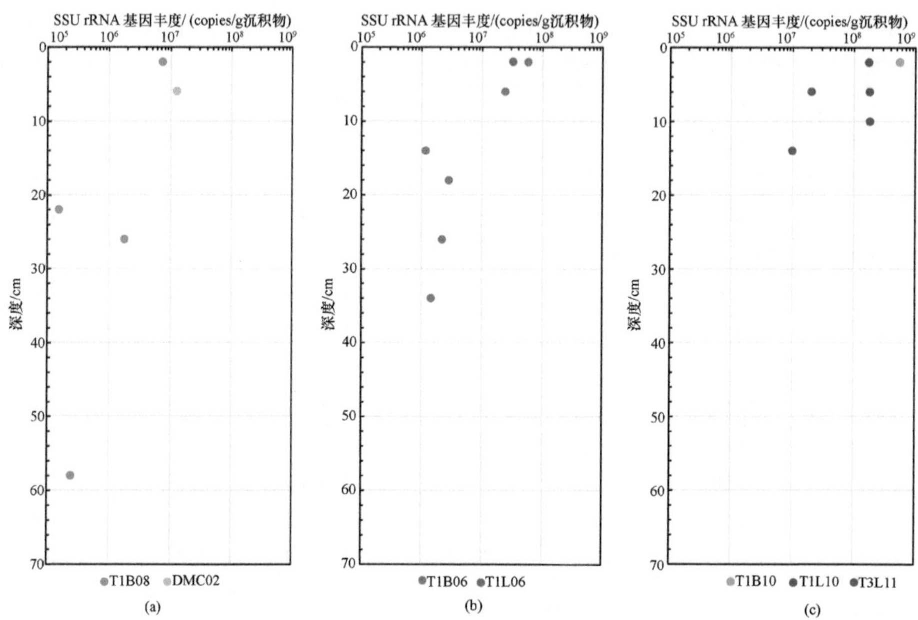

图 5.8　挑战者深渊沉积物中原核微生物 SSU rRNA 基因拷贝数的垂直分布（Cui et al.，2019）

（a）- 北坡；（b）- 南坡；（c）- 底部中轴

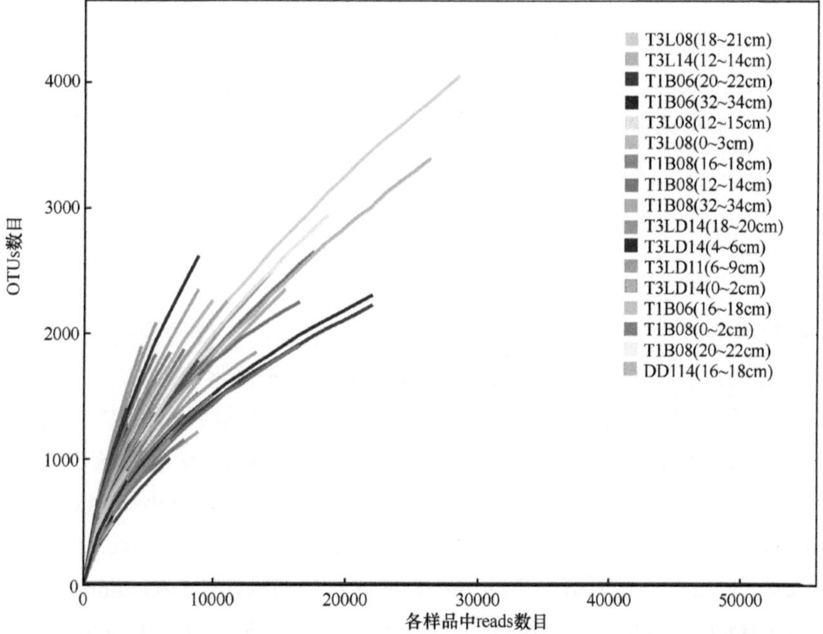

图 5.9　16S rRNA 基因扩增子测序读数的稀释曲线（Cui et al.，2019）

来自挑战者深渊 95 个沉积物分层样品分别以不同的曲线呈现；右上列出 17 个 reads 数目大于 10000 对应的样品编号

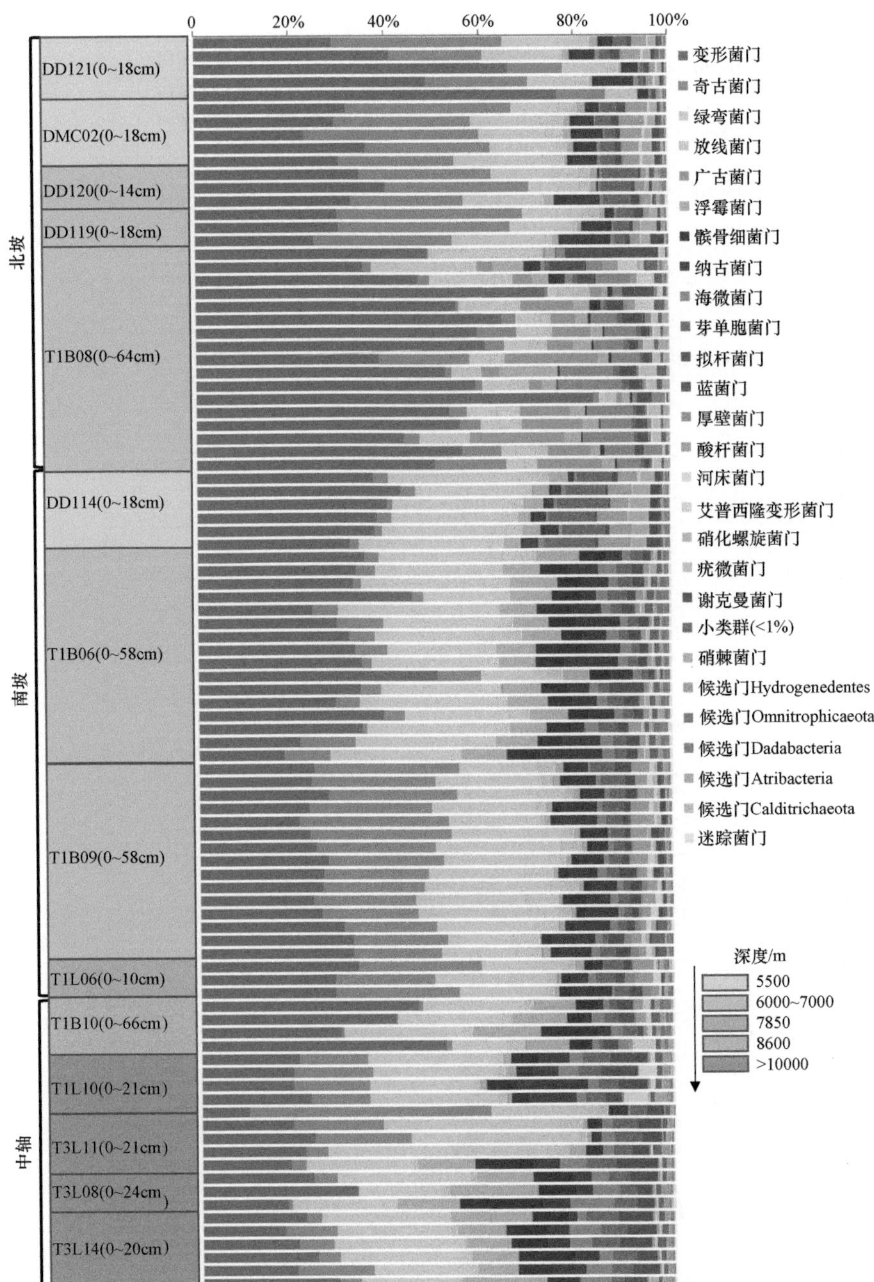

图 5.10 挑战者深渊沉积物中原核微生物在门级别的相对丰度（Cui et al.，2019）

基于 16S rRNA 基因扩增子的测序和使用 SILVA 132 数据库采用 RDP 分类方法在门级别分类水平上显示微生物群落；柱样长度在样品编号后面的括号中显示

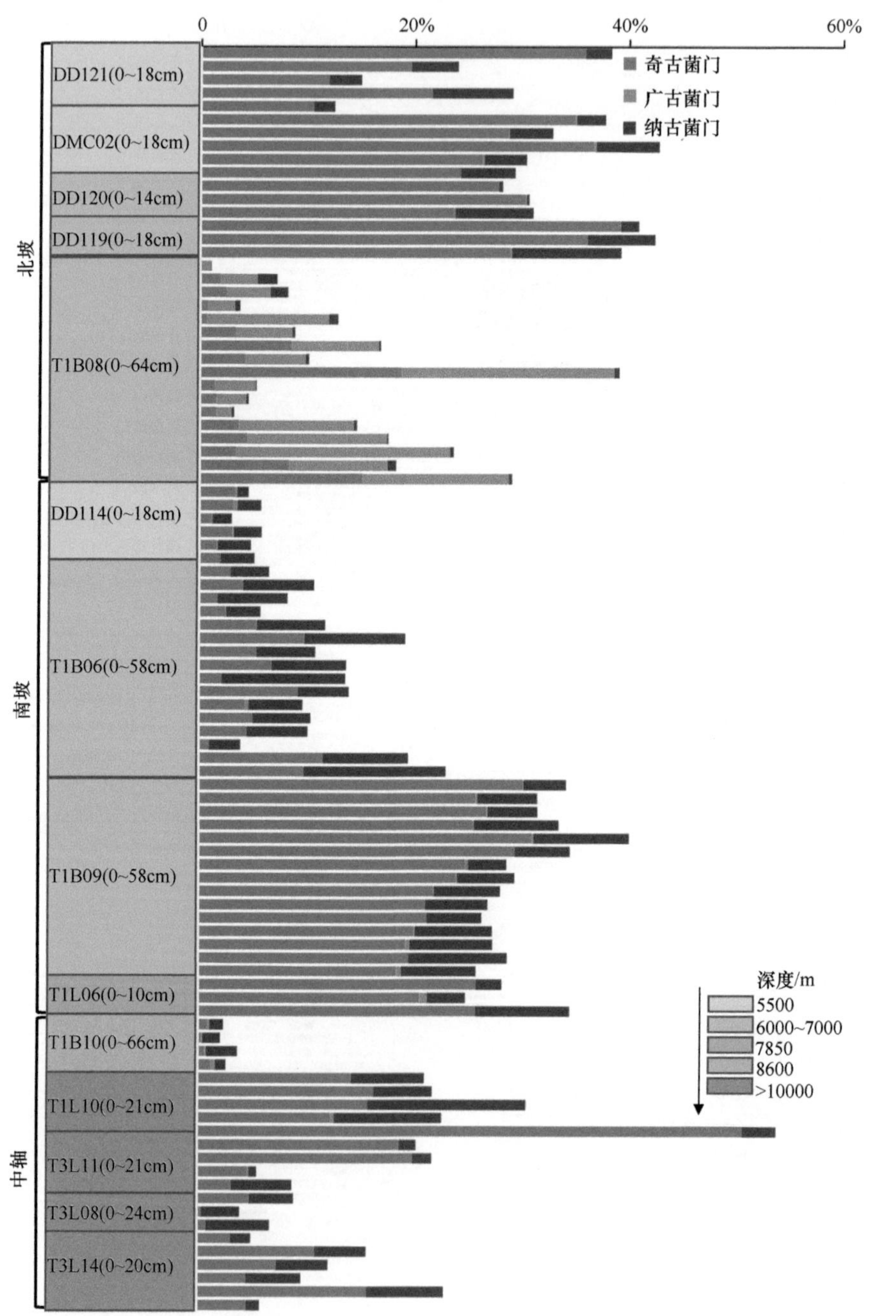

图 5.11　挑战者深渊沉积物中古菌在门级别的相对丰度（Cui et al.，2019）

基于 16S rRNA 基因扩增子的测序和使用 SILVA 132 数据库采用 RDP 分类方法在门级别分类水平上显示微生物群落；柱样长度在样品编号后面的括号中显示

挑战者深渊沉积物所有分层样品中较高丰度的微生物隶属变形杆菌门中假交替单胞菌属（*Pseudoalteromonas*）、嗜盐单胞菌属（*Halomonas*）、假单胞菌属（*Pseudomonas*）和交替单胞菌属（*Alteromonas*）。这些类群在沉积物所有分层样品中的丰度范围为0~63%，其中样品 T1B08 存在高丰度交替单胞菌属（*Alteromonas*）。挑战者深渊沉积物样品中最为丰富的两个古菌门为：奇古菌门（Thaumarchaeota）和纳古菌门（Nanoarchaeaeota）。奇古菌门（Thaumarchaeota）中的主要类群为亚硝化短小杆菌属（*Nitrosopumilus*），在沉积物（>10000m）深层的主要类群为乌斯古菌门（Woesearchaeota）。有意思的是，在样品 T1B08 中高丰度的古菌类群为广古菌门（Euryarchaeota）（图 5.11）。

5.3　挑战者深渊沉积物原核微生物多样性及分类地位

5.3.1　微生物多样性分析

挑战者深渊沉积物中微生物 Alpha 多样性分析结果表明，6000 m 沉积物中（如样品 DMC02、DD114 和 DD121）微生物的 Chao 指数和 Shannon 指数最高，而沉积物样品 T1B08 是所有沉积物样品中微生物多样性指数最低。除样品 T1B08 外，深渊底部中轴沉积物（水深 >10000m）中微生物群落多样性并没有南北坡高。此外，所有样品中生物多样性指数从表层到深层没有显著变化（表 5.2）。

表 5.2　16S rRNA 基因扩增子测序的统计（Cui et al.，2019）

序号	样品编号	合格 reads 数目	总 reads 数			均一化		
			OTU 数目	Chao 指数	Shannon 指数	OTU 数目	Chao 指数	Shannon 指数
1	DD121（0~2cm）	2281	1037	2983	8.95	617	2091	8.49
2	DD121（4~6cm）	1765	608	2053	8.60	608	2053	8.60
3	DD121（8~10cm）	2850	821	2033	8.27	503	1533	7.91
4	DD121（12~14cm）	1978	546	1517	8.26	546	1517	8.26
5	DD121（16~18cm）	1631	391	1087	7.24	391	1087	7.24
6	DMC02（0~2cm）	2069	667	2305	8.76	667	2305	8.76
7	DMC02（4~6cm）	4193	1385	3412	9.30	623	2003	8.60
8	DMC02（8~10cm）	4988	1471	3707	9	532	1969	8
9	DMC02（12~14cm）	4232	1325	3026	9.12	610	1987	8.51
10	DMC02（16~18cm）	3773	1385	3355	9.34	630	2088	8.65

续表

序号	样品编号	合格 reads 数目	总 reads 数			均一化		
			OTU 数目	Chao 指数	Shannon 指数	OTU 数目	Chao 指数	Shannon 指数
11	DD120（0~2cm）	1187	382	862	7.45	382	862	7.45
12	DD120（4~6cm）	4290	902	1915	8.08	438	1250	7.61
13	DD120（12~14cm）	1753	458	1009	7.84	458	1009	7.84
14	DD119（0~2cm）	2361	756	1882	8.01	471	1369	7.67
15	DD119（12~14cm）	1143	978	7.38	410	978	7.38	410
16	DD119（16~18cm）	1324	415	1029	7.42	415	1029	7.42
17	T1B08（0~2cm）	10117	1496	2776	6.89	334	1226	6.27
18	T1B08（4~6cm）	3199	538	882	8.22	396	656	7.99
19	T1B08（8~10cm）	5426	1126	1943	8.58	483	1244	7.97
20	T1B08（12~14cm）	16900	1895	3473	6.34	329	1122	5.68
21	T1B08（16~18cm）	17190	2244	3112	7.70	409	1419	6.90
22	T1B08（20~22cm）	10044	1892	4159	8.04	420	1388	7.31
23	T1B08（24~26cm）	4904	1250	4152	7.83	438	1873	7.26
24	T1B08（28~30cm）	7893	1605	4546	7.65	407	1484	7.01
25	T1B08（32~34cm）	16302	2339	5609	7.34	344	1331	6.49
26	T1B08（36~38cm）	4699	1062	2828	7.98	401	1254	7.43
27	T1B08（40~42cm）	4465	1067	2698	7.86	413	1282	7.32
28	T1B08（44~46cm）	6764	995	2481	6.85	295	972	6.40
29	T1B08（48~50cm）	5328	1118	3376	7.44	405	1690	6.92
30	T1B08（52~54cm）	5084	1101	3377	7.36	400	1472	6.84
31	T1B08（56~58cm）	4011	890	2971	7.36	394	1460	6.89
32	T1B08（60~62cm）	5236	985	2537	7.66	373	1277	7.14
33	T1B08（62~64cm）	8825	1774	4902	7.39	374	1529	6.61
34	DD114（0~2cm）	4459	1883	4631	9.85	674	2539	8.91
35	DD114（4~6cm）	5831	2074	4969	9.67	629	2380	8.66
36	DD114（6~8cm）	9403	2337	5750	9.37	546	1739	8.39
37	DD114（10~12cm）	9438	2606	5568	9.67	600	2196	8.57
38	DD114（12~14cm）	7139	1839	3962	9.23	541	1632	8.35
39	DD114（16~18cm）	10036	2251	4845	9.25	527	1632	8.33

续表

序号	样品编号	合格 reads 数目	总 reads 数			均一化		
			OTU 数目	Chao 指数	Shannon 指数	OTU 数目	Chao 指数	Shannon 指数
40	T1B06（0~2cm）	5518	1353	3528	8.35	447	1500	7.70
41	T1B06（4~6cm）	1486	442	1253	7.80	442	1253	7.80
42	T1B06（8~10cm）	9423	1207	2563	8.02	376	895	7.45
43	T1B06（12~14cm）	3286	479	1001	7.17	323	678	6.96
44	T1B06（16~18cm）	10552	1447	3229	8.37	422	988	7.73
45	T1B06（20~22cm）	22696	2220	4597	8.07	391	999	7.31
46	T1B06（24~26cm）	8532	1146	2512	7.94	374	869	7.38
47	T1B06（28~30cm）	9233	1515	2924	8.14	423	1139	7.48
48	T1B06（32~34cm）	21991	2300	4487	8.33	410	1029	7.57
49	T1B06（36~38cm）	5694	1142	2517	7.12	385	1202	6.53
50	T1B06（38~40cm）	3483	893	1693	8.37	458	1111	7.94
51	T1B06（42~44cm）	3634	844	1910	8.21	431	1040	7.80
52	T1B06（44~46cm）	6920	1140	2643	7.83	374	917	7.28
53	T1B06（48~50cm）	4233	820	1959	7.92	398	1079	7.50
54	T1B06（54~56cm）	8085	1344	2979	8.08	410	1090	7.44
55	T1B06（56~58cm）	9570	1648	3221	8.62	474	1201	7.89
56	T1B09（0~2cm）	5106	1772	4529	9.53	644	2368	8.65
57	T1B09（4~6cm）	5881	1823	4094	9.31	601	2010	8.46
58	T1B09（8~10cm）	1742	561	1673	8.19	561	1673	8.19
59	T1B09（12~14cm）	2073	609	1965	8.41	609	1965	8.41
60	T1B09（16~18cm）	1771	568	1623	8.14	568	1623	8.14
61	T1B09（20~22cm）	1648	547	1416	8.11	547	1416	8.11
62	T1B09（24~26cm）	2906	940	2474	8.73	576	1719	8.30
63	T1B09（28~30cm）	2761	951	2488	8.74	582	1795	8.33
64	T1B09（32~34cm）	2711	934	2177	8.89	585	1612	8.49
65	T1B09（36~38cm）	3885	1102	2405	8.78	542	1418	8.25
66	T1B09（40~42cm）	1593	579	1626	8.38	579	1626	8.38
67	T1B09（44~46cm）	5654	1605	3101	9.11	560	1617	8.32
68	T1B09（48~50cm）	4054	1163	2282	9.07	571	1418	8.45

续表

序号	样品编号	合格 reads 数目	总 reads 数			均一化		
			OTU 数目	Chao 指数	Shannon 指数	OTU 数目	Chao 指数	Shannon 指数
69	T1B09（52~54cm）	2916	801	1694	8.45	517	1243	8.10
70	T1B09（56~58cm）	4298	1084	2055	8.84	550	1312	8.30
71	T1L06（0~2cm）	4546	1233	2447	8.86	510	1277	8.20
72	T1L06（4~6cm）	4388	1114	2389	8.63	482	1195	8.05
73	T1L06（8~10cm）	3351	1157	2193	8.94	576	1532	8.37
74	T1B10（0~2cm）	2147	433	1229	7.25	433	1229	7.25
75	T1B10（28~30cm）	4097	807	1567	7.91	417	1009	7.49
76	T1B10（44~46cm）	1817	545	1340	8.48	545	1340	8.48
77	T1B10（64~66cm）	3108	784	2186	7.76	475	1375	7.39
78	T1L10（0~3cm）	4338	1112	2259	8.88	555	1357	8.33
79	T1L10（6~9cm）	4175	1088	2416	8.65	524	1515	8.10
80	T1L10（12~15cm）	6131	1413	2662	8.96	538	1332	8.24
81	T1L10（18~21cm）	3854	1023	2110	8.70	520	1216	8.20
82	T3L11（0~3cm）	1915	303	793	5.68	303	793	5.68
83	T3L11（6~9cm）	13720	1846	2940	8.33	427	1042	7.58
84	T3L11（12~15cm）	3203	507	971	7.45	345	682	7.22
85	T3L11（18~21cm）	3404	1245	1783	9.53	647	1526	8.91
86	T3L08（0~3cm）	17924	2640	6393	8.56	434	1179	7.68
87	T3L08（6~9cm）	5119	1211	3247	8.38	471	1488	7.80
88	T3L08（12~15cm）	19355	2938	6693	8.46	446	1379	7.55
89	T3L08（18~21cm）	28792	4043	8575	9.08	483	1304	8.01
90	T3L14（0~2cm）	11619	2249	6179	8.80	480	1487	7.96
91	T3L14（4~6cm）	14257	2673	6818	8.49	466	1532	7.57
92	T3L14（8~10cm）	7936	1862	5048	8.62	478	1471	7.80
93	T3L14（12~14cm）	27266	3385	8218	8.63	429	1235	7.71
94	T3L14（16~18cm）	5333	993	2614	7.55	400	1111	7.05
95	T3L14（18~20cm）	15180	2478	6113	8.44	425	1420	7.60

注：对挑战者深渊 14 个沉积物的 95 个分层样品 16S rRNA 基因扩增子进行测序 OTU 数目、Chao 指数和 Shannon 指数按照 3% 差异水平并按照最小读数（即 1143）进行均一化。

挑战者深渊沉积物中微生物 Beta 多样性分析结果表明，微生物群落可分为两组（仅展示 0~2cm 表层沉积物样品），其中南北坡微生物群落归为一组（5400~7800m），底部中轴微生物群落（8600~11000m）归为一组。微生物群落在北坡沉积物样品与南坡沉积物样品中进一步区分开，样品 T1B08 表层微生物群落与这两组明显不同 [图 5.12（a）]，表明 T1B08 站位有独特的微生物群落组成。层次聚类结果也支持挑战者深渊底部中轴沉积物中的微生物群落与南北坡中的微生物群落不同 [图 5.12（b）]。

5.3.2　微生物分类地位

挑战者深渊沉积物微生物的主要类群 $OTU_{0.03}$（即相似度 ≥ 97%）（代表性序列共 35 个 OTU）分别构建 1 个古菌和 2 个细菌超门（Terrabacteria 和 FCB）系统发育树，结果表明古菌中高丰度 OTU214093 与奇古菌门（Thaumarchaeota）中 *Nitrosopumilus maritimus* SCM1 属于同一个分枝（图 5.13）。OTU214093 在小伊豆 - 笠原海沟沉积物、日本海沟冷泉沉积物存在近缘种，甚至在波多黎各海沟沉积物也发现近缘种。最新研究表明，各海域中亚硝化短小杆菌属（*Nitrosopumilus*）高度相似（Wang et al.，2019）。OTU100704 在样品 T1B08 中高度富集，且与胡安 · 德富卡海岭热液羽流中的海洋古菌类群（Marine Group Ⅱ，MG Ⅱ）JQ678181 高度相似（100% 同一性）。根据经验公式，OTU100704 最佳生长温度约为 40.76℃，属于嗜温古菌。此外，4 个高丰度 OTU（OTU146832、OTU81784、OTU54927、OTU227271）属于乌斯古菌门（Woesearchaeota），在挑战者深渊沉积物（水深 5481~10953m）中广泛分布，其近缘种甚至存在于盐池中，推测该门可能存在更多未知类群。

Terrabacteria 超门中放线菌门（Actinobacteria）、蓝菌门（Cyanobacteria）、厚壁菌门（Firmicutes）和绿弯菌门（Chloroflexi）在深渊沉积物中广泛存在。6 个属于绿弯菌门（Chloroflexi）的 OTU 可以进一步划分为四个主要类群 [图 5.14（a）]，其中 OTU124775 可能代表一个新的分类群。此外，仅在深渊沉积物表层样品 T1B08 发现聚球藻（*Synechococcus* sp.）（3%）和原绿球藻（*Prochlorococcus* sp.）（7%），推测样品 T1B08 沉积物表层中的光合细菌可能来自于上层颗粒有机质的埋藏。海微菌门（Marinimicrobia）和拟杆菌门（Bacteroidetes）属于 FCB 超门，在地球各种环境中广泛分布。OTU64116 属于河床菌门（Zixibacteria）。除此之外，一些 OTU 序列与海微菌门（Marinimicrobia）聚为一枝，推测可能为深渊沉积物中的新类群 [图 5.14（b）]。

挑战者深渊沉积物中原核微生物细胞丰度明显低于土壤中微生物细胞丰度，深渊底部与南北坡存在不同的微生物群落结构，且深渊沉积物仍存在许多未知微生物类群，它们可能在深渊独特环境下的能量和物质循环中扮演重要角色。由于其他海沟深渊沉积物样品的匮乏，人类对全球深渊沉积物微生物的分布问题依然

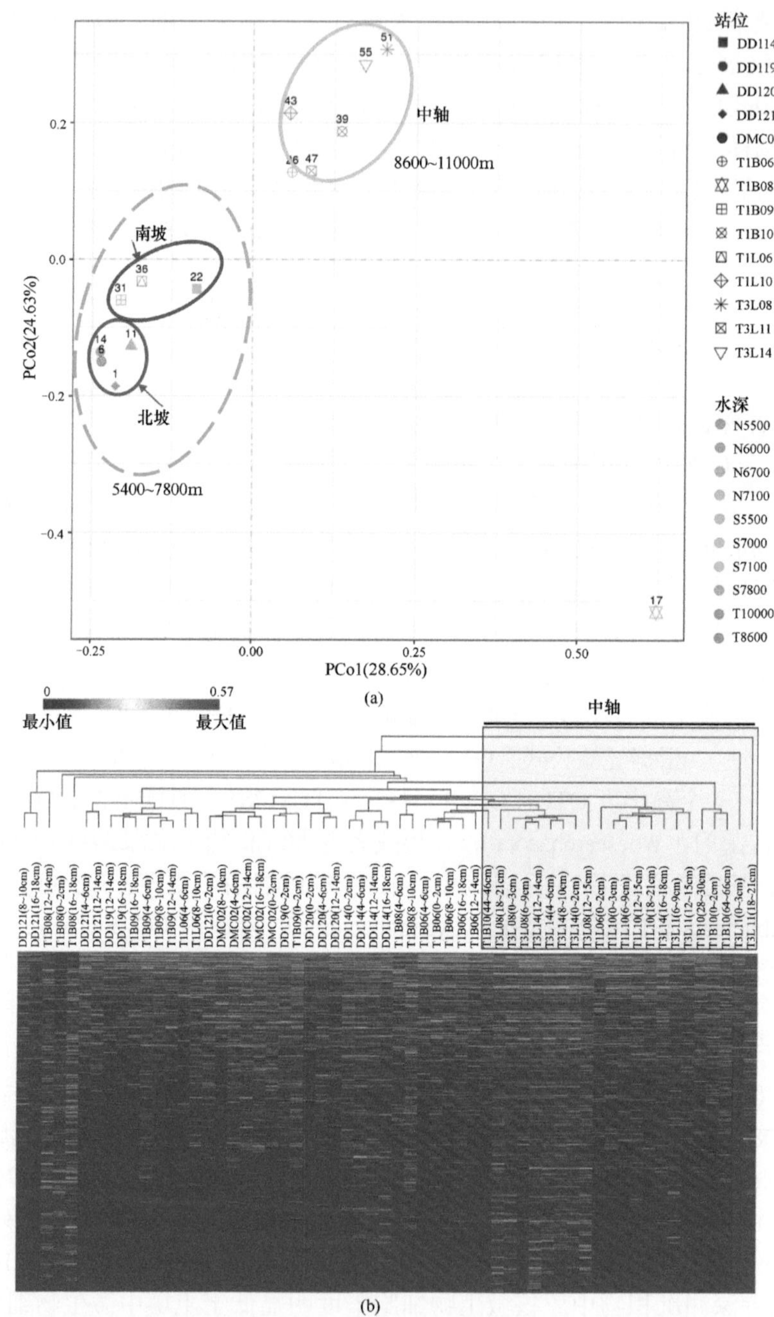

图 5.12 样品主坐标分析（PCoA）和层次聚类（Cui et al.，2019）

（a）- 微生物群落的 PCoA，在微生物属级别百分比计算 Bray-Curtis 差异，用于绘制 PCoA 图；图右侧符号表示不同样品，颜色表示不同水深；（b）- 层次聚类，基于 Bray-Curtis 差异值，来自挑战者深渊底部中轴的样品用方框标注

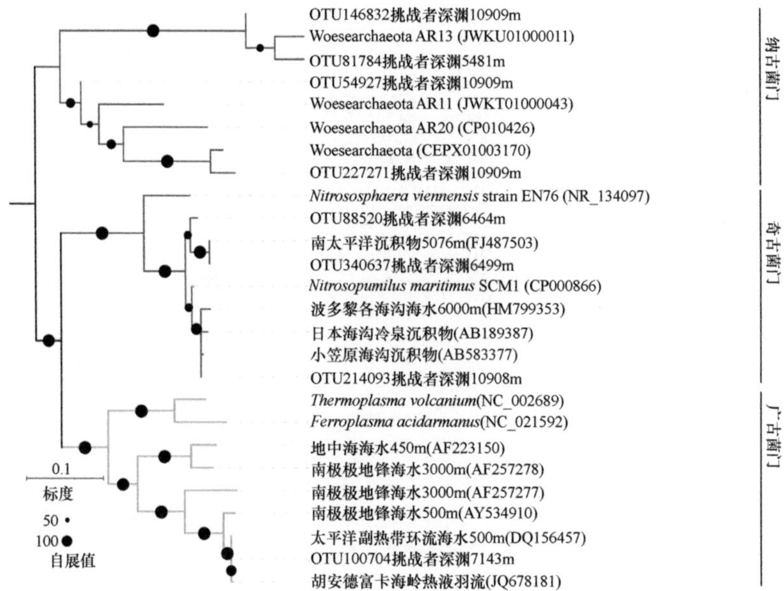

图 5.13　基于 16S rRNA 基因代表性 OTU 构建古菌系统发育树（Cui et al.，2019）

选取微生物群落中最为丰富的代表性 OTU，采用最大似然法构建系统发育树

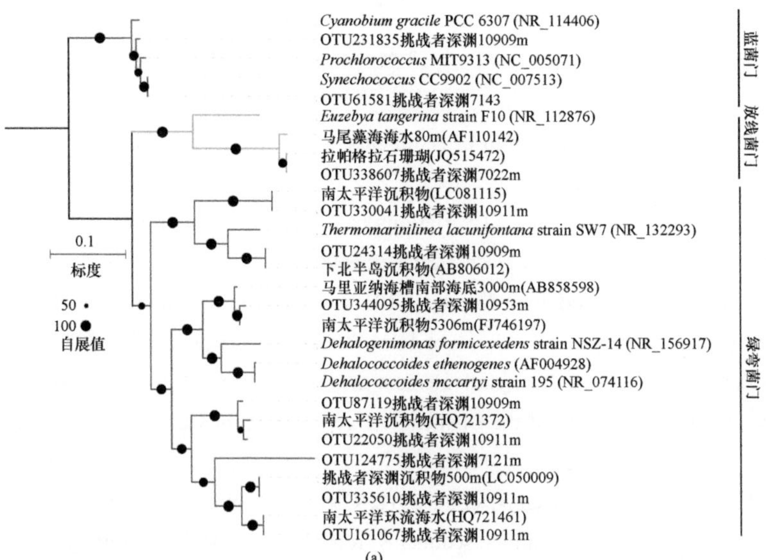

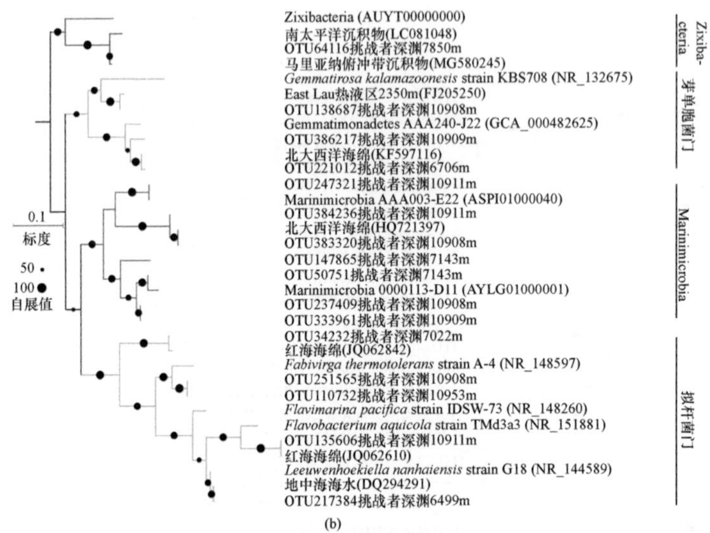

图 5.14　基于 16S rRNA 基因代表性 OTU 构建细菌系统发育树（Cui et al.，2019）

选取微生物群落中最为丰富的代表性 OTU，采用最大似然法构建系统发育树 [（a）和（b）分别为细菌超门 Terrabacteria 和 FCB]

未知。尽快开展更多海沟深渊沉积物微生物的相关研究，以便对深渊沉积物微生物物种多样性、分布情况有更全面的认识。

参考文献

于彦江，段隆臣，王海峰，等. 2016. 西太平洋深海沉积物的物理力学性质初探. 矿冶工程，36: 1-4.

Boudreau B P. 1998. Mean mixed depth of sediments: The wherefore and the why. Limnology and Oceanography, 43: 524-526.

Cui G, Li J, Gao Z, et al. 2019. Spatial variations of microbial communities in abyssal and hadal sediments across the Challenger Deep. Peer J, 7: e6961.

Glud R N, Wenzhoefer F, Middelboe M, et al. 2013. High rates of microbial carbon turnover in sediments in the deepest oceanic trench on Earth. Nature Geoscience, 6: 284-288.

Jiang Z, Sun Z, Liu Z, et al. 2019. Rare-earth element geochemistry reveals the provenance of sediments on the southwestern margin of the Challenger Deep. Journal of Oceanology and Limnology 37: 998-1009.

Jorgensen S L, Hannisdal B, Lanzen A, et al. 2012. Correlating microbial community profiles with geochemical data in highly stratified sediments from the Arctic Mid-Ocean Ridge. Proceedings of the National Academy of Sciences of The United States of America, 109: E2846-E2855.

Kato C, Li L, Nogi Y, et al. 1998. Extremely barophilic bacteria isolated from the Mariana Trench, Challenger Deep, at a depth of 11, 000 meters. Applied and Environmental Microbiology, 64: 1510-1513.

Lever M A. 2013. Functional gene surveys from ocean drilling expeditions a review and perspective. FEMS Microbiology Ecology, 84: 1-23.

Liu R, Wang L, Liu Q, et al. 2018. Depth-resolved distribution of particle-attached and free-living bacterial communities in the water column of the New Britain Trench. Frontiers in Microbiology, 9: 625.

Luo M, Gieskes J, Chen L, et al. 2017. Provenances, distribution, and accumulation of organic matter in the southern Mariana Trench rim and slope: Implication for carbon cycle and burial in hadal trenches. Marine Geology, 386: 98-106.

Nogi Y, Kato C, Horikoshi K. 2002. *Psychromonas kaikoae* sp. nov., a novel piezophilic bacterium from the deepest cold-seep sediments in the Japan Trench. International Journal of Systematic and Evolutionary Microbiology, 52: 1527-1532.

Nunoura T, Hirai M, Takashima Y, et al. 2016. Distribution and niche separation of planktonic microbial communities in the water columns from the surface to the hadal waters of the Japan Trench under the Eutrophic Ocean. Frontiers in Microbiology, 7: 1261.

Nunoura T, Nishizawa M, Hirai M, et al. 2018. Microbial diversity in sediments from the bottom of the Challenger Deep, the Mariana Trench. Microbes and Environments, 33: 186-194.

Orcutt B N, Sylvan J B, Knab N J, et al. 2011. Microbial ecology of the dark ocean above, at, and below the seafloor. Microbiology and Molecular Biology Reviews, 75: 361-422.

Parkes R J, Cragg B, Roussel E, et al. 2014. A review of prokaryotic populations and processes in sub-seafloor sediments, including biosphere:geosphere interactions. Marine Geology, 352: 409-425.

Peoples L M, Donaldson S, Osuntokun O, et al. 2018.Vertically distinct microbial communities in the Mariana and Kermadec trenches. Plos One, 13: e0195102.

Petro C, Starnawski P, Schramm A, et al. 2017. Microbial community assembly in marine sediments. Aquatic Microbal Ecology, 79: 177-195.

Roy H, Kallmeyer J, Adhikari R R, et al. 2012. Aerobic microbial respiration in 86-million-year-old deep-sea red clay. Science, 336: 922-925.

Takami H, Inoue A, Fuji F, et al. 1997. Microbial flora in the deepest sea mud of the Mariana Trench. FEMS Microbiology Letters, 152: 279-285.

Wang Y, Huang J M, Cui G J, et al. 2019. Genomics insights into ecotype formation of ammonia-oxidizing archaea in the deep ocean. Environmental Microbiology, 21: 716-729.

第 6 章

深渊生物肠道菌群结构及功能

连春盎[1,2]　贺丽生[1]

1. 中国科学院深海科学与工程研究所
2. 中国科学院大学

6.1 引言

6.1.1 深渊环境特征

与上层海洋相比，深渊形成了一种独特的、极端的环境，具有一些显著的特征。其首要特征是超高的静水压力，它随深度的增加而增加，在最深的海沟中可达 1.1t/cm^2（Jamieson et al.，2010）。温度是影响物种分布的主要环境驱动力之一，而水深超过 6000m 的温度范围通常是 1.0~2.5℃。此外，由于深渊区域缺乏光照强度，不足以维持光合作用来形成初级生产力，可利用的有机质主要来自上层水域有机碳颗粒的沉降补充，因此这限制了深渊区域的生物量（Jorgensen and Boetius，2007）。然而，大部分下沉的有机碳物质被浮游生物和较浅与半深海的异养细菌消耗和拦截，这些异养细菌有选择地在有机物质到达海沟之前去除高度不稳定的化合物，导致不到总量 1% 的难以降解的有机质得以保留并最终到达深渊。因而深渊区域通常被认为是营养有限的系统（Jamieson et al.，2010）。另外，深海生态系统中充斥着病毒，这些病毒是微生物死亡的主要原因。在深海环境中，由病毒引起的原核生物死亡率是其他原因（主要是原生生物捕食）的几十倍，而原核生物的死亡反过来又促进了生物地球化学循环（Anantharaman et al.，2014；Lara et al.，2017）。总而言之，深渊的主要环境特征包括超高的静水压力、低温、无光和匮乏的营养供给等。尽管面临着如此不利于生存的环境，狮子鱼、钩虾（端足目）和海参等生物仍然在深渊中生存繁衍，并且更深海域几乎全是腐食性的端足目生物（Blankenship et al.，2006；Jamieson et al.，2011；Linley et al.，2016）。这些生活在深渊的生物经过长时间的进化，形成了适应这种独特环境的生存机制，是永恒的研究课题。

6.1.2 深渊生物肠道菌群研究概况

肠道是生物行使消化吸收功能的重要器官，其还具有免疫功能，具有物理屏障（黏液、吸附、再生）、生物屏障（正常菌群共生）、化学屏障（胃酸及糖蛋白等）、免疫屏障（免疫活性细胞、抗体系统等），是体内最大最复杂的免疫器官（Zhang et al.，2015）。几乎所有这些生命活动都是在肠道微生物的帮助下完成的。肠道微生物被广泛认为影响着宿主的生理生化反应，调控着宿主的营养、免疫、代谢等诸多生理功能（Nicholson et al.，2012）。

这种现象也存在于深海生物中。深海等足类动物大王具足虫（*Bathynomus*

sp.）生活在南海 898m 深处，其胃部微生物群落中共生支原体（Mycoplasma）占微生物群落的 42.8%~100%，可能为宿主提供糖和氨基酸等营养物质（Wang et al.，2016）。大西洋洋中脊生活的深海热液区盲虾（*Rimicaris exoculata*）肠道微绒毛上存在高度活跃的脱铁杆菌目（Deferribacterales）和虫原体目（Entomoplasmatales）细菌，它们具有较高的固碳率，且代谢产物成为宿主的一部分营养来源（Zbinden and Cambon，2003；Durand et al.，2010）。在 500~1000m 水深的特定生境中，安达曼拟刺铠虾（*Munidopsis andamanica*）主要以木制碎屑为食，其肠道菌群则具有辅助宿主降解木制碎屑的能力（Hoyoux et al.，2009）。

而在更深的深渊区，由于取样的耗资大、风险高、对装备技术要求高，有关深渊生物的肠道菌群研究寥寥无几。在深渊钩虾（*Hirondellea gigas*）肠道中，一种属于冷单胞菌属（*Psychromonas*）的基因组被发现缺乏氧化三甲胺（TMAO）的还原酶，这可能导致 TMAO 的积累（Zhang et al.，2018）。而 TMAO 作为一种渗透压调节剂和抗压物质（Yancey et al.，2014），它的积累可能对钩虾适应超高的静水压力起到了积极作用。

6.2　深渊钩虾

6.2.1　深渊钩虾样品的采集

2018 年 9 月在马里亚纳深渊 LA（142°12′E，11°15′N；深度 10109m）位点采集到 9 只 *Hirondellea gigas* 钩虾，LB（142°13′E，11°20′N；深度 10910m）位点采集到 2 只 *Hirondellea gigas* 钩虾和 15 只 *Halice* sp. MT-2017 钩虾（图 6.1）。

(a)　　(b)

图 6.1　深渊钩虾 *Hirondellea gigas*（a）; 深渊钩虾 *Halice* sp. MT-2017（b）

6.2.2　两种钩虾的肠道菌群组成

在属分类水平上（图 6.2），一共 57 个属被鉴定到，其相对丰度占优势的菌属包括“*Candidatus* Hepatoplasma”、冷单胞菌（*Psychromonas*）和嗜冷杆

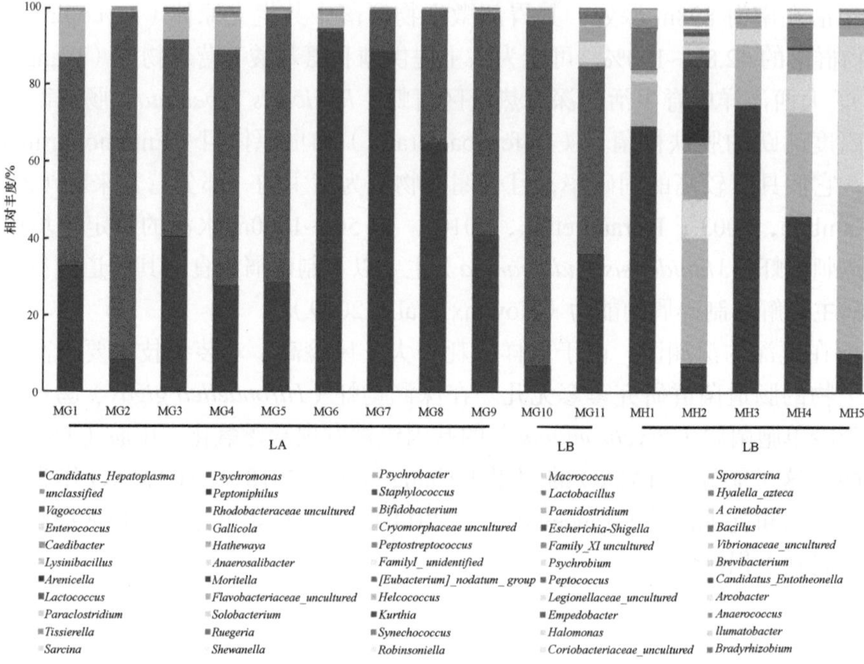

图 6.2 马里亚纳深渊两种钩虾的肠道菌群属水平组成（Cheng et al.，2019）

无法被归类的序列标记为“*unclassified*”；MG-*Hirondellea gigas* 肠道样本，每个个体代表一个样本；MH-*Halice* sp. MT-2017 肠道样本，每 3 个个体代表一个样本

菌（*Psychrobacter*）。前者属于软壁菌门（Tenericutes），后二者均属于变形菌门（Proteobacteria）。除了两个样本之外，“*Ca.* Hepatoplasma”在其余所有的深渊钩虾样本中均占据优势地位，且分别在 *Hirondellea gigas* 钩虾和 *Halice* sp. MT-2017 钩虾肠道菌群中占据 27.6%~93.4% 和 45.6%~74.7% 的比例。通过曼 – 惠特尼 U 统计检验（Mann-Whitney U test；$p = 0.937$）发现，“*Ca.* Hepatoplasma”在这两种钩虾肠道菌群中的分布并无显著差异。冷单胞菌在 *Halice* sp. MT-2017 钩虾肠道菌群中十分稀少，只占据 0.09%~0.19% 的比例。相反地，嗜冷杆菌属在 *Halice* sp. MT-2017 钩虾肠道菌群中较为丰富，占据 11.6%~43.5% 的比例。通过统计检验，冷单胞菌属在 *H. gigas* 钩虾肠道菌群中得到了显著的富集（$p < 0.05$），同样地，嗜冷杆菌属在 *Halice* sp. MT-2017 钩虾肠道菌群中得到富集（$p < 0.05$）。

6.2.3 系统进化分析

优势菌属“*Ca.* Hepatoplasma”在两种深渊钩虾中被分类为不同的 OTUs。其中 OTU1560 是在 *Hirondellea gigas* 中最丰富的 OTU（>80%），而 *Halice* sp. MT-2017 中

优势菌以 OTU22828（> 90%）为主。对这两个优势菌构建 16S rRNA 系统发育树，两个 OTUs 形成了两个独立的分枝，但是深渊钩虾的这两个菌的“*Ca.* Hepatoplasma”序列聚集在一起并与来自陆生等足类生物的肠道菌“*Ca.* Hepatoplasma”分开，其邻近分枝是来自热液喷口虾 *R. exoculata* 的肠道共生菌（图 6.3）。

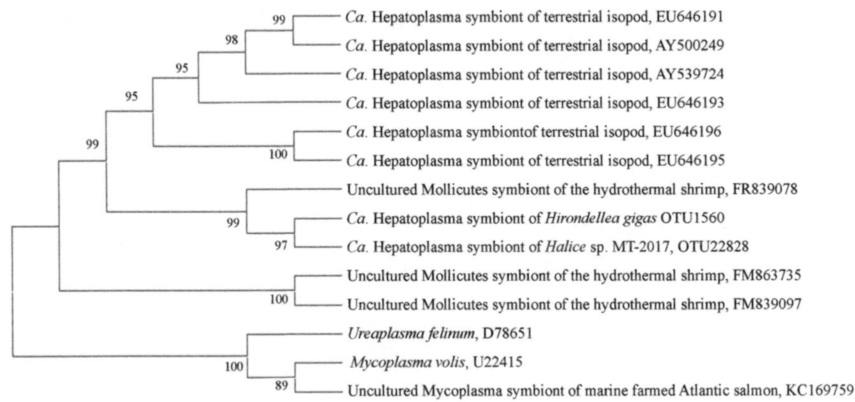

图 6.3　不同物种共生菌“*Ca.* Hepatoplasma”的系统发育分析（Cheng et al.，2019）

6.2.4　两种钩虾的肠道菌群结构比较

在 OTU 水平上，一共鉴定出 1786 个 OTUs，其中 322 个 OTUs 为两个钩虾物种所共有，而 1354 个为 *Halice* sp. MT-2017 特有，110 个是 *Hirondellea gigas* 特有的，分别占总 OTUs 数目 75.81% 和 6.16%。为了比较两个钩虾物种在 OTU 水平上的 α 多样性差异，对 α 多样性指数包括香农 – 维纳多样性指数和辛普森多样性指数，进行组间统计检验均发现两个物种的肠道微生物群落多样性显著不同（图 6.4）。*Hirondellea gigas*（图中为 MG 组）肠道共生菌群的丰富度和均匀性更高（t-test，$p<0.01$）。

对钩虾肠道微生物群落结构的 β 多样性进行分析。基于 Unweighted UniFrac 距离矩阵的 UPGMA 聚类分析图，可以看到样本间的群落结构差异，由图 6.5 可见，几乎所有的样本都是按照物种不同的分组聚在同一分枝上。*Halice* sp. MT-2017 组的样本与其他 *Hirondellea gigas* 组的样本明显分开，说明 *Halice* sp. MT-2017 与 *Hirondellea gigas* 两个物种的微生物群落结构距离较远，具有明显不同的群落结构。同时结合 NMDS 和组间群落结构差异检验分析，在 NMDS 图中不同物种的样本明显区分开来 [图 6.6（a）]，并且对微生物群落结构的相似性进行统计检验。结果也表明两两组间群落结构具有显著性差异（$p < 0.05$）[图 6.6（b）]，说明 *Halice* sp. MT-2017 与 *Hirondellea gigas* 两个物种的微生物群落结构之间具有显著性差异。

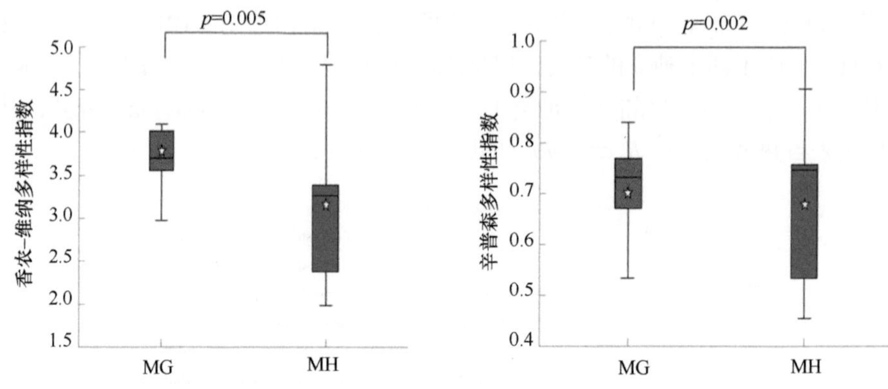

图 6.4　两种钩虾肠道菌群 α 多样性指数及差异检验（Cheng et al.，2019）

MG 指 *Hirondellea gigas* 组；MH 为 *Halice* sp. MT-2017 组

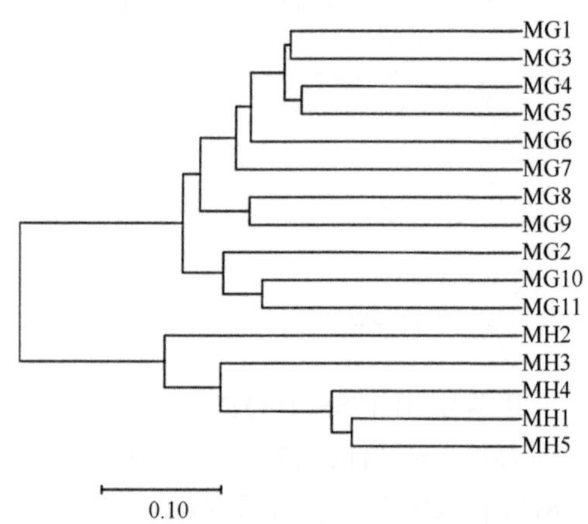

图 6.5　深渊钩虾所有样本的 UPGMA 聚类分析（Cheng et al.，2019）

该分析是基于 Unweighted UniFrac 距离矩阵，MG-*Hirondellea gigas* 个体样本；MH-*Halice* sp. MT-2017 每个样本来自 3 个个体

通过比较马里亚纳海沟的两种主要钩虾 *Hinondellea gigas* 和 *Halice* sp. MT-2017 的肠道微生物组成和多样性差异，结果表明，软壁菌门和变形菌门是所有样本的肠道优势门，而在属水平，“*Candidatus* Hepatoplasma”相对丰度占优势，其次是主要分布在 *Hinondellea gigas* 中的冷单胞菌属（*Psychromonas*）和 *Halice* sp.MT-2017 中的嗜冷杆菌属（*Psychrobacter*）。另外，尽管两种深渊钩虾的肠道优势菌属同为“*Candidatus* Hepatoplasma”，但它在 *Hinondellea gigas* 和 *Halice* sp.MT-2017 被分类为两种不同的 OTU，这表明存在宿主特异性。研究表明，陆生等足类动物中肠腺体里存在“*Ca.* Hepatoplasma”，它可以产生纤维素酶辅助宿主代谢（Fraune and Zimmer，2008）。根据系统进化分析，来自于深渊钩虾的“*Ca.*

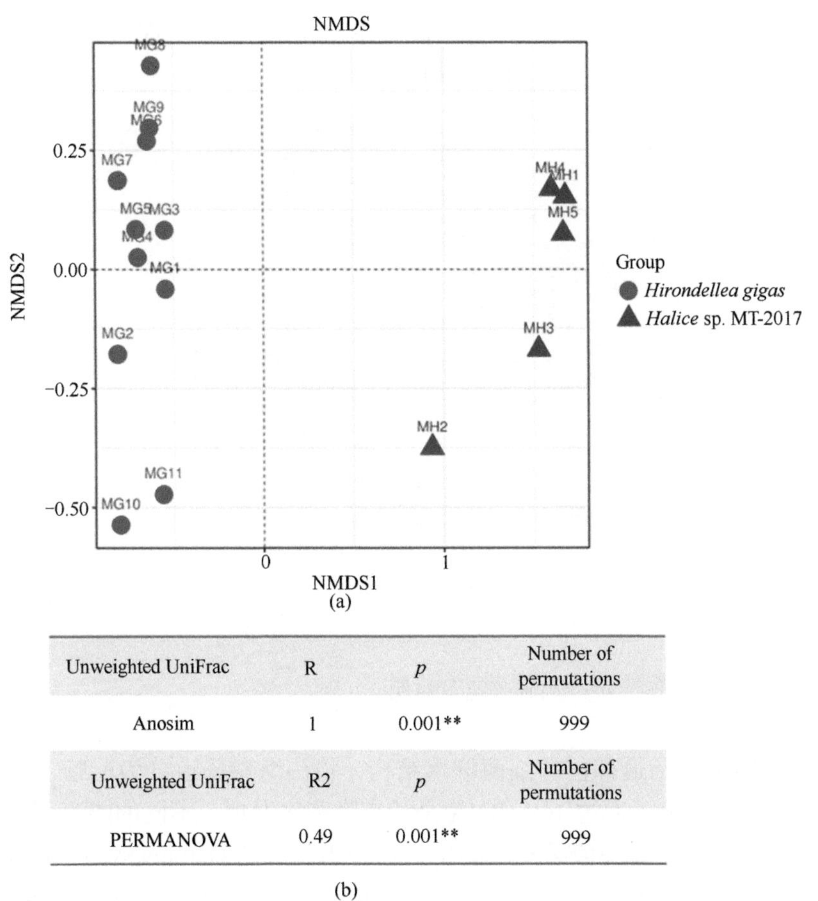

Unweighted UniFrac	R	*p*	Number of permutations
Anosim	1	0.001**	999

Unweighted UniFrac	R2	*p*	Number of permutations
PERMANOVA	0.49	0.001**	999

(b)

图 6.6 两种深渊钩虾肠道菌群结构的差异性（Cheng et al.，2019）

（a）-*Hirondellea gigas* 和 *Halice* sp. MT-2017 肠道菌群基于 Unweighted UniFrac 距离矩阵的 NMDS 分析；（b）- 基于 Unweighted UniFrac 距离矩阵计算组间群落结构差异的统计分析—Anosim 分析和 PERMANOVA 分析，并经过 999 次置换分析，** 表示显著性差异 $p<0.05$

Hepatoplasma”与陆生等足类的“*Ca.* Hepatoplasma”亲缘关系较近，因此推测深渊钩虾的“*Ca.* Hepatoplasma”可能也具备代谢纤维素的能力。此外，研究还发现这两种深渊钩虾的肠道菌群存在显著性差异，包括物种的相对丰度，α 多样性和 β 多样性。

6.3 深渊海参

6.3.1 深渊海参样品的采集

2016 年 7 月在马里亚纳深渊（142°23′E，10°89′N）6140m 水深处采集到一只白色海参（图 6.7），通过 COI 和 18S rRNA 基因比对发现，其与 *Zygothuria oxysclera* 种海参亲缘关系较近。以下简称白海参。

图 6.7　捕获到的深渊白海参（He et al.，2018）

6.3.2　深渊白海参的肠道菌群组成

为了研究不同肠道部位的细菌群落结构，将白海参肠道分为前肠、中肠以及后肠三个不同的部分。通过 16S rRNA 全长克隆测序发现，不同的肠道部位栖息着不同的菌群（图 6.8）。在前肠和中肠中，一种未分类的 Gammaproteobacteria 纲细菌占据优势地位。由于海参是滤食性生物，通过与周围沉积物中细菌组成相比较，推测这种未分类的 Gammaproteobacteria 纲细菌很可能来自于深渊沉积物中。但是在白海参后肠菌群中，一种未知的细菌占据绝对优势的地位（占 63.5%），并且未出现在沉积物菌群中。因而，后续的研究是针对该未知细菌的基因组学研究。

6.3.3　优势菌的基因组特征分析

通过宏基因组测序、组装及分箱，获取了未知细菌的基因组，大小为 424539 bp，由两个染色体组成，这两个染色体大小分别是 280592 bp 和 143947 bp。该基因组中含有 2 个 rRNA 基因（16S rRNA 和 23S rRNA）、32 个 tRNA 以及 98 个保守的单拷贝基因（表 6.1）。

通过 16S rRNA 基因系统发育分析，发现来自于白海参的未知菌被分类到 *Spiroplasma* 组，并与已知 *Spiroplasma ixodetis* 物种聚为一枝（图 6.9）。但是该细菌与 *S. ixodetis* 之间的进化关系较远，表明白海参的肠道螺原体（*Spiroplasma*）

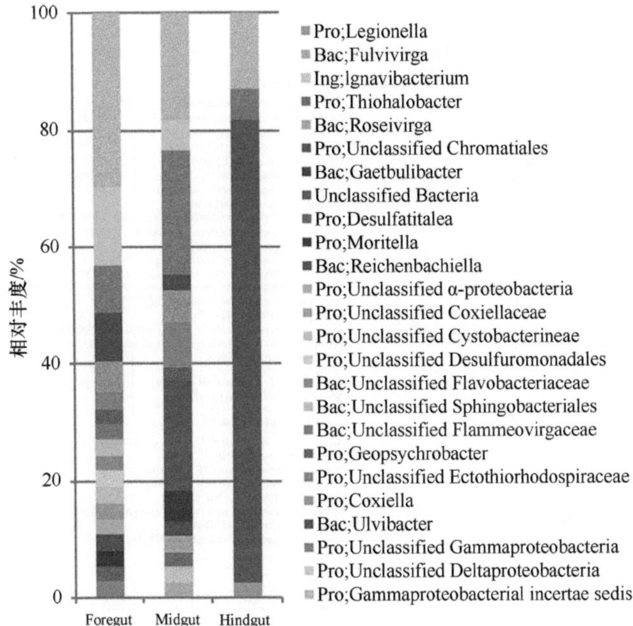

图 6.8　深渊白海参肠道菌群结构（He et al.，2018）
Foregut- 前肠；Midgut- 中肠；Hindgut- 后肠

表 6.1　共生菌基因组的特征（He et al.，2018）

物种缩写	基因组大小 /bp	Contig 数量	CDS	G+C 含量 /%	rRNA	tRNA	CSCG	编码密度 /%
SH	424539	2	347	29.6	2	32	98	90.2
BA	641454	1	589	25.3	3	32	105	86
ME	538294	1	431	43.5	5	41	101	77.4
MBG	785028	5	674	26.5	3	32	101	91.8
ND	112091	1	154	17.1	2	30	27	66.3
SD	945296	1	858	25.4	3	29	106	92.8
SM	190657	1	180	24	3	30	60	93.5

注：SH-*Ca.* Spiroplasma holothuricola；BA-*Buchnera aphidicola*；ME-*Ca.* Moranella endobia；ND-*Ca.* Nasuia deltocephalinicola；SD-*Spiroplasma diminutum*；SM-*Ca.* Sulcia muelleri；MBG-*Mycoplasma* sp. Bg1.

可能经历了长期的共生与深海环境的选择。由图可见，与白海参肠道螺原体亲缘关系最近的是来自石鳖和水母的螺原体。通过系统发育分析，白海参的肠道螺原体代表了一种新的物种，可以暂时的将其命名为“*Candidatus* Spiroplasma holothuricola”。

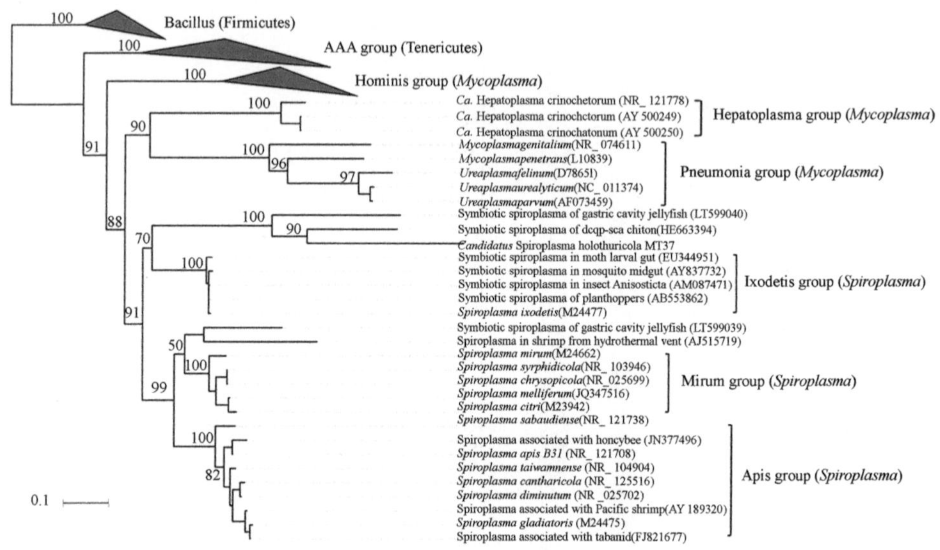

图 6.9 “*Ca.* Spiroplasma holothuricola”在软壁菌门的进化地位（He et al.，2018）

将“*Ca.* Spiroplasma holothuricola”与其他 6 个共生菌基因组比较发现，尽管“*Ca.* Moranella endobia”基因组全长只有 538Kbp，但拥有 101 个保守单拷贝基因。其他的超过 500Kbp 的基因组也都拥有超过 100 个保守单拷贝基因。“*Ca.* Nasuia deltocephalinicola”基因组最小，仅拥有 27 个保守单拷贝基因（表 6.1）。

进一步通过比较基因组间的 KEGG 通路发现，“*Ca.* Spiroplasma holothuricola”与其他 6 个共生菌基因组丢失了很多必须的代谢通路（图 6.10）。嘌呤代谢、嘧啶代谢、核糖体和氨酰 -trna 的生物合成相对完整，但是在“*Ca.* Nasuia deltocephalinicola”和“*Ca.* Sulcia muelleri”基因组中，这些普遍存在的通路的一些相关基因仍然缺乏。*Mycoplasma* sp. Bg1 和 *Spiroplasma diminutum* 有丰富的磷酸转移酶系统（PTSs）。然而，“*Ca.* Spiroplasma holothuricola”的基因组中没有任何 PTS。PTS 基因的缺乏导致“*Ca.* Spiroplasma holothuricola”无法摄取任何糖类，这与基因组中缺乏糖类代谢途径（糖酵解与三羧酸循环）是一致的。

6.3.4 优势菌的代谢途径和免疫保护机制

根据 NR 数据（非冗余蛋白库）库的注释结果，在“*Ca.* Spiroplasma holothuricola”基因组中全部的 347 个基因中，存在 75 个基因没有任何注释信息。这可能是因为“*Ca.* Spiroplasma holothuricola”与宿主长期的共同进化、共同选择的结果。在已有的注释结果中，可以推断出“*Ca.* Spiroplasma holothuricola”基因组中没有任何基

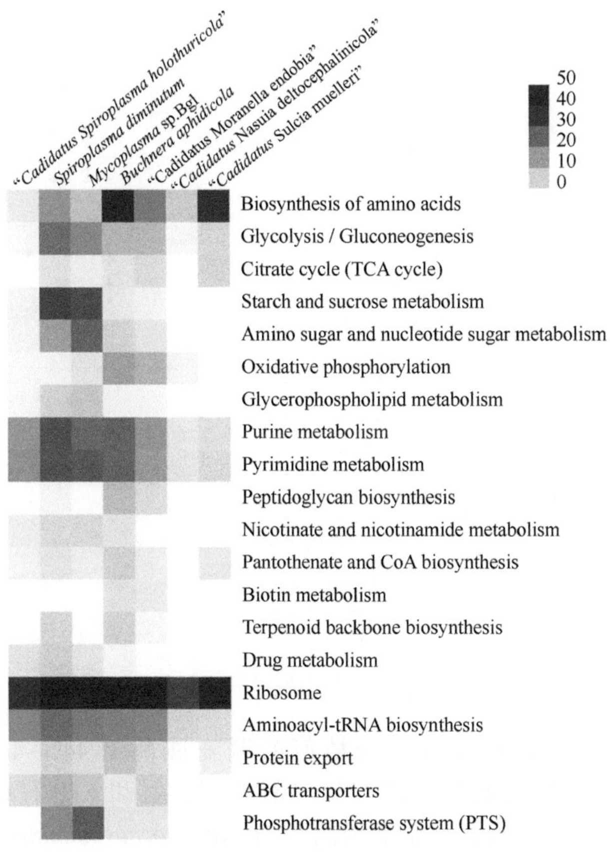

图 6.10　共生菌代谢途径比较热图（He et al.，2018）

因涉及碳水化合物代谢，如糖酵解、三羧酸循环等氧化磷酸化途径（图 6.11）。然而，值得注意的是，在“*Ca.* Spiroplasma holothuricola”中可能存在柠檬酸盐，它的功能可能是作为金属螯合剂和调节剂。共生菌“*Ca.* Spiroplasma holothuricola”可能是一种产乙酸菌，因为它有负责乙酰辅酶 A 发酵产生醋酸的基因。在这个过程中，产生一个 ATP。另外，在该基因组中，氨基酸合成的相关基因基本缺失（仅剩 4 个），因而“*Ca.* Spiroplasma holothuricola”必须获取外源氨基酸以生存。总之，缺乏氨基酸合成、糖酵解和糖类转运相关基因，证明了“*Ca.* Spiroplasma holothuricola”必须依赖宿主才能存活，即一种宿主细胞内共生的生活方式。

在细菌中，尤其是软壁菌门细菌，当糖类缺乏时精氨酸发酵是产生 ATP 的另一种方式。在共生菌“*Ca.* Spiroplasma holothuricola”中，精氨酸发酵是主要产生 ATP 的方式。所有涉及精氨酸发酵的相关基因均在“*Ca.* Spiroplasma holothuricola”基因组中被检测到。该基因组的精氨酸脱亚胺酶基因与 *Entomoplasma* 属、

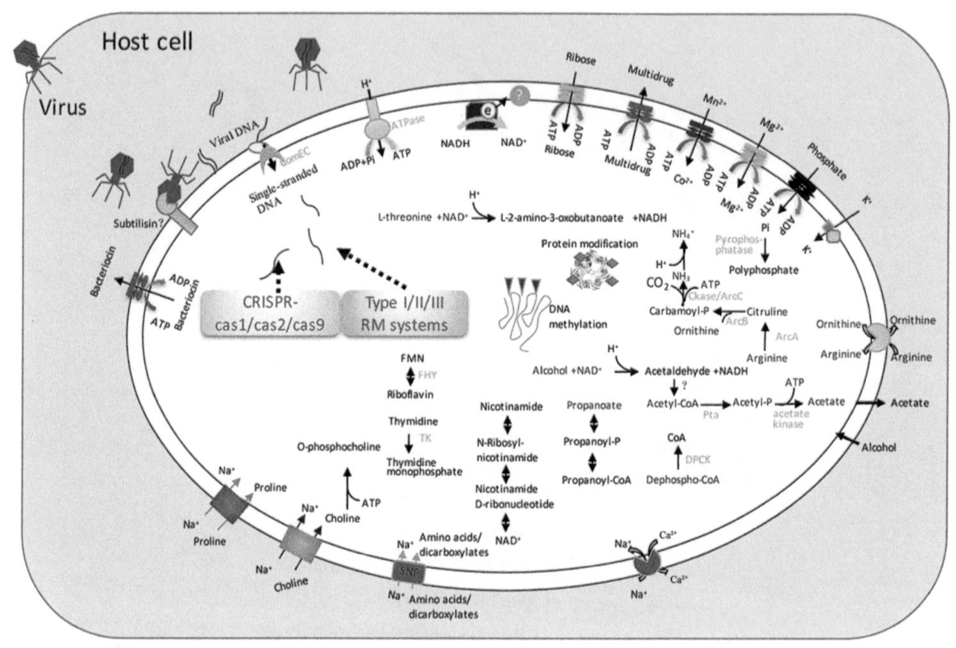

图 6.11　螺原体与海参宿主的共生模式示意图（He et al.，2018）

Spiroplasma 属及 *Mesoplasma* 属中的精氨酸脱亚胺酶有 44%~46% 的相似性。氨基甲酸激酶可以催化氨基甲酰产生二氧化碳、氨和 ATP。“*Ca.* Spiroplasma holothuricola”基因组中的氨基甲酸激酶与 *Staphylococcus hominis* 菌中的同系物有 52% 的相似性。通过精氨酸发酵途径产生的 ATP 会导致鸟氨酸的积累和精氨酸的缺乏。这种不平衡可以通过渗透酶来解决，它可以进行精氨酸和鸟氨酸的跨膜交换。

在“*Ca.* Spiroplasma holothuricola”基因组中存在规律成簇的短回文间隔重复序列（CRISPR）。该系统长度为 12Kbp，由 3 个 *cas* 基因（*cas1*，*cas2* 和 *cas9*）和 76 个间隔（spacer）组成（图 6.11）。最高同源的 *cas* 基因在 *Spiroplasma syrphidicola* 基因组中被发现，其中 *cas1* 有 46% 的相似性，*cas2* 有 52% 的相似性以及 *cas9* 有 32% 的相似性。CRISPR 系统的间隔序列是原核生物抵抗外来因子或噬菌体入侵留下的痕迹。“*Ca.* Spiroplasma holothuricola”基因组中大量存在的间隔序列，证明该细菌有帮助宿主抵抗异源物质入侵的能力。把该细菌基因组的间隔序列在 NR 数据库中比对发现，有 1 个古菌（hyperthermophilic archaeal virus，相似度 99%）和 3 个真核生物的病毒（*Acanthamoeba castellanii* mimivirus，相似度 93%；immunodeficiency virus，相似度 86%；immunodeficiency virus，相似度 92%）被匹配到，证明“*Ca.* Spiroplasma holothuricola”可能具有抵抗这些病毒的

能力。

在“*Ca*. Spiroplasma holothuricola”基因组中，拥有一个编码 2742 个氨基酸的蛋白，这个蛋白有 8 个跨膜结构域和 7 个 YD 重复单元。推测其功能是结合入侵的噬菌体，并帮助宿主抵抗异源物质的入侵。在这个蛋白中，有 2 个 SalY 结构域被鉴定到，该结构域隶属于抗菌肽转运系统的渗透酶组分，也支持了此蛋白具有抗菌的功能。*Streptoccus pyogenes* 菌中 SalY 的表达对其在小鼠巨噬细胞中存活起着关键的作用（Phelps and Neely，2007）。且“*Ca*. Spiroplasma holothuricola”基因组中存在至少 12 个编码抗菌素、乳链球菌素和杀菌素的肽，它也可能利用肽酶来获取亮氨酸、丝氨酸、蛋氨酸和脯氨酸。

基因组中有 3 个可能来自于水平转移的限制 – 修饰（restriction-methylation，RM）系统（图 6.11）。限制 – 修饰系统分为限制、修饰和特殊区域三部分。细菌可利用限制 – 修饰系统防止噬菌体和质粒的入侵。“*Ca*. Spiroplasma holothuricola”可利用 CRISPR 系统和限制 – 修饰系统一起高效率地抵抗噬菌体。另外，在“*Ca*. Spiroplasma holothuricola”基因组中还发现了一种名为“*ComEC*”的基因，参与吸收裸露的单链 DNA 分子，并把 DNA 降解。因此，“*Ca*. Spiroplasma holothuricola”也可依靠 *ComEC* 降解游离在宿主胞质中的病毒 DNA。

通过比较马里亚纳海沟的白海参前肠、中肠与后肠的菌群结构发现，后肠中存在一种未知的细菌，并占据绝对优势的地位。进而通过系统进化分析发现，该细菌属于软壁菌门的螺原体属，将其命名为“*Ca*. Spiroplasma holothuricola”。基因组分析揭示了“*Ca*. Spiroplasma holothuricola”中缺乏糖酵解、糖类转运及氨基酸合成的相关基因，表明该细菌依赖宿主的营养存活。但是，“*Ca*. Spiroplasma holothuricola”基因组拥有限制 – 修饰系统和 CRISPR 系统能帮助宿主抵抗病毒的入侵，并且具有多种抗菌肽可辅助免疫。尽管“*Ca*. Spiroplasma holothuricola”依靠宿主的营养存活，但是能为宿主提供保护机制，证明了它互利共生的生活方式。

6.4　深渊狮子鱼

6.4.1　深渊狮子鱼样品的采集

2016 年 7 月在马里亚纳深渊（141°56′E，10°59′N）深 7034m 处采集到两条狮子鱼，2017 年 2 月在雅浦深渊（138°32′E，9°43′N）深 7884m 处采集到一条狮子鱼（图 6.12）。经分子标记与形态学鉴定，三条深渊狮子鱼均属于 *Pseudoliparis swirei* 种。

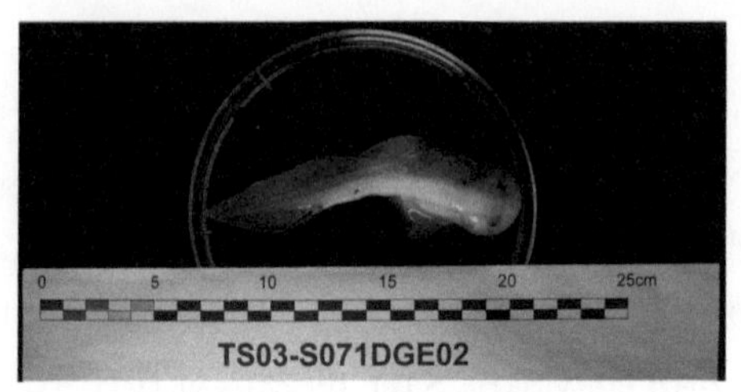

图 6.12　深渊狮子鱼示意图

6.4.2　深渊狮子鱼的肠道菌群组成

将狮子鱼肠道分为前肠、中肠和后肠三部分，利用 16S rRNA 全长序列对狮子鱼肠道微生物群落进行了研究。发现其可分为 5 个门，分别为变形杆菌门（Proteobacteria）、厚壁菌门（Firmicutes）、软壁菌门（Tenericutes）、拟杆菌门（Bacteroidetes）、浮霉菌门（Planctomycetes）和未分类菌（unclassified）。其中三条狮子鱼前肠以厚壁菌门最多，相对丰度为 35.0% ± 9.4%。占据第二、第三位的是变形杆菌门和软壁菌门，分别占微生物群落的 21.7% ± 12.1% 和 16.0% ± 2.9%。然而，在狮子鱼中肠和后肠中，软壁菌门占据优势地位，相对丰度为 31.2%~64.5%。其次是厚壁菌门（18.8%~29.2%）和变形杆菌门（6.7%~21.6%）（图 6.13）。而且，支原体属（*Mycoplasma*）是软壁菌门中唯一的属，并且不同狮子鱼个体、不同肠道部位支原体 16S rRNA 序列基本一致（相似度 >99.9%）。通过比较浅海的细纹狮子鱼（*Liparis tanakae*）的肠道菌群结构，发现其肠道中并未存在支原体属。因此，推测支原体对深渊狮子鱼具有特殊意义。

6.4.3　优势菌的基因组特征分析

与白海参宏基因组测序类似，通过组装与分箱，获取了长度为 795917 bp 的支原体基因组。该基因组由 3 个 contig 组成，GC 含量是 23.5%，编码 750 个基因，拥有 3 个 rRNA 基因（16S rRNA、23S rRNA 和 5S rRNA）和 30 个 tRNA 基因。通过 CheckM 软件检验基因组完整性发现，其具有 97.8% 的完整性并没有污染。

将该支原体基因组与白海参肠道中螺原体基因组、大王具足虫胃部中支原体基因组比较发现，来自狮子鱼肠道的支原体虽然基因组较大，但编码基因的密度较低。在代谢途径上，来自狮子鱼肠道的支原体中含有较多的核黄素代谢和 ABC 转运蛋白相关基因，而涉及 PTS 的基因较少（表 6.2）。

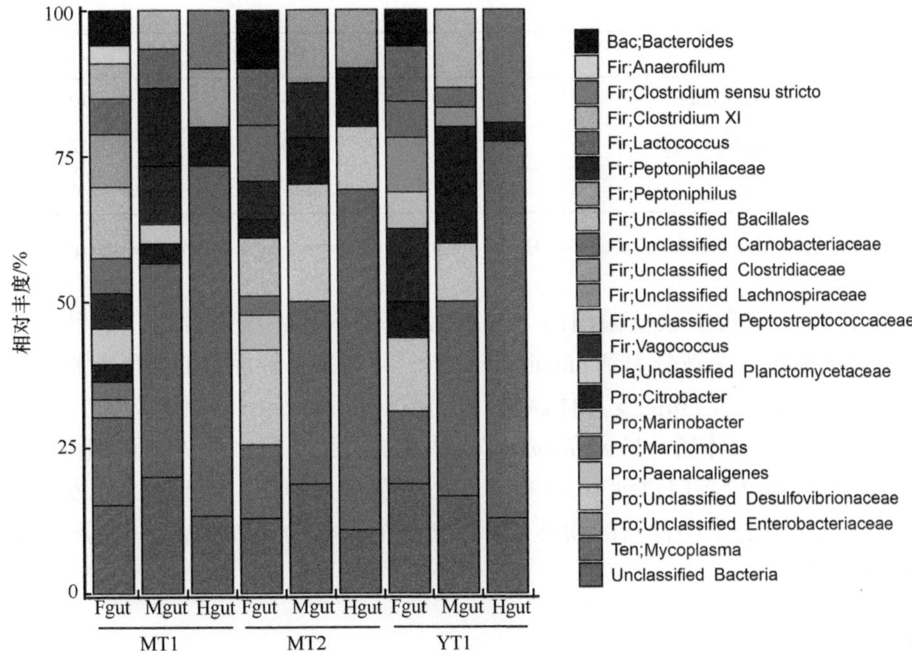

图 6.13　深渊狮子鱼肠道菌群结构（Lian et al.，2020）

Fgut- 前肠，Mgut- 中肠，Hgut- 后肠；MT- 来自马里亚纳海沟的狮子鱼，YT- 来自雅浦海沟的狮子鱼

表 6.2　深渊生物共生菌基因组序列特征比较（Lian et al.，2020）

特征	CML	CSH	MB
基因组大小 /bp	795917	424539	785028
Contig 数量	3	2	5
G+C 含量 /%	23.5	29.6	26.5
CDS	750	347	678
tRNA	30	32	33
rRNA	3	2	3
编码密度 /%	86.8	90.2	91.8
CSCGs	95	98	101
完整度 /%	97.8	/	/
污染 /%	0.0	/	/
ko00220 Arginine biosynthesis	3	3	3
ko00740 Riboflavin metabolism	7	1	2

续表

特征	CML	CSH	MB
ko02010 ABC transporters	12	6	10
ko02060 Phosphotransferase system	1	0	12
参考文献	本研究	He et al.，2018	Wang et al.，2016

注：CML-“*Ca.* Mycoplasma liparidae”；CSH-“*Ca.* Spiroplasma holothuricola”；MB-*Mycoplasma* sp. Bg1。

利用 70 个来自于软壁菌门的 16S rRNA 基因构建系统发育树，结果显示狮子鱼肠道支原体细菌被分类到 pneumoniae 组，并与来自虾虎鱼的共生支原体聚为一枝（图 6.14）。与已知的支原体属物种（*Mycoplasma muris*）比较发现，狮子鱼肠道支原体与脲原体属（*Ureaplasma*）物种亲缘关系更远。此外，该细菌的 16S rRNA 与已知的软壁菌门物种 16S rRNA 相似度在 90% 以下。因此，系统发育分析表明此支原体代表了一种新的物种，可以暂时的命名为“*Candidatus* Mycoplasma liparidae”。

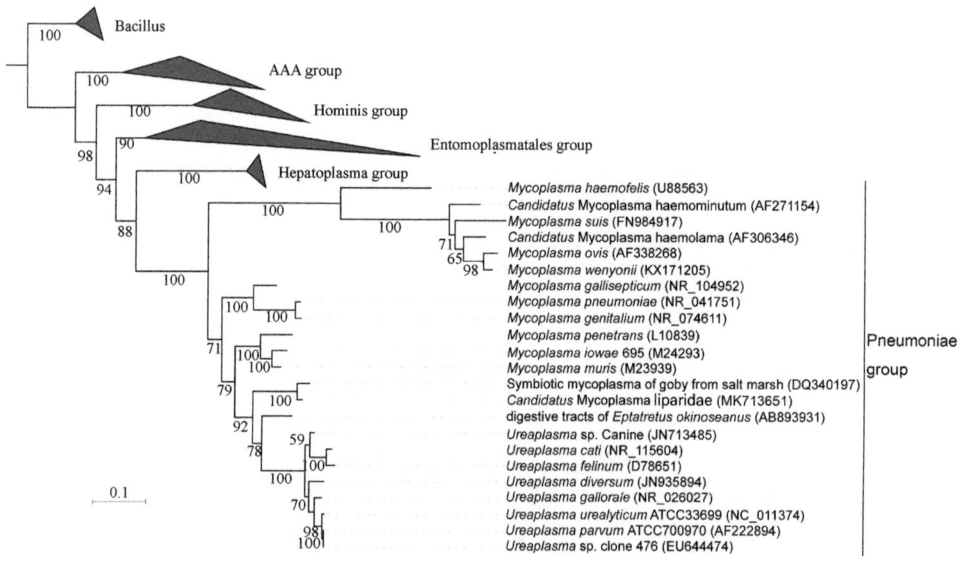

图 6.14 “*Candidatus* Mycoplasma liparidae”的进化位置（Lian et al.，2020）

支原体属的一些物种因其具有致病能力而广为人知。一般来说，过氧化氢（H_2O_2）是支原体代谢磷脂时的中间产物，它有损害宿主细胞的能力（Pritchard et al.，2014）。在“*Ca.* Mycoplasma liparidae”基因组中，磷脂代谢相关途径缺乏产生过氧化氢的关键基因 *glpD*，但编码具有降解过氧化氢能力的过氧化氢酶（catalase），这表明“*Ca.* Mycoplasma liparidae”不会产生过氧化氢来损害宿主细胞。为了研究“*Ca.* Mycoplasma liparidae”与致病细菌的不同之处，将“*Ca.* Mycoplasma liparidae”与其他四种致病细菌进行基因组比较，包括 *Ureaplasma urealyticum*、*Ureaplasma diversum*、*Mycoplasma gallisepticum* 和 *Mycoplasma pneumoniae*。这四种致病菌在系统发育树里，均属于 pneumoniae 组。结果显示，五种不同的基因组共有 233 个基因，其主要功能是关于翻译、核糖体结构的形成以及生物发生。而在四种致病细菌中存在的多带抗原（multiple-banded antigen）、IgA 蛋白酶（IgA protease）、脲酶（urease）和 ADP- 核糖化（ADP-ribosylating）等毒力因子均在“*Ca.* Mycoplasma liparidae”中缺失。此外，在“*Ca.* Mycoplasma liparidae”基因组编码的 750 个基因中，有 171 个基因没有任何的注释信息。

6.4.4　优势菌的代谢途径和免疫保护机制

根据 KEGG、NR、COG、Pfam 等数据库的注释结果，在“*Ca.* Mycoplasma liparidae”基因组中，仅有一个关于葡萄糖的磷酸转移酶被鉴定到。该 PTS 基因可以将葡萄糖从胞外转移到胞内。“*Ca.* Mycoplasma liparidae”具有糖酵解代谢途径，能将葡萄糖代谢为丙酮酸。但是其缺乏三羧酸循环的代谢途径（图 6.15），表明“*Ca.* Mycoplasma liparidae”不依赖于三羧酸循环提供 ATP。与白海参共生菌类似，“*Ca.* Mycoplasma liparidae”基因组中同样拥有完整的精氨酸发酵途径，可以产生

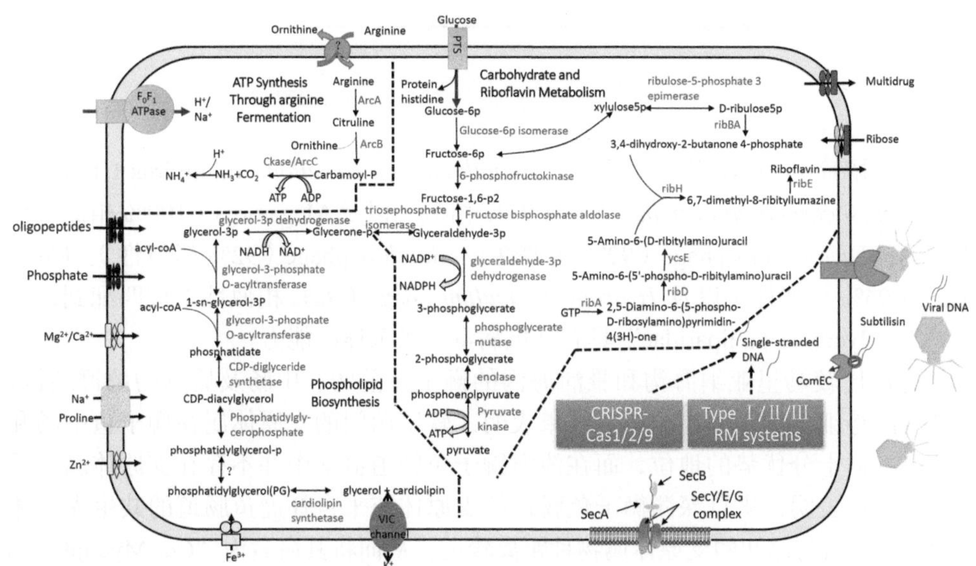

图 6.15　“*Ca.* Mycoplasma liparidae”中的代谢途径和 CRISPR 系统（Lian et al.，2020）

ATP 供给自身使用。

值得注意的是，“*Ca.* Mycoplasma liparidae”基因组中具有完整的维生素 B_2 合成途径，包括 *ribA*、*ribD*、*ribZ*（*ycsE*）、*ribBA*、*ribH* 和 *ribE* 基因（图 6.15）。核黄素合酶（*ribE*）是关键酶，可在合成维生素 B_2 途径的最后一步催化产生维生素 B_2。通过与其他细菌中核黄素合酶序列的比对发现，“*Ca.* Mycoplasma liparidae”中的核黄素合酶具有结合底物的保守位点，证明此基因组中的核黄素合酶具有活性。

在“*Ca.* Mycoplasma liparidae”基因组中，同样发现了 CRISPR 系统，其由 3 个 *cas* 基因（*cas1*，*cas2* 和 *cas9*）和 118 个间隔（spacer）组成。在 *Mycoplasma moatsii* 基因组中发现了相似度较高的同源基因（*cas1* 有 48% 的相似性；*cas2* 有 44% 的相似性），在 *Mycoplasma alvi* 基因组中发现 *cas9* 基因有 28% 相似性。但是，在“*Ca.* Mycoplasma liparidae”中，CRISPR-Cas 系统的基因排列顺序是罕见的。*cas9* 基因位于 CRISPR 系统位点的下方，并且方向是反向的（图 6.16）。

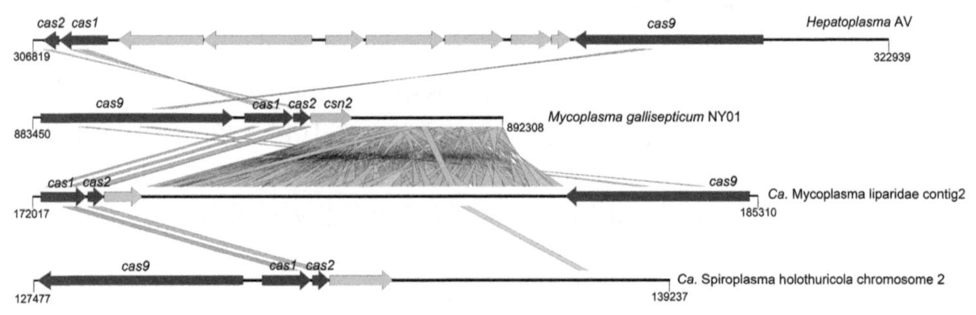

图 6.16　CRISPR 系统的结构（Lian et al.，2020）

将间隔序列与 NR 库比较发现，*Acanthamoeba castellanii* mimivirus（100% 相似）、*Chrysochromulina ericina* virus（93% 相似）以及 Megavirus（100% 相似）被匹配到；*Lactococcus* phage（92% 相似性）、*Bacillus* phage（92% 相似性）、*Vibrio* phage（95% 相似性）以及 *Hydrogenobaculum* phage（92% 相似性）被匹配到，表明“*Ca.* Mycoplasma liparidae”具有抵抗病毒和噬菌体的能力。

通过比较马里亚纳海沟和雅浦海沟的狮子鱼前肠、中肠及后肠的菌群结构，并进行优势细菌的基因组分析。结果表明，软壁菌门的支原体属在狮子鱼中肠和后肠中占据十分优势的地位，而在浅海狮子鱼肠道群落中并不存在支原体属。系统发育分析表明，来自深渊狮子鱼肠道的支原体与来自虾虎鱼肠道的共生支原体聚为一枝，而与已知的支原体属物种距离较远，从而将其命名为“*Ca.* Mycoplasma liparidae”。基因组分析揭示了“*Ca.* Mycoplasma liparidae”缺乏对宿主有害的毒力因子，但拥有完整的产生维生素 B_2 的途径。而狮子鱼本身的基因组却缺乏合成维生素 B_2 的途径（Wang et al.，2019），这表明在深渊这种寡营养环境下，狮子鱼可能很大程度上依赖“*Ca.* Mycoplasma liparidae”提供维生素 B_2 来维持正常的营养状态。另外，“*Ca.* Mycoplasma liparidae”基因组中拥有 CRISPR 系统，但 *cas* 基因的排列有异常。这种异常排列也发生在古菌中（Burstein et al.，2017），可能是 CRISPR 系统在不同环境下进化的结果。“*Ca.* Mycoplasma liparidae”细菌可能会半嵌入狮子鱼肠壁细胞中，从而既可以帮助宿主抵抗病毒的入侵，又可以对抗肠道中的噬菌体。

三种深渊生物的肠道微生物均以柔膜菌为主要优势菌，但属于不同的属，即便生活在同一深渊位置的两种不同钩虾 *Hirondellea gigas* 和 *Halice* sp.MT-2017，其肠道优势菌虽然都是“*Candidatus* Hepatoplasma”属，但属于不同的 OTUs。且其肠道微生物的组成和多样性具有统计学差异。表明深渊生物肠道微生物的群落构成具有种属特异性。共生微生物在长期与宿主共进化的过程中，丢失一些基因，同时也获得一些基因，使得其与自由生活的微生物相比具有较远的遗传距离。虽然目前的三种深渊优势共生菌均属于柔膜菌，但其功能不尽相同，在与各自的宿主共进化的过程中，形成各自的代谢特征。

三种不同深渊生物的肠道菌群结构，其优势菌均隶属于软壁菌门、柔膜菌纲。这可能并不是偶然的情况。深海高压的影响以及与真核生物宿主的长期共生关系使得共生菌被穆勒棘轮所制约（Moran，1996）。这种影响会积累轻微的有害突变，导致碱基倾向于 A 或 T 突变。从而将基因组碱基含量推向一个新的平衡，即 AT 含量更高。共生体基因组有一些共同的特征，如 AT 碱基的偏好性、基因组规模的缩小、序列的快速进化和频繁的基因重组。此外，对于微小的共生体基因组而言，特别引人注目的是有关细胞被膜生物发生的基因几乎完全丧失。因为在有细胞被膜的情况下，与宿主的共同适应可能会受阻，包括围绕共生细胞的宿主来源膜的修饰（Mc Cutcheon and Moran，2011）。因此，由于 AT 含量高、基因组减小、细胞被膜生物发生相关基因大量缺失等特点，柔膜菌成为深海生物的潜在共生菌。事实上，虽然柔膜菌因其致病性而广为人知，但是许多柔膜菌只引起轻微的感染，很少严重伤害它们的宿主，这被认为是朝着互惠共生方向进化的标志（Wang et al.，2004）。将来还需要大量的深渊样本来研究发现柔膜菌是否广泛存在于深渊生物肠道中。

通过研究优势共生菌的基因组，可以发现白海参肠道共生菌“*Ca.* Spiroplasma holothuricola”与狮子鱼肠道共生菌“*Ca.* Mycoplasma liparidae”在两个方面有利于宿主在深渊环境中生存。即为宿主提供营养和帮助宿主抵抗异源物质的入侵，在寡营养和充满未知病毒的深渊环境下，这种来自于共生菌的“援助”可能会起到很重要的作用。但是，在二者基因组中存在大量的未知基因，它们可能会蕴含着更多有益于宿主的基因资源，如抵抗压力和寒冷等，这也是以后研究的方向所在。

参考文献

Anantharaman K, Duhaime M B, Breier J A, et al. 2014. Sulfur oxidation genes in diverse deep-sea viruses. Science, 344: 757-760.

Blankenship L E, Yayanos A A, Cadien D B, et al. 2006. Vertical zonation patterns of scavenging amphipods from the Hadal zone of the Tonga and Kermadec Trenches. Deep Sea Research Part I: Oceanographic Research Papers, 53: 48-61.

Burstein D, Harrington L B, Strutt S C, et al. 2017. New CRISPR-Cas systems from uncultivated microbes. Nature, 542: 237-241.

Cheng X, Wang Y, Li J, et al. 2019. Comparative analysis of the gut microbial communities between two dominant amphipods from the Challenger Deep, Mariana Trench. Deep Sea Research Part I: Oceanographic Research Papers, 151: 103081.

Durand L, Zbinden M, Cueff G V, et al. 2010. Microbial diversity associated with the hydrothermal shrimp *Rimicaris exoculata* gut and occurrence of a resident microbial community. FEMS Microbiology Ecology, 71: 291-303.

Fraune S, Zimmer M. 2008. Host - specificity of environmentally transmitted Mycoplasma - like isopod symbionts. Environmental Microbiology, 10: 2497-2504.

He L S, Zhang P W, Huang J M, et al. 2018. The enigmatic genome of an obligate ancient *Spiroplasma symbiont* in a hadal holothurian. Applied and Environmental Microbiology, 84: e01965.

Hoyoux C, Zbinden M, Samadi S, et al. 2009. Wood-based diet and gut microflora of a galatheid crab associated with Pacific deep-sea wood falls. Marine Biology, 156: 2421-2439.

Jamieson A J, Fujii T, Mayor D J, et al. 2010. Hadal trenches: the ecology of the deepest places on Earth. Trends in Ecology & Evolution, 25: 190-197.

Jamieson A, Gebruk A, Fujii T, et al. 2011. Functional effects of the hadal sea cucumber *Elpidia atakama* (Echinodermata: Holothuroidea, Elasipodida) reflect small-scale patterns of resource availability. Marine Biology, 158: 2695-2703.

Jorgensen B B, Boetius A. 2007. Feast and famine—microbial life in the deep-sea bed. Nature Reviews Microbiology, 5: 770-781.

Lara E, Vaque D, Sa E L, et al. 2017. Unveiling the role and life strategies of viruses from the surface to the dark ocean. Science Advances, 3: e1602565.

Lian C A, Yan G Y, Huang J M, et al. 2020. Genomic characterization of a novel gut symbiont from the hadal snailfish. Frontiers in Microbiology, 10: 2978.

Linley T D, Gerringer M E, Yancey P H, et al. 2016. Fishes of the hadal zone including new species, in situ observations and depth records of Liparidae. Deep-Sea Research Part I: Oceanographic Research Papers, 114: 99-110.

Mc Cutcheon J P, Moran N A. 2011. Extreme genome reduction in symbiotic bacteria. Nature Reviews Microbiology, 10: 13-26.

Moran N A. 1996. Accelerated evolution and Muller's rachet in endosymbiotic bacteria. Proceedings of the National Academy of Sciences of the United States of America, 93: 2873-2878.

Nicholson J K, Holmes E, Kinross J, et al. 2012. Host-gut microbiota metabolic interactions. Science, 336: 1262-1267.

Phelps H A, Neely M N. 2007. SalY of the Streptococcus pyogenes lantibiotic locus is required for full virulence and intracellular survival in macrophages. Infection and Immunity, 75: 4541-4551.

Pritchard R E, Prassinos A J, Osborne J D, et al. 2014. Reduction of hydrogen peroxide accumulation and toxicity by a catalase from Mycoplasma iowae. PLoS One, 9: e105188.

Wang K, Shen Y, Yang Y, et al. 2019. Morphology and genome of a snailfish from the Mariana Trench provide insights into deep-sea adaptation. Nature Ecology and Evolution, 3: 823-833.

Wang Y, Huang J M, Wang S L, et al. 2016. Genomic characterization of symbiotic mycoplasmas from the stomach of deep-sea isopod *Bathynomus* sp. Environmental Microbiology, 18: 2646-2659.

Wang Y, Stingl U, Anton Erxleben F, et al. 2004. "Candidatus hepatoplasma crinochetorum, " a new, stalk-forming lineage of Mollicutes colonizing the midgut glands of a terrestrial isopod. Applied and Environmental Microbiology, 70: 6166-6172.

Yancey P H, Gerringer M E, Drazen J C, et al. 2014. Marine fish may be biochemically constrained from inhabiting the deepest ocean depths. Proceedings of the National Academy of Sciences of the United States of America, 111: 4461-4465.

Zbinden M, Cambon B M A. 2003. Occurrence of Deferribacterales and Entomoplasmatales in the deep-sea Alvinocarid shrimp *Rimicaris exoculata* gut. FEMS Microbiol Ecology, 46: 23-30.

Zhang K, Hornef M W, Dupont A. 2015. The intestinal epithelium as guardian of gut barrier integrity. Cell Microbiology, 17: 1561-1569.

Zhang W, Tian R M, Sun J, et al. 2018. Genome reduction in *Psychromonas* species within the gut of an amphipod from the ocean's deepest point. Msystems, 3(3): 9-18.

第 7 章

深渊微生物代谢特征与高压环境适应性机制

李学恭[1]　尹群健[1,2]　张　婵[1,2]　张维佳[1]　吴龙飞[1]

1. 中国科学院深海科学与工程研究所

2. 中国科学院大学

7.1 引言

7.1.1 深渊基本生境特征

通常认为，温度、盐度、pH、溶解氧浓度以及静水压力是影响微生物生长的主要理化因子。对马里亚纳深渊不同水层的调查表明，海水盐度在 34.2‰~35.5‰ 的范围内基本维持恒定。pH 和溶解氧浓度的变化趋势相似，由表层至水深 500m 处左右，pH 和溶解氧分别由 8.3 和 220μmol/L 快速降低至 7.6 和 65μmol/L。随着深度继续增加，二者缓慢回升，深渊底层海水 pH 稳定在 7.8 左右，而溶解氧浓度约为 150μmol/L。海水温度的变化分为两个阶段，在海水表层至 2000m 水深的范围内水温由超过 30℃迅速下降至 2℃左右，自此以下直至深渊底部的水体温度基本稳定（Nunoura et al.，2015）。唯有静水压力随深度加深持续增高。深度每增加 10m，上层水柱造成的静水压力增加一个大气压，马里亚纳海沟（Mariana Trench）最深处的压力可达表层海水的 1000 倍以上。总体而言，除静水压力外，深渊区的主要理化环境与深海区并没有显著差异。因此，一种观点认为高静水压力是造成深渊生境独特的生物群落的主要因素。

7.1.2 深渊可培养微生物

1. 深渊可培养微生物多样性

马里亚纳深渊不同水深的水体样品中可培养的异养微生物丰度介于 10^4~10^5cfu/mL。其中，4000m 以浅的样品中可培养微生物丰度为 1.0×10^4~2.4×10^4cfu/mL，深渊区样品中可培养微生物丰度明显升高，可达 3.2×10^4~1.0×10^5cfu/mL。这些微生物主要分布在变形菌门（Proteobacteria）、放线菌门（Actinobacteria）、厚壁菌门（Firmicutes）以及拟杆菌门（Bacteroidetes）中。其中以 α- 变形菌纲、γ- 变形菌纲、放线菌纲（Actinobacteria_c）、芽孢杆菌纲（Bacilli）以及黄杆菌纲（Flavobacteriia）的相对丰度较高。值得注意的是，不同微生物类群随静水压力或水深的分布特征存在明显差异（Zhao et al.，2020）。

压力对可培养微生物种群分布的影响也体现在属的水平上。交替单胞菌属（*Alteromonas*）和赤杆菌属（*Erythrobacter*）微生物是马里亚纳深渊海水样品中可培养微生物丰度最高的两个类群。它们广泛分布在浅层到深层水体中，最大丰度出现在 8000m 水深处。海杆菌属（*Marinobacter*）微生物也是马里亚纳深渊的优势类群之一，主要分布在 4000m 以深的水体中。在 10400m 水深的深渊近底样品中，海杆菌属微生物占有绝对优势地位。此外，芽孢杆菌属（*Bacillus*）和大洋芽胞杆菌属（*Oceanobacillus*）微生物主要分布 8000m 以浅的水体中，而假交替单胞菌属（*Pseudoalteromonas*）、鲁杰氏菌属（*Ruegeria*）以及弧菌属（*Vibrio*）等微生物类群主要分布在 200m 以浅的浅层水体样品中。随着水深增加，它们的相对丰度急剧下降（Zhao et al.，2020）。鉴于从深层区到超深渊区的主要理化环境没有显著变化，静水压力的增加或许是决定上述微生物类群垂直空间分布的主要因素之一。

宏基因组和纯培养菌株的基因组分析提示，生活在深渊底部的微生物可合成种类丰富的糖类代谢相关酶类，不仅能够利用环境中难降解的有机物大分子，还可通过合成糖原贮存营养物质和能量以应对深渊生境中营养物质水平的波动。近期一项研究提示，马里亚纳深渊深部积累了较高浓度的以偶数碳链烷烃 C_{18} 和 C_{20} 为主的烷烃。与此同时，油杆菌属（*Oleibacter*）和食烷菌属（*Alcanivorax*）等能够介导烷烃降解的微生物类群的相对丰度亦随水深而增加。针对从深渊底部沉积物中分离得到的食烷菌的生理特性分析证实它们在海底原位条件（4℃，60 MPa）下可降解碳链长度为 C_{18}-C_{26} 的烷烃，尤其对 C_{18}-C_{20} 的降解效率最高（Liu et al.，2019）。上述实验表明，通过降解烷烃获取碳源和能量或许是马里亚纳深渊底部微生物生存的一种重要方式。

2. 可培养深渊严格嗜压微生物

根据不同压力条件下的细胞生长特性，微生物可以分为以下 4 种类型：①压力敏感微生物（pressure sensitive microbes），在常压条件（0.1 MPa）下生长速率最高，高压条件下生长缓慢或不生长的微生物；②耐压微生物（piezotolerant microbes），在常压和高压条件下均可生长，且生长速率相近；③嗜压微生物（piezophiles），指在高压条件下生长速率明显高于常压条件的微生物；④严格嗜压微生物（obligate piezophiles），指常压条件下无法生存，只能在高压条件下生长的微生物（图 7.1）。1981 年，Yayanos 等人报道了第一株分离自深渊的严格嗜压菌科尔韦尔氏菌（*Colwellia* sp. MT-41）。MT41 菌株分离自马里亚纳深渊 10476 m 水深处诱捕到的端足类底栖生物。它在 51.8~103.5 MPa 的压力范围内均可生长，在最适生长压力（69 MPa）下，细胞分裂代时约为 25h。此后，研究人员陆续从全球各地的深渊区样品中获得了分属不同分类单元的严格嗜压微生物。由于这类微生物对培养条件的要求极为苛刻，目前可进行纯培养的深渊严格嗜压微生物仅不到 20 株（表 7.1）。其中，分离自马里亚纳深渊端足类生物的 *C. marinimaniae* MTCD1 是

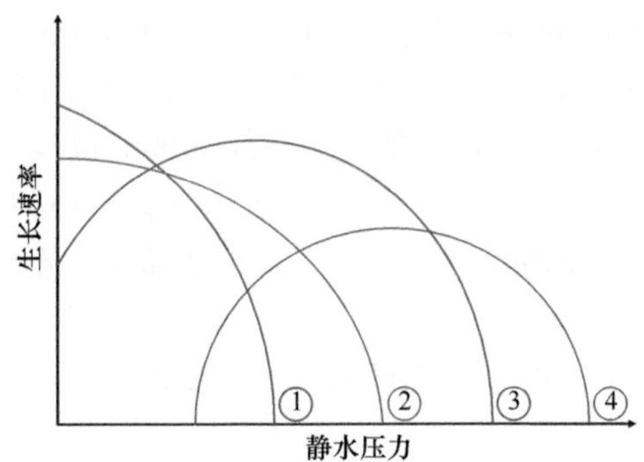

图 7.1 微生物的压力耐受特征示意图（修改自 C. Kato）（Kato et al.，2008）
①-压力敏感微生物；②-耐压微生物；③-嗜压微生物；④-严格嗜压微生物

表 7.1 纯培养严格嗜压微生物基本信息

属	种	菌株	分离深度 /m	来源	最适生长压力 /MPa	生长压力范围 /MPa	最适生长温度 /℃
Colwellia	—	MT41	10476	马里亚纳海沟	69	51.8~103.5	2
Colwellia	*hadaliensis*	BNL-1	7410	波多黎各海沟	74	37~102	10
Colwellia	*marinimaniae*	MTCD1	10918	马里亚纳海沟	120	80~140	6
Colwellia	*piezophila*	Y223G	6278	日本海沟	60	40~80	4~10
Moraxella	—	JT761	7481	日本海沟	60	30~70	1.8
Moritella	*yayanosii*	DB21MT-5	10898	马里亚纳海沟	80	50~100	10
Profundimonas	*piezophila*	YC-1	6000	波多黎各海沟	50	20~70	8
Psychromonas	*kaikoae*	JT7304	7434	日本海沟	50	10~70	10
Psychromonas	*hadalis*	K41G	7542	日本海沟	60	30~90	6
Rhodobacterales*	—	PRT1	8350	波多黎各海沟	80	10~110	10
Shewanella	*benthica*	KT99	9856	汤加-克马德克海沟	98	40~140	10
Shwanella	*benthica*	DB21MT-2	10898	马里亚纳海沟	70	50~100	10
Shewanella	*benthica*	DB6705	6356	日本海沟	50	10~70	10
Shewanella	*benthica*	DB6906	6269	日本海沟	50	10~70	10
Shewanella	*benthica*	DB172F	6499	伊豆-小笠原海沟	70	20->80	10
Shewanella	*benthica*	DB172R	6499	伊豆-小笠原海沟	60	20->80	10

* 为 Rhodobacterales 目。

迄今为止压力耐受性最高的深渊嗜冷-严格嗜压微生物，其最适生长条件为 6℃，

120MPa，最高生长压力高达 140MPa。

希瓦氏菌属（*Shewanella*）是截至目前拥有最多深渊微生物的分类单元。除分离自马里亚纳海沟挑战者深渊底部沉积物的 *S. benthica* DB21MT-2 菌株外，还有分离自汤加 – 克马德克海沟（Tonga-Kermadec Trench）9856m 水深的 *S. benthica* KT99 菌株，菲律宾海沟（Philippine Trench）8600m 水深的 *S. benthica* PT99 菌株，以及 6165m 水深的 *S. benthica* PT48 菌株等。希瓦氏菌属细菌遍布包括淡水湖泊、海洋表层以及深海海水和沉积物等不同水生生境。该属的多个浅海、深海以及深渊菌株的全基因组序列已发表，加之多个菌株具有便利的遗传操作体系，使其成为研究微生物适应低温、高压环境最为常用的模式研究系统之一。

目前分离培养的深渊严格嗜压微生物大多是在富营养培养条件下获得的 γ- 变形菌纲的异养型微生物。Eloe 等利用寡营养的海水为培养基，成功获得了目前唯一一株 α- 变形菌纲玫瑰杆菌类群（Roseobacter clade）的深渊严格嗜压菌 PRT1。PRT1 是一株严格嗜冷嗜压菌，可在 4~12℃、10~100MPa 条件下生长。该菌株生长缓慢、生物量低，仅是其他严格嗜压菌的 1/10 左右。增加培养基中有机物含量会明显抑制该菌株的生长，说明其更适应寡营养生境。这类微生物在深渊低温高压的极端生境下具有怎样的生理、代谢特征以及生物、生态学功能，目前还未可知。优化出适用于深渊微生物的分离培养条件和方法，获得更多不同分类地位、代谢类型的微生物，对于全面系统地认识深渊生境中微生物介导的碳、氮等关键元素的循环过程，以及生物体适应深渊极端生境的分子机制将起到至关重要的作用。

7.2　微生物的高静水压力适应机制

7.2.1　细胞膜的压力适应性与压力调控的细胞膜蛋白

作为细胞内外物质交换的动态媒介，细胞膜直接接触外部环境，也是最先感受环境理化信号的功能单位。外界温度、离子浓度、化学成分的变化均可在细胞膜的组成、结构以及流动性上反映出来。与低温的生物效应相似，环境压力升高可导致磷脂排列更加紧凑，阻碍膜脂旋转运动，降低细胞膜流动性。研究表明，不饱和脂肪酸有助于维持细胞膜在低温高压条件下的完整性、流动性以及功能性。多种深海深渊微生物通过提高细胞膜中不饱和脂肪酸的含量保障由细胞膜参与、介导的物质运输、能量传导、信号感应和细胞间通信等重要生命过程得以正常开展。其中，深海来源的发光杆菌属（*Photobacterium*）菌株多合成二十碳五烯酸（eicosapentaenoic acid，EPA），科尔韦尔氏菌属（*Colwellia*）和冷单胞菌属

（*Psychromonas*）的菌株可合成二十二碳六烯酸（docosahexaenoic acid，DHA），在耐压革兰氏阳性菌芽孢八叠球菌属（*Sporosarcina* sp.）DSK25 胞内则检测到较高含量的十八碳二烯酸（linoleic acid，LA）（Wang et al.，2014）。深渊严格嗜压菌海底希瓦氏菌（*Shewanella benthica*）DB21MT-2 细胞膜中的十八烯酸和摩替亚氏菌（*Moritella yayanosii*）DB21MT-5 中的十四碳烯酸含量分别高出同种属浅海菌株的十余倍，达到总脂肪酸含量的一半以上（Kato et al.，1998）。

作为细胞膜的主要组成成分之一，细胞膜蛋白对压力变化极为敏感。深海耐压菌株深海发光杆菌（*P. profundum*）SS9 中两个主要的外膜孔道蛋白 OmpL 和 OmpH 的含量与外界压力直接相关：常压条件下外膜孔道蛋白以 OmpL 蛋白为主，而在 28MPa 压力条件下，用于运输甲硫氨酸、亮氨酸和苯丙氨酸这类分子量较大的氨基酸的 OmpH 蛋白则占据主导地位（Welch and Bartlett，1996）。同时，OmpH 蛋白的表达水平与环境中营养物质的水平直接相关，细胞处于饥饿胁迫状态时会大量合成 OmpH 蛋白，补充碳源则会抑制 *ompH* 基因的表达。因此，一种假设认为，在深海高压环境下，细胞偏好 OmpH 这类孔径更大、运输效率更高的孔道蛋白，以便在溶解有机碳含量相对较低的深海环境中获取足够的氨基酸和碳水化合物等营养物质满足生长的需要。在 SS9 菌株中，OmpH、OmpL 蛋白的表达受细胞内膜上的双组分调控系统 ToxRS 调控。ToxR 蛋白属于跨膜的 DNA 结合蛋白，具有位于周间质的信号感应结构域、跨膜结构域以及位于细胞质一侧的 DNA 结合域。当两个 ToxR 单体蛋白与 ToxS 蛋白在细胞内膜上形成有功能的多聚体后，ToxR 蛋白中位于细胞质一侧的 DNA 结构功能域可与相关基因相结合并调控其表达。压力升高可抑制 ToxR 蛋白的表达，而在细胞膜通透性高的细胞中，ToxR 蛋白的表达不再受压力影响（Welch and Bartlett，1998），提示压力能够直接或通过细胞膜结构变化间接改变 ToxR 蛋白的丰度和功能，进而影响与压力相关的功能基因的表达。

7.2.2 高静水压改变呼吸产能方式

位于细胞膜上的电子传递链是细胞通过呼吸作用产生能量的关键组成部分。因此，能量代谢过程也是极易受外界压力变化影响的生命过程之一。深海微生物的基因组中大多编码多套功能相近的呼吸系统，并根据外界压力变化选择适宜的能量代谢途径。在深渊严格嗜压菌 *S. benthica* DB172F 中的研究发现，该菌株中定位于细胞内膜上的 c-551 型细胞色素在常压和高压条件下呈持续性表达，而可溶性的 c-552 型细胞色素仅在常压条件下表达。随着压力升高，ccb 型泛醌氧化酶的表达量逐渐增加，并取代 bc1 复合体和细胞色素 c 氧化酶成为电子传递链的主要成分。

在嗜压菌紫色希瓦氏菌（*S. violacea*）DSS12 菌株中的研究证实，泛醌氧化酶在高压（75MPa）条件下的相对酶活性远高于细胞色素 c 氧化酶，说明前者具有更高的压力耐受性，更适合高压环境（Ohke et al.，2013）。基于上述发现，人们提出细菌电子传递链组成取决于外界压力：在常压条件下，bc1 复合体从泛醌接受电子并依次通过细胞色素 c-551 和 c-552 将电子传递至细胞色素 c 氧化酶；在高压条件下，则由泛醌氧化酶直接从泛醌接收电子将氧气还原为水。一方面，参与电子传递的蛋白质复合物组分减少，降低了外界环境因素对电子传递过程的影响；另一方面，泛醌氧化酶的压力耐受性更高，因而可以在高压条件下有效地传递电子，产生更多能量供细胞生长。

除此之外，深海微生物的厌氧呼吸过程也采用了相似的环境适应机制。氧化三甲胺（TMAO）是多种深海细菌厌氧呼吸的末端电子受体之一，在厌氧条件下可由 TMAO 还原酶系统还原生成 TMA，同时产生能量。深海明亮发光杆菌（*Photobacterium phospherum*）ANT-2200 菌株和深海弧菌 QY27 菌株中的 TMAO 还原酶系统均受高压诱导（Vezzi et al.，2005；Zhang et al.，2016；Yin et al.，2018）。不仅如此，QY27 菌株在高压下具有更高的 TMAO 还原速率，而且在外界有 TMAO 存在时表现出更强的压力耐受性，进一步说明压力调控的能量代谢过程有助于细胞适应高压环境。

7.2.3 高静水压对蛋白质结构及功能的影响

阐明深海深渊微生物如何在高压极端环境中得以生存，它们的分子组成、结构和生理特征有何特殊之处，是理解深渊生命过程的重要组成部分。根据热力学基本关系，体积与静水压力是成反比的，即压力升高时，物体体积将被压缩。微生物细胞中的生化和生理反应也遵循这一规律。在高压条件下，分子和生化反应更倾向朝向体积减小的方向进行，体积增加的反应过程是受到限制的。这一点在磷脂双分子层、核酸以及蛋白等多种生物大分子的性质、结构上均有体现。通过比较不同压力耐受性菌株中保守的同源蛋白，研究人员在氨基酸组成、蛋白质结构以及活性功能等层面，对深渊严格嗜压菌编码蛋白的压力适应机制开展了深入研究。以 3- 异丙基苹果酸脱氢酶（3-isopropylmalate dehydrogenase，IPMDH）为例，不同水深来源的 IPMDH 的氨基酸序列高度保守（氨基酸相似性约为 85%），但深渊严格嗜压菌 *S. benthica* DB21MT-2 编码的 IPMDH 在 200MPa 压力下仍保持约 50% 的催化效率，而压力敏感菌中的同源蛋白在压力升高至 150MPa 时仅剩 20% 左右的酶活性。进一步分析发现，IPMDH 蛋白活性中心后部有一个狭缝。压力敏感菌的 IPMDH 中位于狭缝内部的第 226 位氨基酸为亲水性的丝氨酸。当压力升高时，3 个水分子可进入这一狭缝并导致其酶活性降低。而严格嗜压菌的 IPMDH 中第 226 位氨基酸是疏水性的丙氨酸，在同样的压力条件下水分子不易进入该狭缝，因而能够确保该蛋白在高压条件下仍维持较高的催化活性（Ohmae et al.，2018）。该研究表明，蛋白内部微环境的亲水性和蛋白构型上的变化在低温高压环境适应中均发挥重要作用，以至于关键位点上单个氨基酸的突变便可改变蛋白的压力耐受性。此外，有研究表明深海微生物更倾向使用分子量小的，极性的氨基酸。但由于分析的基因组数量有限，因此这一特征是否适用于不同类群的深海深渊微生物还有待验证。

7.3 深渊可培养微生物代谢特征

7.3.1 马里亚纳深渊与雅浦深渊微生物的分离培养

为深入认识深渊微生物的生理特征，我们从马里亚纳深渊和雅浦深渊 1800m 至万米水深的水体和沉积物样品中分离得到 700 余株微生物。16S rRNA 基因序列分析显示，绝大多数培养菌株（23 属 651 株细菌，占 85%）分属于变形菌门（Proteobacteria），此外亦分离得到分属于厚壁菌门（Firmicutes，4 属 52 株，约占 7%）、拟杆菌门（Bacteroidetes，3 属 17 株，约占 2%）以及放线菌门（Actinobacteria，4 属 34 株，约占 4%）的少量菌株。在属的水平上，相对丰度最高的是 γ- 变形菌纲的盐单胞菌属（*Halomonas*，134 株，占所有分离菌株的 17.7%）、假单胞菌属（*Pseudomonas*，124 株，占 16.3%）和嗜冷杆菌属（*Psychrobacter*，96 株，占 12.6%）。厚壁菌门中 44.2% 的菌株分属于具有烷烃降解能力的游动微菌属（*Planomicrobium*），而具有适应低温、高盐、紫外辐照和高浓度重金属离子等极端环境的多重嗜极微生物微小杆菌属（*Exiguobacterium*）占该门所有分离菌株的 1/4。放线菌门中接近 80% 的菌株属于海洋生境中的常见类群细杆菌属（*Microbacterium*）。

1. 不同水层及不同海沟的可培养微生物种群特征

从 1000~4000m 水深样品中共计分离得到 15 个属的 87 株菌，以假单胞菌属（*Pseudomonas*）（42.5%）和盐单胞菌属（*Halomonas*）（12.6%）为主。19 个属的 149 株细菌来自 4000~6000m 水深样品，以短波单胞菌属（*Brevundimonas*）（25.5%）、微杆菌属（*Microbacterium*）（13.4%）和鞘脂菌属（*Sphingobium*）（10.0%）为主。从水深大于 6000m 样品中分离到的 523 株菌分属于 28 个属，占主导地位的为 *Halomonas*

（21.8%）、*Psychrobacter*（17.0%）、*Pseudomonas*（14.0%）和 *Pseudoalteromonas*（11.1%）（图 7.2）。包括 *Halomonas*、*Pseudomonas*、*Alteromonas* 和 *Microbacterium* 等在内的 10 个属在 3 个水层的样品中均有发现。*Psychrobacter*、*Pseudoalteromonas* 和亚硫酸杆菌属（*Sulfitobacter*）等 7 个属仅出现在 4000m 以深样品中；而多嗜极微生物 *Exiguobacterium* 以及此前在深海环境中多次分离到的王祖农菌属（*Zunongwangia*）、盐田菌属（*Salinicola*）和鼠尾菌属（*Muricauda*）微生物仅出现在 6000m 以深的样品中。

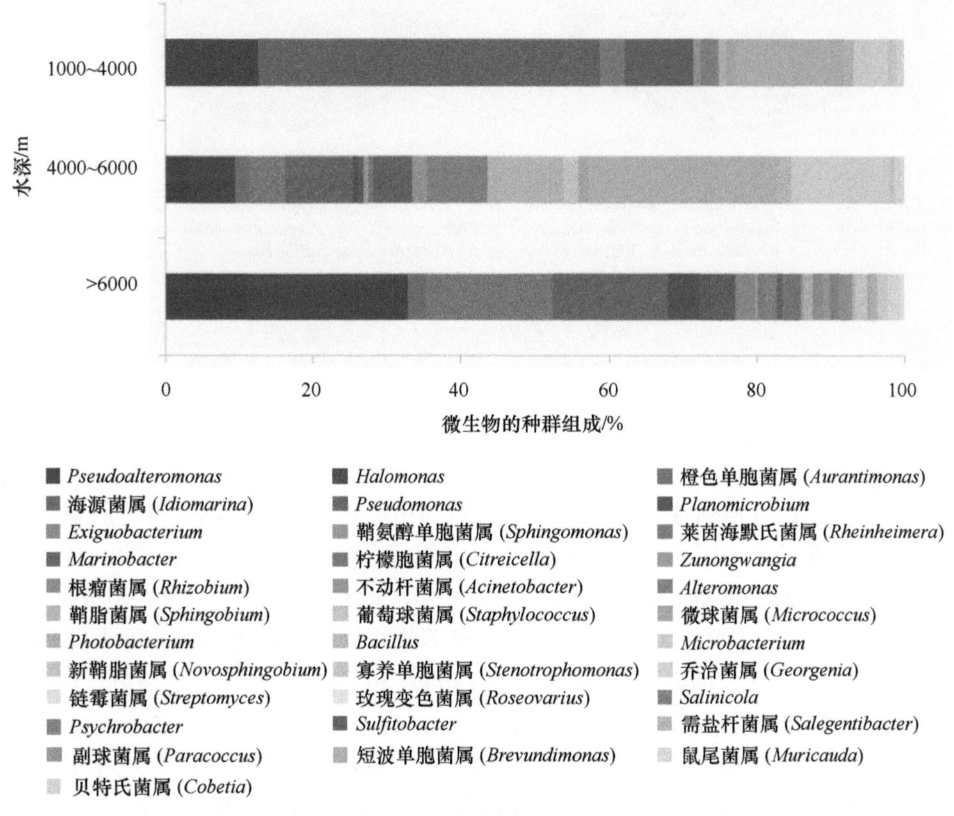

图 7.2　不同水层样品中分离获得可培养微生物的种群组成

在同等培养条件下，从马里亚纳深渊和雅浦深渊的 4000m 以深样品中分别获得 20 属的 314 株和 17 属的 169 株纯培养细菌。从两个深渊所分离菌株的种类基本一致，但种群组成表现出一定差异。其中，分离自马里亚纳海沟的微生物以 *Halomonas*（28.0%）、*Psychrobacter*（19.1%）、*Pseudomonas*（12.7%）和 *Pseudoalteromonas*（12.7%）类群为主，而分离自雅浦海沟的微生物中所占比例较高的分类单元为 *Psychrobacter*（21.3%）、*Halomonas*（15.4%）、*Pseudoalteromonas*（13.6%）和 *Planomicrobium*（10.1%）（图 7.3）。

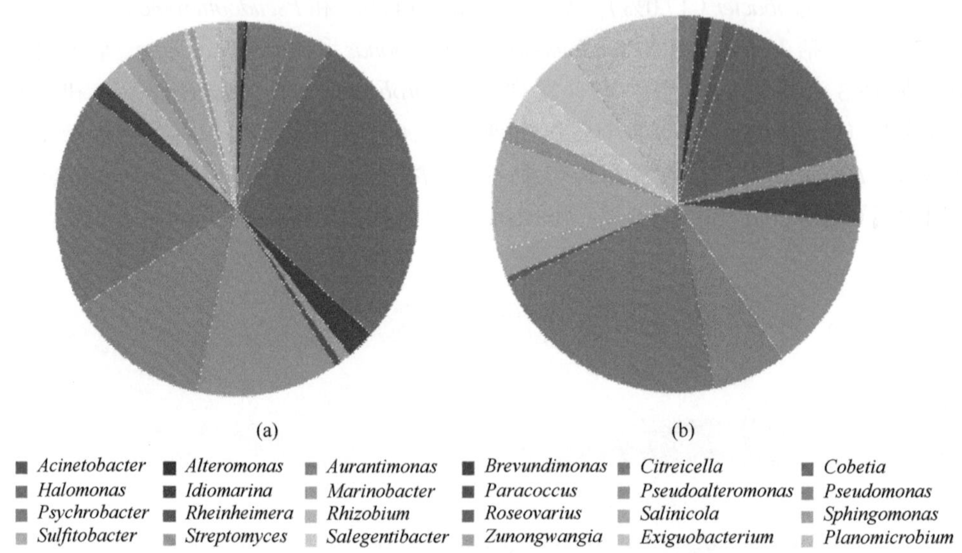

图 7.3　马里亚纳深渊（a）与雅浦深渊（b）可培养微生物种群结构

2. 培养条件对可培养微生物类群的影响

影响微生物可培养性的因素众多，在对马里亚纳深渊微生物进行分离培养时，我们比较分析了在不同营养水平和富集培养温度条件下获得的可培养微生物种群组成。2216E 和 R2A 是分离海洋微生物最常用的两种培养基，二者的组成成分和营养水平存在一定差异。相对而言，R2A 营养物浓度较低，更接近实际海洋环境。分析结果表明，*Halomonas*、*Pseudoalteromonas* 和 *Psychrobacter* 更偏好 2216E 培养基，而 R2A 培养基更适合 *Brevundimonas*、*Microbacterium*、*Sphingobium* 以及 *Acinetobacter* 和 *Alteromonas* 的生长（图 7.4）。值得注意的是，尽管利用 R2A 培养基分离得到的菌株总体数量和多样性较低，但 *Sphingobium* 仅在该培养条件下生长。同时，考虑到在长时间的富集过程中，微生物处于微好氧或厌氧条件下，我们在两种培养基中分别添加了硝酸盐和 TMAO 作为补充的呼吸作用电子受体。在 R2A 培养基中，添加上述两种电子受体使得某些微生物类群的相对丰度发生了变化，如添加硝酸盐的培养条件下 *Pseudomonas*、*Microbacterium* 和 *Sphingomonas* 所占比例有所提高，添加 TMAO 则提高了 *Halomonas* 的相对丰度。而在 2216E 培养基中添加呼吸作用电子受体并没有对可培养微生物的种类和丰度产生明显影响。

在 4℃（接近原位温度）条件下，共分离得到 19 个属的微生物，以 *Halomonas*（28.0%）、*Psychrobacter*（19.1%）、*Pseudomonas*（12.7%）和 *Pseudoalteromonas*（12.7%）

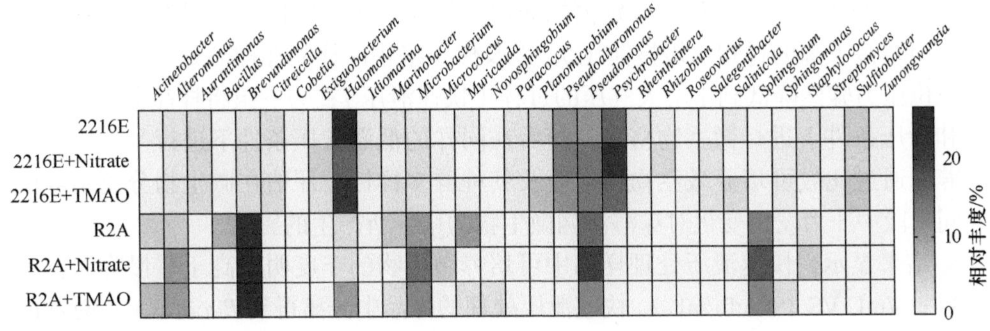

图 7.4　不同培养基获得可培养微生物种群结构

为主。在 20℃条件下，仅得到 10 个属的微生物，其中 *Pseudomonas* 依然占据较高的比例（25.4%），此外丰度较高的类群有 *Microbacterium*（17.9%）、*Brevundimonas*（14.9%）和 *Alteromonas*（11.9%）等。*Pseudomonas*、*Halomonas*、*Marinobacter* 和 *Acinetobacter* 四个类群在两种温度条件下均能够分离到，其中 *Pseudomonas* 和 *Halomonas* 在两种分离培养条件下的丰度都相对较高，说明它们对不同温度的适应能力较强（图 7.5）。

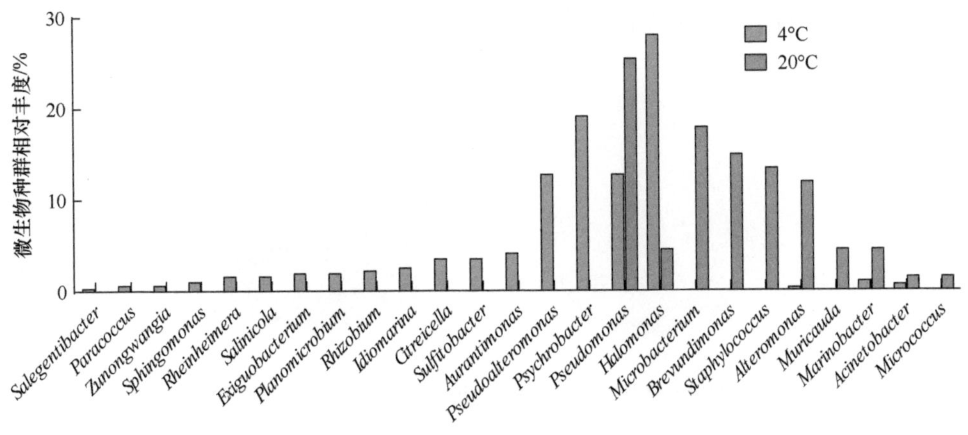

图 7.5　不同培养温度下获得的可培养微生物种群组成

3. 压力对深海深渊可培养微生物类群的影响

多项研究结果表明，经过不同压力条件下的孵育后，深渊沉积物微生物群落结构出现明显差异（Horikoshi et al.，2010）。为了进一步揭示压力对深渊可培养微生物的影响，我们设置了两组不同的压力处理实验：一组重点关注样品采集和处理过程中的压力变化过程，分别模拟非保压样品采集装置回收至甲板期间所经历的压力缓慢下降的过程（缓慢泄压），以及保压采集的样品在样品处理过程中压力由原位压力骤然降低到 1 个大气压的过程（快速泄压）；另一组将样品分别置于常压和高压条件下进行微生物富集，随后在同样的低温常压条件下进行微生物分离培养。通过比较可培养微生物的丰度及其种群多样性，评估在微生物分离培养的不同阶段中压力发生变化对深海深渊微生物的培养所产生的影响。

结果显示，快速泄压处理样品中可培养微生物的丰度明显高于缓慢降压样品（437 cfu/mL VS 190 cfu/mL）。快速泄压处理的样品中分离得到 *Bacillus*（占总数的 27.5%）、*Achromobacter*（24.4%）、*Microbacterium*（34.4%）及 *Pseudomonas*（13.7%）4 个属的微生物，而缓慢降压样品中 *Bacillus* 属微生物占总菌落数的 90% 以上（图 7.6）（李学恭等，2019）。值得注意的是，慢速降压处理的样品中所分离到的绝大部分菌株是以 *Bacillus* 为代表的革兰氏阳性微生物，而在快速泄压样品中革兰氏阳性菌的比例仅为 60%。革兰氏阳性细菌细胞壁较厚，致密交联的肽聚糖层与细胞膜的外层紧密相连，因而具有更强的刚性。此外，*Bacillus* 可以形成抗逆性强的芽孢并进入休眠状态以保护细胞抵御高温、辐射、营养物质匮乏等逆境。这提示压力缓慢下降的过程可能对深海深渊微生物造成比较严重的损伤，因而只有具有更强的抗逆性的类群得以生存下来。

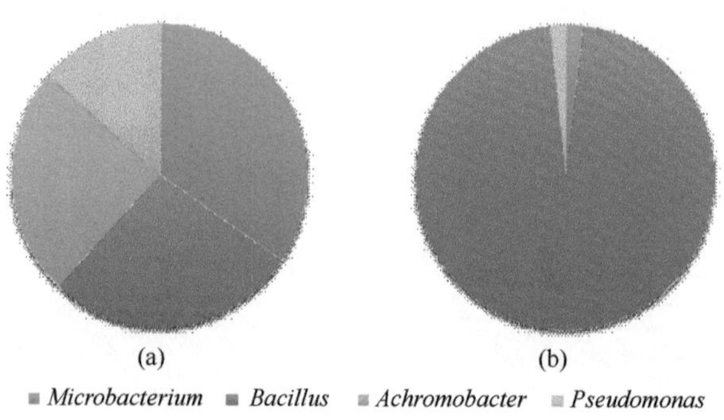

图 7.6　快速（a）和慢速（b）泄压过程对可培养微生物种群结构的影响

经过高压富集处理的样品中，分离细菌的数量和多样性都有明显下降。在常压条件下富集的样品中共获得 23 个属的 398 株纯培养细菌，其中丰度最高的为 *Psychrobacter*（22.1%）和 *Halomonas*（18.6%），而高压富集的样品中仅分离到 10 个属的 85 株微生物，其中 40 株经鉴定为 *Halomonas*（图 7.7）。我们注意到，一些分类单元在高压富集样品中所占比例明显提高，如 *Halomonas* 和 *Planomicrobium* 分别由 18.6% 和 2.3% 升高至 47.1% 和 16.5%。此外，高压富集样品中分离到 10

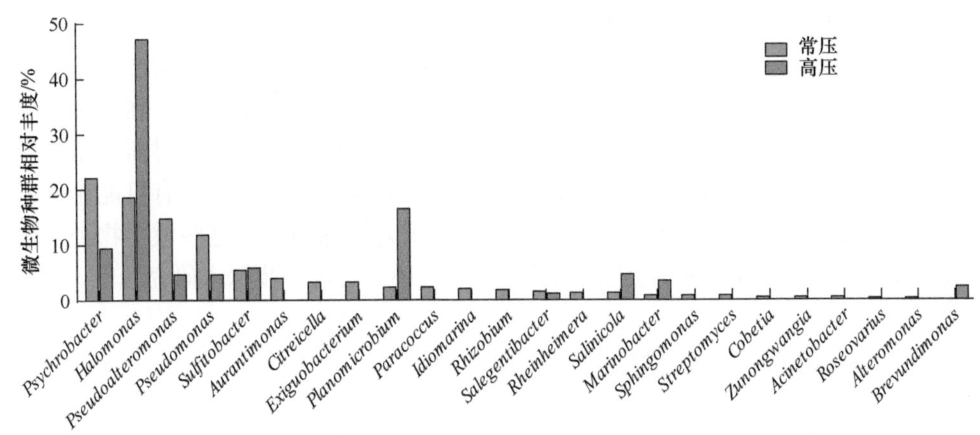

图 7.7　不同压力富集条件下可培养微生物的种群结构

个属，其中绝大部分分类群都出现在常压富集样品中。唯一一种仅在高压富集样品中出现的微生物是 *Brevundimonas*。这是一种多重嗜极微生物，能够耐受反复冻融和 γ 射线等极端条件，大多生活于南极、北极冰川、青藏高原永冻层等低温生境中。本章研究结果提示 *Brevundimonas* 或许具有一定的压力耐受性，因而能够经受住长时间的高压富集过程并依然具有生长活性。

综上所述，在几种深海深渊微生物分离培养的影响因素中，富集培养温度的影响最为关键。不同微生物类群对培养基和偏好性存在差异，改变培养基成分和营养水平会导致某些微生物类群相对丰度改变，尝试更多种类的培养基将有助于分离到更多种类的微生物，甚至发现新的分类单元。出乎意料的是，经过高压富集处理的样品中所分离培养细菌的数量和种类明显降低，但种群组成与常压富集样品相仿。这可能与本章所采用的菌株分离方法有关：在不同压力条件下进行富集处理后，微生物的纯化培养是在低温常压条件下进行的，而这一培养条件可能不适于在高压条件下富集的嗜压菌细胞，因而在一定程度上改变了最终获得的可培养微生物种群结构。本章研究未分离到 *Colwellia*、摩替亚氏菌属（*Moritella*）、*Shewanella* 和冷生菌属（*Psychrobium*）等常见嗜压菌类群，从另一侧面说明了这个问题。同时，我们的工作表明样品采集、处理过程中的压力变化也会对可培养微生物产生影响，压力缓慢下降的过程可导致深渊沉积物可培养微生物多样性显著降低。

从微生物种群组成上看，我们分离得到的菌株与 Peoples 等（2018）此前从马里亚纳海沟样品中获得的微生物种类非常相似，以 *Pseudoalteromonas*、*Pseudomonas*、*Halomonas* 等海洋生境中的常见微生物类群为主。这些纯培养菌株多为压力敏感菌，但在极高的压力条件（90 MPa）下孵育 1 个月后依然具有生长活力。这表明，这些类群或许是随表层水体中的颗粒沉降到深渊区的“外来者”，高静水压环境未必是其生长的最适条件，但它们能够调整细胞状态并在这种极端环境中存活下来。同时这也提示，在解读深海深渊环境基因组数据时需要格外留意。存在于深渊环境中的微生物类群未必皆处于活跃生长状态，也有可能是在高压条件下生命活动受到抑制而处于休眠状态的压力敏感菌，而这些微生物类群能否以及如何参与深海深渊的物质、能量循环过程还有待进一步深入研究。

7.3.2 深渊微生物能量代谢特征

能量代谢是关系到微生物各项生命活动的基础。同时，微生物呼吸过程往往伴随着碳、氮、硫以及多种金属元素的转化，在深渊生物地球化学过程中也发挥着不容小觑的作用。对深渊严格嗜压菌 *S. benthica* DB21MT-2 的研究发现，其基因组中编码 4 种参与有氧呼吸的末端氧化酶（aa3 型细胞色素 c 氧化酶、cbb3 型细胞色素 c 氧化酶、细胞色素 d 泛醌氧化酶和 bb3 型细胞色素 c 氧化酶）以及利用硝酸盐、亚硝酸盐和延胡索酸等多种电子受体进行厌氧呼吸的末端还原酶（Zhang et al.，2019）。其中，用于高氧浓度环境下的有氧呼吸作用的 aa3 型细胞色素 c 氧化酶，以及支持细胞在低氧或厌氧条件下进行呼吸产能的 cbb3 型细胞色素 c 氧化酶和细胞色素 d 泛醌氧化酶在不同水层的菌株中高度保守。而 bb3 型细胞色素 c 氧化酶仅存在于来自深渊生境的 *S. benthica* DB21MT-2 和 KT99 菌株中，提示这种末端氧化酶可能更适合在低温高压环境的有氧呼吸作用。

1. 硝酸盐厌氧呼吸过程

深渊底部海水中硝酸盐浓度约为 30μmol/L，为微生物催化的反硝化反应提供了充足的前体物质。细菌硝酸盐还原酶大体可以分为同化型和异化型两种类型。同化型的硝酸盐还原酶 Nas 位于细胞质中，将硝酸盐还原成亚硝酸盐和氨，氨进一步被同化成氨基酸，做为细胞生长的氮源。异化型的硝酸盐还原酶主要包括位于细胞膜的硝酸盐还原酶 Nar 和位于细胞周间质的硝酸盐还原酶 Nap，它们以硝酸盐做为电子受体，进行厌氧呼吸产生能量，并释放出 N_2O 或者氮气。分离自马里亚纳海沟底部的反硝化细菌 *Pseudomonas* sp. MT-1 菌株同时编码上述两种异化型硝酸盐还原酶。研究发现，定位于细胞膜上的 Nar 系统相关基因受高压上调。此外，细胞膜组分的硝酸盐还原活性基本不受压力影响，而可溶性组分的酶活性在高压条件下明显降低。由此推断在两种硝酸盐还原酶系统中，Nar 可能更适应在深渊高压环境中进行的硝酸盐厌氧呼吸过程。

缺失 Nar 的 *Shewanella* 属菌株则采用另外一种适应策略在深海高压环境下进行硝酸盐厌氧呼吸。*Shewanella* 属微生物编码的 NAP 系统根据序列相似性可分为 NAP-α 和 NAP-β 两种亚型。分离自浅水层（<1000m）的菌株可以只编码 NAP-β 系统；来源于深渊区的 *S. benthica* KT99 及 *S. benthica* DB21MT-2 等菌株只含有 NAP-α 系统；18 株来源于中间水层的菌株则同时含有 NAP-α 和 NAP-β 系统（Chen et al.，2011）（图 7.8）。对深海耐压菌 *S. piezotolerans* WP3 的研究发现，两套 NAP 系统具有不同的压力耐受性，同时在功能上又具有一定的互补性。NAP-α 系统在高压条件下具有更高的硝酸盐还原酶活性，而 NAP-β 系统的酶活性在高压条件下受到明显抑制（Li et al.，2018）。造成两套 NAP 系统具有不同压力耐受性可能有两方面原因：一方面是由于 NAP-α 系统的硝酸盐还原酶的氨基酸组成和蛋白质结

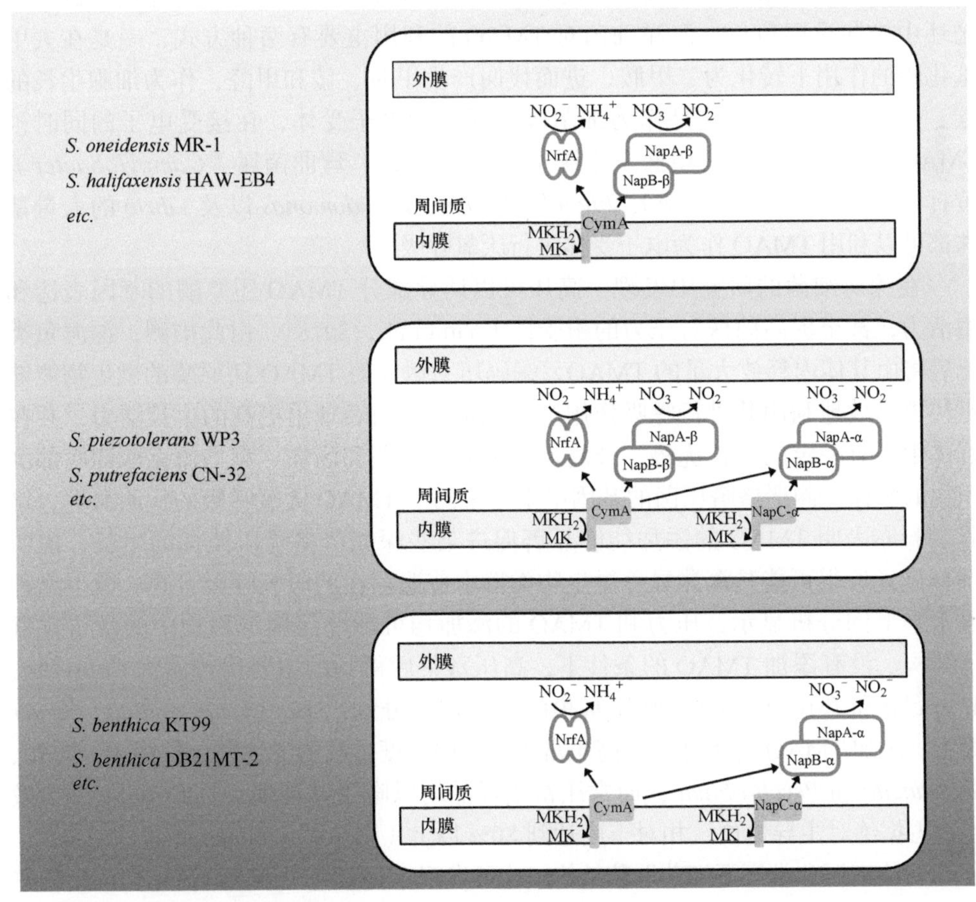

图 7.8　希瓦氏菌属（*Shewanella*）微生物周间质硝酸盐还原酶及电子传递链示意图

构更适应高压环境；另一方面也可能是由于两套 NAP 系统采用了不同的电子传递链。NAP-α 系统中 *napC* 基因编码的细胞色素可专一性地将电子传递至催化亚基 NapAB，而 NAP-β 系统自身并不编码该蛋白，将电子传递至 NAP-β 系统的 CymA 蛋白还可为 NAP-α 系统以及亚硝酸盐还原酶提供电子（Chen et al.，2011），这使得该系统的电子传递过程更为复杂，也更易受外界环境变化的影响（图 7.8）。

2. 氧化三甲胺（TMAO）代谢

TMAO 是一种含氮甲胺类有机物，具有渗透压保护剂的作用，有助于维持蛋白质在高静水压条件下的活性与稳定性。硬骨鱼体内 TMAO 含量与其生活水深呈正相关，深海硬骨鱼体内积累了大量 TMAO 以适应深海高压环境。同时，TMAO 也可作为微生物生长所需的碳、氮及能量来源，在海洋生态系统的碳、氮循环中扮演重要角色。海洋细菌对 TMAO 的利用主要有两种方式，一是在去甲基化酶的作用下转化为二甲胺，进而代谢产生甲胺、铵和甲醛，作为细胞生长的碳、氮源。另一种方式是作为细菌厌氧呼吸的电子受体，在接受电子的同时被 TMAO 还原酶还原为三甲胺。来源于 *Alteromonas*、弯曲菌属（*Campylobacter*）、黄杆菌属（*Flavobacterium*）、*Photobacterium*、*Pseudomonas* 以及 *Vibrio* 的大量菌株都可以利用 TMAO 作为电子受体进行厌氧呼吸。

在深海细菌的研究中发现，高压可以诱导部分 TMAO 还原酶的基因表达和酶活力，甚至提高菌株对压力的耐受性（Yin et al.，2018）。由此推测，深海鱼类死后将由其体内释放大量的 TMAO，编码压力诱导的 TMAO 还原酶的微生物能够更快更高效地利用其进行呼吸作用产生能量，从而表现出更高的生长活力，并在群体中具有一定的生长优势。分离自马里亚纳深渊和汤加 – 克马德克深渊底部沉积物的多株深渊严格嗜压菌的基因组中均编码了 TMAO 厌氧呼吸的代谢酶类，培养实验亦表明 TMAO 的添加能够显著促进某些深渊严格嗜压菌株的生长，说明 TMAO 还原很可能是深渊异养微生物类群中普遍存在的厌氧呼吸方式。微生物种群水平上的分析显示，压力和 TMAO 的添加均可影响深渊沉积物中的微生物群落结构。没有添加 TMAO 的条件下，高压富集后得到的主要优势属为 *Colwellia*、*Moritella* 和 *Psychrobium*；常压富集的两个样品分别以 *Halomonas* 和 *Sulfitobacter* 为主。添加 TMAO 的条件下，高压富集样品中丰度最高的优势属分别为 *Moritella*、*Shewanella* 和 *Psychrobium*；而常压富集样品均以噬甲基菌属（*Methylophaga*）微生物占据绝对主导地位，相对丰度达到 80% 以上（图 7.9）（Zhang et al.，2020）。

对比高压和常压下细菌群落结构组成可发现，TMAO 对细菌群落结构的影响亦取决于外界压力环境。在高压条件下，添加 TMAO 后 *Shewanella* 和 *Psychrobium* 分

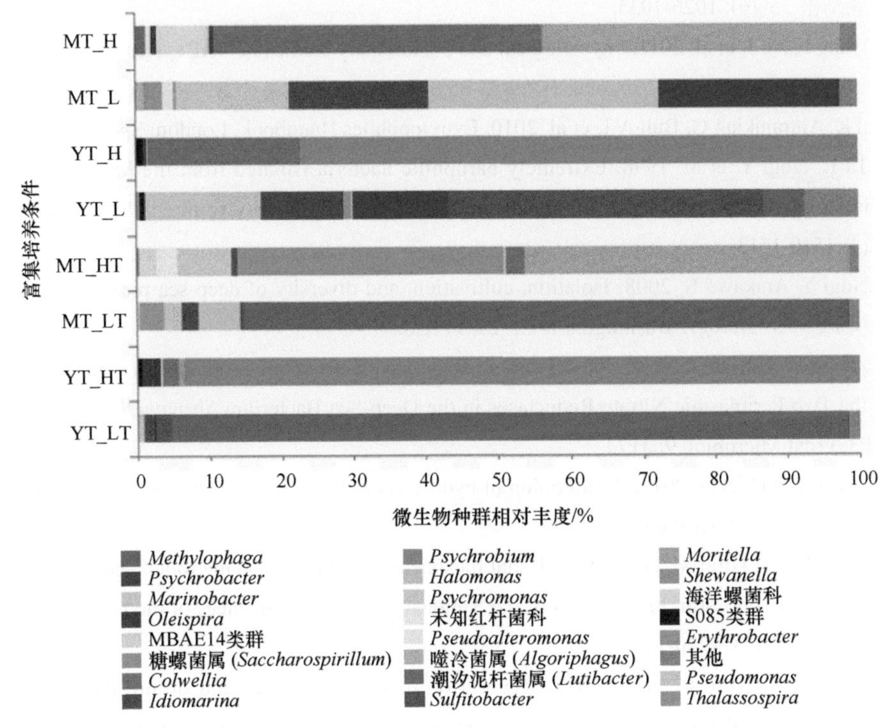

图 7.9　不同压力条件下 TMAO 对深渊沉积物微生物种群结构的影响

MT_H、MT_L、YT_H 和 YT_L 分别是马里亚纳海沟（MT）和雅浦海沟（YT）样品在高压（H）和常压（L）条件下的孵育样品；MT_HT、MT_LT、YT_HT 和 YT_LT 分别是马里亚纳海沟（MT）和雅浦海沟（YT）样品在添加 TMAO 的条件下，在高压（H）和常压（L）条件下的孵育样品

别取代 *Colwellia* 成为主要的优势属。同时，*Pseudomonas*、油螺旋菌属（*Oleispira*）、*Erythrobacter*、*Alcanivorax*、*Halomonas*、*Idiomarina* 以及 *Psychromonas* 属的相对丰度出现一定提高。常压条件下添加 TMAO 富集培养的两个样品中种群多样性显著降低，*Methylophaga* 以高于 85% 的相对丰度成为绝对优势属。在添加 TMAO 条件下得到富集的微生物类群中，*Moritella*、*Psychromonas*、*Oleiospira* 和 *Shewanella* 的微生物基因组中具有 *torA* 同源基因，推测可以将 TMAO 还原为 TMA；*Idiomarina*、*Pseudomonas* 和 *Methylophaga* 的微生物编码 TMAO 去甲基化酶（Tdm），可催化 TMAO 去甲基化过程并生成 DMA；而 *Halomonas* 和海旋菌属（*Thalassospira*）的微生物则同时编码上述两种酶，提示它们能够通过多种途径代谢 TMAO。

参考文献

李学恭，张维佳，周丽红，等. 2019. 不同降压过程对深海海水中可培养细菌群落组成的影响. 微

生物学报 , 59(6): 1026-1035.

Chen Y, Wang F, Xu J, et al. 2011. Physiological and evolutionary studies of NAP systems in *Shewanella piezotolerans* WP3. ISME Journal, 5(5):843-855.

Horikoshi K, Antranikian G, Bull A T, et al. 2010. Extremophiles Handbook. London: Springer.

Kato C, Li L, Nogi Y, et al. 1998. Extremely barophilic bacteria isolated from the Mariana Trench, Challenger Deep, at a depth of 11,000 meters. Applied and Environmental Microbiology, 64(4):1510-1513.

Kato C, Nogi Y, Arakawa S. 2008. Isolation, cultivation, and diversity of deep-sea piezophiles. *High-pressure microbiology*. Washington D C: ASM Press.

Li X G, Zhang W J, Xiao X, et al. 2018. Pressure-Regulated Gene Expression and Enzymatic Activity of the Two Periplasmic Nitrate Reductases in the Deep-Sea Bacterium *Shewanella piezotolerans* WP3. Front Microbiol, 9: 3173.

Liu J, Zheng Y, Lin H, et al. 2019. Proliferation of hydrocarbon-degrading microbes at the bottom of the Mariana Trench. Microbiome, 7(1):47.

Nunoura T, Takaki Y, Hirai M, et al. 2015. Hadal biosphere: insight into the microbial ecosystem in the deepest ocean on Earth. Proceedings of the National Academy of Sciences of the United States of America, 112(11): 1230-1236.

Ohke Y, Sakoda A, Kato C, et al. 2013. Regulation of cytochrome c- and quinol oxidases, and piezotolerance of their activities in the deep-sea piezophile *Shewanella violacea* DSS12 in response to growth conditions. Biosci Biotechnol Biochem, 77(7): 1522-1528.

Ohmae E, Hamajima Y, Nagae T, et al. 2018. Similar structural stabilities of 3-isopropylmalate dehydrogenases from the obligatory piezophilic bacterium *Shewanella benthica* strain DB21MT-2 and its atmospheric congener S. oneidensis strain MR-1. Biochimica et Biophysica Acta (BBA) - Proteins and Proteomics, 1866(5): 680-691.

Peoples L M, Donaldson S, Osuntokun O, et al. 2018. Vertically distinct microbial communities in the Mariana and Kermadec trenches. PLoS One, 13(4): e0195102.

Vezzi A, Campanaro S, D'Angelo M, et al. 2005. Life at depth: Photobacterium profundum genome sequence and expression analysis. Science, 307(5714): 1459-1461.

Wang J, Li J, Dasgupta S, et al. 2014. Alterations in membrane phospholipid fatty acids of Gram-positive piezotolerant bacterium *Sporosarcina* sp. DSK25 in response to growth pressure. Lipids, 49(4): 347-356.

Welch T J, Bartlett D H. 1996. Isolation and characterization of the structural gene for OmpL, a pressure-regulated porin-like protein from the deep-sea bacterium Photobacterium species strain SS9. Journal of Bacteriology, 178(16): 5027-5031.

Welch T J, Bartlett D H. 1998. Identification of a regulatory protein required for pressure-responsive gene expression in the deep-sea bacterium Photobacterium species strain SS9. Molecular

Microbiology, 27(5): 977-985.

Yin Q J, Zhang W J, Qi X Q, et al. 2018. High hydrostatic pressure inducible trimethylamine N-oxide reductase improves the pressure tolerance of piezosensitive bacteria Vibrio fluvialis. Frontiers in Microbiology, 8: 2646.

Zhang C, Zhang W J, Yin Q, et al. 2020. Distinct influence of trimethylamine N-oxide and high hydrostatic pressure on community structure and culturable deep-sea bacteria. Journal of Oceanology and Limnology, 38(2): 364-377.

Zhang S D, Santini C L, Zhang W J, et al. 2016. Genomic and physiological analysis reveals versatile metabolic capacity of deep-sea *Photobacterium phosphoreum* ANT-2200. Extremophiles, 20(3): 301-310.

Zhang W J, Cui X H, Chen L H, et al. 2019. Complete genome sequence of *Shewanella benthica* DB21MT-2, an obligate piezophilic bacterium isolated from the deepest Mariana Trench sediment. Marine Genomics, 44: 52-56.

Zhao X, Liu J, Zhou S, et al. 2020. Diversity of culturable heterotrophic bacteria from the Mariana Trench and their ability to degrade macromolecules. Marine Life Science & Technology, 2(2): 181-193.

第8章

深渊微微型真核生物群落的生态分布与结构特征

荆红梅[1]　张　玥[1]　刘红斌[2]

1. 中国科学院深海科学与工程研究所

2. 香港科技大学海洋科学系

8.1 引言

8.1.1 微微型真核生物的定义及分类

海洋微微型真核生物（0.22~3μm）是海洋生物量和初级生产者的重要组成部分，具有高度的生物多样性，并对全球碳和矿物质循环有很大贡献（Massana et al.，2015）。其大部分类群可以纳入原生生物的范畴，主要由囊泡虫类、有孔虫类、古虫类、后生鞭毛虫类、变形虫类、原始色素体生物和不等鞭毛虫类等几大超级类群组成（Worden et al.，2015）（图 8.1）。绿藻类 *Ostreococcus tauri* 是迄今发现最小的微微型真核生物。此外，许多新类群，如 Marine Stramenopiles（MASTs）和 Marine Alevolates（MAs）也被陆续发现（Not et al.，2007）。囊泡虫类和不等鞭毛虫类通常在全球海域中为优势种。囊泡虫类主要是由双鞭甲藻类、纤毛虫门和顶复动物亚门组成，拥有纤毛凹或微孔，线粒体嵴管状或壶状。不等鞭毛虫类主

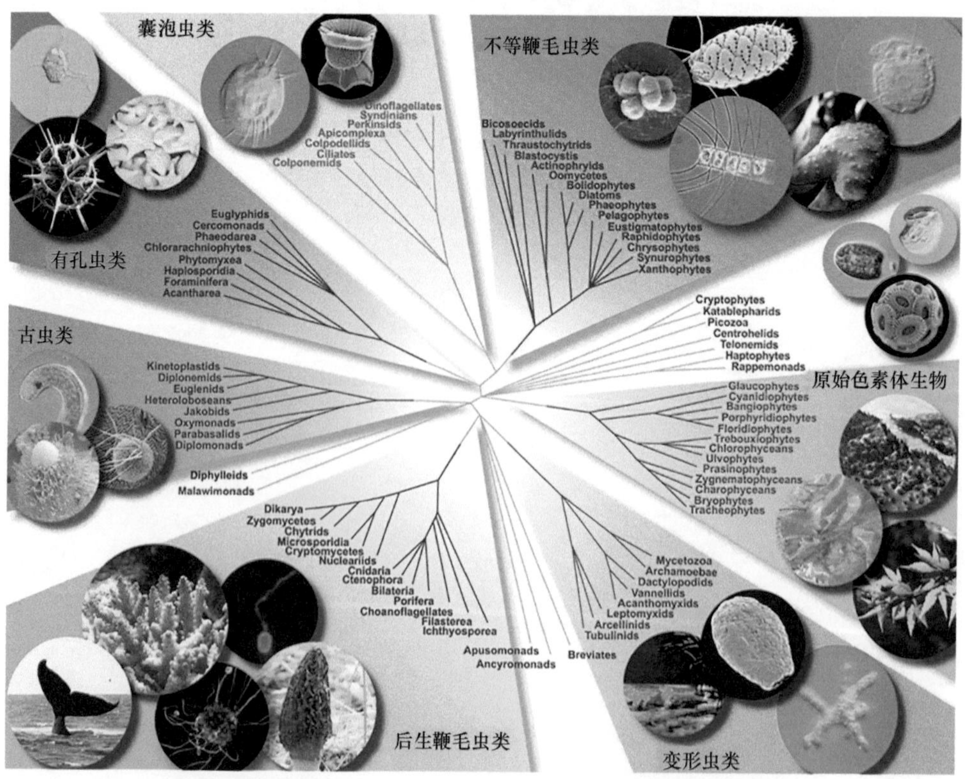

图 8.1 单细胞原生生物的组成（Worden et al.，2015）

要由双并鞭虫目、网黏菌纲、金藻纲和硅鞭藻纲组成。此外，常见的种类包括有孔虫类和后生鞭毛类。前者具有多样的伪足，通常有微管支持，由丝足虫类和有孔虫门组成；后者主要由后生生物和真菌组成。

微微型真核生物的代谢类型可分为自养代谢、异养代谢和混合营养代谢等。自养代谢类群主要有绿藻类、不等鞭毛藻纲和定鞭藻门，它们具有不同的光合色素组成、采光能力、超微结构以及生理和环境分布。异养代谢类型主要通过摄食细菌将异养细菌利用的溶解性有机物转移到更高的营养水平，从而将微食物环整合到经典的海洋食物网中。通常异养代谢类型在海洋微微型真核生物中占比20%~30%，细胞丰度为 3×10^2~3×10^3 cells/mL，在高生产力区丰度较高。自然界中纯自养真核微生物的比例比预期低（Worden et al.，2015），其中许多种类为兼性异养生物。这种混合营养型使得它们既是生产者又是消费者（Xu et al.，2017），在全球海洋生境中广泛分布，并在海洋生物地球化学循环中起重要作用（Worden et al.，2015）。此外，许多微微型真核生物还可以寄生代谢来作为一种有效的策略不断获取更高浓度的有机物（Worden et al.，2015）。微微型真核生物具有各种代谢状态以及高度的形态和遗传多样性，使得它们能够在海洋微生物生态系统中，特别是在碳、氮等元素的生物地球化学循环中发挥着重要作用。

8.1.2　微微型真核生物研究方法概述

随着微食物环概念的提出，微小生物在海洋生物量和生产力中的重要性被逐步认识。环境核酸序列分析被首次应用于环境微微型真核生物的群落结构及生态学分布研究，使得人们摆脱传统形态观测方法。此后，克隆文库的构建、变性梯度凝胶电泳、多聚酶链式反应限制性片段长度多态性、荧光原位杂交及现代高通量测序等分子生物技术得到快速地发展和广泛的运用，一系列分类学上的众多发现被报道。

近年来，基于新一代高通量测序，已有关于马尾藻海（Not et al.，2007）、北极（Kilias et al.，2014）、太平洋（Rii et al.，2016）及欧洲各沿海地区（Giner et al.，2016）等各生境中的微微型真核生物类群及其生态作用的报道，大多数相关研究还局限于真光 / 弱光层（Not et al.，2007）。随后基因组的发展为分析微生物类群多样性和代谢功能创造了新的途径。根据全球科学航行（Tara Oceans）收集的数据，已建立了海洋微生物参考基因目录，提供了有关微微型真核生物和其他常见微生物类群的信息（Sunagawa et al.，2015）。最近有关大西洋、印度洋和太平洋等 27 个站点的深海真核微生物报道，是揭示全球深渊异养真核微生物多样性的首次尝试（Pernice et al.，2016）。

以上基于 DNA 水平的研究展现了海洋中微微型真核生物的巨大多样性，但无法确认其代谢活性和特定营养类型。因 DNA 水平上包含了垂死的、受感染的、代谢失活的甚至是无生命的遗传物质，而 RNA 水平上的研究更能反映出生物群落中的活性组成。近年来已开展了在 DNA 和 RNA 水平上同时对海洋垂直尺度上原生生物（Massana et al.，2015；Xu et al.，2017）和微微型真核生物（Jing et al.，2018）的对比性研究。另外，DNA 和 RNA 稳定同位素探针技术可识别特异性捕食的原生生物或微微型真核生物，为未培养类群的潜在营养模式提供依据，从而为研究微微型真核生物的代谢类型及其在海洋微食物环中的作用提供了新的实验手段。

8.1.3 全球大洋中的分布及关键生态因子

微微型真核生物在全球的不同海域中均有分布，一般不受地理限制，是全球大规模分布的高丰度类群。目前，大多数针对微微型真核生物的研究集中在海洋的不同水层中，而底栖环境中的报道较少，只限于深海表层和次表层沉积物或热液喷口（Edgcomb et al.，2002）。

光合自养微微型真核生物是海洋生态系统的初级生产者，其生长受海水氮：磷比所调控。四大洋中光合自养微微型真核生物的研究表明，其主要由定鞭藻纲和金藻纲组成，生态分布模式与水体中氮：磷相关（Kirkham et al.，2013）（图 8.2）。

异养类型的单细胞原生生物是细菌放牧者，其在全球深海层中的平均细胞丰度为（14 ± 1）cell/mL，生物质为（50 ± 14）μpg C/mL（Pernice et al.，2015），

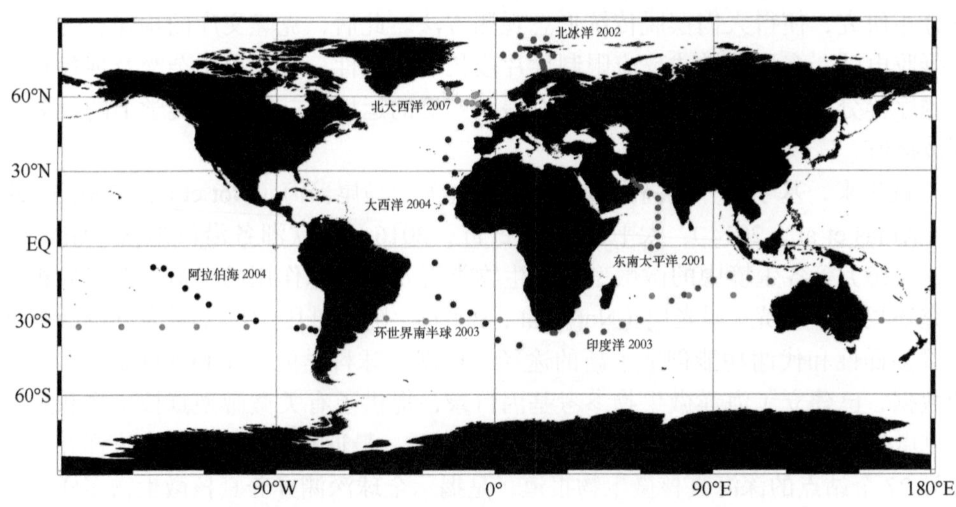

图 8.2 自养微微型真核生物的全球分布（Kirkham et al.，2013）

以 2~5μm 的细胞为主。全球深海（3000~4000m）异养微微型真核生物研究表明 Collodaria、金藻类、担子菌门和 MALV- Ⅱ为优势类群；群落结构差异主要受水团类型的影响；微微型真核生物在深海深渊中能以渗透型和寄生型等不同营养类型存在，从而减少对原核生物的捕食压力（Pernice et al.，2016）（图 8.3）。

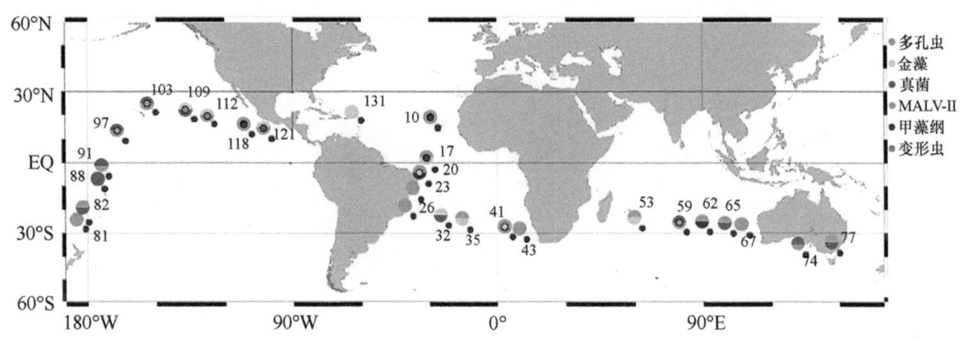

图 8.3　异养微微型真核生物的全球分布（Pernice et al.，2016）

8.1.4　深渊微微型真核生物研究现状

深海深渊生境中的营养来源主要是真光层中沉降下来的浮游植物和动物的残骸、粪便以及微生物等小体积颗粒物和絮状物形成的“海雪”。地震频发的区域也可进行“侧向运输”有机质。此外，海沟底部活跃的板块运动导致的底部释气，如冷泉、热液也可作为一种特殊的营养来源。目前普遍认为，深海深渊环境中的微生物组成是由丰度高，分布广的优势类群和一些分布受限的物种共同组成，而对于深海深渊中是否具有特定的微生物基因型存在及其生物地理模式还知之甚少，特别是化能合成微生物和异养微生物对深海深渊生态系统食物供给的相对贡献还有待深入研究。

目前，只在 Puerto Rico Trench 水体中发现较高丰度的真菌以及有孔虫类，古虫类和囊孢藻类等超纲，在海沟沉积物中有后生动物的存在。迄今为止，只报道了马里亚纳海沟水体和沉积物中的原核生物群落，虽然沉积物中的真菌（Nagano et al.，2010）也有报道研究，但作为微生态系统关键组分的微微型真核生物尚未得到充分研究。

8.2　马里亚纳深渊微微型真核生物生态学

为比较不同有机碳来源对于微微型真核生物的影响，我们针对马里亚纳海沟挑战者深渊南坡（10°51′N，141°57′E）和北坡（11°33′N，142°00′E）站位各六个水层和中部站位（11°11′N，141°59′E）的四个水层进行了样品采集（图 8.4）。这是首次揭示马里亚纳海沟南北坡和中部站位从表层到深渊层水体中微微型真核生物的空间分布格局。

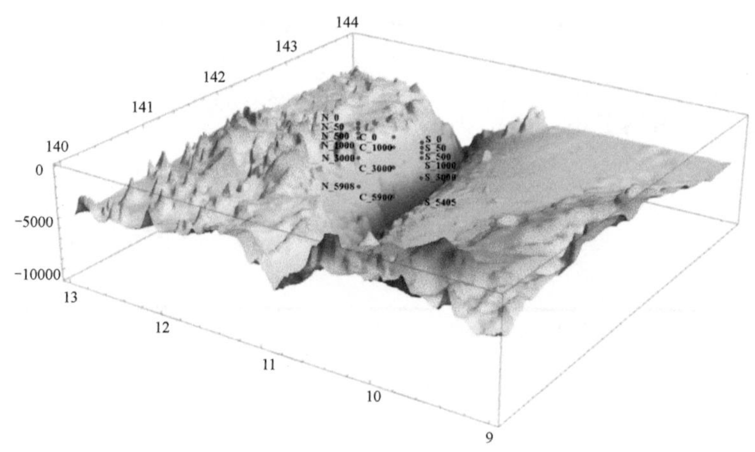

图 8.4 马里亚纳海沟水体样品采集站位图（Jing et al., 2018）

图中黑色字体为站位名称

8.2.1 水文条件

各站位的垂直水层显示出类似的水文条件变化规律。温度在温跃层（50~500m）从约 29℃急剧降低至约 7.1℃[图 8.5（a）]。盐度从表层的约 34.2PSU 增加到海洋中层的约 34.8PSU[图 8.5（b）]。硝酸盐和磷酸盐浓度在海洋中层达到最大值；其浓度在深水区仍然保持较高水平[图 8.5（c），（d）]。氨浓度在北坡和南坡站位约 1000m 处达到最大值，在更深的水层，则急剧下降至与表层水相似的浓度[图 8.5（e）]；而中间站位氨浓度最大值出现在 4000m 处[图 8.5（e）]。硅酸盐的浓度随着深度的增加而增高，其在深层的浓度最高[图 8.5（f）]。

8.2.2 微微型真核生物丰度分布特征

马里亚纳海沟水体中微微型真核生物的丰度范围为 10^3~10^4 cell/mL，与地中海表层海水中的数量级相同。其丰度在 DNA 和 cDNA 水平上的最大值均出现在上层（即 0m 和 50m），而后随着深度的增加而下降；各站位在 DNA 水平上的丰度具有

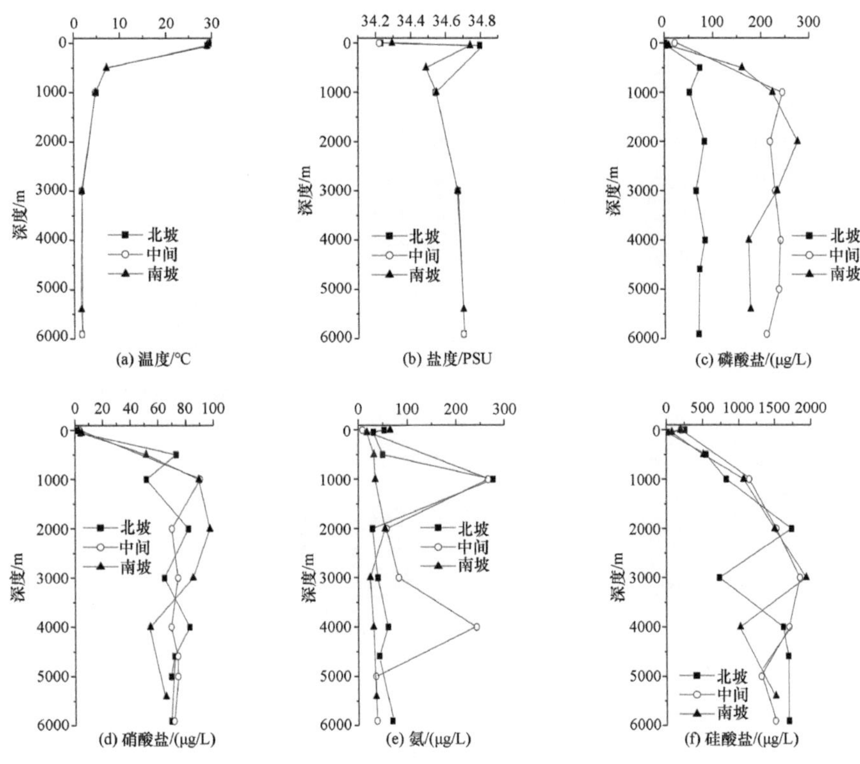

图 8.5　马里亚纳海沟水文条件（Jing et al., 2018）

类似的变化趋势，而在 cDNA 水平上却具有差异（图 8.6）。此外，微微型真核生物的丰度在 cDNA 水平上高于 DNA 水平，这与以前的 DNA/cDNA 对比性研究结果一致（Fu and Gong，2017），表明马里亚纳海沟中的微微型真核生物是具有代谢活性的。DNA 和 cDNA 水平上的显著差异表明通过分析 RNA 逆转录的 cDNA 来进行研究，可反映具有活性的微微型真核生物的丰度，避免非特异性 rDNA 的扩增，可更为准确地估算其丰度。这是首次基于 18S rRNA 基因的深渊层微微型真核生物丰度的报道，因此需要更多的研究来进一步验证。

8.2.3　微微型真核生物多样性特征

马里亚纳海沟微微型真核生物的 18S rRNA 基因 V4 区经通用引物 TAReuk454FWD1 和 REV3 扩增并进行了高通量测序（Illumina HiSeq PE250）。所有样品共获得了 2328365 个高质量序列，以 97% 作为阈值可归为 5602 个运算分类单元（OTU）（表 8.1）。其最高丰度（Chao1 指数）和多样性（香农 – 维纳多样性

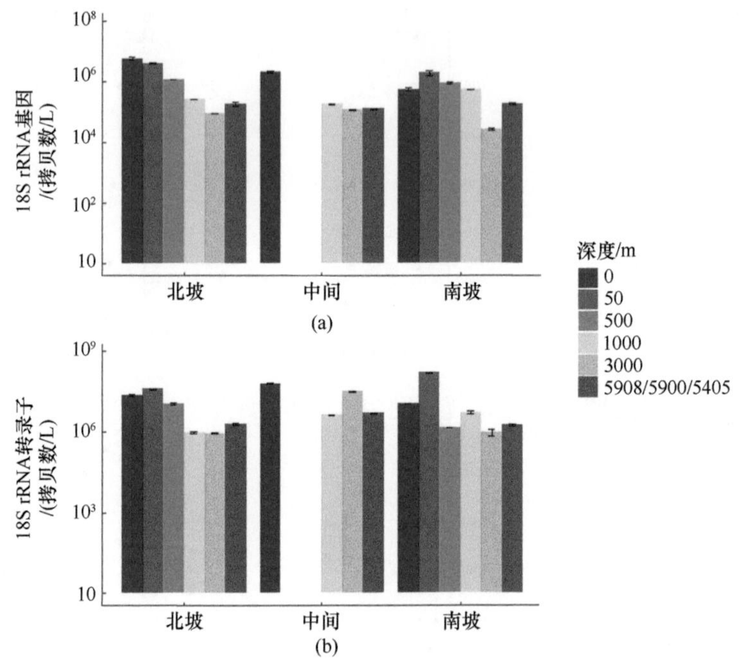

图 8.6 马里亚纳海沟水体微微型真核生物 18S rRNA 在 DNA（a）和 cDNA（b）水平上的丰度分布（Jing et al., 2018）

表 8.1 马里亚纳海沟水体微微型真核生物测序信息和多样性参数（Jing et al., 2018）

数据集	站位	深度 /m	原始序列	质量序列	OTUs（97%）	香农 – 维纳多样性指数（97%）	Chao1 指数（97%）	辛普森多样性指数（97%）	覆盖率
DNA	北坡	0	79116	74746	1281	7.73	22883.79	0.98	0.95
		50	75019	70975	1877	8.26	24370.49	0.97	0.93
		500	76014	72435	1460	7.07	18305.75	0.96	0.94
		1000	83609	79652	1449	7.10	11247.73	0.97	0.97
		3000	75653	71907	1114	6.28	6450.10	0.94	0.98
		5908	66561	62557	1202	4.76	8135.66	0.76	0.97
	中间	0	73885	70218	1797	8.20	27469.96	0.98	0.93
		1000	72871	69366	1413	7.05	12995.06	0.97	0.96
		3000	80355	75610	953	5.48	6425.77	0.92	0.98
		5900	70693	65168	721	4.01	3672.18	0.77	0.99
	南坡	0	74136	70442	1545	7.23	8825.10	0.97	0.97
		50	88614	83917	1838	8.01	18484.97	0.97	0.95
		500	74043	70541	1267	6.88	12435.03	0.97	0.96
		1000	80873	77108	1319	6.58	11470.12	0.94	0.97
		3000	86450	82313	1004	6.64	3433.53	0.97	0.99
		5405	70064	66199	710	4.63	4195.37	0.84	0.99

续表

数据集	站位	深度 /m	原始序列	质量序列	OTUs（97%）	香农－维纳多样性指数（97%）	Chao1 指数（97%）	辛普森多样性指数（97%）	覆盖率
cDNA	北坡	0	78664	74401	1617	7.97	25094.39	0.98	0.94
		50	74928	70615	1654	8.20	29885.04	0.98	0.92
		500	8858	83670	1589	7.64	27312.72	0.94	0.93
		1000	85038	80358	1591	7.18	22283.60	0.91	0.94
		3000	70892	67004	946	3.64	14565.00	0.55	0.96
		5908	65986	61869	579	2.06	6092.60	0.32	0.98
	中间	0	79509	74095	1628	8.02	25493.37	0.98	0.93
		1000	80428	75948	1368	5.98	18603.71	0.85	0.95
		3000	74841	69959	820	4.31	10992.74	0.81	0.97
		5900	67148	62726	660	2.62	7702.13	0.44	0.97
	南坡	0	81739	77267	1652	8.25	28231.53	0.98	0.93
		50	79192	74614	1791	8.47	26173.44	0.98	0.93
		500	71392	67207	1502	8.42	27526.77	0.98	0.91
		1000	77116	72635	1711	8.90	32317.15	0.99	0.92
		3000	79029	74589	1348	7.51	24207.65	0.97	0.94
		5405	82600	78254	825	3.30	9314.67	0.63	0.97

指数）均出现在 50 m（表 8.1，图 8.7）；在真光层以下，微微型真核生物的多样性呈平稳下降趋势。统计分析表明，DNA 和 cDNA 水平（ANOVA，$p < 0.0001$）以及表层和深水层（ANOVA，$p < 0.0001$）之间的微微型真核生物群落组成上存在显著差异。非加权组平均法（UPGMA）分析表明，在 DNA[图 8.8（a）] 和 cDNA [图 8.8（b）] 水平上，表层样品（即 0m 和 50m）紧密聚集，而与较深水域（即

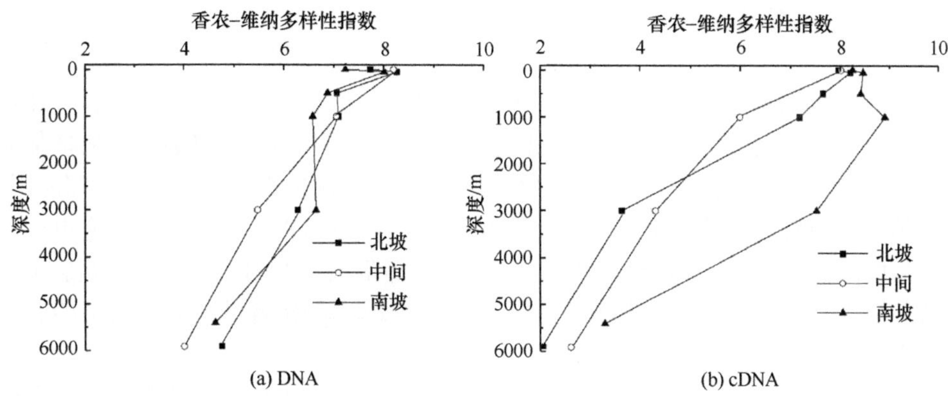

图 8.7　马里亚纳海沟水体微微型真核生物群落在 DNA（a）和 cDNA（b）水平上的香农－维纳多样性指数（Jing et al., 2018）

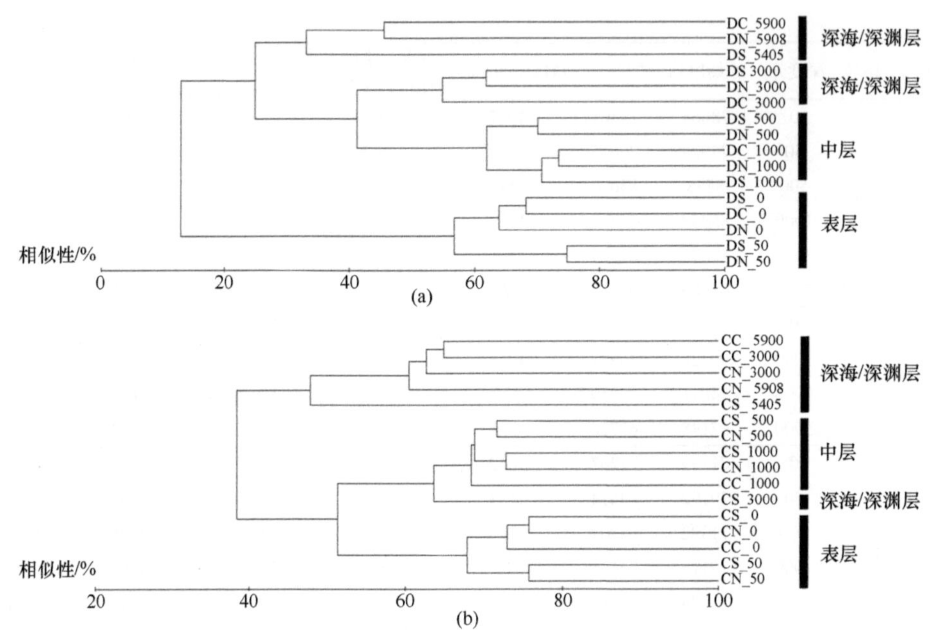

图 8.8 马里亚纳海沟水体微微型真核生物在 DNA（a）和 cDNA（b）水平上的 UPGMA 聚类（Jing et al., 2018）

>500m）明显区分开，而站位间的地理距离效应不明显。在 cDNA 水平上进行研究可排除死亡或休眠的生物碎片的干扰。因此，在 DNA 和 cDNA 水平上同时进行对比性研究，并结合宏基因组学和稳定同位素示踪等方法将更有助于揭示海洋微微型真核生物的群落演替、代谢类型和生态功能等特征。

8.2.4 微微型真核生物群落结构特征

马里亚纳海沟水体中的微微型真核生物以囊泡虫类、后生鞭毛虫类、有孔虫类和不等鞭毛虫类为主。在 DNA 水平上，囊泡虫类的相对丰度随着水深的增加而降低，与后生鞭毛虫类相反；有孔虫类的最高相对丰度出现在海洋中层和深海层，而不等鞭毛虫类则在表层和深渊层 [图 8.9（a）]。在 cDNA 水平上，囊泡虫类的相对丰度随深度增加而降低 [图 8.9（b）]；不等鞭毛虫类则在表层和深渊层丰度较高。沿垂直水层的水化条件存在较大梯度，连同地理位置的差异都是可能影响微生物群落组成的重要因素。

深层水体中以囊泡虫类、有孔虫类和后生鞭毛虫类占优，这些类群也是大西洋、太平洋和印度洋深海水域的主要类群（Pernice et al.，2015），可能已适应了深海生境。此外，最近研究表明深海生物地球化学循环比先前预期的要复杂，深

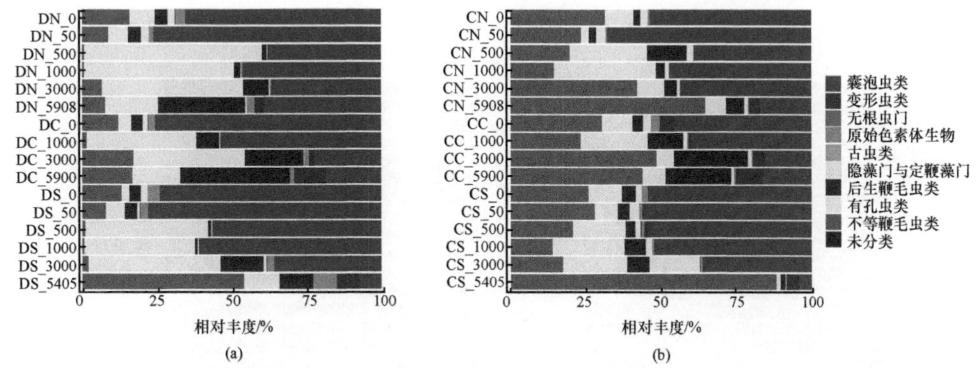

图 8.9　马里亚纳海沟水体中微微型真核生物超群级别在 DNA（a）和 cDNA（b）水平上的群落结构（Jing et al., 2018）

海有机碳供应与微生物异养需求之间存在不匹配现象，可能归因于一些混合营养类型的存在，其可能对黑暗海洋生物地球化学循环有非常显著的贡献（Nunoura et al.，2015）。

囊泡虫类超群包括纤毛虫门、甲藻门、MALV- Ⅰ和 MALV- Ⅱ [图 8.10（a）]。囊泡虫类显示出高度的多样性，这可能有助于它们在广泛的生态位上成功定殖。其中 MALV- Ⅱ作为马里亚纳海沟的优势类群，与先前全球海洋调查中获得的结果一致。纤毛虫门是真光层细菌和微微型 / 微型真核生物的主要消费者（Massana et al.，2015），在马里亚纳海沟表层乃至深海 – 深渊层均很活跃，在南海也观察到了此种现象（Xu et al.，2017）。真菌在 DNA 和 cDNA 水平上均为后生鞭毛虫类超群的主要组分 [图 8.10（b）]。RAD-B 是有孔虫类超群中的主要类群，特别是在深水层中 [图 8.10（c）]。不等鞭毛虫类超群中 MASTs 和 Bicoecea 分别在表层和深层中占主导地位 [图 8.10（d）]。MAST-3 是不等鞭毛虫类超群中的主要异养类群，经常分布于整个水柱中，而代表性的 MAST-1 进化枝（clade c 和 d）和 MAST-4 进

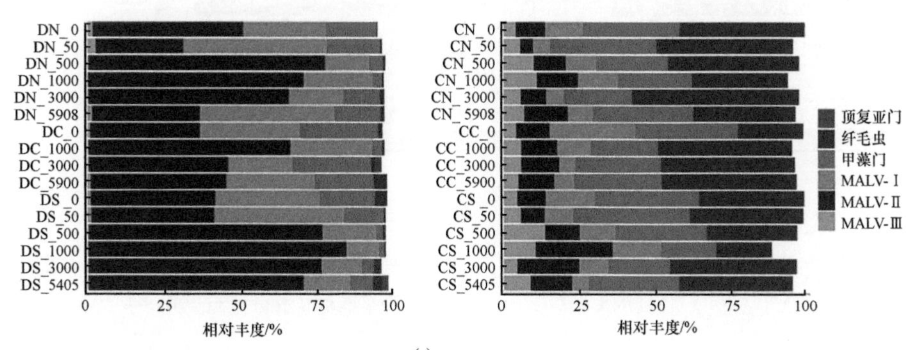

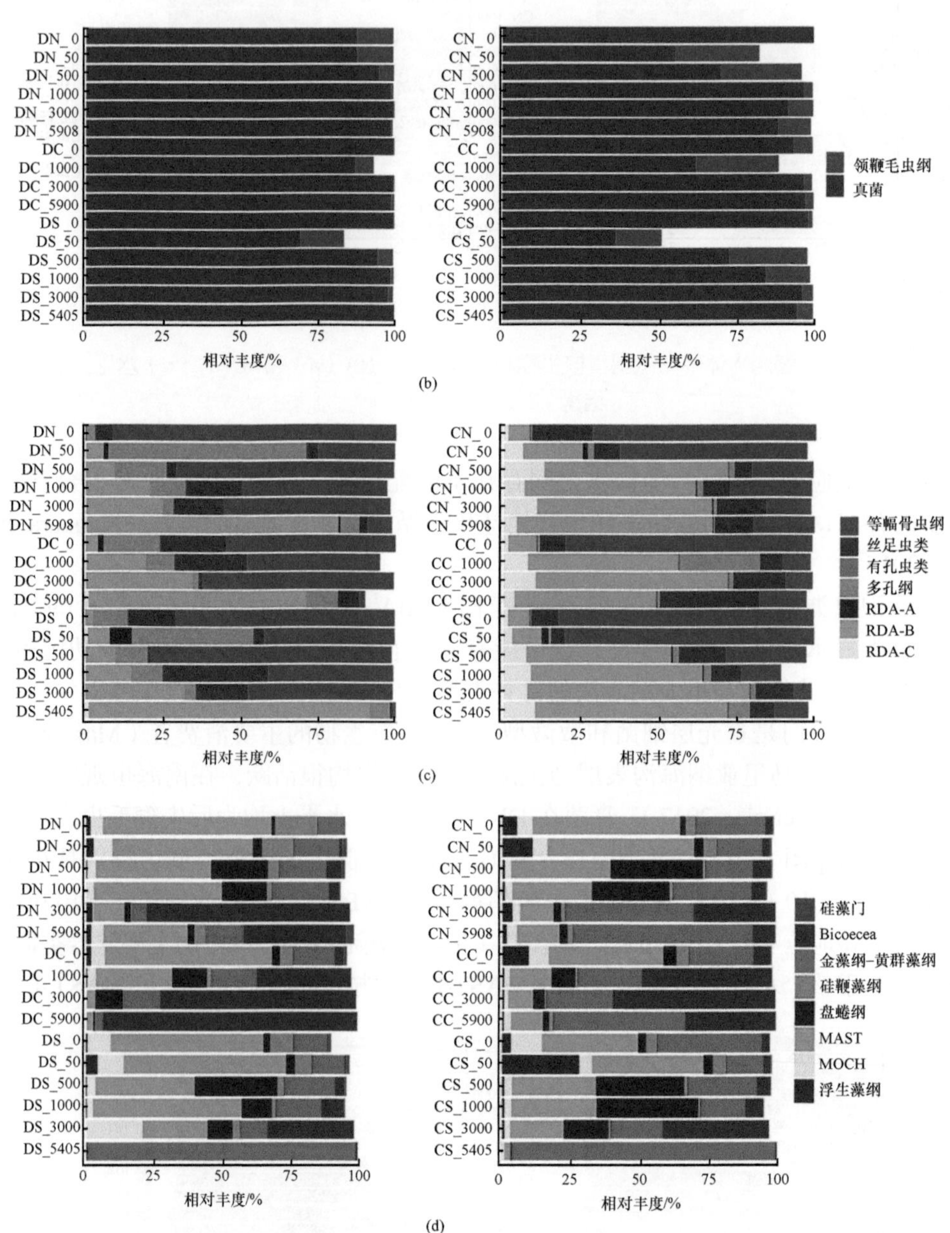

图 8.10 马里亚纳海沟水体中囊泡虫类(a)、后生鞭毛虫类(b)、有孔虫类(c)和不等鞭毛虫类(d)在 DNA（左图）和 cDNA（右图）水平上的群落结构（Jing et al., 2018）

化枝（clade a、c、d 和 e）是主要分布在沿海水域和开阔海洋表层水中的异养代谢的细菌捕食者（Massana et al.，2015）。

已有报道直接利用显微镜观测到深海中存在保存完好的浮游植物细胞（Wiebe et al.，1974）；且深海中也检测到光合自养类群的，如硅藻门、硅鞭藻、鞭毛藻纲、定鞭藻纲和绿胞藻的 DNA（Pernice et al.，2016）。在本章研究中的深层水中，能进行光合作用的不等鞭毛虫类类群（例如，浮生藻纲和金藻门）在 cDNA 水平上有较高的比例。在中国南海深水层也发现光合自养类群占总 RNA 序列的 0.9%~4.3%，甚至高于其在 DNA 水平上的贡献。这些光合类群一方面可能来自表层的沉降，但因其个体小，沉入深海需要很长时间，仍具有代谢活性的可能性非常低。另一方面，这些种类可能具有混合营养代谢类型，因许多海洋中层中活跃的光合类群以这种代谢类型作为主要生活方式（Worden et al.，2015；Xu et al.，2017）。

在所有站位的最深水层约有 49% 的不等鞭毛虫类是金藻纲 – 黄群藻纲。众所周知，这两个所谓的“金藻”类群是光合作用的微型藻类，因为它们中存在含有叶绿素和岩藻黄质的物种。实际上，这两个类群是生态上重要的自养、混合营养和异养鞭毛虫，它们在水生食物链中作为生产者和细菌的主要消费者都具有重要的功能。此外，在高生产力和贫营养性水域中，长期以来囊泡虫类超群中丰度最高的纤毛虫门一直被认为是细菌和微微型 / 微型真核生物的主要捕食者。实际上，一些纤毛虫可以利用摄入的叶绿体从异养的营养方式转换为光合自养，从而在不同条件下均能保持活性。

在囊泡虫类中占主导地位的是共甲藻目，其主要以寄生形式存在，可感染各类自由生活微生物，如双鞭毛藻，纤毛虫和放线虫。共甲藻目（主要是 MALV- Ⅱ）和放线虫在不同水层上的相对丰度表现出相同的趋势，暗示两者之间可能存在寄生关系。从真光层带来的海雪（即颗粒有机物）被认为是深海生态系统中异养微微型真核生物的重要养分来源（Baltar et al.，2010）。海雪可维持微生物多样性和代谢活动，并支持着不同营养状态的微生物，如腐生生物、异养生物和寄生生物（Worden et al.，2015）。腐生真菌在马里亚纳海沟的深海及深渊水层均占主导地位，可能与其具有能溶解和再矿化颗粒物的能力有关。真菌在深海沉积物（Xu et al.，2014）、深渊层（Pernice et al.，2016）以及特定的深海环境（如热液喷口和甲烷冷渗漏）（Naganoa，2012）中均占主导地位。海洋渗透营养类型的盘蜷纲和寄生或共生类型的破囊壶菌科在马里亚纳海沟水体中被检测到，暗示这些类群可适应低温和高压环境。

针对不同水层，包括真光层（0m 和 50m）、海洋中层（500m 和 1000m）以及深海 – 深渊层（3000m 及更深）的微微型真核生物群落组成进行对比分析（图 8.11）。

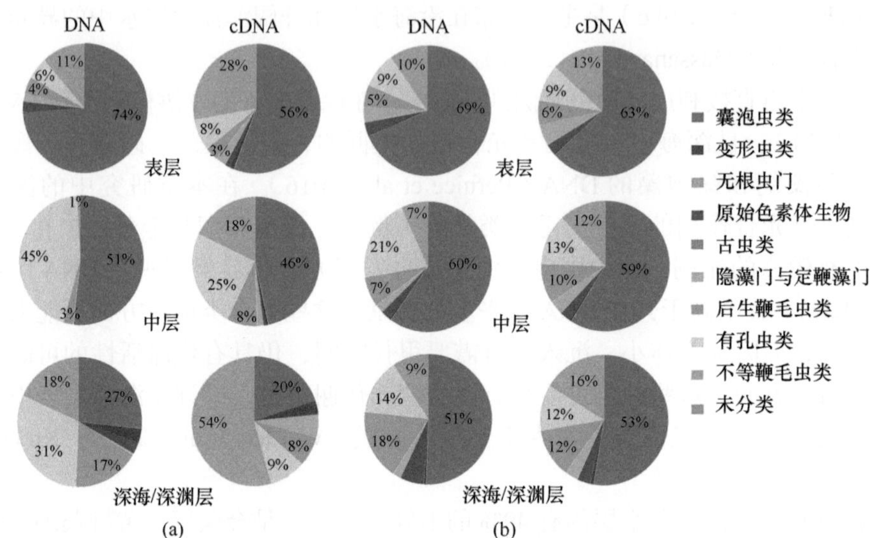

图 8.11 马里亚纳海沟不同水层中的微微型真核生物在超群水平上对应的序列相对丰度（a）和 OTU 数量（b）在 DNA 和 cDNA 水平上的分布情况（Jing et al., 2018）

在 DNA 水平上，表层优势类群囊泡虫类在超群水平上占比 74%，其次是不等鞭毛虫类（11%），有孔虫类（6%）和后生鞭毛类（4%）；其他超级群体（例如，古虫类、变形虫类、无根虫门、原始色素体生物和 Hacrobia）总计占比 5% 左右。在 cDNA 水平上，囊泡虫类占比下降到 56%，而不等鞭毛虫类则增加到 28%；有孔虫类（8%）和后生鞭毛类（3%）的占比与 DNA 水平上相似。在海洋中层，囊泡虫类（51%）和有孔虫类（45%）在 DNA 水平上占优势为主，而在 cDNA 水平上有孔虫类占比降至 25%。在深海 / 深渊层中，各超群在 DNA 水平上分布相对均匀，而在 cDNA 水平上则有明显的差异 [图 8.11（a）]。就 OTU 丰度而言，不同水层的四个最主要超群在 DNA 和 cDNA 水平上显示出相似的模式 [图 8.11（b）]。最高的 OTU 数量均出现在囊泡虫类超群中（表明多样性高）。马里亚纳海沟水体中微微型真核生物在垂直水层上的聚类更突出，而站位间的地理距离效应不明显。同时，本章研究将深层水体特有微微型真核群落在深度上从深海区拓展至深渊区，其中均以异养和混养代谢类型为主，从而明显区别于自养代谢为主的真光层中的群落组成。

8.2.5 微微型真核生物群落的关键生态因子

典范对应分析（CCA）是被用来确认在环境因素约束下群落分化的可能性，并评估环境变量与群落变异性之间的相关性。马里亚纳海沟微微型真核生物群落的 CCA 分析表明，前两个轴共可以解释约 74%（DNA 水平）[图 8.12（a）] 和约 77%（cDNA 水平）的变化 [图 8.12（b）]。同时，表层水和深层水（> 500m）样品明显分离，这主要是由与水深相关的参数（例如，磷酸盐、硝酸盐和温度）造

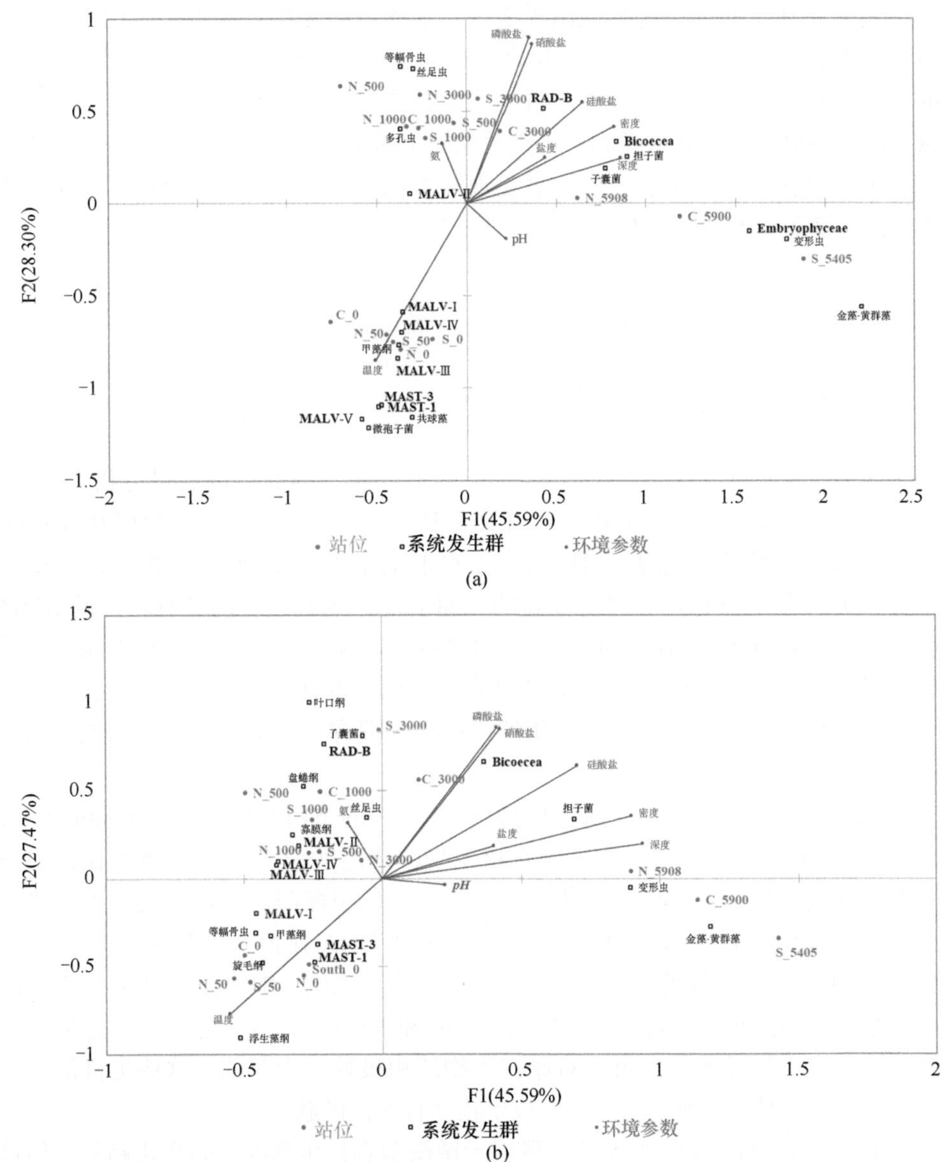

图 8.12　马里亚纳海沟水体微微型真核生物在 DNA（a）和 cDNA（b）水平上的群落组成与环境因子之间的 CCA 分析（Jing et al., 2018）

成的。在 DNA 水平上，MALV- Ⅰ，MALV- Ⅲ，MALV- Ⅳ和甲藻门经常出现在较浅的水层中；RAD-B 似乎与高硅酸盐有关，而 MALV- Ⅱ则与被测环参之间的关系较小。在 cDNA 水平上，MALV- Ⅰ，MAST- Ⅰ，MAST- Ⅲ，Spirotrichea 和甲藻门经常发生在浅水层，Bicoecea 似乎与高浓度的磷酸盐和硝酸盐有关。温度是影响海洋生物分布和代谢的关键环境因子之一。水体中的无机氮盐也是调控浮游植物的重要因素，其在垂直水层中的变化直接影响这些光合初级生产者的生长和丰度，同时间接调控了捕食这些初级生产者的原生动物的生态分布。深渊各样品中均以 SAR（即囊泡虫类、有孔虫类和不等鞭毛虫类）为主要类群。不同生境中优势类群的相对丰度存在差异，可能一方面是受现场水化条件影响，另一方面可能也与类群本身的代谢类型及适应性相关，还需进一步地深入研究。

8.3 马里亚纳深渊微微型真核生物活性及类群差异

8.3.1 微微型真核生物的相对活性

因胞外 RNA 稳定性差，比 DNA 的存活时间短，因此可以通过分析 RNA 逆转录的 cDNA 来避免特异性 rDNA 拷贝数的偏差。MALV- Ⅲ，纤毛虫门和 RAD-C 在 cDNA 水平上的贡献显著，但在 DNA 水平上丰度极低或未检测到（表 8.2）；暗示这些类群在采样时具有相对较高的代谢活性，或者是它们具有较少的 rDNA 拷贝数。MALV- Ⅰ和 MALV- Ⅱ在 DNA 水平上是优势类群，但在 cDNA 水平上的贡献很小，该现象可能反映了 MALV 具有较高的 18S rDNA 基因多样性和基因组拷贝数，这与它们寄生的生命策略相符，MALV 拥有更少的核糖体，因此相对活性低（Guillou et al.，2008）。

海沟陡峭的斜坡和狭窄的地貌均影响有机物的下沉和输入（Nunoura et al.，2015），从而可能影响南北坡微微型真核生物的代谢活动。cDNA/DNA 比值可反映微微型真核生物代谢活性的变化。囊泡虫类中的甲藻门、丝足虫门和不等鞭毛虫类中的金藻纲、浮生藻纲和 MASTs 的 cDNA/DNA 比值在北坡站位始终较高（表 8.2）。此外，大多数类群，如纤毛虫门、领鞭毛虫纲、RDA-C 和不定鞭毛类的最高代谢活性均出现在海洋中层带（即 500m 和 1000m），这可能是由该过渡区中小型真核生物（如异养鞭毛虫）对原核生物的积极捕食引起的。这些类群的广泛分布反映了它们对马里亚纳海沟中原核生物捕食的活跃状态。

以上表明平均 cDNA/DNA 比率可揭示微微型真核生物的空间变化趋势，但这只反映了全球海洋分布格局的一小部分。此外需要注意的是，细胞大小可能会影响 cDNA/DNA 比值来评估微生物活性（Zhu et al.，2005），这主要是因为其会受到

表 8.2　马里亚纳海沟水体微微型真核生物四个超群中主要类群的 cDNA/DNA 比值（Jing et al., 2018）

超群	类群	cDNA 序列	DNA 序列	cDNA/DNA	cDNA:DNA 平均值			cDNA:DNA 平均值		
					表层	中层	深海 / 深渊层	北坡	中间	南坡
囊泡虫类	纤毛虫	98006	5076	19.31	17.52	41.28	10.92	44.36	12.51	13.14
	甲藻门	79649	50864	1.57	1.30	5.21	0.94	1.66	0.80	2.11
	MALV- Ⅰ	34500	125261	0.28	0.24	0.43	0.17	0.21	0.32	0.31
	MALV- Ⅱ	31179	241305	0.13	0.14	0.13	0.12	0.11	0.11	0.15
后生鞭毛虫类	领鞭毛虫纲	3124	1186	2.63	2.03	17.08	3.13	2.12	3.20	2.89
	真菌	30632	58265	0.53	0.48	2.01	0.26	0.54	0.52	0.52
有孔虫类	丝足虫类	8212	29641	0.28	1.69	0.21	0.21	0.29	0.22	0.29
	等幅骨虫纲	27188	115467	0.24	1.71	0.13	0.03	0.19	0.27	0.28
	多孔纲	3359	23484	0.14	0.03	0.18	0.09	0.05	0.71	0.10
	RAD-B	37381	49599	0.75	2.93	1.37	0.30	0.85	0.46	0.82
	RAD-C	5841	584	10.00	7.43	15.88	4.21	12.01	4.39	12.84
不等鞭毛虫类	硅藻门	788	569	1.38	1.20	10.22	0.74	1.55	1.58	1.12
	金藻纲	84535	33820	2.50	4.21	17.43	2.03	6.75	4.76	2.04
	硅鞭藻纲	4370	3639	1.20	1.00	7.33	3.16	0.74	2.60	1.68
	浮生藻纲	9235	778	11.87	12.43	31.00	5.58	7.11	12.97	17.82
	Bicoecea	19234	11453	1.68	7.36	14.21	1.06	1.36	1.32	6.48
	盘蜷纲	14170	2003	7.07	3.04	21.97	2.58	11.00	2.09	10.16
	MASTs	48685	22429	2.17	1.68	10.26	3.38	2.25	1.89	2.23
	MOCH	6619	2653	2.49	2.23	11.28	2.34	2.56	3.74	2.13

物种生活史，生活策略和非生长活动的影响（Hu et al.，2016）。因此，比较具有相似细胞大小或新陈代谢的相关物种之间的 cDNA/DNA 比值是需要非常谨慎的。在这种情况下，同时提取 RNA 并反转录成 cDNA 进行分析比较可以更好地避免特异性 rDNA 拷贝数的偏差。未来需要在更大的地理范围内进行更全面的调查，以期揭示微微型真核生物在海洋生物地球化学循环中的功能及其对环境变化的响应。

8.3.2　关键微微型真核生物类群差异

相似性百分比分析（SIMPER）可判别对群落组间差异性和组内相似性贡献

率较大的关键生物。经 SIMPER 计算绘制的热图表明，引起马里亚纳海沟深海－深渊层微微型真核生物群落之间差异的关键共有 OTU 在 DNA 和 cDNA 水平上存在差异（图 8.13）：在 DNA 水平上，引起南坡北坡站位间差异主要是由于北坡站位有丰度较高的共甲藻目和真菌，而在南坡站位具有较多的金藻纲－黄群藻纲 [图 8.13（a）]；在 cDNA 水平上，引发这种差异的主要类群是金藻纲－黄群藻纲，其在南坡站位含量更高 [图 8.13（b）]。DNA 和 cDNA 水平上的差异进一步反映出在基因不同水平进行对比性研究的重要性。南北坡检测到的不同差异类群可能是选择性适应生境中水文条件的结果。

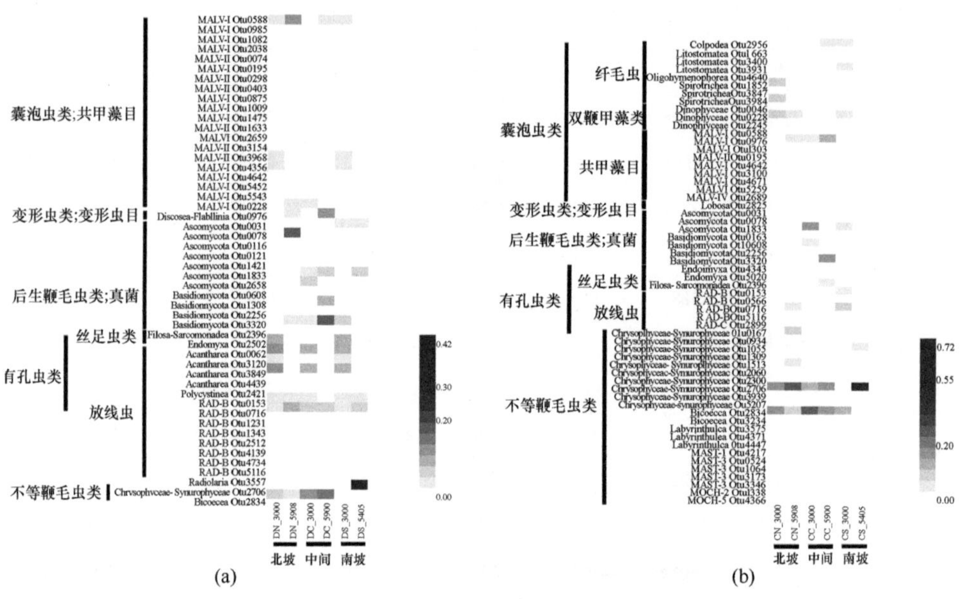

图 8.13　马里亚纳海沟关键微微型真核生物类群的共有 OTU 在 DNA（a）和 cDNA（b）水平上的分布热图（Jing et al., 2018）

参考文献

Baltar A J, Sintes E, Gasol J M, et al. 2010. Significance of non - sinking particulate organic carbon and dark CO_2 fixation to heterotrophic carbon demand in the mesopelagic northeast Atlantic. Geophys. Research Letters, 37(9): L09602.

Edgcomb V P, Kysela D T, Teske A, et al. 2002. Benthic euka ryotic diversity in the Guaymas Basin hydrothermal vent environment. Proceedings of the National Academy of Sciences of The United States of America, 99: 7658-7662.

Fu R, Gong J. 2017. Single cell analysis linking ribosomal (r)DNA and rRNA copy numbers to cell size and growth rate provides insights into molecular protistan ecology. Journal of Eukaryotic Microbiology, 64: 885-896.

Giner C R, Forn I, Romac S, et al. 2016. Environmental sequencing provides reasonable estimates of the relative abundance of specific picoeukaryotes. Applied and Environmental Microbiology Journal, 82(15): 00560-16.

Guillou L, Viprey M, Chambouvet A, et al. 2008. Widespread occurrence and genetic diversity of marine parasitoids belonging to Syndiniales (Alveolata). Environmental Microbiology, 10: 3349-3365.

Hu S K, Campbell V, Connell P, et al. 2016. Protistan diversity and activity inferred from RNA and DNA at a coastal ocean site in the eastern North Pacific. FEMS Microbiology Ecology, 92(4): DOI: 10.1093.

Jing H, Zhang Y, Li Y, et al. 2018. Spatial variability of picoeukaryotic communities in the Mariana Trench. Scientific Reports, 8: 15357.

Kilias E S, Nothig E, Wolf C, et al. 2014. Picoeukaryote plankton composition off West Spitsbergen at the entrance to the Arctic Ocean. Journal of Eukaryotic Microbiology, 61(6): 569-579.

Kirkham A R, Lepere C, Jardillier L E, et al. 2013. A global perspective on marine photosynthetic picoeukaryote community structure. ISME Journal, 7: 922-936.

Massana R, Gobet A, Audic S, et al. 2015. Marine protist diversity in European coastal waters and sediments as revealed by high-throughput sequencing. Environmental Microbiology, 17: 4035-4049.

Nagano Y, Nagahama T, Hatada Y, et al. 2010. Fungal diversity in deep-sea sediments – the presence of novel fungal groups. Fungal Ecology, 3: 316-325.

Naganoa Y. 2012. Fungal diversity in deep-sea extreme environments. Fungal Ecology, 5(4): 463-471.

Not F, Gausling R, Azam F, et al. 2007. Vertical distribution of picoeukaryotic diversity in the Sargasso Sea. Environmental Microbiology, 9: 1233-1252.

Nunoura T, Takaki Y, Hirai M, et al. 2015. Hadal biosphere: insight into the microbial ecosystem in the deepest ocean on Earth. Proceedings of the National Academy of Sciences of The United States of America, 112: 1230-1236.

Pernice M C, Forn I, Gomes A, et al. 2015. Global abundance of planktonic heterotrophic protists in the deep ocean. ISME Journal, 9: 782-792.

Pernice M C, Giner C R, Logares R, et al. 2016. Large variability of bathypelagic microbial eukaryotic communities across the world's oceans. ISME Journal, 10: 945-958.

Rii Y M, Duhamel S, Bidigare R R, et al. 2016. Diversity and productivity of photosynthetic picoeukaryotes in biogeochemically distinct regions of the South East Pacific Ocean. Limnology and Oceanography, 61(3): 806-824.

Sunagawa S, Coelho L P, Chaffron S, et al. 2015. Ocean plankton. structure and function of the global ocean microbiome. Science, 348: 1261359.

Wiebe P H, Remsen C C, Vaccaro R F. 1974. Halosphaera viridis in the Mediterranean Sea: size range, vertical distribution, and potential energy source for deep-sea benthos. Deep Sea Research and Oceanographic Abstracts, 21: 657-667.

Worden A Z, Follows M J, Giovannoni S J, et al. 2015. Rethinking the marine carbon cycle: factoring in the multifarious lifestyles of microbes. Science, 347: 1257594.

Xu D, Li R, Hu C, et al. 2017. Microbial eukaryote diversity and activity in the water column of the South China Sea based on DNA and RNA high throughput sequencing. Front Microbiol, 8:1121.

Xu W, Peng K L, Luo Z H. 2014. High fungal diversity and abundance recovered in the deep-sea sediments of the Pacific Ocean. Microbial Ecology, 68: 688-698.

Zhu F, Massana R, Not F, et al. 2005. Mapping of picoeucaryotes in marine ecosystems with quantitative PCR of the 18s rRNA gene. FEMS Microbiology Ecology, 52(1): 79-92.

第9章

马里亚纳深渊新型泥火山及生命系统

杜梦然　彭晓彤

中国科学院深海科学与工程研究所

9.1 引言

9.1.1 泥火山概念

泥火山是由地表或海底深部沉积层中的半流体状、富含气体的泥浆和岩石碎屑受挤压沿断层上升并喷出地表形成的锥状沉积体，其喷出物质主要为泥浆、水和气体等。泥火山的外形和结构与火山相似（图 9.1），但泥火山的喷发物质不是岩浆，喷发机制也与火山完全不同。泥火山的规模可大可小，直径从几十厘米至数十千米不等，高度也可从几米到几千米，广泛分布于陆地和海洋中。不同区域之间的泥火山有不同的规模和不同的喷发周期，其地质环境和喷发物组成也有明显差异。

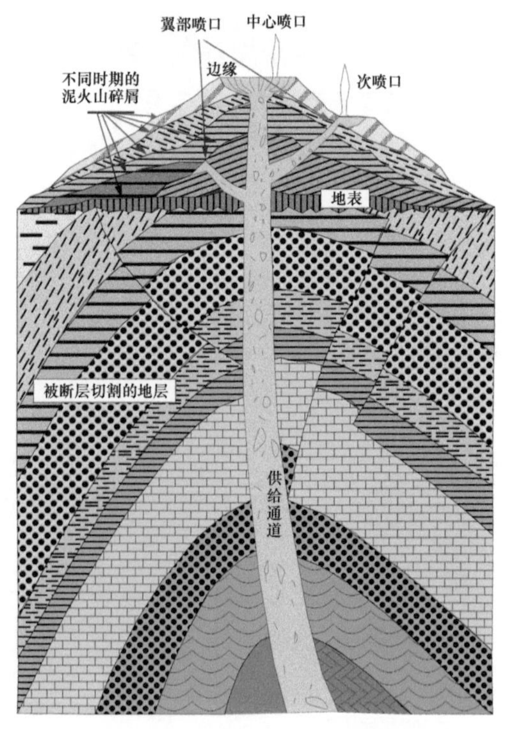

图 9.1 泥火山模式图（改自 Dimitrov，2002）

全球陆地上有超过 40 个地区发育有泥火山，目前已知的陆上泥火山有 1000 多座。随着近年来水下勘探技术的发展，越来越多的海底泥火山被发现。据估计，海底泥火山有 7000~10000 座（Milkov，2000）（图 9.2）。

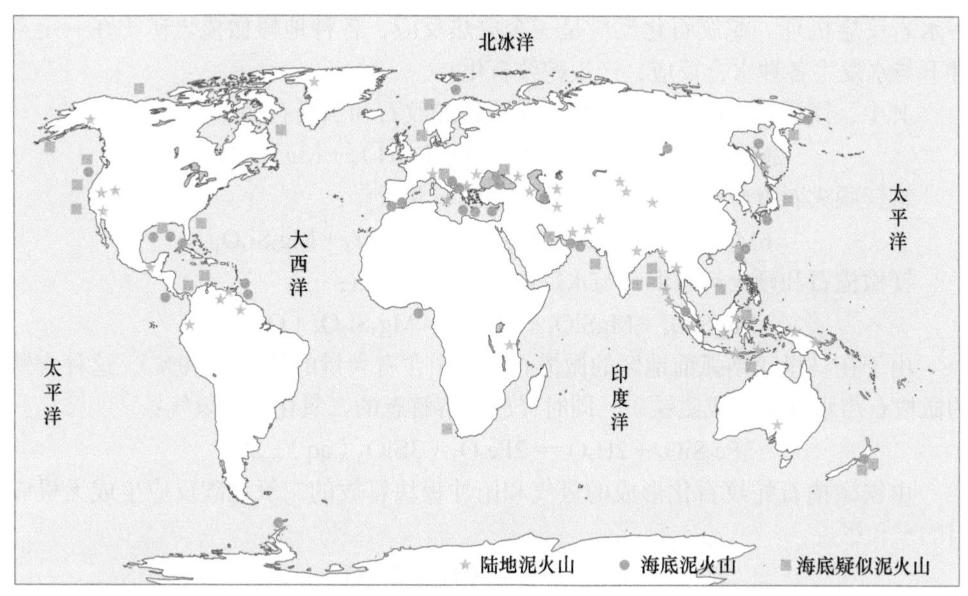

图 9.2　全球陆地泥火山和海底泥火山分布（改自 Milkov，2000）

一直以来，受海洋探测技术限制，关于海底泥火山的研究和报道相对较少，而对于海沟深渊区域泥火山的认识更是十分有限。深渊泥火山的研究，为推测俯冲带之下的物质循环、化学组成及深部生物圈生命过程提供了直接的窗口。通过对泥火山喷出的流体成分分析，可以反演俯冲过程中地球深部发生的各种复杂水岩反应，为研究板块俯冲过程提供重要的研究对象。

9.1.2　海沟典型泥火山 - 蛇纹石化泥火山

在马里亚纳海沟中轴线到岛弧边缘海域之间约 200km 的海底，分布着大量由蛇纹石组成的泥火山（Fryer，2012）。该地区的蛇纹石化泥火山最大直径可达 25km，高 2km（Fryer，1992）。蛇纹石化泥火山喷出物质主要是蛇纹石泥浆，其中既含有较细的蛇纹石基质，又含有蛇纹岩化的地幔橄榄岩碎屑和以甲烷为主的气体成分。

蛇纹石化泥火山的形成和喷发与俯冲带深部超基性岩（橄榄岩）的蛇纹石化作用密不可分。蛇纹石化作用一般是橄榄岩中的镁铁质矿物在温度低于 500℃情况下发生的水合反应。在非常低的温度和较高的流体通量下会形成不稳定的纤蛇纹石，在 300℃内会形成利蛇纹石，在 400℃ ~600℃会形成叶蛇纹石。虽然蛇纹石化形成受到温度、压力和二氧化硅活度等因素的影响，但是目前已经基本清楚了这一水岩反应机理。蛇纹石化反应是一个放热反应，各种地幔橄榄岩矿物在一定条件下与水发生各种水合反应，产生蛇纹石化。

其中，镁橄榄石矿物与水反应，生成镁蛇纹石和水镁石：

$$2Mg_2SiO_4 + 3H_2O = Mg_3Si_2O_5(OH)_4 + Mg(OH)_2$$

富镁顽火斜方辉石与水反应形成镁蛇纹石和云母：

$$6MgSiO_3 + 3H_2O = Mg_3Si_2O_5(OH)_4 + Mg_3Si_4O_{10}$$

镁橄榄石和顽火辉石混合与水反应生成镁蛇纹石：

$$Mg_2SiO_4 + MgSiO_3 + 2H_2O = Mg_3Si_2O_5(OH)_4$$

由于在马里亚纳弧前地区的橄榄石矿物中含有大量的铁（约 10%），这种含铁的橄榄石与水反应生成磁铁矿，同时释放出溶解态的二氧化硅和氢气：

$$3Fe_2SiO_4 + 2H_2O = 2Fe_3O_4 + 3SiO_2(aq) + 2H_2$$

由铁橄榄石蛇纹石化形成的氢气和俯冲板块释放的二氧化碳反应生成无机成因的水和甲烷：

$$4H_2 + CO_2 = CH_4 + 2H_2O$$

而在高 pH 条件下，氢气与碳酸根反应也能产生甲烷：

$$4H_2 + CO_3^{2-} = CH_4 + H_2O + 2OH^-$$

对于马里亚纳俯冲带蛇纹石化的范围，Hyndman 和 Peacock（2003）提出俯冲板块释放的流体足以使整个马里亚纳弧前地幔楔都发生蛇纹石化。Tibi 等（2008）也从地震数据上指出在马里亚纳弧前地幔楔存在一个广泛分布的低速带，并被解释为蛇纹石化。大洋钻探计划（ODP）在马里亚纳蛇纹石化海山中钻探取得的橄榄石碎屑也显示了高度的蛇纹石化（Saboda et al., 1992；Savov et al., 2005；D'Antonio and Kristensen, 2004）。然而，在对泥火山侧翼进行挖掘和钻探取得的样品，以及对橄榄岩断层内壁上取得的岩石进行分析，发现了许多相对较新的橄榄岩碎屑，这些现象指示蛇纹石化可能只是局限于断层或通道周围，在马里亚纳弧前地幔中并不普遍（Bloomer, 1983；Fryer, 1992, 1996；Michibayashi et al., 2007）。

9.2 马里亚纳深渊伊丁石化泥火山

9.2.1 新型泥火山——伊丁石化泥火山的分布与规模

蛇纹石化泥火山仅仅发生于马里亚纳深渊上覆板块弧前区域，其形成的必要条件是地幔中的超基性岩发生广泛的蛇纹石化反应。在马里亚纳深渊的俯冲板块上层洋壳上，广泛分布的是基性的玄武质洋壳，也没有大规模或零星超基性岩出露的报道，因此，在俯冲板块上并不具备发生蛇纹石化泥火山反应的前提条件。

2019 年，中国科学院深海科学与工程研究所研究团队首次报道了马里亚纳海沟俯冲板块上发生的一种新型的泥火山——伊丁石化泥火山（Du et al.，2019）。研究人员通过使用大深度载人深潜器对马里亚纳海沟南部老的、高度构造变形的俯冲板块进行了近底的精细调查，发现了形态发育良好的海底泥火山和麻坑区域（M 点），清楚地显示了这一区域曾经发生了流体释放现象（图 9.3）。

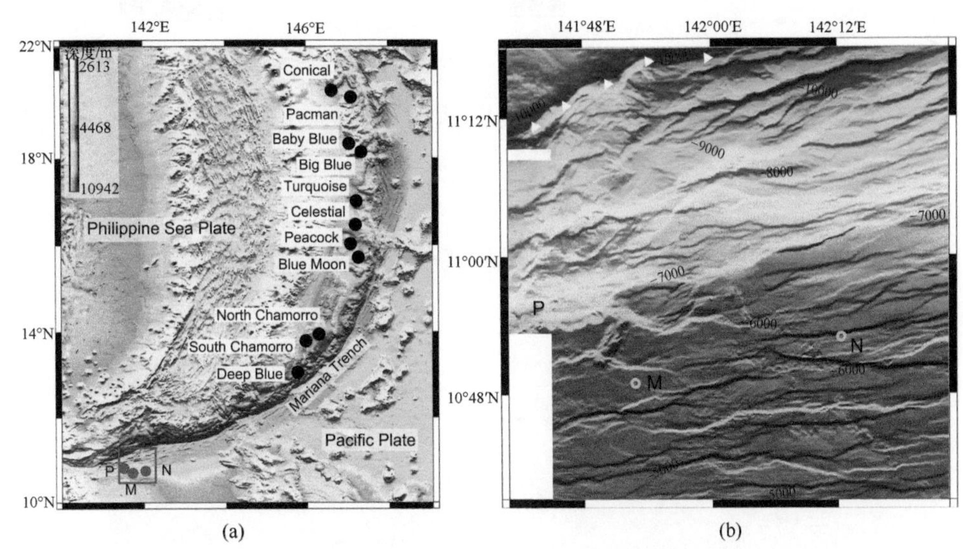

图 9.3　马里亚纳海沟泥火山分布图

（a）中黑色圆点为上覆板块弧前区已知的蛇纹石化泥火山，红色圆点为在俯冲板块新发现的流体释放区域（M 点）以及麻坑（N 点和 P 点）；（b）为（a）图中红色方形区域的放大地形图，站点 M、N 和 P（绿色圆圈）位于与俯冲板块弯曲有关的广泛发育的断层斜坡基座上，白色三角形表示南马里亚纳海沟的轴线，白色条状区域表示没有多波束测深数据的空白区域（Du et al.，2019）

这一泥火山活动区域（M 点）位于一个小断层斜坡的底部，水深约 5448m，是迄今为止全球所报道的最深的海底流体释放区域。与之前在马里亚纳弧前区域发现的蛇纹石化泥火山不同，该处海沟斜坡上变质镁铁质岩石的反应产物主要是伊丁石（含水硅酸铁），而非蛇纹石。对周围地区的初步调查表明，该地区在该斜坡上延伸了约 100m，至少有 2 个伊丁石化泥火山和 4 个麻坑。泥火山高度约为 1m，直径为 2~5m，麻坑直径为 3~6m。研究同时发现了与海底冷泉活动相关的铠甲虾存在。这是一种典型的与喷口相关的冷泉生物，指示了该处可能还存在现在正在活动的渗透流体。类似的一些较小的麻坑也在 N 点和 P 点被发现，深度分别为 6300m 和 6669m（图 9.4）（Du et al.，2019）。

这是目前报道的全球最深的泥火山活动区域，也是首次在俯冲板块上发现与

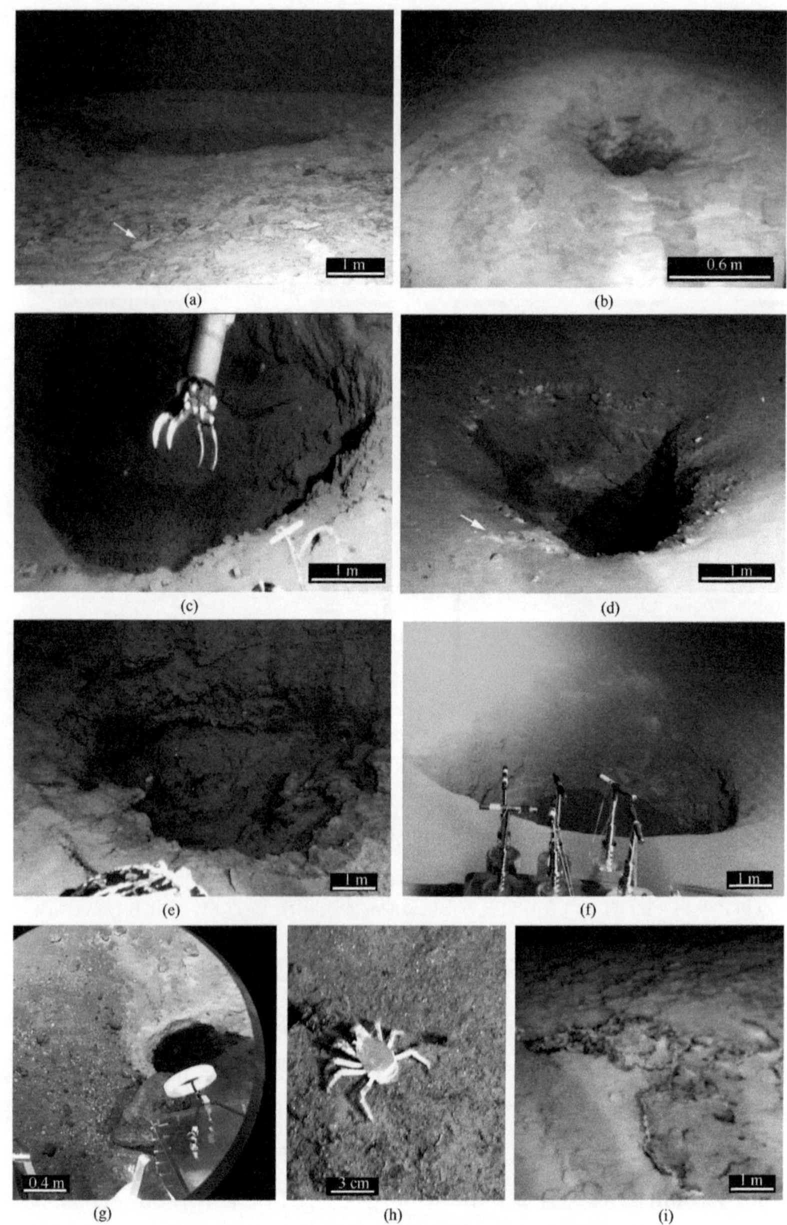

图 9.4　南马里亚纳海沟发现的流体活动点和麻坑

（a）-M 点东部的一个流体活动点，箭头指示的微红色物质主要是伊丁石；（b）- 一个流体活动点，其通道直径约 0.6m ；（c）-M 点西部的一个直径为 5m 的麻坑，周围泥质主要为伊丁石；（d）-M 点西部一个主要由伊丁石组成的浅部麻坑，箭头指示白色物质为玄武质洋壳低级变质产物沸石；（e）-M 点东部的一个通道被阻塞的麻坑；（f）-N 点一个直径约 4m、深 3m 的伊丁石化麻坑；（g）-P 点一个小的伊丁石化麻坑；（h）-M 点在富含伊丁石底泥上形成的黑色锰表层及一只白色铠甲虾；（i）-M 点流体活动区表层形成的席状富含伊丁石底泥，其表层有黑色锰氧化物覆盖（Du et al.，2019）

洋壳蚀变相关联的流体活动和释放现象。此次报道的海底流体释放现象，无论是在化学机制上还是在物理机制上，均与马里亚纳海沟弧前区域已知的蛇纹石化泥火山作用有着显著的不同。

9.2.2　伊丁石化泥火山地化特征及形成机制

1. 伊丁石化泥火山地化特征

研究人员通过拉曼光谱、X 射线衍射和光学显微镜方法，发现在 M 点附近未被交代的原岩都是以辉石和拉长石为主的典型玄武岩矿物。然而当矿物发生蚀变之后，伊丁石占据了主要成分（图 9.5）。

图 9.5　M 点高度蚀变和部分蚀变的基岩样品

（a）-M 点获取的黑绿色高度蚀变岩石；（b）-（a）图中岩石在偏光显微镜下图像，Idd 为伊丁石（iddingsite），Bi 为水钠锰矿（birnessite）；（c）-M 点附近部分蚀变的基岩，圈中微红色部分为伊丁石；（d）-（c）图中岩石在偏光显微镜下图像，主要由普通辉石（Aug）、拉长石（La）和部分伊丁石（Idd）组成（Du et al.，2019）

伊丁石是一种辉石和橄榄石交代后的微红色产物，其化学组成复杂，常常和铁氧化物以及黏土矿物共生。同时，通过电子探针微区分析对交代岩石和表面沉积物进行分析，其主要成分为二氧化硅（39.8%~54.3%）、三氧化铁（24.6%~34.5%）和氧化镁（2.7%~4.1%）。拉曼光谱分析表明，伊丁石光谱由针铁矿以及两组聚合硅酸盐的特征峰组成（图 9.6）。

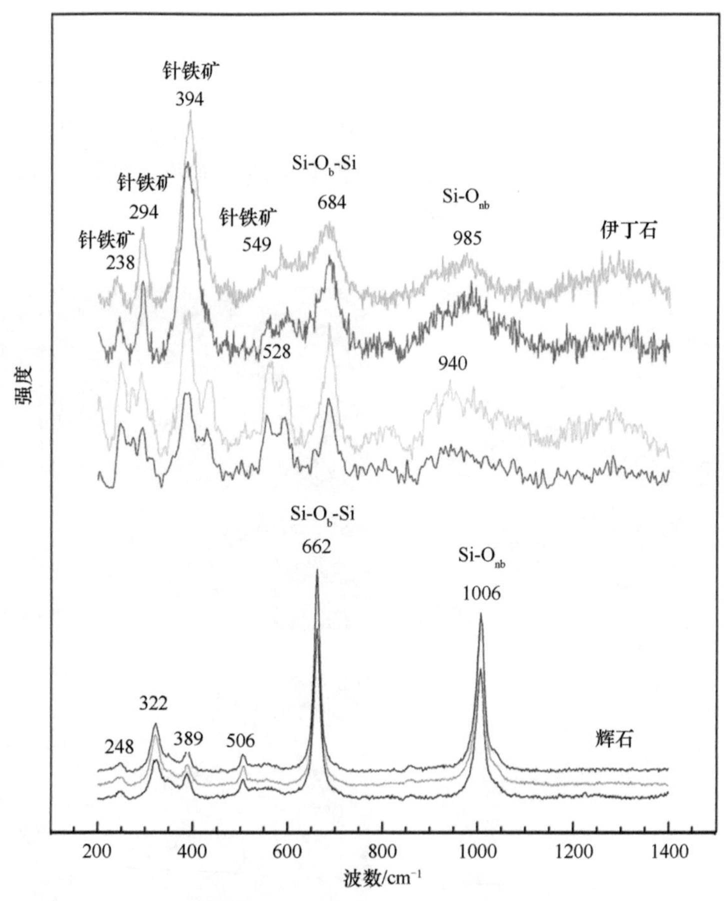

图 9.6　伊丁石和辉石的拉曼光谱

辉石在 662cm^{-1} 的 Si-O$_b$-Si 和 1006cm^{-1} 的 Si-O$_{nb}$ 两处有强峰；伊丁石在 684cm^{-1} 处有强峰，这可以归因于 Si-O$_b$-Si 键的存在，在 985cm^{-1} 处有另一个强峰，这是因为 Si-O$_{nb}$ 键的存在。同时，因为有针铁矿的存在，在 394cm^{-1}、294cm^{-1}、238cm^{-1}、549cm^{-1} 等处有峰。相对峰值强度和峰值位移的变化表明相和矿物成分的混合（Du et al.，2019）

通过拉曼光谱以及显微镜下观察发现（图 9.6、图 9.7），M 点区域普遍发育的伊丁石化与辉石有直接的关系，指示了伊丁石是由辉石蚀变形成的。该地区基岩主要是由辉石矿物组成，因此伊丁石化泥火山是由大量辉石发生蚀变作用形成伊

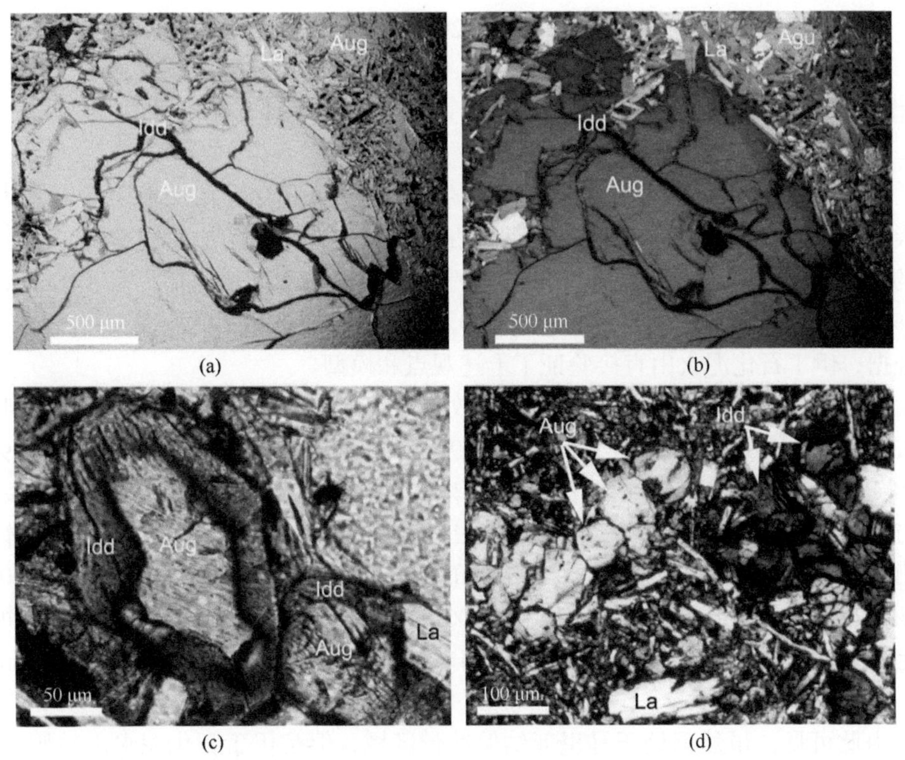

图 9.7　部分蚀变岩石中蚀变辉石的显微照片

（a）- 偏光显微下，伊丁石（Idd）沿着辉石（Aug）裂缝发育；（b）-（a）图中岩石在正交偏光显微镜下图像；（c）- 偏光显微镜下，辉石的边缘被伊丁石交代；（d）- 平面偏光下伊丁石（Idd）呈现出与未蚀变辉石相似的圆形晶体特征（Du et al.，2019）

丁石而产生（Du et al.，2019）。

通过对采集的沉积物样品进行孔隙水的分析，并与蛇纹石化泥火山的流体成分及参考系进行对比，可以看到孔隙水中含有甲烷和氢气（Du et al.，2019），同时在镁、钙等元素上也有一些小的波动。对蚀变岩石中的硅酸盐岩氧同位素分析表明，蚀变反应的温度大概在 93~130℃。综合上述的信息，推断该地区伊丁石化反应方程式为（Du et al，2019）：

$$4CaMg_{0.5}Fe_{0.5}Si_2O_6(Aug) + 10H^+ + 10H_2O = MgFe_2Si_3O_{10}\,4H_2O(Idd) + 5H_4SiO_4\ (aq) + Mg^{2+} + 4Ca^{2+} + H_2$$

这个反应过程与前人通过对地壳流体的分析（Cowen et al.，2003；Lin et al.，2014）以及热动力学模拟结果相似（McCollom and Bach，2009；Bach，2016）。在实验室条件下，洋壳的玄武岩石在 120℃下可以与循环海水反应生成纳摩尔级别的氢气。同时，也有实验研究证实，在 55℃和 100℃下，矿物中二价铁可以与海水产生分子级别的氢气（Mayhew et al.，2013）。

2. 伊丁石化泥火山成因机制

俯冲带板块的俯冲作用会造成强烈的地质构造变形，在俯冲板块洋壳上部形成大量的断层和裂缝。前期许多地震调查工作和前人提出的地质模型都指出，断层的产生将会增加俯冲板块洋壳的渗透性和与上覆海水间的流体循环（Ranero et al.，2003，2005；Faccenda et al.，2009），但是一直缺乏相关的海底直接流体释放的证据，伊丁石化泥火山直接验证了上述观点和模型。

在马里亚纳海沟南侧的流体释放可能与挤压机制下的构造驱动相关（Westbrook and Smith，1983；Moore，1989；Shipley et al.，1990；Kopf，1999；Kopf et al.，2001），这与断层引起的弯曲效应是一致的，在流体释放点附近也发现了与断层有关的强烈变形（图 9.8）。挤压应力的形成和突然释放会导致海底流体的喷出，由此形成伊丁石化泥火山和相关的麻坑（Brown，1990；Dimitrov，2002；Kopf，2002；Dimitrov and Woodside，2003）。同时，也有很多研究指出，俯冲板块上的地震也会对流体的释放有促进作用（Christensen and Ruff，1988；Tilmann et al.，2008）。

由此可见，虽然都处于马里亚纳俯冲带区域，但是伊丁石化泥火山与蛇纹石化泥火山的流体形成机制是完全不同的。目前已发现的伊丁石化泥火山主要发育在马里亚纳海沟俯冲板块上，板块俯冲作用会导致大范围的构造运动产生断层和裂缝，使得洋壳上部渗透性增加，海水下渗与玄武质基性岩石蚀变导致俯冲板块内浅层流体和泥浆形成，给泥火山提供了物质供应；而俯冲板块弯折引发的构造

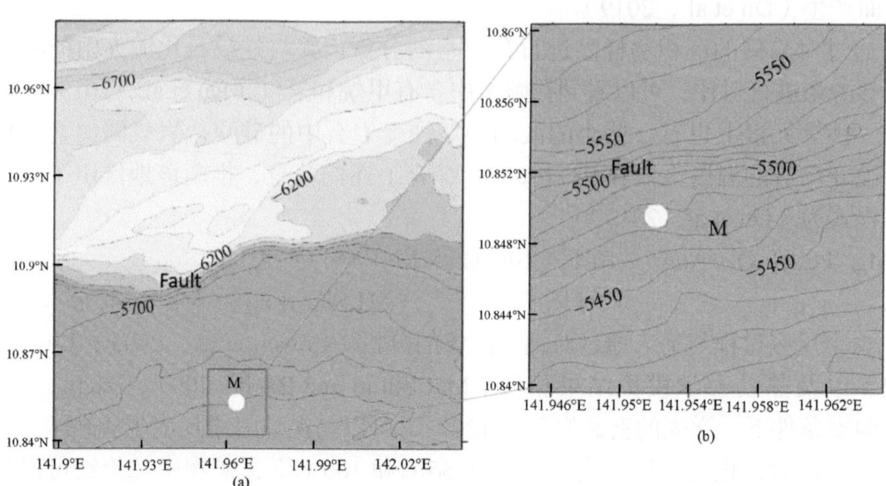

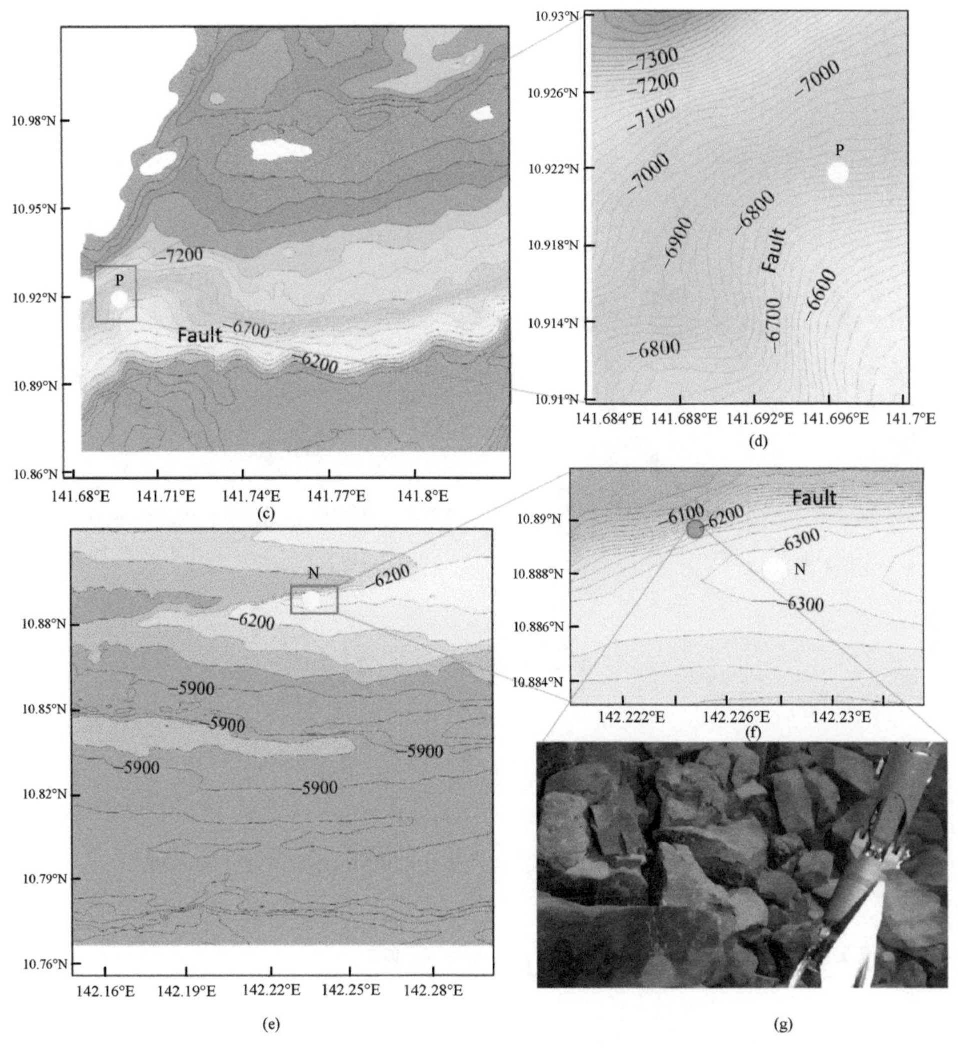

图 9.8　流体释放点区域测深图

M、P、N 点处与弯曲相关断层及相关断裂带密切相关。（a）-M 点附近的测深图；（b）-M 点的放大图像；（c）-P 点附近的测深图；（d）-P 点的放大图像；（e）-N 点附近的测深图；（f）-N 点的放大图像；（g）- 潜器在（f）图附近断裂带发现的岩石显示出强烈的地质构造变形（Du et al.，2019）

挤压是俯冲板块上流体喷发的直接原因，如图 9.9 所示。

伊丁石化泥火山的发现，展示了俯冲板块的构造变形产生的一种上层洋壳与海水之间物质交换的新方式。相比于传统蛇纹石化泥火山，因基性洋壳在俯冲带分布广泛，伊丁石化泥火山可能在全球具有更为普遍的分布和发育。

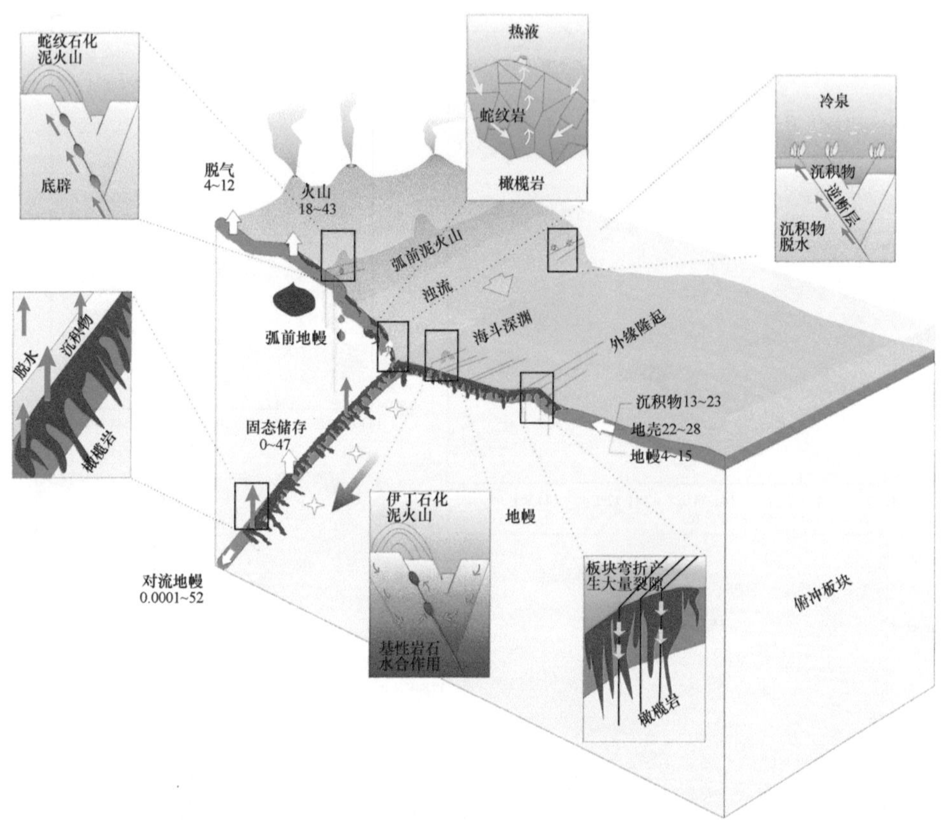

图 9.9　深渊典型流体活动与伊丁石化泥火山成因示意图（Du et al.，2021）

9.3　马里亚纳深渊泥火山生命系统

9.3.1　蛇纹石化泥火山生命系统

与超基性岩蛇纹石化相关的流体活动支撑了深渊底部化能自养生态系统。1996 年，研究人员通过深潜器在 South Chamorro 海山的活动渗漏区域采集了贻贝、腹足类、蟹和管虫等生物（Fryer and Mottl，1997）。2003 年，研究人员对 7 座泥火山的岩心样品进行分析，揭示了蛇纹石化泥浆中以古菌为主的微生物种群。特别是在海底 3m 以下，古菌生物量是细菌生物量的 571~932 倍（Mottl et al.，2003；Curtis et al.，2013）。孔隙流体研究表明，这些古菌将流体中的甲烷氧化为碳酸根离子和有机碳，将硫酸根离子还原为硫化物，并可能将溶解态氮还原为氨（Mottl et al.，2003）。

这里的微生物群落生长在蛇纹石化泥火山喷口附近 pH 达到 12.5 的极端环境之中，而这个微生物群落以厌氧甲烷氧化古菌为主。然而由于缺乏有机碳，这里的菌种与通常意义上的厌氧甲烷氧化细菌不同。事实上，在迄今为止所得的全部 7 座海山样品中，古菌在微生物种群中占主导地位（Curtis et al.，2013）。在 South Chamorro 海山山顶采集的样本中，与 1200D 孔（距离喷口 80m 远）相比，1200E 孔（距离喷口几米远）的克隆文库的丰富度增加了约 33%。在 1200E 孔处的孔隙流体平流速率为 3cm/a，而在 1200D 孔处的孔隙流体平流速率仅为 0.2cm/a。这些数据支持了一种观点，即古菌种群是由俯冲板块释放流体和蛇纹石化过程所产生的营养物质支持的，而且流速越快，群落就越复杂。这也与营养源是和蛇纹石化反应相关的非生物甲烷相一致（Mottl et al.，2003）。

Takai 等（2005）对来自 Jason2 潜水器的岩心样本进行了生物分析，包括对微生物 DNA 群落指纹图谱进行了分析。通过与传统的克隆文库和对 South Chamorro 海山 ODP 位点 1200 个核心样品的序列分析，发现占优势的古细菌分为两个新的甲烷菌类群，并发现了与泉古菌门有关的第三种类型。泉古菌门是一种非嗜热的海洋生物类群 I，只在 South Chamorro 海山的 ODP 孔 1200D 上发现。分析数据表明，在取样的 7 座马里亚纳泥火山中，至少有 3 座（South Chamorro、Big Blue 和 Blue Moon）海山的泥流中形成了一个新的古细菌地下群落。Takai 等（2005）也发现了一种新的嗜碱细菌——嗜碱杆菌，存在于 South Chamorro 海山海底 30m 深处。研究发现它们嗜盐（最佳 NaCl 浓度为 2.5%~3.5%）和亲碱（最佳 pH 为 8.5~9.0，最高到 11.4）。然而，不管是在深层的泥质中新发现的嗜碱细菌还是古菌的新变种，它们都只能生活在由俯冲板块释放流体维持的极端环境之中（Curtis et al.，2013）。因此，South Chamorro 海山的微生物群落不仅是嗜碱生物，而且还依赖海底下数十千米深处的化学能（Oakley et al.，2007；Mottl et al.，2003）。

9.3.2　伊丁石化泥火山生命系统

马里亚纳海沟俯冲板块新型伊丁石化泥火山由于其产氢作用，可能为海沟深部氢化能自养微生物提供了新的栖息场所。

图 9.10 系统发育树显示了从蚀变基底岩石中恢复的古菌 16S rRNA 基因序列群的位置。获得的细菌基因序列记为 BOTU，并以黑体字体表示。系统发育树基于邻位归并法（neighbour-joining）构建，bootstrap 分析的重复次数为 1000。括号中的数值是检测到的相关细菌基因 OTU 序列的次数。进化树显示的距离标尺为 0.05。

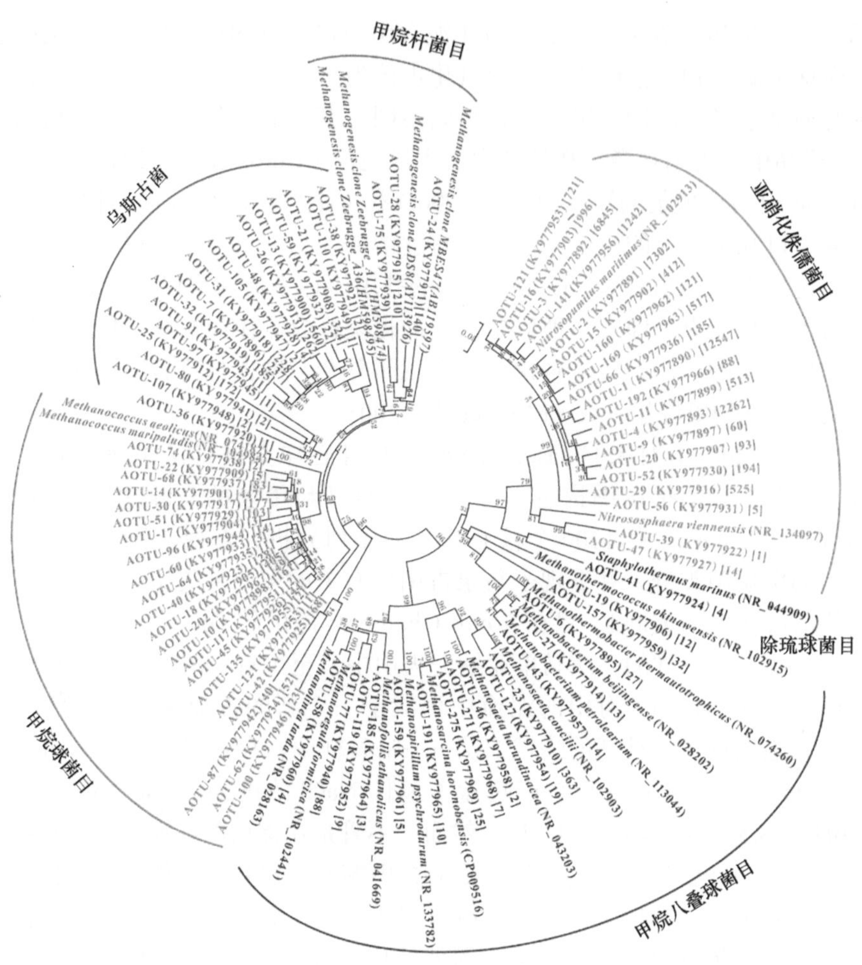

图 9.10　蚀变基岩中细菌 16S rRNA 基因系统发育树（Du et al.，2019）

图 9.11 系统发育树显示了从蚀变的基底岩石中恢复的细菌 16S rRNA 基因序列群的位置。获得的古菌基因序列记为 AOTU，并以黑体字体表示。系统发育树基于邻位归并法（neighbour-joining）构建，bootstrap 分析的重复次数为 1000。括号中的数值是检测到的相关古菌基因 OTU 序列的次数。进化树显示的距离标尺为 0.05。

通过高通量测序以及 16S rRNA 基因系统发育构建（图 9.10、图 9.11），在流体释放区域伊丁石化泥中鉴定出了与氢营养的产甲烷古菌相近的基因序列，例如，以 *Methanococcus maripaludis* 为代表的古菌，可以进行 $4H_2 + CO_2 \longrightarrow CH_4 + 2H_2O$（Jones et al.，1983）的生物转化过程，并产生甲烷。同时也鉴定出了与甲烷微菌

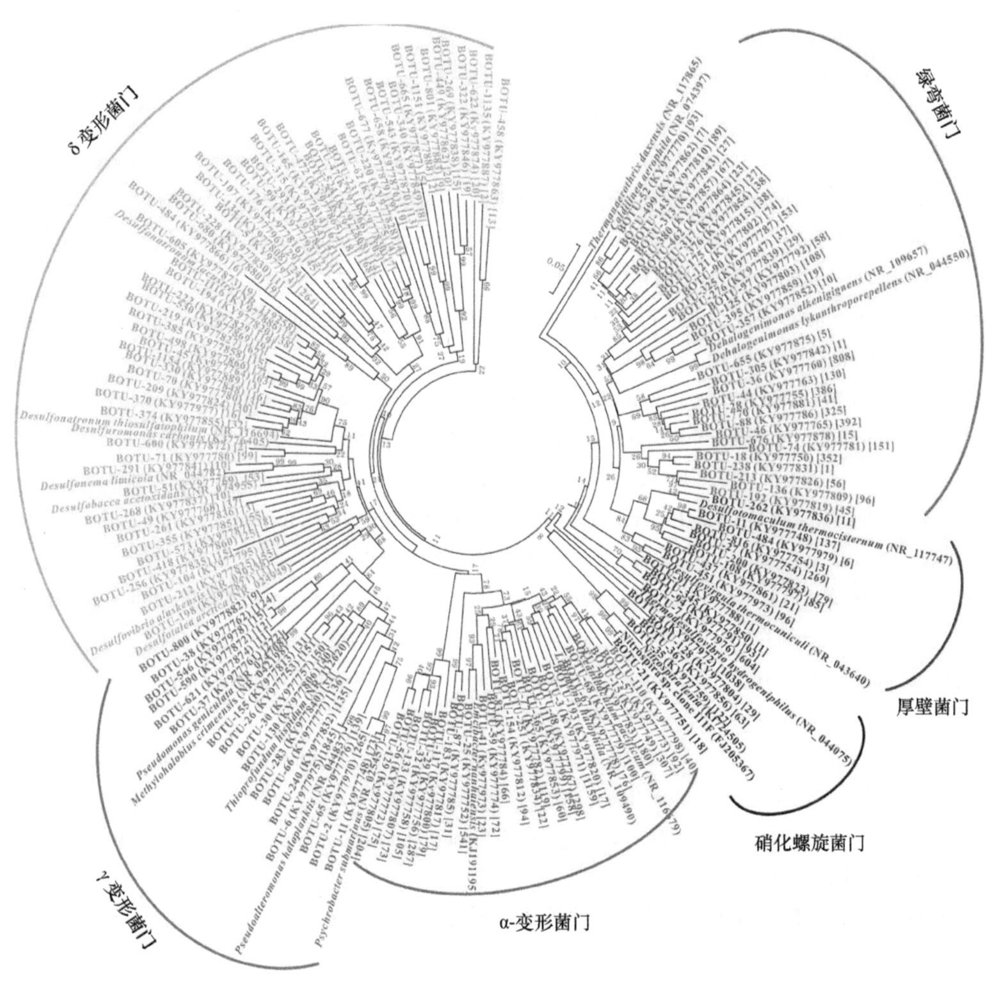

图 9.11　蚀变基岩中古菌 16S rRNA 基因系统发育树（Du et al.，2019）

目、甲烷杆菌目、甲烷菌目、甲烷球菌目等专门的氢营养型产甲烷菌相近的基因系列。同时，通过宏基因组分析，也得到了氢营养产甲烷途径的功能酶编码基因。这些结果表明，在流体释放区域存在着氢化能微生物系统（Du et al.，2019）。

参考文献

Bach W. 2016. Some Compositional and Kinetic Controls on the Bioenergetic Landscapes in Oceanic Basement [Original Research]. Frontiers in Microbiology, 7: 107.

Bloomer S H. 1983. Distribution and origin of igneous rocks from the landward slopes of the Mariana Trench: implications for its structure and evolution. Journal of Geophysical Research: Solid Earth, 88(B9): 7411-7428.

Brown K M. 1990. The nature and hydrogeologic significance of mud diapirs and diatremes for accretionary systems. Journal of Geophysical Research: Solid Earth, 95(B6): 8969-8982.

Christensen D H, Ruff L J. 1988. Seismic coupling and outer rise earthquakes. Journal of Geophysical Research: Solid Earth, 93(B11): 13421-13444.

Cowen J P, Giovannoni S J, Kenig F, et al. 2003. Fluids from aging ocean crust that support microbial life. Science, 299(5603): 120-123.

Curtis A C, Wheat C G, Fryer P B, et al. 2013. Mariana forearc serpentinite mud volcanoes harbor novel communities of extremophilic Archaea. Geomicrobiology Journal, 30(5): 430-441.

D'Antonio M, Kristensen M. 2004. Serpentine and brucite of ultramafic clasts from the South Chamorro Seamount (Ocean Drilling Program Leg 195, Site 1200): inferences for the serpentinization of the Mariana forearc mantle. Mineralogical Magazine, 68: 887-904.

Dimitrov L, Woodside J. 2003. Deep sea pockmark environments in the eastern Mediterranean. Marine Geology, 195: 263-276.

Dimitrov L I. 2002. Mud volcanoes—the most important pathway for degassing deeply buried sediments. Earth-Science Reviews, 59(1), 49-76.

Du M, Peng X, Seyfried W E, et al. 2019. Fluid discharge linked to bending of the incoming plate at the Mariana subduction zone. Geochemical Perspectives Letters, 11: 1-5.

Du M, Peng X, Zhang H, et al. 2021. Geology, environment, and life in the deepest part of the world's oceans. The Innovation 2, 297-309.

Faccenda M, Gerya T V, Burlini L. 2009. Deep slab hydration induced by bending-related variations in tectonic pressure. Nature Geoscience, 2: 790-793.

Fryer P, Mottl M J. 1997. "Shinkai 6500" investigations of a resurgent mud volcano on the Southeastern Mariana forearc. JAMSTEC Journal of Deep Sea Research, 13: 103-114.

Fryer P. 1996. Evolution of the Mariana convergent plate margin system. Reviews of Geophysics, 34(1): 89-125.

Fryer P. 2012. Serpentinite mud volcanism: observations, processes, and implications. Annual review of marine science, 4: 345-373.

Fryer P B. 1992. A synthesis of Leg 125 drilling of serpentine seamounts on the Mariana and Izu-Bonin forearcs. Scientific Results, 125: 593-614.

Fryer P B, Mottl M J. 1992. Lithology, mineralogy and origin of serpentine muds drilled at Conical Seamount and Torishima Forearc Seamount. Scientific Results, 125: 343-362.

Hyndman R D, Peacock S M. 2003. Serpentinization of the forearc mantle. Earth and Planetary Science Letters, 212(3): 417-432.

Jones W J, Paynter M J B, Gupta R. 1983. Characterization of Methanococcus maripaludis sp. nov., a new methanogen isolated from salt marsh sediment. Archives of Microbiology, 135: 91-97.

Kopf A. 1999. Fate of sediment during plate convergence at the Mediterranean Ridge accretionary complex: volume balance of mud extrusion versus subduction and/or accretion. Geology, 27(1): 87-90.

Kopf A J. 2002. Significance of mud volcanism. Reviews of Geophysics, 40(2): 2-1-2-52.

Kopf A, Klaeschen D, Mascle J. 2001. Extreme efficiency of mud volcanism in dewatering accretionary prisms. Earth and Planetary Science Letters, 189(3): 295-313.

Lin H T, Cowen J P, Olson E J, et al. 2014. Dissolved hydrogen and methane in the oceanic basaltic biosphere. Earth and Planetary Science Letters, 405: 62-73.

Mancktelow N S. 2008. Tectonic pressure: Theoretical concepts and modelled examples. Lithos, 103(1): 149-177.

Mayhew L E, Ellison E T, McCollom T M, et al. 2013. Hydrogen generation from low-temperature water-rock reactions. Nature Geoscience, 6(6): 478-484.

McCollom T M, Bach W. 2009. Thermodynamic constraints on hydrogen generation during serpentinization of ultramafic rocks. Geochimica et Cosmochimica Acta, 73(3): 856-875.

Michibayashi K, Tasaka M, Ohara Y, et al. 2007. Variable microstructure of peridotite samples from the southern Mariana Trench: evidence of a complex tectonic evolution. Tectonophysics, 444(1-4): 111-118.

Milkov A V. 2000. Worldwide distribution of submarine mud volcanoes and associated gas hydrates. Marine Geology, 167(1): 29-42.

Moore J C. 1989. Tectonics and hydrogeology of accretionary prisms: role of the décollement zone. Journal of Structural Geology, 11(1): 95-106.

Mottl M J, Komor S C, Fryer P, et al. 2003. Deep-slab fluids fuel extremophilic Archaea on a Mariana forearc serpentinite mud volcano: Ocean Drilling Program Leg 195. Geochemistry Geophysics Geosystems, 4: 9009.

Oakley A J, Taylor B, Fryer P, et al. 2007. Emplacement, growth, and gravitational deformation of serpentinite seamounts on the Mariana forearc. Geophysical Journal International, 170(2): 615-634.

Ranero C R, Morgan J P, McIntosh K, et al. 2003. Bending-related faulting and mantle serpentinization at the Middle America trench. Nature, 425(6956): 67-373.

Ranero C R, Villaseñor A, Phipps M J, et al. 2005. Relationship between bend-faulting at trenches and intermediate-depth seismicity. Geochemistry Geophysics Geosystems, 6(12): 002.

Saboda K L, Fryer P, Maekawa H. 1992. Metamorphism of ultramafic clasts from Conical Seamount: Leg 125 Sites 778, 779 and 780. Proceedings of the Ocean Drilling Program: Scientific, 125: 431-443.

Savov I P, Ryan J G, D'Antonio M, et al. 2005. Geochemistry of serpentinized peridotites from the Mariana Forearc Conical Seamount, ODP Leg 125: Implications for the elemental recycling at subduction zones. Geochemistry Geophysics Geosystems, 6(4): Q04J15.

Seewald J, Cruse A, Saccocia P. 2003. Aqueous volatiles in hydrothermal fluids from the Main Endeavour Field, northern Juan de Fuca Ridge: temporal variability following earthquake activity. Earth and Planetary Science Letters, 216(4): 575-590.

Seyfried J W E, Seewald J S, Berndt M E, et al. 2003. Chemistry of hydrothermal vent fluids from the Main Endeavour Field, northern Juan de Fuca Ridge: geochemical controls in the aftermath of June 1999 seismic events. Journal of Geophysical Research: Solid Earth, 108(B9): 2429.

Shipley T H, Stoffa P L, Dean D F. 1990. Underthrust sediments, fluid migration paths, and mud volcanoes associated with the accretionary wedge off Costa Rica: Middle America Trench. Journal of Geophysical Research: Solid Earth, 95(B6): 8743-8752.

Takai K, Moyer C L, Miyazaki M, et al. 2005. Marinobacter *alkaliphilus* sp. nov., a novel alkaliphilic bacterium isolated from subseafloor alkaline serpentine mud from Ocean Drilling Program Site 1200 at South Chamorro Seamount, Mariana Forearc. Extremophiles, 9(1): 17-27.

Tibi R, Wiens D A, Yuan X. 2008. Seismic evidence for widespread serpentinized forearc mantle along the Mariana convergence margin. Geophysical Research Letters, 35(13): L13303(1-6).

Tilmann F J, Grevemeyer I, Flueh E R, et al. 2008. Seismicity in the outer rise offshore southern Chile: Indication of fluid effects in crust and mantle. Earth and Planetary Science Letters, 269(1): 41-55.

Westbrook G K, Smith M J. 1983. Long decollements and mud volcanoes: Evidence from the Barbados Ridge Complex for the role of high pore-fluid pressure in the development of an accretionary complex. Geology, 11: 279.

第 10 章

深渊低级变质洋壳中孕育的化石生命

郭自晓　彭晓彤

中国科学院深海科学与工程研究所

10.1 引言

10.1.1 洋壳：微生物的栖息地

火成岩洋壳由三个主要部分组成：上层枕状玄武岩、中层席状岩墙和下层辉长岩等（图 10.1）。岩石总含量约为 2.3×10^{18} m^3，是海洋沉积物总量的 6~10 倍（Ivarsson et al.，2016）。海底之下玄武岩中含有相互连接的微裂缝，海水和热液流体在其中循环。大约 60% 的洋壳在水文上是活跃的，其含有的总流体体积相当于整个海洋的 2%。海洋中的全部海水通过火成岩洋壳循环一次的时间为 10 万 ~100 万 a，这意味着火成岩洋壳是地球上最大的含水岩系。只要孔隙空间和流量允许，微生物便能通过这个系统被动运输或主动迁移。近年来，火成岩洋壳的上部已经被证明是一种潜在的微生物栖息地（图 10.1）（Ivarsson et al.，2016）。寄主岩石和孔隙壁的次生矿化作用可用于微生物群落的定植和锚定，寄主岩石所含矿物可作为微生物的能源来源。由于难以获得活的微生物群落，人们对海底地壳中的代谢反应知之甚少，对可能的代谢途径的讨论往往是推测性的。然而，在没有阳光的情况下，海底深处的大部分生物圈被认为是由化学自养生物组成的。这些生物从无机碳源合成所有生命必需的有机化合物，并获得能量。

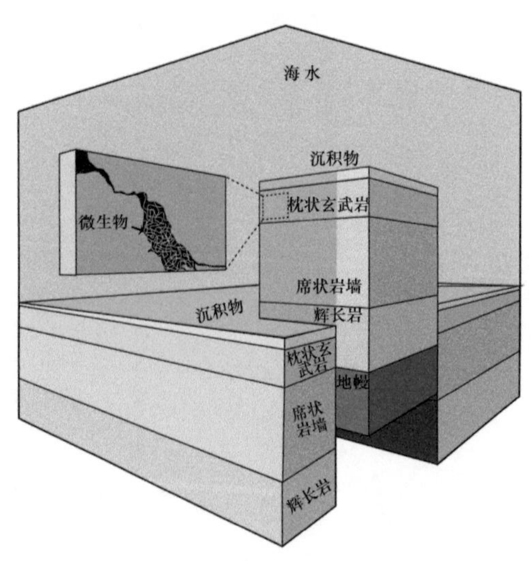

图 10.1 洋壳与石内微生物栖息地示意图（修改自 Ivarsson et al.，2016）

洋壳中的微生物主要包括原核生物、真核生物、细菌及古菌等微生物群落，它们的丰度比周围海水高出 3~4 个数量级，或许与硝酸盐、硫酸盐还原，甲烷的氧化与生成、碳固定，Fe 的氧化与还原等过程相关。Furnes 和 Staudigel（1999）发现，生物蚀变可以发生于玄武质洋壳的 300~500m 处。由古老洋壳（3.5 Ma）流体所支撑的微生物生命可能包含硝酸盐还原菌、硫酸盐还原菌及发酵性异养菌等。Plümper 等（2017）对 South Chamorro 泥火山的蛇纹岩碎屑进行了实验研究，根据热传导模型，预测了微生物可能生存于海底之下 10000m 以深的蛇纹岩中。然而，海底的大多数微生物细胞都处于极端的能量限制之下。这就产生了一种生理状态：新陈代谢活动受到生物体可获得的总能量的限制。在深部生物圈中，能量限制往往是极端的，在没有从阳光照耀的海洋中引入任何新能源的情况下，受能量限制的细胞也可以存活很长一段时间（长达数百万年）。

10.1.2　洋壳中化石微生物的识别

近年来，人们认识到，微生物可以在洋壳内的火山岩中大量繁殖，甚至到达相当深的地方。洋壳岩石中的蚀变结构通常由两种不同的过程产生：生物过程和非生物过程。在生命的温度限度内，这两种过程可能同时发生。最近的一些研究对非生物和生物的蚀变过程进行了详细的讨论。非生物蚀变能够形成广为人知但又神秘的，被称为橙玄玻璃的物质。本章不对此进行详细讨论，而将重点放在生物蚀变的识别上。

1. 形貌结构

海底洋壳中最丰富的微化石为保存于火山玻璃中的颗粒状和管状痕迹化石。管状微化石通常是 1~5μm 宽，长达 100μm，可能是扭曲的，盘绕的，分支的，有时是分段的；颗粒状微化石通常是球形的，直径 0.1~1.5μm，分层或分区域出现 [图 10.2（a）]（McLoughlin et al.，2007）。这些结构是由微生物通过循环流体进入岩石裂缝中形成的。这些微生物群落逐渐侵蚀新鲜的玻璃，在裂缝周围产生更多的管状和颗粒状聚集物，并在新鲜和蚀变的玻璃之间创造一个日益分枝化的蚀变区域。颗粒状结构由微米大小的球形孔洞组成，其中充满非晶态到非常细粒的层状硅酸盐相。最初，颗粒状结构在玻璃裂纹上表现为孤立的球形体。随着蚀变的进行，它们变得越来越多，并结合成聚集物，形成不规则的条带，沿着裂缝突出到新鲜的玻璃中。管状微结构也集中在火山玻璃表面，那里曾经有水渗透，随着蚀变的进行，它们变得更长，形成更密集的聚集物。此外，Bengtson 等（2014）在 Emperor 海山下玄武岩中发现了菌丝状微化石，直径 2~10μm，长达几毫米 [图 10.2（b）]。这种真菌菌丝生长于生物膜之上，与细菌共生，其中铁氧化细菌可以形成微叠层石（frutexite），以蛛网状的方式悬浮在菌丝之间。

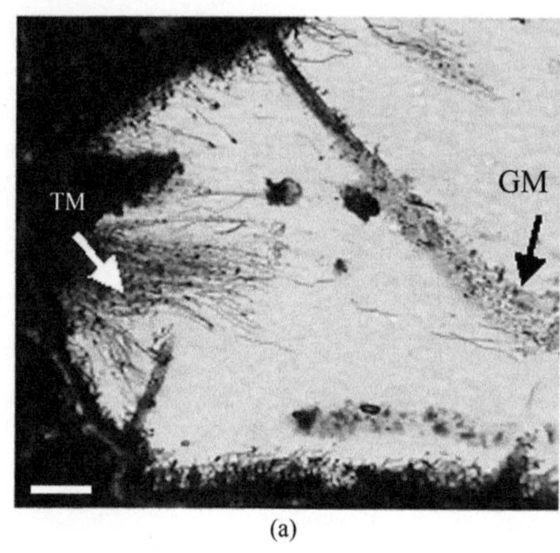

(a)

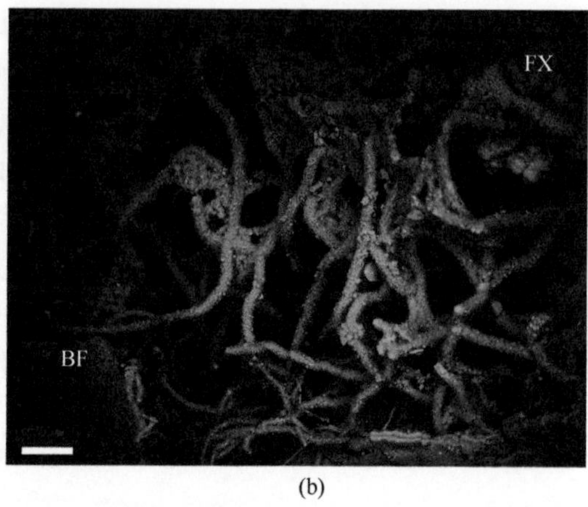

(b)

图 10.2 颗粒状、管状及丝状微生物化石

（a）修改自 McLoughlin 等（2007）；（b）修改自 Bengtson 等（2014）。TM：管状微化石；GM：颗粒状微化石；BF：生物膜；FX：微叠层石。比例尺均为 100μm

2. 微生物化石的同源性

岩石中微生物化石同源性的证明主要依靠详细的光学和扫描电子显微镜观察。可用的证据包括微化石与周围矿物的空间分布关系、与碎屑边缘和沉积层等沉积构造的横切关系、成岩特征（包括胶结相、再封闭的裂缝和后期脉体等）的识别与成图等（McLoughlin et al.，2007）。例如，图 10.2（a）中大部分管状微化石起源于碎屑边缘。这些管状微化石与非生物的橙玄玻璃蚀变结构具有明显的区别，后者更光滑，缺乏微管，并且在其形成的裂缝处是对称的。此外，微化石中榍石的存在使 $^{206}Pb/^{238}U$ 定年成为可能。Banerjee 等（2006）在 3.5 Ga BP 的 Barberton 绿岩带的火山岩中发现了微生物结构，微结构中变质矿物与基质玄武岩中火成矿物放射性同位素年龄的重叠，支持了以下观点：这些石内微结构是太古宙早期形成的，与寄主岩石具有同源性。

3. 地球化学特征

微结构及其周围生命重要元素的富集能够为其生物成因提供重要证据。微化石结构的元素图显示，管状和颗粒状结构通常与碳元素相关，呈现钾、磷、氮和硫的富集或不均匀分布。重要的是，碳含量的升高与通常形成碳酸盐的元素（钙、铁、镁等）的富集无关。因此，碳的来源可能是残留的有机质。

枕状玄武岩的玻璃状边缘和结晶状岩心中浸染碳酸盐的碳同位素系统变化也被用于支持蚀变过程中微生物的参与。这些碳同位素分馏模式也可以为推测可能涉及的微生物代谢方式提供线索。典型的枕状玄武岩含浸染碳酸盐少于 1%，而未蚀变玄武岩中碳酸盐的碳同位素值（$\delta^{13}C_{carb}$）与地幔 CO_2 的值（−7‰）相似。这与海洋碳酸盐岩的 $\delta^{13}C_{carb}$ 值（0）明显不同，为解释火山玻璃中碳同位素的来源提供了有价值的参考。有机质的微生物氧化能够产生富集 ^{12}C 的 CO_2，导致 ^{13}C 亏损的碳酸盐沉淀；产甲烷古菌利用 H_2 和 CO_2 优先产生富集 ^{12}C 的甲烷，留下富集 ^{13}C 的 CO_2，导致 ^{13}C 富集的碳酸盐的沉淀（图 10.3）（Furnes et al.，2008）。

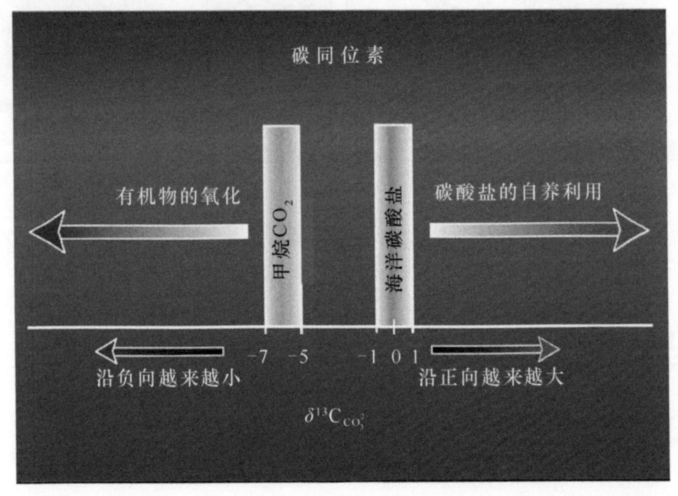

图 10.3　枕状玄武岩中浸染碳酸盐的碳同位素值变化示意图（修改自 Furnes et al.，2008）

4. DNA 检测

细菌和古细菌 DNA 的核酸通常能够存在于年轻的、原位洋壳的枕状熔岩中的生物蚀变结构中。结合核酸的 DAPI（4,6 二氨基苯基吲哚）染料，以及针对细菌和古细菌 RNA 的荧光寡核苷酸探针的应用表明，生物物质集中在新鲜和蚀变的玻璃之间的网状界面。例如，来自哥斯达黎加（Costa Rica）裂谷的火山玻璃样品的染色表明，生物物质最集中的地方是在新鲜和蚀变玻璃的界面，特别是在管状结构的尖端，而生物物质在裂缝中心的集中度降低（图 10.4）（Furnes et al.，1996）。原位海洋地壳中发现的 DNA 表明，在熔岩喷发后很长一段时间内，活的微生物可能仍然活跃在这些生物蚀变结构中。遗传物质在漫长的地质时期是不稳定的，因此这种类型的数据在古老的岩石中没有被发现。

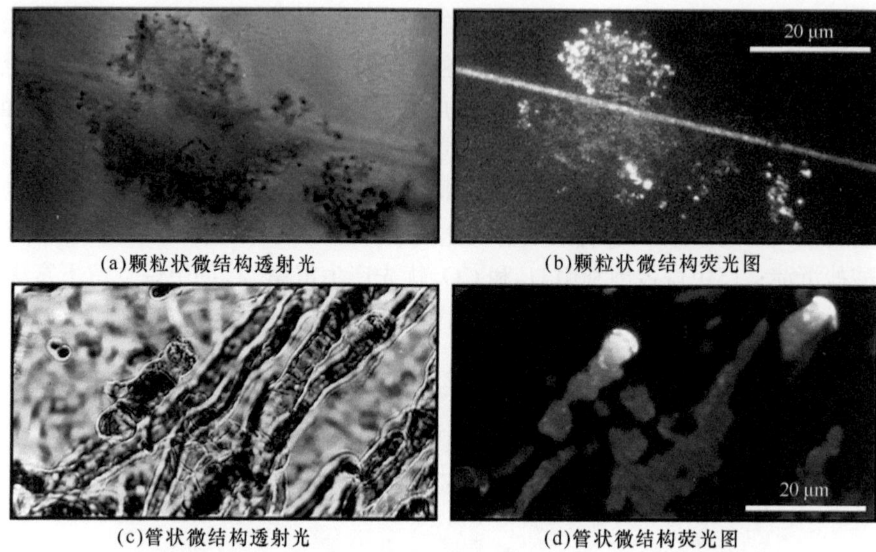

图 10.4 颗粒状和管状微结构的透射光及荧光图（引自 Furnes et al.，1996）

10.2 马里亚纳深渊低级变质洋壳中的化石生命

10.2.1 变质洋壳岩石学特征

马里亚纳海沟位于伊豆 – 小笠原 – 马里亚纳俯冲带（IBM 俯冲带），是太平洋板块向菲律宾海板块之下俯冲所形成（图 10.5）。伴随着太平洋板块的俯冲，洋壳逐渐进入地球内部，平衡了新洋壳在扩张中心的产生。马里亚纳俯冲带具有全球最大的俯冲角度，有从北向南变陡的趋势。作为俯冲带的一个“端元”，马里亚纳的南部发育了全球最深的海沟（挑战者深渊，最深达 10900m 以上）。2016 年和 2017 年，中国大洋第 37 航次和第 38 航次科学考察中，向阳红 09 船在马里亚纳海沟南部挑战者深渊附近，利用载人深潜器“蛟龙号”采取了大量珍贵的海底出露岩石、沉积物及生物样品。本章的研究样品为马里亚纳南部俯冲带水深 5500~6800m 的变质岩石及周围沉积物（图 10.5）。

多次载人下潜观察发现，变质岩石露头广泛分布于南马里亚纳海沟南北坡（图 10.6）。其中，图 10.6（a）展示了北坡水深 5997m 处黄绿色沸石相岩石露头；图 10.6（b）展示了北坡水深 6001m 处白 – 黄色沸石阶地；图 10.6（c）展示了北坡水深 6695m 处锰结核覆盖的黄绿色沸石相岩石；图 10.6（d）展示了南坡水深 6296m 土黄色沸石堆；图 10.6（e）展示了南坡水深 6300m 处蓝绿色绿鳞石露头。

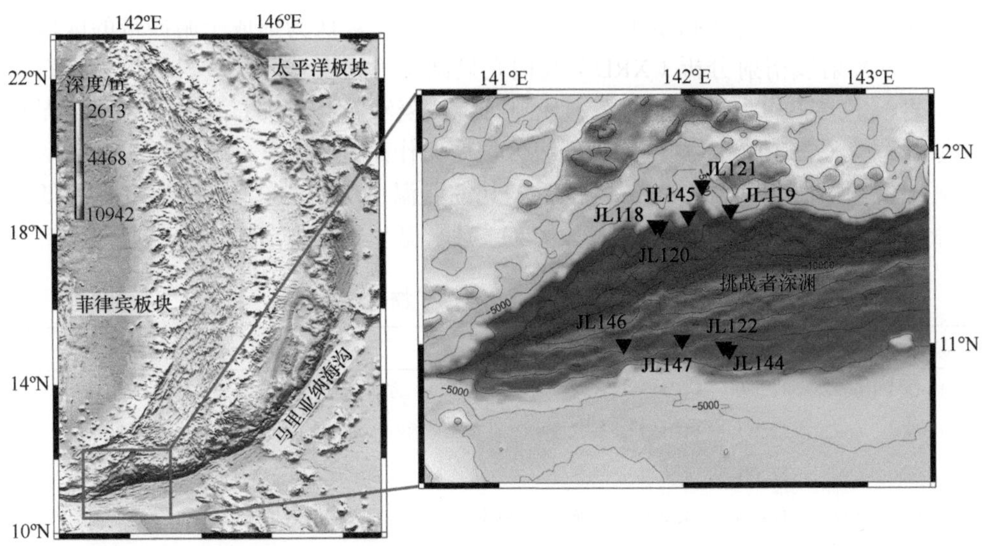

图 10.5　马里亚纳海沟及蛟龙号载人下潜站位图

黑色倒三角指示蛟龙号下潜位置

图 10.6　南马里亚纳海沟南坡 [（a）~（c）] 和北坡 [（d）、（e）] 变质岩石露头

沸石相岩石的黄色露头指示了三价铁的存在，已经被认为形成于俯冲带的区域变质作用。X 射线衍射分析（XRD）及偏光显微镜观察发现，这些岩石均为沸石相变质岩，主要矿物为钙十字沸石、片沸石、钠菱沸石、方沸石、钠沸石、绿泥石和绿鳞石等（表 10.1）。这些均为低级区域变质作用的标志矿物。变质岩内碳酸盐的氧同位素值为 13.9‰~25.3‰，指示了其蚀变温度为 20~89℃。该温度范围低于生命极限温度 122℃（Takai et al.，2008），适合微生物的生命活动。

表 10.1 取样位置及样品矿物成分特征

样品编号	水深 /m	纬度(°N)	经度(°E)	取样方法	矿物成分
JL118-G03	6695	11.580	141.883	蛟龙号	方沸石，菱沸石，长石，绿泥石
JL118-G04	6692	11.581	141.882	蛟龙号	片沸石，丝光沸石，水钙沸石，磁赤铁矿
JL118-G06	6694	11.581	141.882	蛟龙号	方沸石，钠菱沸石，菱沸石
JL119-G01	5997	11.665	142.250	蛟龙号	钙十字沸石，长石，钠菱沸石，伊利石，石英，磁赤铁矿
JL119-G02	6001	11.665	142.249	蛟龙号	钙十字沸石，长石，钠菱沸石，磁赤铁矿
JL120-G01	6706	11.583	141.878	蛟龙号	方沸石，钙十字沸石，钠菱沸石，赤铁矿
JL120-G02	6702	11.583	141.878	蛟龙号	方沸石，钙十字沸石，钠菱沸石，滑石，赤铁矿
JL120-G03	6705	11.583	141.878	蛟龙号	片沸石 / 斜发沸石，磁铁矿
JL121-G01	5590	11.799	142.113	蛟龙号	钙十字沸石，长石，石英，磁赤铁矿
JL121-G04	5552	11.800	142.116	蛟龙号	钙十字沸石，长石，绿泥石，石英，磁赤铁矿
JL122-G01	6296	10.890	142.227	蛟龙号	绿鳞石，钛铁矿
JL122-G02	6296	10.890	142.227	蛟龙号	绿鳞石，辉石，钛铁矿
JL144-G03	6304	10.889	142.227	蛟龙号	钠沸石，磁赤铁矿，长石，辉石
JL145-G02	6531	11.630	142.144	蛟龙号	钙十字沸石，钠沸石，铁叶腊石
JL146-G01	6697	10.920	141.696	蛟龙号	钙十字沸石，钠菱沸石，长石，磁赤铁矿
JL146-G02	6685	10.920	141.696	蛟龙号	钙十字沸石，钠菱沸石，长石，磁赤铁矿
JL146-G05	6406	10.909	141.704	蛟龙号	钙十字沸石，白云母，长石，斜绿泥石，水铁矿
JL147-G03	6684	10.961	141.983	蛟龙号	钙十字沸石，钠菱沸石，长石，绿泥石
JL147-G06	6053	10.957	141.986	蛟龙号	钙十字沸石，钠沸石，长石，斜绿泥石
JL147-G07	6053	10.957	141.986	蛟龙号	钙十字沸石，白云母，长石，斜绿泥石，磁赤铁矿
JL147-G08	6053	10.957	141.986	蛟龙号	钠沸石，长石，辉石，磁赤铁矿
JL147-G10	6053	10.957	141.986	蛟龙号	钠沸石，长石，辉石，磁铁矿
JL120-S01	6707	11.582	141.879	Push-core	方沸石，长石，石英，斜绿泥石
JL121-S01	5569	11.800	142.115	Push-core	水钙沸石，长石，石英，斜绿泥石
JL122-S01	6329	10.889	142.228	Push-core	钙十字沸石，白云母，长石，石英，斜绿泥石

10.2.2　石内微生物结构

透射光及扫描电子显微镜观察发现，变质岩石内有多种化石微生物结构，包括碳质聚合体、类树枝状结构、丝状体等。

1. 碳质聚合体

碳质聚合体为类圆形或短棒状，直径 2~150μm，与相邻微生物细胞组成的微米级微生物菌落极为相似（图 10.7）。高分辨背散射电子（BSE）图像显示，碳质聚合体为松散的、网状或凝胶状结构 [图 10.7（i）]。纳米二次离子探针和扫描电镜的能谱图表明，碳质物质主要由碳和氮组成，而基质为沸石或绿鳞石 [图 10.7（d）~（g）、（j）和图 10.8]。拉曼光谱显示无序碳质物质的两个宽一级峰（D 和 G 峰）和中心在 ~2700cm^{-1} 的二级峰。D 和 G 峰分别在 1366cm^{-1} 和 1593cm^{-1}，其峰强比为 0.76，指示了低程度的热成熟度。这些碳质聚合体与蛇纹岩、水镁石 – 方解石脉、早期太古代燧石中保存的微化石包裹体在形貌及成分上极为相似，它们已经被解释为微生物活动所形成（Klein et al.，2015）。

2. 类树枝状结构

类树枝状结构呈黑色和不透明状，从主茎分枝而出，末端呈几十微米及几百微米的圆形 [图 10.9（a）~（c）]。显微拉曼图像显示了该结构由微米级石英、长石、绿鳞石和碳质物质组成，其中碳质物质通常以球根细丝状出现，并有分枝，长度从几百微米到 5mm 不等 [图 10.9（d）]。碳质物质也会以小颗粒的形式出现，形成不连续的结构，带着明显的无序碳质物质的特征峰 [图 10.9（e）]，散布在类树枝状结构边缘或周围环境。尽管这种结构与锰氧化物树突较为相似，但是它们比大部分树突结构规模更小，而且在这种类树突状结构上并没有检测到 Mn。相似的结构已经被发现于侏罗纪海洋叠层石、始新世亚海底岩石、现代大陆亚表面岩石中，被认为是由化能微生物群落所形成（Heim et al.，2017）。

3. 丝状体

丝状体通常为管状、无间隔、无分枝的细丝，宽度 2μm，长度 30~200μm（图 10.10），与元古宙叠层石、Gunflint 燧石、古老及现代热液喷口以及海底之下

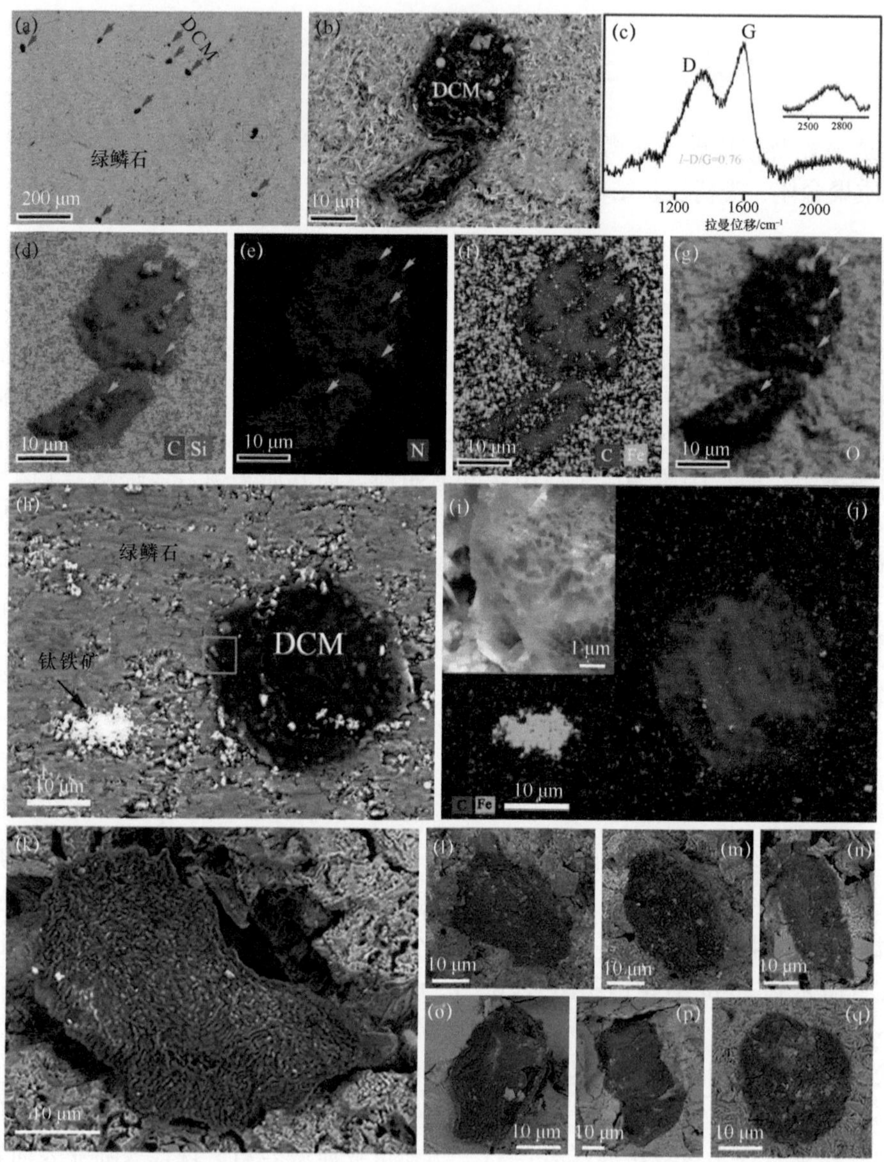

图 10.7　沸石相岩石中代表性碳质聚合体的 BSE 图像 [（a）、（b）、（h）、（i）、（k）~（q）]、元素分布图 [（d）~（g）、（j）] 及拉曼位移（c）

玄武岩中保存的微生物丝状体极为相似。共聚焦激光扫描显微镜展示了丝状体的三维有机形貌，并显示出这些丝状体具有中空的细胞腔 [图 10.10（f）]。这些丝状体的形貌，包括整体丝状的形状和包围中空细胞腔的有机质的管状性质，并不

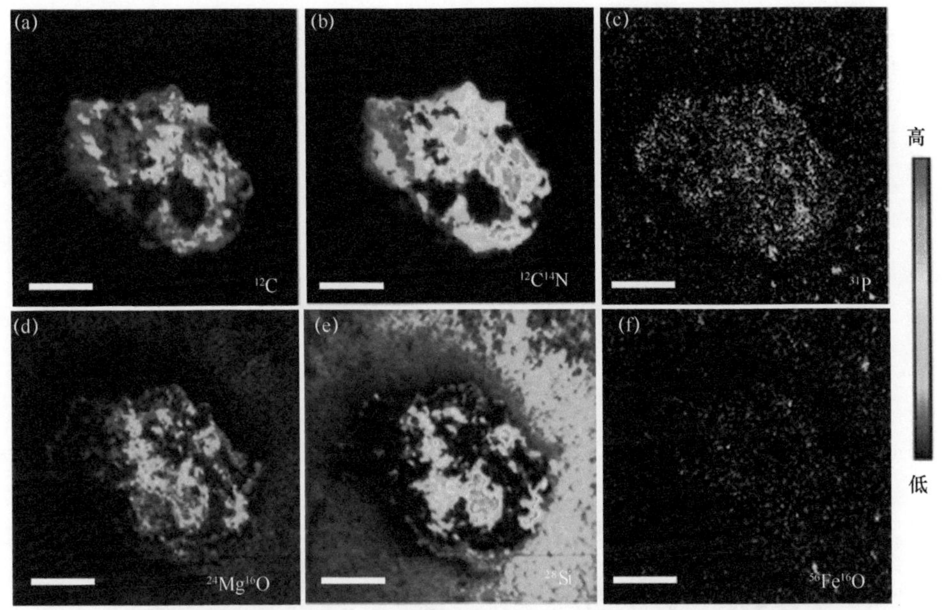

图 10.8　碳质物质的纳米二次离子质谱技术（NanoSIMS）元素分布图

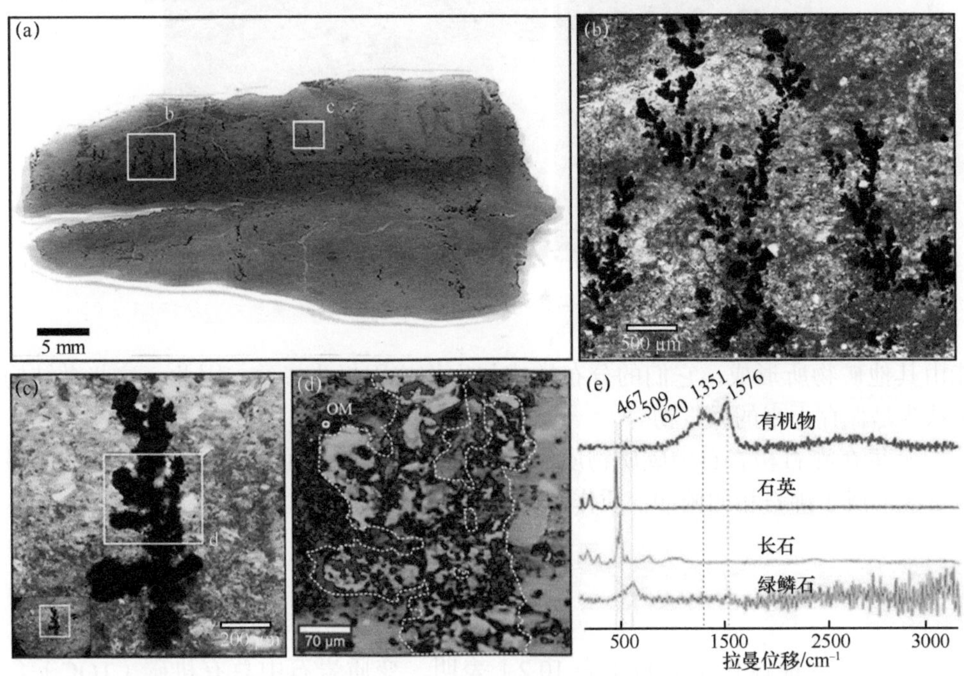

图 10.9　沸石相岩石中代表性树枝状结构

(a) - 岩石薄片展现了树枝状结构的分布；(b)、(c) - 典型树枝状结构的光学照片；(d) - 拉曼图像展现了碳质物质散布在树枝状结构边缘或周围（对应（c）中白色框区域）；(e) - 拉曼位移，(d) - 中矿物及碳质物质所对应的拉曼光谱

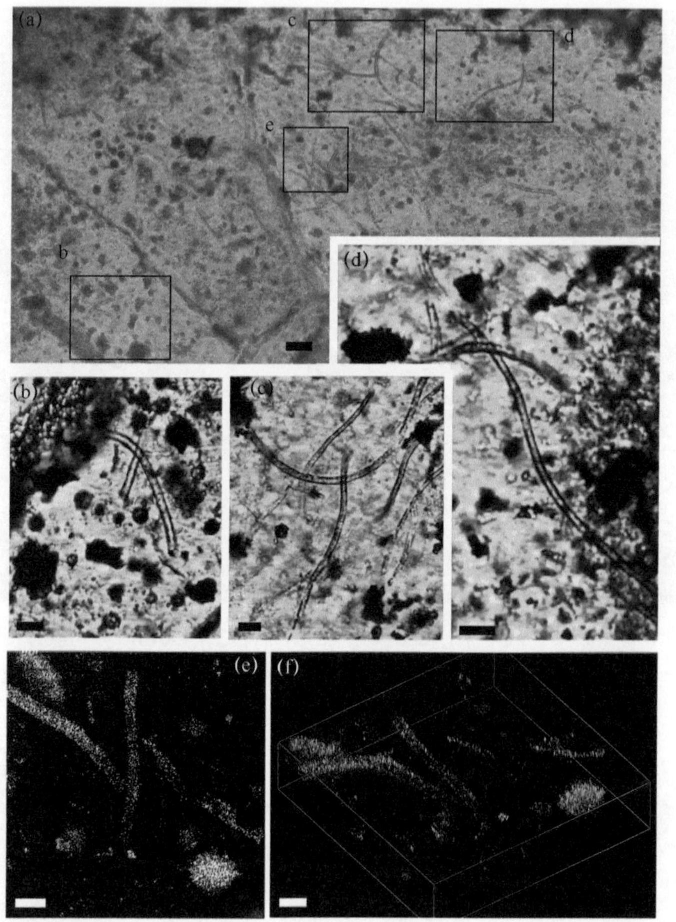

图 10.10 沸石相岩石中代表性丝状体的光学照片(a)~(d)和共聚焦激光显微镜照片(e)、(f)

能由其他矿物所形成，它们的分布模式与生物成因极为一致。因此，这些微结构被认为是保存下来的微生物。

富集在沸石相岩石中碳质物质的形貌及其紧密的空间关系表明，有机物质最有可能形成于沸石相的俯冲变质作用过程中的微生物活动过程。

10.2.3 碳同位素特征

碳元素的地球化学分析（表 10.2）表明，变质岩石中总有机碳（TOC）含量相对较高（0.008%~0.379%），占总碳（TC）的 60% 以上。总有机碳同位素值（$\delta^{13}C_{TOC}$）从 –22.4‰ 变化到 –29.5‰（平均值 –25.2‰），总无机碳（TIC）同位素值

（$\delta^{13}C_{TIC}$）从 –14.5‰ 变化到 –6.1‰（平均值 –10.7‰）。来源于海水和地幔的碳酸盐的碳同位素值分别为 0 和 –7‰（图 10.11）。因此，变质岩石中极低的无机碳同位素值及其较大的变化范围指示了：有机物质被微生物代谢氧化为富 ^{12}C 的 CO_2，从而改变了碳酸盐析出的溶解无机碳库的同位素值。相似地，负 $\delta^{13}C_{TIC}$ 也出现在 Costa Rica Rift 的蚀变玄武岩中，被证实起源于微生物的代谢过程（Thorseth et al.，1995）。

表 10.2　马里亚纳海沟变质岩石的地球化学特征

样品编号	TOC/%	TIC/%	TC/%	$\delta^{13}C_{TOC}$ /‰	$\delta^{13}C_{TIC}$/‰	$\delta^{18}O$/‰	温度（T）*/℃
JL118-G03	0.013	0.012	0.025	–23.7	–6.1	25.3	20
JL118-G04	0.008	0.004	0.012	–25.9	–9.9	20.4	44
JL118-G06	0.011	0.011	0.022	–24.7	–7.5	21.8	36
JL119-G01	0.046	0.014	0.060	–22.5	–10.6	14.0	88
JL119-G02	0.016	0.007	0.023	–25.9	–11.7	14.2	86
JL120-G01	0.013	0.006	0.020	–25.0	–7.3	21.3	39
JL120-G02	0.018	0.006	0.023	–24.6	–7.0	24.3	24
JL120-G03	0.013	0.009	0.022	–24.7	–12.9	14.0	89
JL121-G01	0.026	0.007	0.032	–23.0	–11.3	14.7	82
JL121-G04	0.034	0.08	0.042	–22.4	–12.3	14.0	88
JL122-G01	0.020	0.005	0.025	–26.2	–9.3	20.6	43
JL122-G02	0.013	0.005	0.018	–24.9	–11.6	13.9	89
JL144-G03	0.090	0.031	0.122	–25.2	–8.2	—	—
JL145-G02	0.261	0.141	0.402	–26.0	–13.0	—	—
JL146-G01	0.296	0.116	0.411	–26.5	–13.9	—	—
JL146-G02	0.379	0.039	0.418	–25.2	–13.8	—	—
JL146-G05	0.025	0.104	0.129	–25.3	–14.5	—	—
JL147-G03	0.032	0.114	0.147	–25.4	–12.8	—	—
JL147-G06	0.037	0.067	0.104	–23.2	–13.1	—	—
JL147-G07	0.032	0.075	0.107	–26.1	–11.1	—	—
JL147-G08	0.010	0.043	0.053	–28.8	–6.8	—	—
JL147-G10	0.013	0.054	0.067	–29.5	–9.7	—	—
平均值	0.064	0.040	0.104	–25.2	–10.7	18.2	61

* 温度（T）通过以下公式计算：$1000\ln\alpha=2.78\times(10^6T^{-2})-3.39$；其中，分馏因子 $a=(^{18}O/^{16}O)_{CaCO_3}/(^{18}O/^{16}O)_{fluid}$，海水与玄武岩的低温反应导致 ^{18}O 亏损的流体（4‰）。

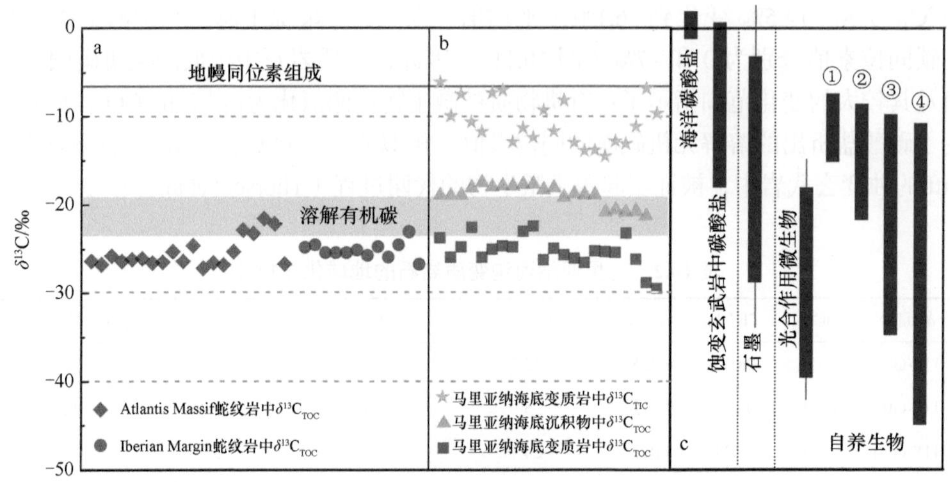

图 10.11　碳同位素对比图

Atlantis Massif 蛇纹岩和 Iberian Margin 蛇纹岩数据分别来自 Delacour 等（2008）和 Schwarzenbach 等（2013）；自养生物的四种不同的固碳途径①: 3- 羟基丙酸循环；②: 还原性三羧酸循环；③: 卡尔文循环；④: 还原性乙酰辅酶 A 途径

总有机碳同位素值明显低于周围沉积物的 $\delta^{13}C_{TOC}$（–21.3‰~–17.5‰），强有力地证明两者的不同，而沉积物中有机碳主要来源于上覆水体中沉降的颗粒有机碳（POC）。海洋溶解有机碳（DOC）也具有相对富集 ^{13}C 的 $\delta^{13}C_{DOC}$ 值（–23.5‰~19.5‰，图 10.11），并且在深海水体中相对抵制生物化学的利用，因此，DOC 对于变质岩石中有机碳的贡献可以忽略。尽管光合作用微生物也能够产生相似的 $\delta^{13}C$ 值，但深渊环境不存在光照，所以变质岩石中有机质并非来自光合作用微生物。非生物的费托型（Fischen-Tropsch-type，FTT）反应也能够合成相似 $\delta^{13}C$ 值的有机物质，但它主要形成甲烷和短链的烷烃类，其反应温度通常为 200~350℃。石墨或许也是此 $\delta^{13}C$ 值的有机物质的来源之一，但其拉曼光谱表明，变质岩石中有机质并没有发生石墨化，这也从它的类生物膜形貌得到证实。相似的有机碳同位素值（$\delta^{13}C_{TOC}$）也被记录在 Atlantis Massif 蛇纹岩和 Iberian Margin 蛇纹岩中的微生物群落（Delacour et al.，2008；Schwarzenbach et al.，2013）。综上所述，碳元素的地球化学特征很好地指示了，马里亚纳海沟南部变质岩中有机碳来源于岩石中化能自养微生物活动。

10.2.4　脂类生物标志物特征

通过 DAPI 染色，在变质岩石中没有检测到 DNA，表明 DNA 已经被降解，这些结构是过去微生物生长的结果（图 10.12）。通过脂类分析，在变质岩石中只检测到四醚类脂质，没有发现碳氢化合物、中性脂类和脂肪酸甲酯。因为后者通常存在于海水中，这表明潜在的海水或任何其他形式的污染是可以忽略的。

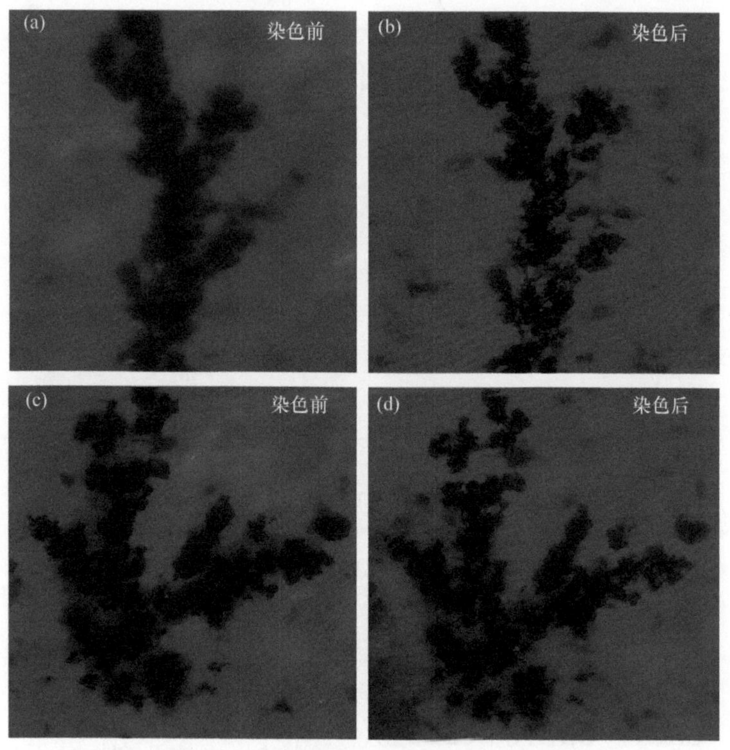

图 10.12　树枝状结构 DAPI 染色前后对比图

对四醚类脂质生物标志物的分析表明，GDGT-0 和 Crenarchaeol 是变质岩石内部主要的脂类，分别占比 23.5%~49.8% 和 0.5%~25.3%（图 10.13）。Crenarchaeol 通常是奇古菌（Thaumarchaeota）的特定生物标志物，该菌通过利用氨或其他能源物质来进行化能自养合成作用；GDGT-0 主要由奇古菌和产甲烷古菌（methanogenic archaea）所产生，产甲烷古菌通过利用 H_2 进行化能自养合成作用（Weijers et al.，2009）。在变质岩石的外部，GDGT-0/Crenarchaeol 值（0.5）和周围沉积物的值（0.3~0.5）相似，表明奇古菌是主要的古菌群落（图 10.13）（Schouten et al.，2002）。在变质岩石内部，GDGT-0/Crenarchaeol 值从 1.4 变化到 59.5，指示了产甲烷古菌的贡献（Weijers et al.，2009）。这与 Lost City 烟囱体和 Iberia Margin 水镁石 – 方解石脉中检测到的产甲烷古菌一致（Lincoln et al.，2013；Klein et al.，2015）。此外，变质岩石内部 BIT 值

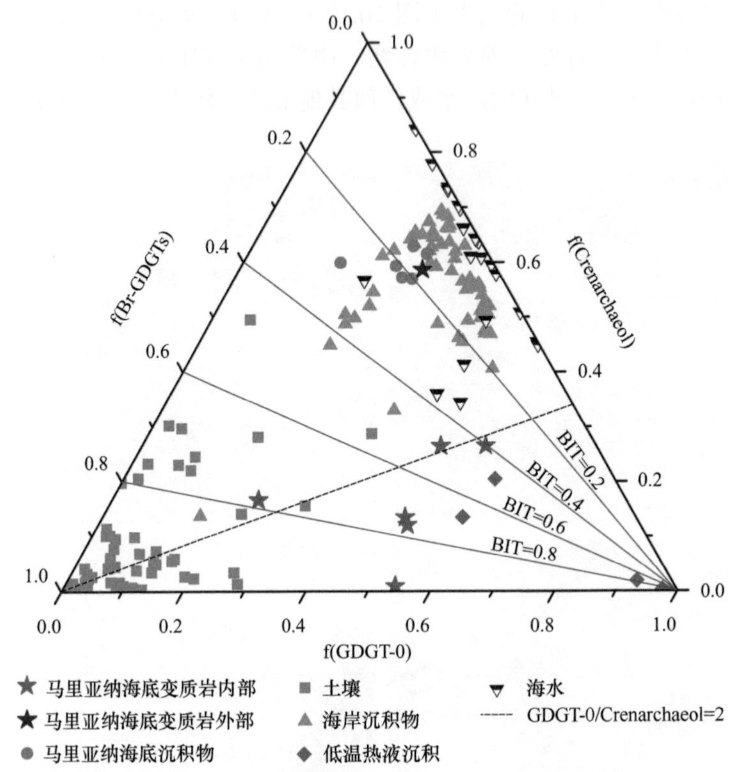

图 10.13　脂类生物标志物中 Br-GDGTs、GDGT-0 和 Crenarchaeol 的分布图

（BIT① $=\dfrac{\text{GDGTⅠ}+\text{GDGTⅡ}+\text{GDGTⅢ}}{\text{GDGTⅠ}+\text{GDGTⅡ}+\text{GDGTⅢ}+\text{Crenarchaeol}}$）从 0.38 变化到 0.76（平均值 0.56，n=5），明显高于变质岩石外部（0.16）和周围沉积物（平均值 0.19，n=6）的 BIT 值；与低温热液沉积体的 BIT 值（平均值 0.63，n=4）（Pan et al.，2016）相近。综上所述，脂类特征进一步指示了马里亚纳海沟变质岩石内部有机物质是由化能自养微生物活动所产生。

10.3　微生物能量来源及深部生物圈指示

沸石相变质岩石中密集的碳质物质引发了一个思考：什么样的能量来源支撑了这个石内生物圈？维持变质洋壳中微生物生命活动的能量来源包括低级变质作用中玄武岩－流体相互作用产生的 H_2，能够支撑化能自养微生物的生长。通过水

①其中，GDGT Ⅰ、GDGT Ⅱ、GDGT Ⅲ为不带环戊烷结构的三种细菌膜脂 GDGTs（Br-GDGTs）。

的分解，玄武质岩石中某些矿物（如辉石和橄榄石）中的二价铁能够被氧化为三阶铁，同时导致 H_2 的产生。早期的实验室模拟实验证实了玄武质矿物和水能够在低到中温条件下发生反应，产生 H_2（Mayhew et al.，2013）。高 GDGT-0/Crenarchaeol 值（1.4~59.5）（图 10.13）和沸石相岩石中微量铁及类树枝状生物膜结构（图 10.6~ 图 10.8）有力地支持了这种假设。变质岩石内部 Crenarchaeol 和 NH_4^+（平均值为 8.8ppm[①]；表 10.3）的高含量说明，除了 H_2 以外，NH_3 可能是变质岩石中化能自养微生物的另一种能量来源。NH_3 可能来源于上洋壳中 N_2、NO_2^- 和 NO_3^- 的非生物矿物催化还原作用（Brandes et al.，1998）。

表 10.3　玄武岩和变质岩石中氨含量对比

岩石类型	样品编号	NH_4^+ 含量 /ppm
玄武岩	JL116-G02	0.78
	JL116-G04	1.35
变质岩	JL120-G01	7.49
	JL122-G01	7.16
	JL122-G02	11.82

地球上已知的深部亚表面生物圈存在于多种环境中，包括洋壳的火成岩。低级变质洋壳可能代表了地球上化能自养微生物的未知栖息地。考虑到生命的极限温度（<122℃），马里亚纳海沟沸石相岩石内部化石生命的发现可将深部生物圈的范围延伸至俯冲带洋壳 14km 以深（Marshak，2009），远远深于已知的寄宿于玄武岩的深部生物圈（300~500m）（Furnes and Staudigel，1999），同时也超过了预测的寄宿于超基性岩的深部生物圈的深度（10km）（Plümper et al.，2017）。这些石化生命保存于 ^{13}C 亏损的岩石中，主要包括碳质聚合体、化石丝状体以及类树枝状结构等。通过形貌、拉曼光谱、碳同位素以及生物标志物特征，本章证实了这些结构形成于变质岩石内部化能自养微生物的生命活动，并提出低级变质过程中的流体 – 岩石相互作用支撑了变质洋壳深部生物圈的生存（图 10.14）。低级区域变质作用是汇聚板块边缘的典型特征，这类生物圈应该在全球俯冲带广泛分布，代表了地球上最深且最大黑暗微生物生态系统之一。作为地球上化能自养微生物的一种特殊栖息地，低级变质洋壳严重影响着大陆边缘碳的生物地球化学循环。

① 1ppm=10^{-6}。

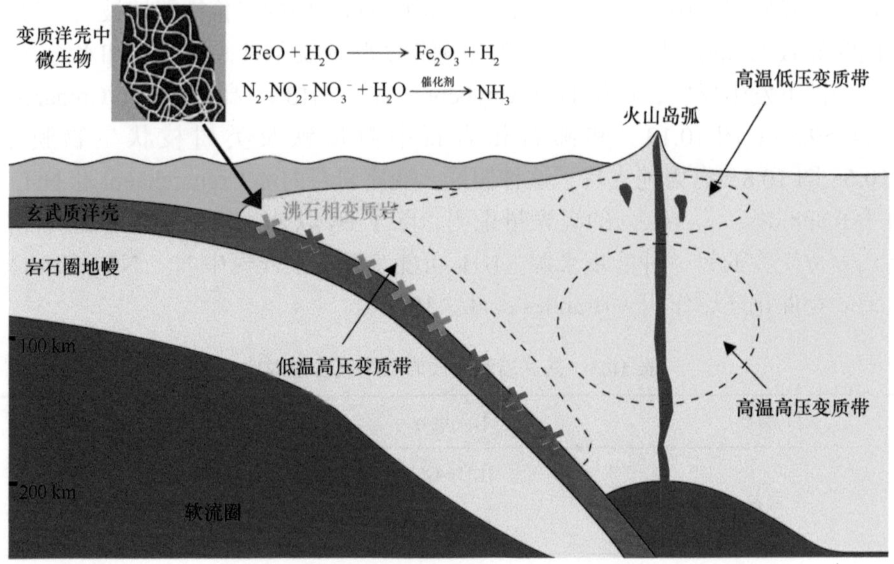

图 10.14 变质洋壳深部生物圈示意图

参考文献

Banerjee N R, Furnes H, Muehlenbachs K, et al. 2006. Preservation of ~3.4–3.5 Ga microbial biomarkers in pillow lavas and haloclastites from the Barberton Greenstone Belt, South Africa. Earth Planet. Science Letters, 241(3-4): 707-722.

Bengtson S, Ivarsson M, Astolfo A, et al. 2014. Deep-biosphere consortium of fungi and prokaryotes in Eocene Subseafloor basalts. Geobiology, 12: 489496.

Brandes J A, Boctor N Z, Cody G D, et al. 1998. Abiotic nitrogen reduction on the early Earth. Nature, 395: 365-367.

Delacour A, Früh-Green G L, Bernasconi S M, et al. 2008. Carbon geochemistry of serpentinites in the Lost City Hydrothermal System (30°N, MAR). Geochim. Cosmochim. Acta, 72: 3681-3702.

Furnes H, McLoughlin N, Muehlenbachs K, et al, 2008. Oceanic pillow lavas and hyaloclastites as habitats for microbial life through time-A review//Dilek Y, Furnes H, Muehlenbachs K. Links between Geological Processes, Microbial Activities and Evolution of Life. Berlin: Springer Press.

Furnes H, Staudigel H. 1999. Biological mediation in ocean crust alteration: how deep is the deep biosphere? Earth Planet. Science Letters, 166: 97-103.

Furnes H, Thorseth I H, Tumyr O, et al. 1996. Microbial activity in the alteration of glass from pillow lavas from Hole 896A.//Alt J C, Kinoshita H, Stokking L B, et al. Proceedings of the Ocean

Drilling Program, Ocean Drilling Program, College Station, TX. Scientific Results, 148: 191-206.

Heim C, Queâric N V, Ionescu D, et al. 2017. Frutexites-like structures formed by iron oxidizing biofilms in the continental subsurface (AÈspoÈ Hard Rock Laboratory, Sweden). PLoS ONE, 12: e0177542.

Ivarsson M, Bengtson S, Neubeck A. 2016. The igneous oceanic crust e Earth's largest fungal habitat? Fungal Ecology, 20: 249-255.

Klein F, Humphris S E, Guo W, et al. 2015. Fluid mixing and the deep biosphere of a fossil Lost City-type hydrothermal system at the Iberia Margin. Proceedings of the National Academy of Sciences of the United States of America, 112: 12036-12041.

Lincoln S A, Bradley A S, Newman S A, et al. 2013. Archaeal and bacterial glycerol dialkyl glycerol tetraether lipids in chimneys of the Lost City Hydrothermal Field. Organic Geochemistry, 60: 45-53.

Marshak S. 2009. Essentials of Geology. 3rd Edition. Newyork: W. W. Norton & Company Press.

Mayhew L E, Ellison E T, Mccollom T M, et al. 2013. Hydrogen generation from low-temperature water-rock reactions. Nature Geoscience, 6: 478-484.

McLoughlin N, Brasier M D, Wacey D, et al. 2007. On biogenicity criteria for endolithic microborings on early earth and beyond. Astrobiology, 7: 10-26.

Pan A Y, Yang Q H, Zhou H Y, et al. 2016. A diagnostic GDGT signature for the impact of hydrothermal activity on surface deposits at the Southwest Indian Ridge. Organic Geochemistry, 99: 90-101.

Plümper O, King H E, Geisler T, et al. 2017. Subduction zone forearc serpentinites as incubators for deep microbial life. Proceedings of the National Academy of Sciences of the United States of America, 114: 4324-4329.

Schouten S, Hopmans E C, Schefuss E, et al. 2002. Distributional variations in marine crenarchaeotal membrane lipids: a new tool for reconstructing ancient sea water temperatures? Earth Planet. Science Letters, 204: 265-274.

Schwarzenbach E M, Früh-Green G L, Bernasconi S M, et al. 2013. Serpentinization and carbon sequestration: A study of two ancient peridotite-hosted hydrothermal systems. Chemical Geology, 351: 115-133.

Takai K, NaKamura K, Toki T, et al. 2008. Cell proliferation at 122℃ and isotopically heavy CH_4 production by a hyperthermophilic methanogen under high-pressure cultivation. Proceedings of the National Academy of Sciences Of the United States of America, 105: 10949-10954.

Thorseth I H, Torsvik T, Furnes H, et al. 1995. Microbes play an important role in the alteration of oceanic crust. Chemical Geology, 126: 137-146.

Weijers J W H, Blaga C I, Werne J P, et al. 2009. Microbial membrane lipids in lake sediments as a paleothermometer. PAGES news, 17: 102-104.

第 11 章

深渊岩石圈中的非生物成因有机质

南景博[1,2]　彭晓彤[1]

1. 中国科学院深海科学与工程研究所

2. 南方科技大学

蛇纹岩常作为有机质的载体而受到广泛关注，这些有机质可能记录了地球深部生物圈的信息。而一些有机质与具有催化活性的矿物之间存在紧密的空间关系，指示出非生物的有机质合成。在这些矿物中，铁氧化物具有良好的有机质催化合成潜力，这在热力学计算以及实验模拟超镁铁质岩石水热反应过程中得到验证。我们通过高分辨率电子显微镜，结合原位振动光谱技术，揭示出西太平洋雅浦海沟蛇纹岩中非生物成因有机质的存在。拉曼及红外光谱测试表明，样品中的固态有机质由脂肪族和芳香族化合物组成，但未发现含有与生物有机质有关的信息。这些有机质存在于在一些微米级磁铁矿晶粒周围以及与纳米级铁（氢）氧化物相关的蛇纹岩纳米孔隙中。这表明蛇纹岩纳米孔和纳米级催化活性矿物的物理化学特性可能在自然系统有机质的非生物合成中起到了关键作用，进而为深部生物圈以及地球早期生命起源提供了重要启示。

11.1 引言

11.1.1 地球上的非生物成因有机质

地球因为孕育生命而多姿多彩，作为生命体重要组成的有机质广泛存在于地球的各个角落。另外，自然界中还存在大量的非生物成因有机质，它们同样为生物地球化学循环作出了重要贡献。自从 20 世纪海底热液活动区及烟囱体的发现，人们便开始注意热液流体中可能普遍存在非生物成因甲烷和短链碳氢化合物等有机分子，并逐渐认识到不同地质环境及时期都存在气态、溶解态以及固态的非生物有机质（图 11.1）。

海底热液系统是研究非生物成因有机质的天然实验室，这里不仅有非生物所需的原料（二氧化碳、氢气），并且良好的热力学条件也有利于有机质的催化合成。最近，Klein 等（2019）通过对蛇纹岩中甲烷、氢气、二氧化碳包裹体的研究，提出这些包裹体是在热液流体冷却过程中捕获的，而其中非生物成因的甲烷流体与蛇纹石化有关。这些包裹体可能是地球上甲烷的最大储库，因为蛇纹石化不仅可以发生在超基性岩中，还可以局部发生于微小尺度下含橄榄石、辉石的岩石中。该类型的甲烷或许还存在于不同地质历史时期甚至地球之外的系统中，为生命提供能量。除此之外，尽管海底热液混合区域附近氢气、甲烷、甲酸的富集常被认为与海底生物活动有关，在温度高于生命承受上限（>122℃）的热液流体中仍然存在这些化学变化，这意味着非生物过程和热力学变化在其中起到了关键作用（McDermott et al.，2020）。另外，在深部俯冲带中（40~80km）同样发现了非生物成因的氢气、甲烷及氨，指示出俯冲带中蕴含着微生物所需的潜在能量。这

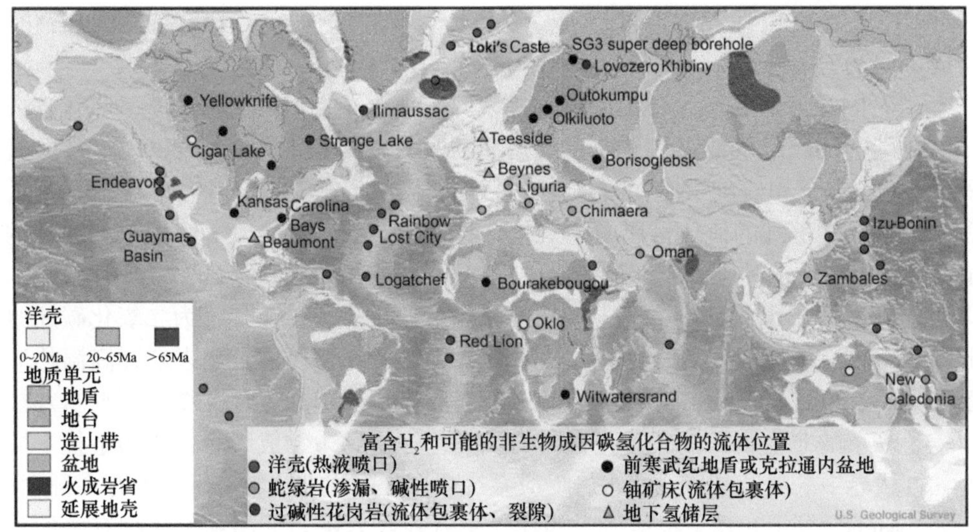

图 11.1　全球地壳流体中富含 H_2 及非生物碳氢化合物全球分布图（Truche et al.，2020）

些还原性有机质可能会向上运移至浅部岩石圈，并与氧化物反应形成可供微生物利用的能量（Brovarone et al.，2020）。越来越多的证据表明，深部生物圈所利用的能量是由更深部岩石圈提供的，因此对深部俯冲带中碳氢化合物的识别具有重要意义和巨大潜力。洋壳作为水岩反应最为活跃的场所之一，可以产生大量有机质。其驱动的热液系统中非生物成因的有机质不仅孕育出了地球的早期生命，还为现代生物活动提供了“绿洲”。Sforna 等（2018）在意大利 Northern Apennine 地区中生代的蛇纹岩中发现了与具有催化活性矿物有关的有机质，并认为这些非生物有机质是在不同条件下合成，磁铁矿、皂石等矿物参与了该催化过程。陆地上同样存在非生物碳氢化合物，它们分布在火山热液喷口、克拉通盆地的碱性火成岩以及蛇绿岩露头中。其中，火山热液流体喷口附近的烷烃化合物具有和非生物有机质热分解一致的同位素组成。并且，火山气体的快速降温会导致不同类型脂肪族及芳香族化合物的形成，这与其中二氧化碳和氢气的比例有关。

11.1.2　岩石圈中的非生物成因有机质

岩石圈位于地球表面，在软流圈之上，包括部分上地幔和地壳。作为连接地球深部与表层生物圈的中间部分，岩石圈对地球化学循环具有重要作用。其中蕴含的非生物成因有机质参与了岩石圈表层到深部的碳循环以及生物地球化学过程。根据岩石圈中分布位置的不同，这些有机质可以由深部地幔及岩浆冷却形成

（>400℃），也可以在浅部通过热液蚀变和水岩反应过程（如最常见的蛇纹石化）合成（<400℃）。

岩石圈深部的碳氢化合物可以直接来源于地幔，它们由无机碳（一氧化碳或二氧化碳）还原形成或来自地球形成初期的陨石，高温下（500~1500℃）碳酸盐的分解也会造成甲烷的形成。而在封闭C-O-H体系的岩浆冷却后期阶段（<600℃），含二氧化碳和氢气的流体可以向碳氢化合物方向转变。其中，流体中 CO_2/H_2O 的值会决定有机质的种类以及石墨的形成（Potter and Konnerup，2003）。

岩石圈浅部水岩反应过程中，蛇纹石化可以产生大量氢气，为二氧化碳还原形成非生物有机质提供原材料。在这一过程中，费托型反应常用来解释高温热液系统中（>200℃）简单有机质（如甲烷、短链烷烃以及甲酸等有机酸）的催化合成，而较为复杂的非生物长链碳氢化合物的识别往往受到生物成因有机质的干扰。另外，自然界中低温及高压下的水岩反应系统中同样存在非生物有机质的存在证据。例如，Ménez 等（2018）报道了大西洋洋中脊蛇纹岩中与低温黏土矿物有关的固态有机质，并提出 Friedel-Crafts 反应（<200℃）可能在有机质合成中起到了关键性作用。并且，热力学计算表明，热液系统的物理化学条件有利于岩石圈中非生物成因有机质的形成，而该过程中温度、压力以及反应物氢气与二氧化碳浓度的不同会导致有机质种类的变化。

不仅如此，地球早期同样存在非生物有机质的证据。例如，Brasier 等（2002）发现西澳大利亚绿岩带（3.46 Ga BP）中非生物成因的碳质物。他们认为该地区类似细菌特征的“生物标志物”可能与生命活动无关，而深部古老热液区的非生物有机质可能为这些碳质物提供了最初来源，之后有机质的迁移再沉淀造成了上部底层中类似细菌形态的碳质物富集。除此之外，该地区 2.6 Ga BP 的金矿床中也存在与成矿有关的非生物成因甲烷包裹体，这些甲烷可能来自深部岩浆活动。最新的模拟实验表明，在洋底碱性热液喷口附近（<80℃）很可能存在利用铁硫化物催化的有机酸非生物合成过程，而海水中大量存在的二氧化碳以及深部供给的氢气是该反应的原材料。这为生命起源的假说提供了重要的实验支撑，该过程形成的非生物有机质很可能是早期生命雏形的物质基础。

11.1.3　蛇纹石化和蛇纹岩中的有机质

蛇纹石化通常是指橄榄石或辉石与水反应生成蛇纹石、磁铁矿、水镁石，氢气和甲烷以及高碱性流体的氧化还原反应。而大洋岩石圈中镁铁质及超镁铁质岩石会通过蛇纹石化反应释放能量，这一过程发生在地球历史时期的多种海洋系统中，包括俯冲带、大洋中脊和蛇绿岩套，具有重要的地球化学和生物学意义。特别是 21 世纪以来大西洋洋中脊附近由蛇纹石化驱动的 Lost City 热液区的发现，极大地促进了人们对蛇纹石化过程的了解。目前认为，岩石圈中的橄榄岩蛇纹石化是低温、碱性热液系统的重要成因，也是热液流体中高浓度氢气的来源。由于流体的参与，该反应在诸如镁、钙、氯、硼、硫和碳等参与水热系统生物过程的元素循环中起着重要作用（Früh-Green et al.，2004）。不仅如此，碳酸盐烟囱壁上嗜热菌的活动，表明蛇纹石化产生的氢和甲烷可能为该过程驱动的热液系统中的化能自养微生物提供重要的能量来源（Kelley et al.，2005）。因此，对蛇纹石化的研究，不仅有利于了解深部元素循环，还可以获取生物过程的重要信息。

蛇纹岩作为蛇纹石化的载体，是研究上述过程的重要对象。由于其广泛分布在全球各大地壳（上地幔）及岛弧系统中（Guillot and Hattori，2013）（图 11.2），针对蛇纹岩尤其是俯冲带中该岩石的研究对地质历史时期的地球动力学及全球地球化学循环具有重要意义（图 11.3）。不仅如此，蛇纹岩中还可能存在生命活动的痕迹以及非生物成因的有机质记录（Ménez et al.，2018）。

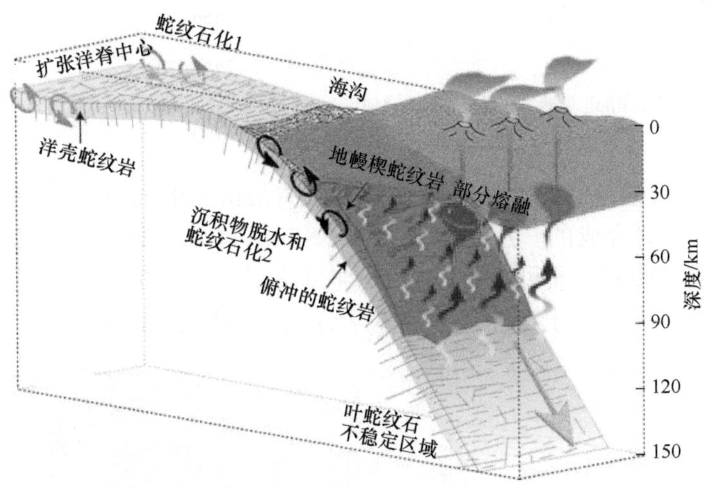

图 11.2　不同构造位置的蛇纹岩及蛇纹石化分布（Guillot and Hattori，2013）

其中，蛇纹岩对有机化合物如对甲烷、短链烃和复杂的固态有机质合成的影响越来越受到广泛关注（McCollom，2013），但在自然系统中区分非生物合成以及与生物有关的固态有机质往往存在困难（Plümper et al.，2017）。整体而言，蛇纹石化驱动的热液系统可能对生命起源起到至关重要的作用（Russell et al.，2010）。在现代工业生产中，人们往往利用一些具有催化活性的矿物（如铬铁矿、赤铁矿）来合成有机物，而在自然界的蛇纹岩中，这些特定矿物与周围有机质之间紧密的空间关系则突显了蛇纹岩在有机合成中的潜力。Ménez 等（2018）报道了蛇纹岩

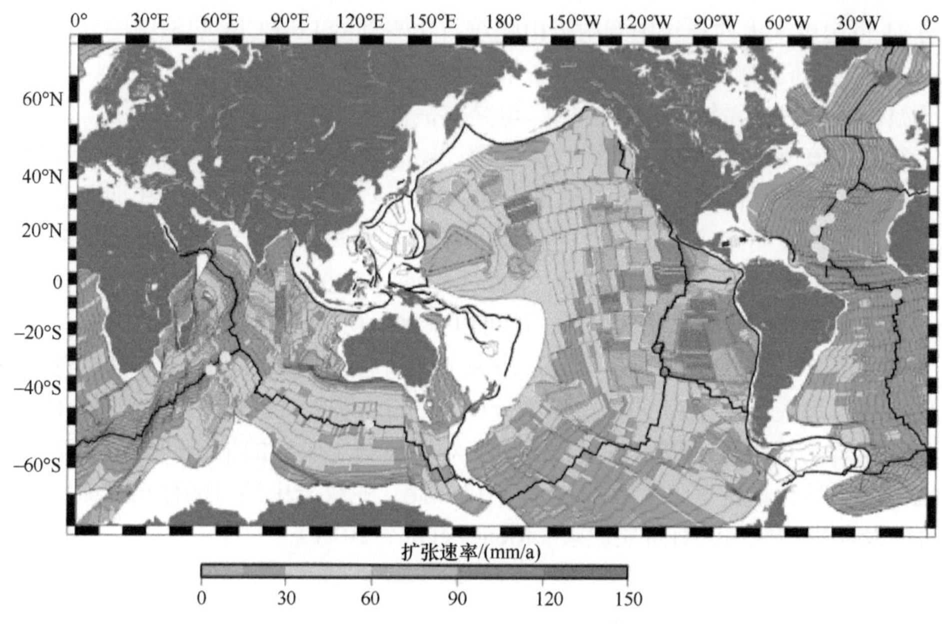

图 11.3　海底和大陆上蛇纹岩的全球分布图

其中，彩色表示海洋岩石圈的扩散速率，黑线表示山脊轴。蛇纹岩的主要产出部位是用黄色圆（海底）和绿线（大陆）来表示（Guillot and Hattori，2013）

中非生物氨基酸的存在，他们认为这些有机质是富铁的皂石作为催化剂，通过 Friedel-Crafts 反应合成的。这些观察结果（Sforna et al.，2018）表明，在蛇纹石化过程中，复杂的有机质可以通过基于矿物的催化反应以非生物合成的方式形成（图 11.4）。除皂石等黏土矿物外，许多学者还认为其他包括铬铁矿（Foustoukos

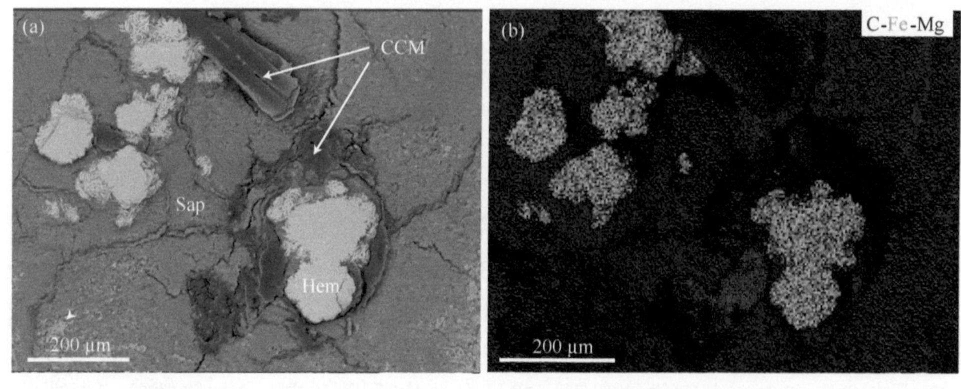

图 11.4　Ligurian Tethyan 蛇纹岩扫描电子显微镜照片及元素分布图

（a）- 与低温蚀变矿物赤铁矿（Hem）和皂石（Sap）以及周围非生物成因有机质（CCM）的扫描电子显微镜照片；（b）- 通过 SEM-EDX 获取的元素分布图，与图（a）对应

and Seyfried，2004）、磁铁矿、镍铁合金和铁镍硫化物等矿物也同样对蛇纹石化过程中有机质的合成起到关键作用。

11.2　深渊岩石圈非生物成因有机质——以雅浦深渊蛇纹岩为例

11.2.1　雅浦海沟构造地质背景

雅浦海沟位于西太平洋菲律宾海板块转换边界的东南侧，属于菲律宾海板块的东部边界岛弧 – 海沟系统的一部分。该系统是由太平洋板块和卡洛琳板块俯冲到菲律宾板块形成，包括伊豆 – 小笠原、马里亚纳海沟、雅浦海沟以及帕劳海沟（Chen et al.，2019；Fujiwara et al.，2000）。雅浦海沟呈北东走向，呈透镜状向南东方向凸出，长约 700km。其西侧是雅浦岛弧和弧后帕里西维拉海盆；东为卡洛琳板块；北与马里亚纳海沟相连 [图 11.5（a）]，最深处在海平面以下 8946m（10°29.957′N，138°40.987′E）。海底地形以海山和海沟相间发育为特征，沉积物覆盖较少。研究表明，始新世到渐新世时期，卡洛琳板块与菲律宾海板块发生碰

图 11.5　雅浦海沟与马里亚纳海沟的海水深度图及采取样本

（a）- 雅浦海沟与马里亚纳海沟的海水深度图，白框为采样区域；（b）- 蛇纹岩手标本照片；（c）- 蛟龙号在海平面以下 6413m 处采集蛇纹岩；（d）、（e）- 蛇纹岩在光学显微下的矿物组合，其中原生矿物由橄榄石（Ol）和斜方辉石（Opx）组成，次生蚀变矿物分别由网状蛇纹石（mesh Srp）+ 磁铁矿（Mag）和绢石（Bast）+ 滑石（Tlc）组成

撞，之后便以 6~10mm/a 的速率沿雅浦海沟和帕劳海沟进行俯冲。而中新世之后卡洛琳板块的碰撞导致帕里西维拉弧后盆地发生扩张，最终使雅浦海沟向西漂移（Fujiwara et al.，2000）。

2017 年，科学家在中国大洋第 38 航次科学考察中，利用“向阳红 09”船的载人深潜器“蛟龙号”在雅浦海沟中获取了大量岩石样品。而本次研究样品采自雅浦海沟上覆板内沟坡的蛇纹岩露头，该处位于海平面以下 6413m[图 11.5（c）]。蛇纹岩样品采集后，立即进行冷冻储存，之后在岩石内部提取厘米级的新鲜样品，以避免储存过程中外部污染的影响。其中一部分样品制成薄片用于岩相学观察，另一部分样品在清洁处理后用于有机质的原位实验分析。

11.2.2 蛇纹岩矿物及岩石特征

蚀变橄榄岩往往含有较多的含水矿物，我们研究的样品为部分蛇纹石化橄榄岩，原生矿物由橄榄石、辉石和铬铁矿组成。次生蚀变矿物为网状蛇纹石（利蛇纹石）、磁铁矿和滑石。这一矿物组合表明蛇纹石化发生在 200~400℃ [图 11.5（d）、（e）]；（Klein et al.，2013）。滑石形成于富硅的热液流体中，而绢石及辉石边部滑石的发育，说明辉石蛇纹石化过程中释放的硅为滑石的形成提供了原料。辉石发生蛇纹石化的温度比橄榄石高，而滑石与辉石的密切联系指示出其在更高温度下形成，这也指示出蛇纹石化可能发生在多个阶段，不同温度下的平衡造成了岩石中特定的矿物组合（Nan et al.，2012）。

铁氧化物为蛇纹石化常见的产物，该样品中存在两种形式的铁氧化物。第一种为具有不规则形状的微米级（<30μm）磁铁矿晶粒 [图 11.5（d）、图 11.6（a）]，第二种是纳米纤维状铁（氢）氧化物（长度约 50nm）[图 11.7（b）]；构成的无序聚合体。尽管某些微生物可以形成纳米级磁铁矿，但这些磁铁矿以规则球粒状或沿着丝状有机结构排列的纳米晶体形式出现（Scheffel et al.，2006），因此该样品中的铁（氢）氧化物纤维体更可能与非生物作用有关。并且，（纳米）蛇纹石孔边部铁氧化物的发育，指示出其在蛇纹石化后期的较低温度下形成（Nan et al.，2012）。

在橄榄石、网状蛇纹石以及磁铁矿之间常见由矿物溶解形成空腔，其中存在微米级（10~20μm）碳质物质（carbonaceous matter）[图 11.6（a）]。在矿物与碳质物质的界面可见无序排列的磁铁矿纤维从微米级的蛇纹石和磁铁矿晶粒中长出，长约 50nm，并渗透到碳质物质中 [图 11.6（b）]。而在蛇纹石的纳米孔中（平均 50nm）同样存在碳质物质，并且通常与孔隙边缘的铁（氢）氧化物有关 [图 11.7（c）、（d）]。

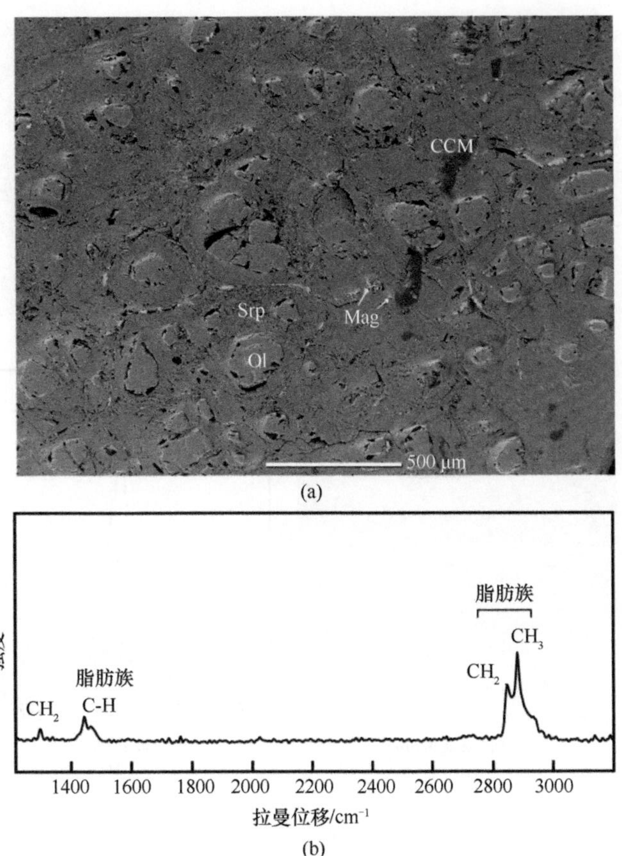

图 11.6　蛇纹岩中发育在磁铁矿（Mag）周围微米级别有机质（CCM）的扫描电子显微镜照片及其激光拉曼光谱特征

通过拉曼光谱可以看出这些有机质由脂肪族化合物组成；Srp 为蛇纹石

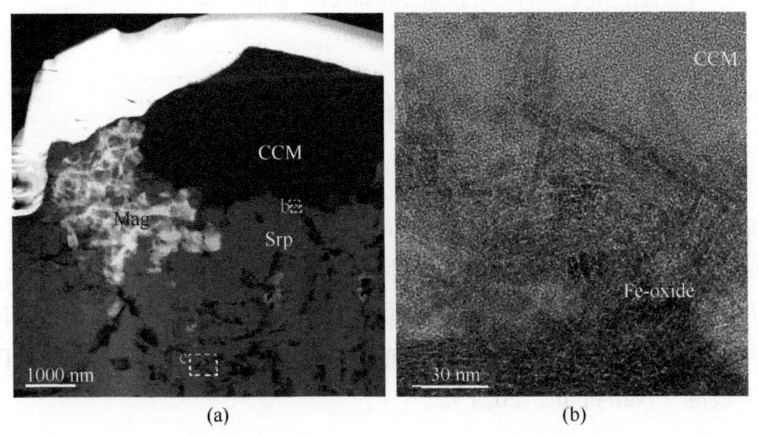

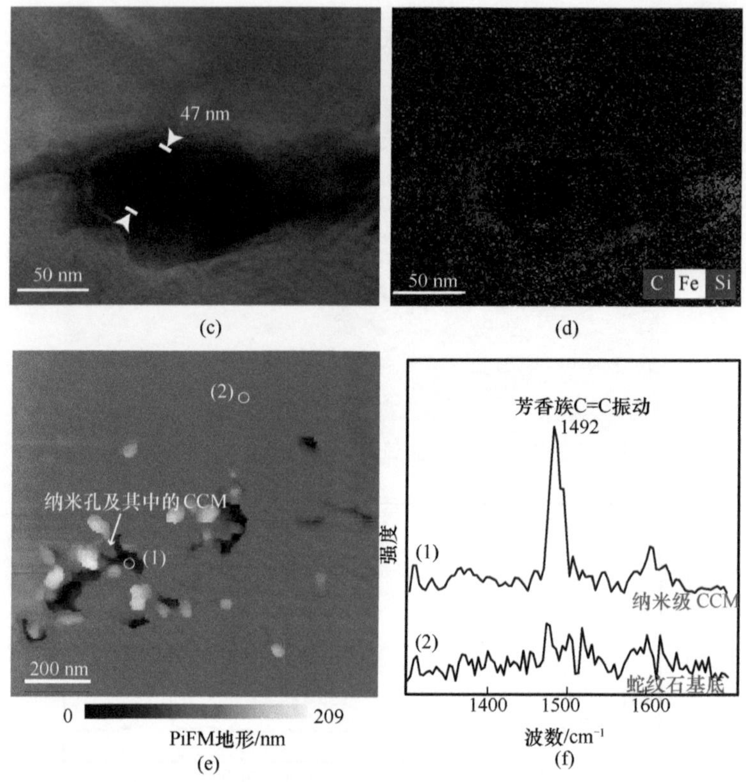

图 11.7　网状蛇纹石内的纳米孔和其中赋存的有机质（CCM）

（a）- 聚焦离子束扫描电子显微镜（SEM-FIB）切片的扫描透射电子显微镜，高角环形暗场扫描透射电子显微镜（HAADF-STEM）图像显示了 CCM 分布在蛇纹石（Srp）– 磁铁矿（Mag）边界。（b）、（c）为（a）中 b、c 虚线方框显示的区域放大图。（b）- 明场（BF-）透射电子显微镜（TEM）图像显示在 CCM- 蛇纹岩界面处的铁（氢）氧化物（Fe-oxide）纳米纤维体，长度约 50nm。（c）- 蛇纹石纳米孔中分布的 CCM，对应于（d）中 C（红色），Fe（白色）和 Si（蓝色）的 EDX 元素分布图。（e）-PiFM 地形图，显示出蛇纹石中纳米孔的分布，（1）和（2）为 PiFM 光谱采集位置，展示在（f）。（f）- 纳米孔内的 CCM 和蛇纹石的单点 PiFM 光谱

11.2.3　蛇纹岩中有机质的地球化学特征

微米级碳质物质的拉曼光谱结果 [图 11.6（b）] 显示出与 CH_2（1300cm^{-1}）、CH（1450cm^{-1}）和 2850~2960cm^{-1} 区域（CH）相对应的振动结果，说明这些复杂固态有机质（CCM）中存在脂肪族化合物。在聚焦离子束（FIB）切片上进行的红外光谱 PiFM 面扫分析显示，纳米孔中同样赋存 CCM。拉曼光谱和 PiFM 光谱结果的差异可能是自然振动光谱（即拉曼光谱）和真实表面模式光谱（即 PiFM）之间的差异导致的（Nan et al.，2021）。

11.3　深渊岩石圈中有机质的非生物成因

11.3.1　有机质的非生物成因

CCM 由脂肪族和芳香族化合物组成，但未发现任何复杂官能团的存在。这与来自利古里亚特提斯蛇纹岩中发现的非生物成因 CCM 的特征一致（Sforna et al.，2018）。相比之下，微生物和细胞外聚合物通常是含有多种不同官能团的复杂混合物。并且原核微生物的尺寸通常在几微米左右，因此不太可能生存于蛇纹石的纳米孔中（Ménez et al.，2018）。除此之外，如果 C-O-H（碳 – 氧 – 氢）流体中挟带碳氢化合物，那么会造成有机质在孔隙中的均匀分布，而不是上述过程中与磁铁矿具有特定的空间关系。综上，我们认为该样品中的 CCM 系非生物来源（Nan et al.，2021）。

11.3.2　纳米尺度的物理化学性质对有机质合成的影响

蛇纹岩常广泛发育纳米孔隙度（10~200nm）（Tutolo et al.，2016），这些孔隙可能促进了有机分子的合成并为有机质的沉淀提供了重要场所。最近的分子模拟实验表明，当 CO_2 和 H_2 集中在一些无机材料组成的限域空间中时，它们向 CH_4 合成方向的热力学驱动会增加（Le et al.，2019）。有些学者认为这是流体组分在分子水平上的平衡移动所致。这些组分受扩散运输的限制所决定，并通过在孔壁处的吸附和潜在的催化作用降低了流体中生成物的浓度（Cole and Striolo，2019）。

纳米催化剂的效率提升还与其表面积增加有关，这是由于表面积的增加为表面化学反应提供了足够的活性位点。因此，如果蛇纹岩中上述具有催化作用的矿物以纳米级形式存在，那么它们可能比以往传统不具有几何限域条件下的实验中的矿物（Foustoukos and Seyfried，2004）具有更高的有机物合成潜力。

自然热液系统中有机质的非生物合成，与实验磁铁矿催化的不一致结果之间潜在的联系存在缺失（McCollom，2013），这可能与普遍存在的纳米孔隙的物理效应有关。雅浦海沟中的蛇纹岩样品显示出 CCM 与蛇纹岩纳米孔隙之间密切的空间联系，表明纳米地球化学过程可能对有机质的形成作出了重要贡献。前人研究表明，发生热液蚀变的地幔岩石中普遍存在纳米孔隙（Tutolo et al.，2016），这些孔隙占岩石中矿物总表面积的 90%。而纳米铁（氢）氧化物 [图 11.6（b）] 会由于其表面积的大幅增加而获得更高的催化活性。图 11.6（b）中所示的 TEM 图像进行的估计表明，与相同体积的单个磁铁矿晶体相比，纳米纤维状磁铁矿的表面积增加了两倍。

纳米孔中的几何限域可能降低化学反应中的活化能，进而提高反应速率及产率（Derouane et al.，1988）。最近的研究结果表明，将流体限制在纳米孔会导致其物理化学过程发生改变（Cole and Striolo，2019）。在有机质合成方面，分子模拟的实验结果表明纳米孔可促进 CO_2 向 CO 的转变（Le et al.，2019）。而 CO 和 H_2 的混合物（也称为合成气）常作为费托型反应的原料，这将增加蛇纹石化过程催化有机物合成的潜力。并且，CO 浓度的升高会有利于 C-C 键的形成，这导致短链化合物将向长链复杂化合物聚合，最终导致固态碳质物的沉淀。因此，纳米孔不仅有助于最初的简单有机质合成（如甲烷），还可以提高复杂有机质的聚合。并且，甲烷的分解也可以进一步导致碳质物的沉淀。即使当流体输送以裂隙流动为主，裂隙与纳米多孔岩石基质之间的化学交换也可能为有机物质的合成作出重要贡献，而目前对该过程的了解还相对较少。由于纳米孔中的几何限域可以极大提高局部 CO 和 CO_2 的浓度，而相对较高的 C/H 值会更有助于芳香族化合物的形成，这也导致了蛇纹岩纳米孔以及微米孔中碳质物成分的差异 [图 11.6（b）、图 11.7（f）]。

11.3.3 意义与展望

蛇纹石化作为大洋岩石圈重要的地球化学过程，驱动了有机质的合成。而俯冲带海沟中的蛇纹岩可能是非生物有机物的重要载体。根据观察，我们认为在蛇纹石化或其他热液蚀变过程中，岩石孔隙的几何限域以及具有催化活性的纳米金属氧化物可能在有机物的非生质合成中起到了关键作用。蛇纹岩等纳米多孔介质在地球化学过程中的作用尚待探索，但它们或许为深部生物圈的运转作出重要贡献（Ménez et al.，2018），并可能为地球早期的生命起源提供了重要的原材料（Russell et al.，2010）。

生命起源需要最初的简单有机质合成，为后续复杂有机质，如氨基酸、蛋白质等做铺垫。而蛇纹岩中非生物碳质物可能是地球早期岩石圈中重要的有机储库。当流体性质发生变化，或岩石发生构造运移至浅部位置时，碳质物可能会发生氧化分解，并随着流体循环进入海洋。虽然没有直接证据表明这些碳质物可以在自然界释放简单有机质，但地球早期岩石圈浅部具有有利的地质条件使其发生分解运移。当分解后的简单有机分子在酸碱热液界面处持续富集，可能会为生命起源的发生创造有利条件。

上述非生物有机质的发现表明，今后模拟热液系统的研究不仅需要关注具有催化活性纳米矿物的催化效率，而且还应关注纳米限域对有机质非生物合成的影响。而纳米孔壁的表面化学性质对地质流体的物理特性的影响以及矿物催化性中起到了至关重要的约束。在化学工业和冶金业中利用磁铁矿与气态碳氧化物（如一氧化碳）进行反应过程中，磁铁矿常被转化为铁单质和 / 或铁碳化物（de Smit and Weckhuysen，2008），但是这些中间产物从未在自然系统中发现。而利用球差校正透射电子显微镜和原子探针层析成像（APT）等进行原子分辨化学成像，可以对这些表面催化位点进行识别。此外，随着原位液 / 气 TEM 和 X 射线显微镜的普及，也可能直接在纳米级观察矿物催化反应的进行。这些分析和实验工具都将使人们对蛇纹石化驱动的催化过程中的物理化学机制有更加深入的了解。

参考文献

Brasier M D, Green O R, Jephcoat A P, et al. 2002. Questioning the evidence for Earth's oldest fossils. Nature, 416(6876): 76-81.

Brovarone A V, Sverjensky D A, Piccoli F, et al. 2020. Subduction hides high-pressure sources of energy that may feed the deep subsurface biosphere. Nature Communications, 11(1): 1-11.

Chen L, Tang L, Li X, et al. 2019. Geochemistry of peridotites from the Yap Trench, Western Pacific: implications for subduction zone mantle evolution. International Geology Review, 61(9): 1037-1051.

Cole D, Striolo A. 2019. The Influence of Nanoporosity on the Behavior of Carbon-Bearing Fluids// Orcutt B, Daniel I, Dasgupta R. Deep Carbon: Past to Present: Cambridge: Cambridge University Press: 358-387.

Derouane E G, Andre J M, Lucas A A. 1988. Surface curvature effects in physisorption and catalysis by microporous solids and molecular sieves. Journal of Catalysis, 110: 58-73.

de Smit E, Weckhuysen B M. 2008, The renaissance of iron-based Fischer–Tropsch synthesis: on the multifaceted catalyst deactivation behavior. Chemical Society Reviews, 37: 2758-2781.

Foustoukos D I, Seyfried W E. 2004, Hydrocarbons in hydrothermal vent fluids: the role of chromium-bearing catalysts. Science, 304: 1002-1005.

Früh-Green G L, Connolly J A, Plas A, et al. 2004. Serpentinization of oceanic peridotites: implications for geochemical cycles and biological activity. The Subseafloor Biosphere at Mid-ocean Ridges, 144: 119-136.

Fujiwara T, Tamura C, Nishizawa A, et al. 2000. Morphology and tectonics of the Yap Trench. Marine Geophysical Researches, 21: 69-86.

Guillot S, Hattori K. 2013. Serpentinites: essential roles in geodynamics, arc volcanism, sustainable development, and the origin of life. Elements, 9(2): 95-98.

Kelley D S, Karson J A, Früh-Green G L, et al. 2005. A serpentinite-hosted ecosystem: the Lost City hydrothermal field. Science, 307(5714): 1428-1434.

Kendrick M A, Honda M, Walshe J, et al. 2011. Fluid sources and the role of abiogenic-CH_4 in Archean gold mineralization: Constraints from noble gases and halogens. Precambrian Research, 189(3-4): 313-327.

Klein F, Bach W, McCollom T M. 2013. Compositional controls on hydrogen generation during serpentinization of ultramafic rocks. Lithos, 178: 55-69.

Klein F, Grozeva N G, Seewald J S. 2019. Abiotic methane synthesis and serpentinization in olivine-hosted fluid inclusions. Proceedings of the National Academy of Sciences, 116(36): 17666-17672.

Le T T B, Striolo A, Cole D R. 2019. Partial CO_2 Reduction in Amorphous Cylindrical Silica Nanopores Studied with Reactive Molecular Dynamics Simulations.The Journal of Physical Chemistry, C. Nanomaterials and Interfaces, 123(43): 26358-26369. DOI: 10.1021.

McCollom T M. 2013. Laboratory simulations of abiotic hydrocarbon formation in Earth's deep subsurface. Reviews in Mineralogy and Geochemistry, 75: 467-494.

McDermott J M, Sylva S P, Ono S, et al. 2020. Abiotic redox reactions in hydrothermal mixing zones: Decreased energy availability for the subsurface biosphere. Proceedings of the National Academy of Sciences, 117(34): 20453-20461.

Ménez B, Pisapia C, Andreani M, et al. 2018. Abiotic synthesis of amino acids in the recesses of the oceanic lithosphere. Nature, 564: 59-63.

Nan J, King H E, Delen G, et al. 2021. The nanogeochemistry of abiotic carbonaceous matter in serpentinites from the Yap Trench, western Pacific Ocean. Geology, 49(3): 330-334.

Plümper O, King H E, Geisler T, et al. 2017. Subduction zone forearc serpentinites as incubators for deep microbial life: Proceedings of the National Academy of Sciences U.S.A., 114: 4324-4329.

Potter J, Konnerup J. 2003. A review of the occurrence and origin of abiogenic hydrocarbons in igneous rocks. Geological Society, London, Special Publications, 214(1): 151-173.

Russell, M.J., Hall, A.J. and Martin, W. 2010. Serpentinization as a source of energy at the origin of life. Geobiology, 8(5): 355-371.

Scheffel A, Gruska M, Faivre D, et al. 2006. An acidic protein aligns magnetosomes along a filamentous structure in magnetotactic bacteria. Nature, 440: 110-114.

Sforna M C, Brunelli D, Pisapia C, et al. 2018. Abiotic formation of condensed carbonaceous matter in the hydrating oceanic crust. Nature Communications, 9: 5049.

Tutolo B M, Mildner D F, Gagnon C V, et al. 2016. Nanoscale constraints on porosity generation and fluid flow during serpentinization. Geology, 44: 103-106.

Truche L, McCollom T M, Martinez I. 2020. Hydrogen and abiotic hydrocarbons: molecules that change the word. Elements: An International Magazine of Mineralogy, Geochemistry, and Petrology, 16(1): 13-18.

第 12 章

深渊有机质早期成岩作用

柳双权　彭晓彤

中国科学院深海科学与工程研究所

12.1 引言

12.1.1 有机质早期成岩作用定义

沉积物中有机质的早期成岩是指，有机质在沉积至浅埋藏过程中，在沉积颗粒、孔隙水以及沉积环境水介质之间发生的一系列物理、化学及生物地球化学作用的总和（Froelich et al.，1979；Arndt et al.，2013）。这一过程是由不同种微生物参与的多步反应过程。简单来说，有机质碎屑（主要是高聚体化学分子）首先在胞外生物酶的作用下水解成微生物可以利用的多肽、多糖以及脂肪酸等（这些大分子可进一步水解为小分子，如脂肪酸、乙醇、氢气及二氧化碳等），接着微生物依次利用 O_2、NO_3^-、Mn^{4+}、Fe^{3+} 和 SO_4^{2-} 等作为电子受体分解有机碳以获取微生物代谢所需的碳源和能量（Boudreau，1997）（图 12.1）。沉积物中发生的这些成岩反应引起了沉积物及其孔隙水地球化学性质发生改变。反之，这些性质的变化为了解沉积物中有机质的成岩过程提供了很好的指示。

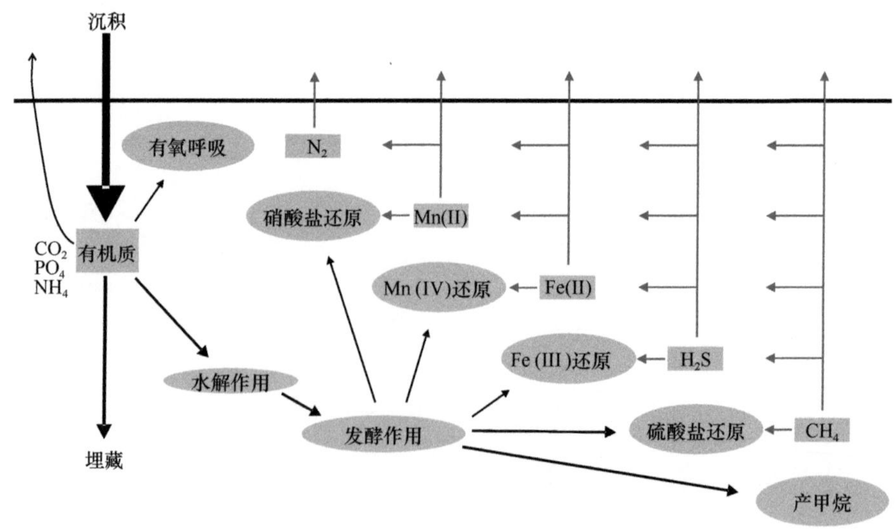

图 12.1　有机质降解路径模式图

红色箭头代表了有机质矿化产物的潜在去向（引自 Middelburg，1993）

由于海洋沉积物中有机质早期成岩过程必然会涉及有机质和各类氧化剂的问题，下面将就这两个方面分别进行简述。

1）有机质

绝大部分海洋沉积物中埋藏的有机质都源于陆地或海洋表层生物圈的光合作用活动：

$$CO_2 + H_2O \xrightarrow{\text{光照}} \text{“}CH_2O\text{”} + O_2$$

这里，“CH_2O”代表了光合作用产生的不同类型有机物最简单的化学式。陆源有机质以纤维素、木质素、复合碳水化合物或酚类聚合物为主，而海洋表层产生的有机质相对富集脂类和含氮的化合物（Burdige，2007）。这些有机质在沉降过程中大多都被迅速分解掉，只有少部分难溶有机质到达海底沉积埋藏。但是从全球角度来看，沉积到海底有机质的量仍是相当可观的，据估算，沉降并埋藏在海洋沉积物中的有机质占总量的 1%~20%，这取决于沉积速率，并具有很强的地域性。在一些植被丰富的海岸、河口三角洲、大陆架和大陆边缘区域具有很高的沉积物速率，因此绝大多数有机质被埋藏在这些区域，占全球埋藏有机质总量的 95% 以上，相比之下，在深海环境中沉降并埋藏的有机质占总量的 5% 以内（Burdige，2007）。

2）氧化剂

海洋中埋藏有机质的成岩路径大致可以分为两类：有氧氧化和厌氧氧化。有氧氧化是指有机质利用 O_2 作为电子受体进行降解，而厌氧氧化是在 O_2 消耗殆尽之后，根据反应自由能的大小依次利用 NO_3^-、Mn^{4+}、Fe^{3+} 和 SO_4^{2-} 等作为电子受体进行有机质的厌氧降解。沉积物有机质氧化时消耗的 O_2 都源于上覆水的扩散，因此在研究沉积物中有机质矿化过程时，穿过沉积物 – 水界面 O_2 的通量被认为是最重要，也是使用最为普遍的指标（Cai and Sayles，1996；Glud，2008）。尤其在一些有机质含量较低的深海沉积物中，O_2 扩散到沉积物中较深层位（有时甚至刺穿整个沉积层），有氧呼吸控制了总有机质氧化的 95% 以上（Andersson et al.，2004）。而在一些有机质来源丰富的近海区域或天然气水合物区，有氧层厚度仅为几毫米，有机质的厌氧降解过程成为有机质氧化的主要路径（Middelburg et al.，1996；Glud et al.，2009）。有机质厌氧成岩的途径主要包括 Fe/Mn 还原、反硝化作用、硫酸盐还原和产甲烷过程等（图 12.2），在不同的沉积物中由于可利用电子受体的差异造成了不同的厌氧成岩路径。例如，在黑海大陆架沉积物中，表层（约 1cm）有机质降解与 Mn 还原耦合，在该深度之下硫酸盐还原几乎控制了整个有机质的成岩过程；而在一些富含铁锰的沉积区，金属氧化物的还原在有机质早期成岩过程中扮演着重要的角色。反硝化作用作为其中一类有机质成岩路径，也得到了人们的关注（Middelburg et al.，1996），但相比之下人们对其研究较少，主要有以下两点原因：沉积物中消耗的硝酸盐主要源于上覆海水的扩散和自身硝化反应的供给，而全球海洋底层水体中硝酸盐的浓度较为稳定（30~40μmol/L，消耗时最大浓度梯度为 40μmol/L），相比之下 O_2、Fe/Mn、SO_4^{2-} 作为电子受体消耗有机质时

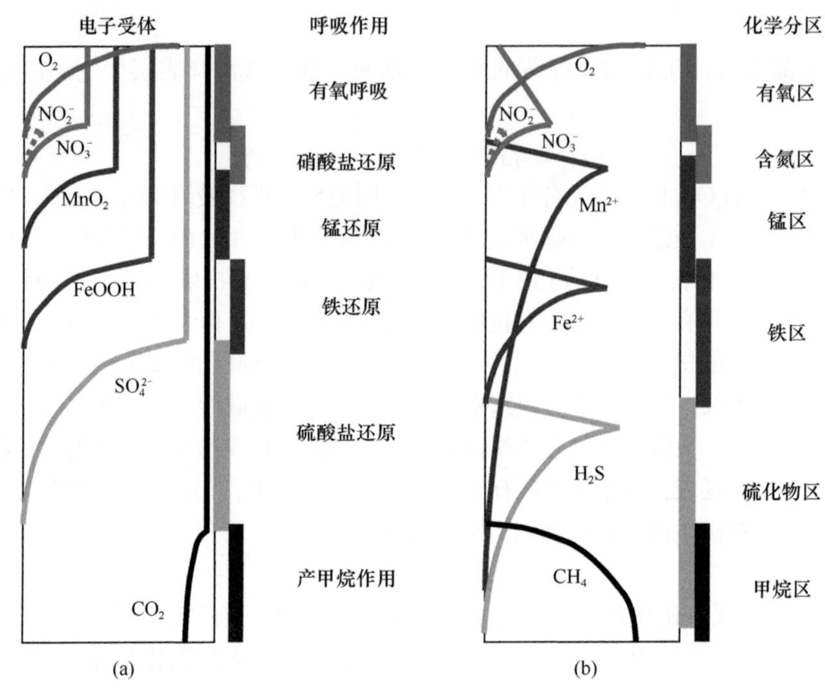

图 12.2 常见电子受体在沉积物中分布（a）及不同的反应区（b）（改自 Canfield and Thamdrup，2009）

产生的浓度梯度（大约分别为 180μmol/L、200μmol/L、28000μmol/L），一般远高于硝酸盐消耗时的浓度梯度，导致反硝化过程的重要性相对降低。此外，反硝化过程发生的层位区间较为有限，一般在沉积物有氧–厌氧界面处达到最大，之后随着硝酸盐消耗迅速降低，从而转至利用其他电子受体进行反应（图 12.2）。

12.1.2 孔隙水地球化学指示

海洋沉积物中早期成岩作用过程以有机质降解为基础，按照反应自由能大小，有机质依次被 O_2、NO_3^-、Mn^{4+}、Fe^{3+} 和 SO_4^{2-} 氧化，之后在产甲烷菌作用下发生产甲烷作用，因此研究沉积物成岩作用对于理解全球 C、N、S、Fe 和 Mn 等元素的循环具有重要的意义。沉积物中发生的有机质成岩过程引起沉积物及其孔隙水的地球化学性质发生改变，反过来，这些变化的地球化学指标可以很好地指示沉积物中发生的各类成岩过程及其速率。

微生物参与的有机质成岩过程与各类电子受体（如 O_2、NO_3^-、Mn^{4+}、Fe^{3+} 和 SO_4^{2-} 等）的活性和可利用性密切相关，沉积物孔隙水中这些电子受体的富集或亏损为了解沉积物的成岩路径及速率提供了极为重要的信息（Froelich et al.，1979）。

故而，这些对氧化还原环境敏感的金属离子（Fe、Mn）和营养盐（NO_3^-、NH_4^+）经常被用于解释沉积物的氧化状态和一系列的生物地球化学过程（Berg et al., 1998；Glud，2008）。最常见的方法是假定在稳定状态下，反应 – 扩散成岩模型结合沉积物固相参数（TOC、孔隙度等）、孔隙水中活性溶剂的浓度剖面、活性溶剂通过沉积物 – 水界面的通量和特定速率测定可以对海洋沉积物中有机质成岩路径和速率进行综合研究（Boudreau，1997；Arndt et al.，2013）。考虑到有机质的成岩过程控制着各种元素在不同储库之间的转换，因此研究其过程与速率对于理解全球 C、N、S、Fe 和 Mn 等元素的循环具有重要的意义。

12.1.3　深渊有机质早期成岩研究现状

由于工程技术的限制，当前对海洋沉积物有机质成岩过程研究主要集中在一些容易获取样品的海域，如大陆架、低氧区沉积物等，对深渊沉积物的研究在 2013 年后才有少量的报道（Glud et al.，2013；Wenzhofer et al.，2016；Luo et al.，2018b）。前人研究结果表明，深渊地球化学环境主要受到内因和外因两个方面的影响，外因为深渊上部海洋和陆地的影响，内因为深渊底部洋壳物质活动的作用。全球绝大多数深渊靠近大陆边缘，从河口注入的陆源物质和深渊洋流、浊流等带来的上层海洋化学成分，均会导致深渊内部化学环境发生改变。另外，深渊底部洋壳中发生着剧烈的水岩反应（如蛇纹石化），俯冲导致的火山地震活动，以及深部释气等过程。这些洋壳内部活动引发的化学反应会形成大量化学性质有别于正常海水的流体，它们进入深渊，与深渊水体进行混合，最终也将导致深渊内部化学环境的改变。例如，前人对马里亚纳弧前海山的研究表明，该区域橄榄岩暴露而引起的蛇纹石化和泥火山现象，带来了海沟内部环境中温度、金属元素和离子等水化学特征的显著变化（Hulme et al.，2010）。然而，对深渊内部化学环境演化规律的理解仅限于此，人类还未能对深渊特殊的地球化学现象展开系统深入的研究。我们对深渊沉积物质的具体来源、沉积后所产生的地球化学反应和现象更是一无所知。这些资料的缺失，让人们无法系统理解深渊内部地球化学环境的演化规律，更无法研究如此独特的沉积环境内持续运行的早期成岩作用机制。

深渊一般位于板块碰撞区，构造活动强烈，导致频发的海底滑坡或海底泥石流事件将周边区域的沉积物挟带到深渊区。因此，深渊常常被认为是潜在的有机质沉降中心。之前的研究也表明相比临近的深海平原，深渊区有更高的有机质含量和更强的成岩活动。但是这些研究仅仅评估了有机质的有氧呼吸。事实上，有机质的成岩过程还包括各种厌氧呼吸作用，如反硝化作用、硫酸盐还原等。此外，在分子生物学研究的基础上，前人已经发现一些参与硝化和反硝化微生物存在于深渊沉积物中，但是当前在深渊沉积物中有机质厌氧成岩作用的直接地球化学证据还不足。我们通过采自马里亚纳海沟挑战者深渊区域沉积柱中的孔隙水与固相地球化学特征，利用沉积物中孔隙水地球化学特征和一维成岩－扩散模型，对马里亚纳海沟水深 5500~10257m 沉积物中有机质的成岩过程和速率进行量化，首次提出有机质成岩过程随着水深逐渐增强，在深渊沉积中反硝化作用控制了有机质的厌氧氧化（Liu and Peng，2019）。此外，沉积物中活跃的硝化－反硝化的耦合对有机质的成岩也起着重要的作用，深渊沉积物很可能扮演着上覆水体中硝酸盐源的角色。

12.2 马里亚纳深渊孔隙水地球化学

12.2.1 挑战者深渊样品采集

沉积物样品的采集在三个航次中完成，分别是 2016 年 3~7 月中国大洋矿产资源研究开发协会组织的“向阳红 09”科考船的 DY37 航次、中国科学院深海科学与工程研究所的“探索一号”科考船在 2016 年 7~8 月的 TS01 航次和在 2017 年 1~3 月的 TS03 航次。取样位置集中在西太平洋马里亚纳海沟区域（图 12.3），取样方式有船载的多管沉积物取样器、箱式取样器、重力柱取样器及“蛟龙号”载人潜水器携带的 Push-cores，取样水深 5500~8638m。其中 DY37 航次进行了多管、重力柱及 Push-cores 取样，TS01 航次进行了箱式取样，TS03 航次进行了重力柱取样。三个航次获取的沉积柱采样位置、取样实际长度、站位水深及底层水地球化

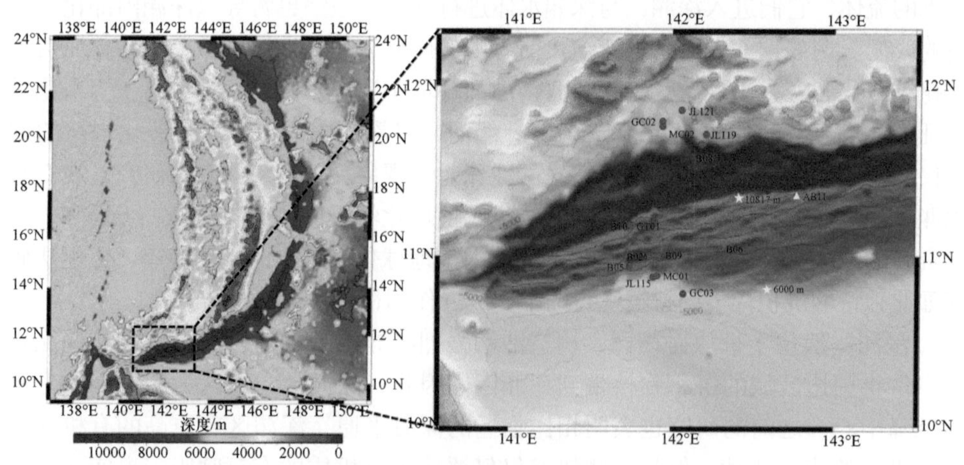

图 12.3　马里亚纳海沟地形图及取样站位分布图（Liu and Peng，2019）

红色圆点代表本次研究采样站位，黄色五角星代表 Glud 等（2013）研究站位，黄色三角代表 Nunoura 等（2018）研究站位

学特征见图 12.3 和表 12.1。

表 12.1　研究站位取样沉积柱及上覆水的地球化学特征（Liu and Peng，2019）

航次	站位	Device	Core length/cm	深度 /m	北纬	东经	盐度 /PSU	温度 /℃	O_2 浓度 /（μmol/L）
DY37	JL114	PC	26	5464	10°51.08′	141°57.02′	34.69	1.53	190.2
	JL115	PC	32	5492	10°51.05′	141°57.20′	34.69	1.54	192.6
	JL119	PC	14	6010	11°39.92′	142°14.89′	34.69	1.60	189.4
	JL121	PC	12	5569	11°49.80′	142°06.87′	34.69	1.53	190.5
	MC01	MC	26	5455	10°50.85′	141°57.17′	34.69	1.53	190.9
	MC02	MC	34	5481	11°45.83′	141°58.54′	34.69	1.54	191.7
	GC02	GC	86	5455	11°46.59′	141°58.59′	34.69	1.53	191.1
	GC03	GC	108	5423	10°47.60′	142°03.30′	34.69	1.53	190.3
TS01	B02	BC	58	6980	10°59.38′	141°57.87′	34.69	1.75	n.a
	B05	BC	60	7061	10°55.46′	141°47.96′	34.69	1.76	n.a
	B08	BC	60	7143	11°36.13′	142°13.70′	34.69	1.77	n.a
	B09	BC	60	7121	10°59.65′	141°59.65′	34.69	1.77	n.a
	B10	BC	60	8638	11°11.70′	141°48.70′	34.69	2.03	n.a
TS03	GT01	GC	361	8638	11°11.69′	141°48.70′	34.69	2.03	184.5
	AB11*	GC	130	10257	11°22.25′	142°42.75′	n.a	n.a	n.a

注：n.a 表示未进行分析。* 表示数据源于 Nunoura 等（2018）。

为了研究万米沉积物的孔隙水地球化学特征，我们引用了 Nunoura 等（2018）的数据，他们在马里亚纳海沟首次获取了水深达 10257m 的沉积柱样品，并且进行了孔隙水的取样工作（表 12.1）。在各种取样方式中，除了 Push-cores 和多管沉积物取样器能获取未受扰动的表层上覆水外，由于结构的限制，箱式和重力柱取样器无法获取上覆水，因此为了获得沉积物上覆水的样品，我们利用作者团队自主研发的全海深渊着陆器“原位实验号”搭载的 CTD 采水器，获取了距底层约 1.5m 处的海水作为其上覆水进行相关的分析工作。

12.2.2　沉积物岩性特征描述

在以下表述中，我们约定 [*X*] 和 *X* 分别代表了离子 X 的浓度和固相 X 的含量。其中（S.D.）代表标准偏差。

箱式沉积物插管表明沉积物具有明显的分层现象（图 12.4）：沉积物主体为白

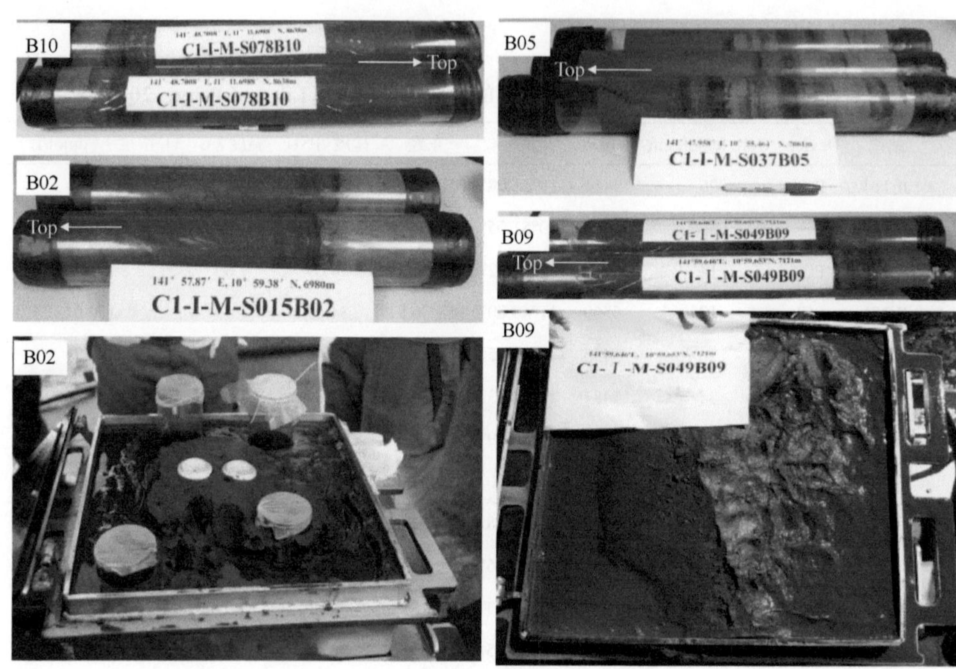

图 12.4　马里亚纳海沟箱式沉积物取样及柱状样品岩心特征（Liu and Peng，2019）

色硅质软泥，上覆层为褐色黏土层，厚度从 5~40cm 不等，未发育铁锰结核。硅质软泥主体呈灰白色，间杂黑色纹层，厚度 1~4cm；白色纹层较厚，可达 20cm 以上。硅质软泥烘干后可见白色晶莹片状物质，质地松软、细腻，可轻易捏成粉末，推测为放射虫硅质残骸。

Push-cores 和多管沉积物特征与箱式沉积物类似。相比之下，重力柱 GT01 岩心长度达 361cm，显示出一些特殊的结构（图 12.5），沉积物整体可以分三层：底层为褐色黏土层，厚约 150cm，中间层厚 120cm，为灰白 – 灰黑色粗粒沉积物，夹有少量 1~3cm 黑色纹层；上层主体为红褐色，夹有大量 0.5~4cm 的黑色条纹。最上部并未发现类似于箱式样品所具有的褐色黏土层，由于 GT01 站位与箱式 B10 站位坐标近乎一致（表 12.1），可初步推断重力柱在回收时表层沉积物出现丢失。另外，结合地球化学参数可初步判断重力柱在回收时，缺失厚度在 20~40cm。所有沉积物都未闻到 H_2S 特征的臭鸡蛋气味。

12.2.3　上覆水和孔隙水地球化学特征

各个站位上覆水地球化学特征见表 12.1。具体来说，上覆水盐度保持稳定，

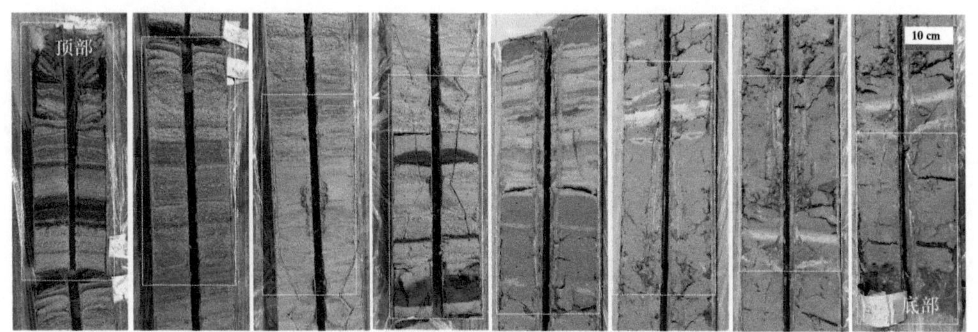

图 12.5　GT01 重力柱岩心剖面特征（Liu and Peng，2019）
其中黄色虚线框内即为连续沉积层

为 34.69 PSU；温度变化在 1.53~2.03℃，表现出随水深增加而增加的趋势，最高的温度 2.03℃发现在最深的 GT01 站位；此外，所有上覆水都含有较高溶解氧浓度，均超过 180 μmol/L。

代表性站位的沉积物孔隙水地球化学参数深度剖面特征见图 12.6 和图 12.7。根据取样水深及孔隙水地球化学特征，可以将其归为 4 类：第 1 类，水深为 5423~6010m 点（之后用 6000m 点表示），主要特征为在表层 40cm 以内，溶解氧从 180μmol/L 迅速减小至 90μmol/L，之后缓慢降低，但在最大取样深度（115cm）并未到达厌氧层，[NO_3^-] 整体高于底层水，[SO_4^{2-}] 为 27~29mmol/L，几乎保持不变；第 2 类，水深为 6980~7143m（7000m 点），以箱式样品为主，由于设备原因并未获得溶解氧数据，但是 [NO_3^-] 在 5cm 左右达到最高，之后逐渐降低，[SO_4^{2-}] 变化不大（约 28mmol/L）；第 3 类包括箱式 B10 和重力柱 GT01，水深为 8638m，溶解氧从表层 190μmol/L 迅速降低，至 75cm 左右进入厌氧层，GT01 [NO_3^-] 表现出类似溶解氧的特征，在 80cm 左右消耗殆尽，相比之下 B10 站位 [NO_3^-] 缓慢降低，但与 GT01 浓度并不相符，据此推测重力柱 GT01 在回收时表层沉积物发生缺失，[SO_4^{2-}] 同样保持稳定（约 28mmol/L）；第 4 类，沉积物孔隙水数据源自 Nunoura 等（2018），水深 10257m，缺少溶解氧数据，[NO_3^-] 在 4cm 处达到最高，之后迅速降低，在 90cm 处基本消耗殆尽。[SO_4^{2-}] 依旧保持稳定（约 28mmol/L）。所有站位 H_2S 浓度处于检测线之下（<0.2μmol/L）。[NH_4^+] 较低，通常在所有深度均 <5μmol/L，但是在 GT01 站位深度超过 200cm 时，[NH_4^+] 表现出较高的值。[Fe^{2+}] 也很低，一般不超过 1.5μmol/L（图 12.8）。

12.2.4　沉积物地球化学特征

固相沉积物地球化学特征见图 12.8。在 6000m 水深站位，沉积物中总有机碳

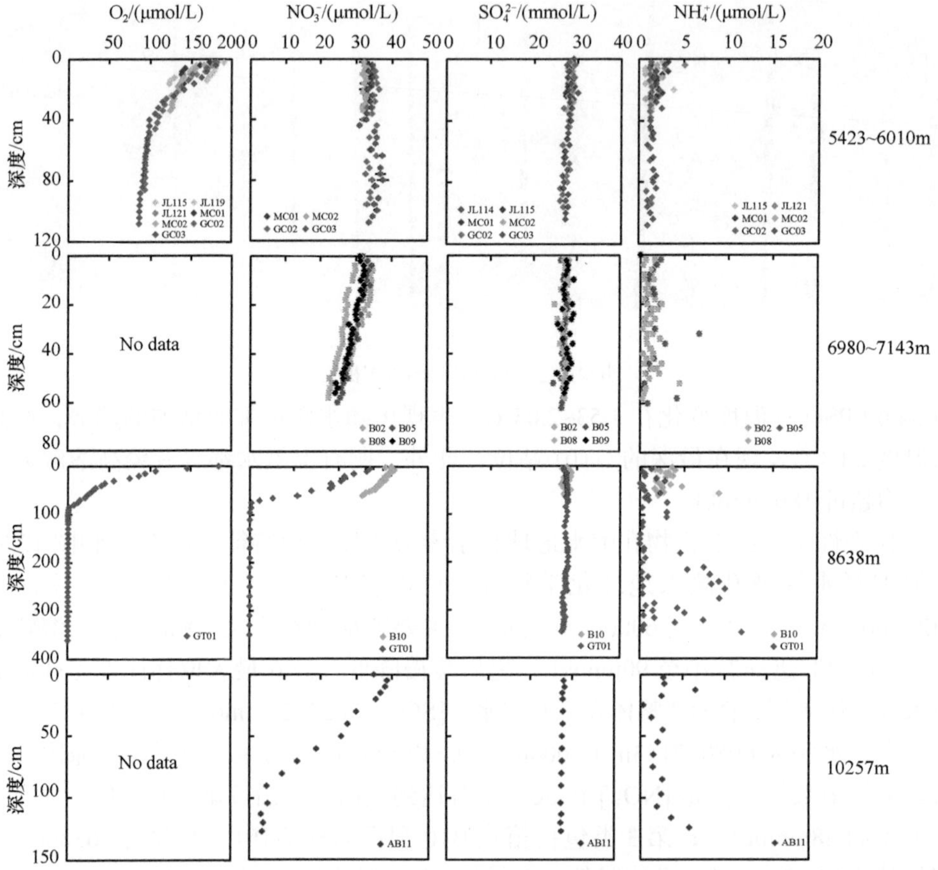

图 12.6　马里亚纳海沟沉积物中孔隙水地球化学特征剖面图（Liu and Peng，2019）

AB11 站位（水深 10257m），数据来自 Nunoura 等（2018）；Nodata 表示无数据

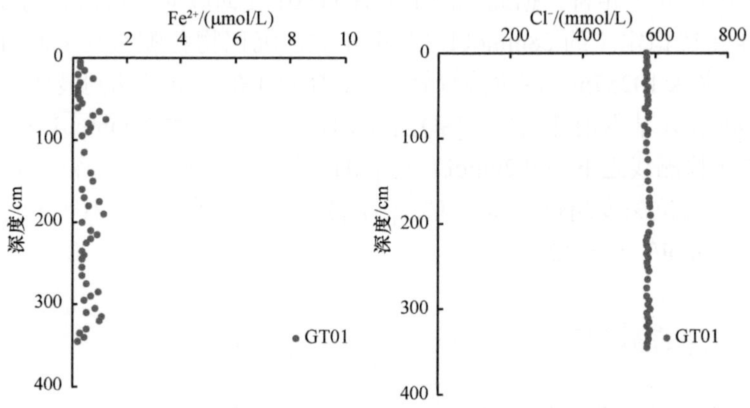

图 12.7　GT01 站位孔隙水中 Fe^{2+} 和 Cl^- 浓度剖面（Liu and Peng，2019）

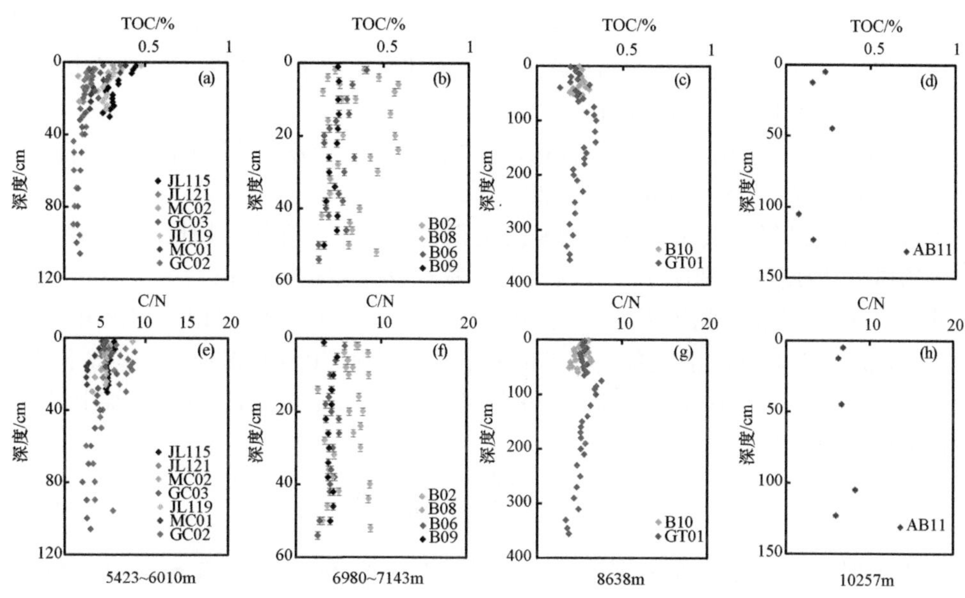

图 12.8　马里亚纳海沟沉积物 TOC 和 C/N（TOC/TN）深度剖面图（Liu and Peng，2019）
AB11 站位数据来自 Nunoura 等（2018）

（TOC）的含量在表层最高（约为 0.44%），之后随着深度逐渐减小（0.08%）。相比之下，TOC 含量在深渊站位波动较大（0.07%~0.59%），并没有表现出规律性变化。在所有站位沉积物中总无机碳（TIC）含量在检测线附近（数据未展示，均值为 0.04%），考虑到太平洋海区碳酸盐补偿深度大约在 4500m，而深渊沉积物水深超出这一界限，这一低值也在预料之中。总氮（TN）在深渊沉积物中含量较为稳定，平均为 0.05%。在所有站位，TOC/TN 值位于 2.19~8.72，这一范围与前人在该区的研究一致（Luo et al.，2017），表明这些有机质主要源于海洋，而非陆源输入。

12.2.5　通量和相关成岩速率计算

结合孔隙水中活性溶质的浓度剖面和一维成岩运移－反应模型，我们计算了各类溶质穿过沉积物－海水界面的通量和沉积物中发生的各类生物地球化学反应的速率（Boudreau，1997）：

$$\frac{\mathrm{d}}{\mathrm{d}x}\left[\varphi(D_{\mathrm{s}}+D_{\mathrm{b}})\frac{\mathrm{d}C}{\mathrm{d}x}\right]+\varphi\alpha\left(C_0-C\right)-\frac{\mathrm{d}\left(\varphi\vartheta C\right)}{\mathrm{d}x}+R_{\mathrm{net}}=0 \tag{12.1}$$

式中，C 为溶质 X 在孔隙水中的浓度（μmol/L）；C_0 为溶质 X 在上覆水中的浓度（μmol/L）；φ 为计算的沉积物的孔隙度；x 为深度（cm，正值表示向下）；D_{s} 为溶

质 X 在沉积物中的有效扩散系数（cm^2/s）；D_b 为生物扩散系数（cm^2/s）；α 为生物迁移系数（s^{-1}）；ϑ为地下水对流、沉积物埋藏和压实速率的总和；R_{net} 为净反应速率（正值表示产生，负值表示消耗）。

溶质在沉积物中的有效扩散系数可以通过$D_s=\varphi^2 D_w$计算获取（Ullman and Aller，1982），D_w为溶质在水中的扩散系数。

前人研究已经证实了马里亚纳海沟沉积物中底栖生物的生物量较低（Glud et al.，2013），因此我们忽略了生物扰动和生物迁移作用造成沉积物中溶剂的运移。此外，根据非活性溶剂 Cl^- 几乎一致的浓度剖面和式（12.1），可以推导出ϑ的值约为 10^{-9} cm/s。如此低的值跟各类溶剂的 Peclet 数相比（0.001~0.066），是微不足道的，因此在等式（12.1）中也可以认为ϑ是可忽略的（Boudreau，1997）。综上讨论，等式（12.1）可以简化成：

$$\frac{\mathrm{d}}{\mathrm{d}x}\left(\varphi D_s \frac{\mathrm{d}C}{\mathrm{d}x}\right)+R_{net}=0 \tag{12.2}$$

为了保证速率计算的可靠性，我们同时采用了 PROFILE（Berg et al.，1998）和 REC（Rate Estimation from Concentrations）（Lettmann et al.，2012）两种不同的模型软件来计算式（12.2），在软件计算时，溶质 X 的浓度剖面、实测的孔隙度值φ和溶质在水中的扩散系数 D_w 作为输入参数。由于 D_w 是一个与温度相关的参数，在计算时根据 Stockes-Einstein 方程（Boudreau，1997），将其校准成深渊底部原位温度（约 2℃）所对应的值。经计算，O_2，NO_3^-，NH_4^+ 和 SO_4^{2-} 的分别为 $10.82\times10^{-6}cm^2/s$，$9.65\times10^{-6}cm^2/s$，$10.06\times10^{-6}cm^2/s$ 和 $5.44\times10^{-6}cm^2/s$。计算区间从表层到最大取样深度（即岩心长度），边界条件为狄利克雷（Dirichlet）条件。

PROFILE 模型是根据最小二乘准则，人为将沉积物划分为几个速率一致的反应区间，从而提供了一种最简单最直接的溶剂 X 的反应速率剖面。相比之下，REC 模型根据 Tikhonov regularization 技术，利用参数 λ，提供了光滑的反应速率剖面，从而更接近真实的反应剖面。关于此二类软件的细节可参考相关文献（Berg et al.，1998；Lettmann et al.，2012）。

在一个特定区间，深度控制的反应速率R_{net} $\left(R_{net}^*\right)$可以通过下面等式计算：

$$R_{net}^*=\Delta x R_{net} \tag{12.3}$$

式中，Δx为计算区间的厚度（cm）。

在本章节中涉及的主要生物地球化学反应包括有氧呼吸、反硝化作用、硫酸盐还原、硝化作用和硫化物氧化（表 12.2）。为了方便各个站位之间的速率进行对比，各类活性溶质的反应过程被限定在表层 60cm 以内。

根据表 12.2 中所列的反应，马里亚纳海沟深渊沉积物中总有机质的氧化速率（R_{OM}，μmol $C/m^2\cdot d$）可以被视为是有机质被 O_2、NO_3^- 和 SO_4^{2-} 氧化的总和，即

表 12.2　本次研究中涉及的有关马里亚纳海沟沉积物中有机质早期成岩路径及原位条件下反应的吉布斯自由能

类型	反应式	ΔG^0
有氧呼吸	$[CH_2O]+O_2 \longrightarrow CO_2+H_2O$	–538.96kJ/mol OM
反硝化作用	$5[CH_2O]+4NO_3^- \longrightarrow 2N_2+4HCO_3^-+CO_2+3H_2O$	–494.04kJ/mol OM
硫酸盐还原	$2[CH_2O]+SO_4^{2-} \longrightarrow H_2S+2HCO_3^-$	–120.15kJ/mol OM
硝化作用	$NH_4^++2O_2 \longrightarrow 2NO_3^-+H_2O+2H^+$	–69.01kJ/mol e
硫化物氧化	$H_2S+2O_2 \longrightarrow SO_4^{2-}+2H^+$	–94.60kJ/mol e

$$R_{OM}=R_{AR}+R_{DEN}+R_{SR} \tag{12.4}$$

式中，R_{AR} 为有机质有氧呼吸的速率 [μmol C/（$m^2 \cdot d$）]；R_{DEN} 为有机质经硝酸盐还原的速率 [μmol C/（$m^2 \cdot d$）]；R_{SR} 为有机质经硫酸盐还原的速率 [μmol C/（$m^2 \cdot d$）]。根据反应计量数，NH_4^+ 的产生速率可以定义为

$$R_{NH_4^+}=aR_{AR}+aR_{DEN}+aR_{SR} \tag{12.5}$$

这里 a=16/106，代表每摩尔碳氧化时产生的 NH_4^+。O_2 除了氧化有机质外，还可以用于氧化一些还原性无机离子，如 NH_4^+ 和 HS^-，因此，从表层水体扩散进沉积物中的 O_2 的通量（F_{O_2}）可以表述为

$$F_{O_2}=R_{AR}+2（R_{NH_4^+}-F_{NH_4^+}）+2R_{H_2S} \tag{12.6}$$

这里，2（$R_{NH_4^+}-F_{NH_4^+}$）表示 NH_4^+ 氧化所消耗的 O_2 的量，即产生的总 NH_4^+ 的量减去向上扩散掉的 NH_4^+，乘以 2 是因为每摩尔的 NH_4^+ 氧化需要 2mol 的 O_2；R_{H_2S} 表示硫化物氧化时消耗 O_2 的量，乘以 2 是由于当每摩尔的 H_2S 被氧化成 SO_4^{2-} 时需消耗 2mol 的 O_2。本次研究中在所有站位都未检测到 H_2S，因此可以认为通过硫酸盐还原产生的所有 H_2S 都被氧化成 SO_4^{2-}，故而可以得出 $R_{H_2S} = R_{SR}$；此外我们还假设并没有 NH_4^+ 从沉积物中扩散到上覆水体中，这是因为 NH_4^+ 通量非常低（表 12.3）。根据这些分析，等式（12.6）可以简化成：

$$F_{O_2}=R_{AR}+2R_{NH_4^+}+2R_{SR} \tag{12.7}$$

综合式（12.4）、式（12.5）和式（12.7），可以解出未知的速率（R_{OM} 和 R_{AR}）。

原位温度条件下反应标准自由能的计算通过公式$\Delta G^0 = \Delta H^0 - T\Delta S^0$实现，各类反应物和产物的热力学参数源于（Stumm and Morgan，2012）。各个生物地球化学反应在原位条件下 Gibbs 自由能的计算通过下列公式获得

$$\Delta G = \Delta G^0 + RT\ln Q \tag{12.8}$$

式中，R 为理想气体常数；T 为原位温度（Kelvin）；Q 为反应物和产物的活性系数。主要离子、原位 pH 和温度作为输入参数，通过软件 Visual MINTEQ 可计算出该值，这里规定溶解气体的活性系数为 1。

基于模型软件 PROFILE 获得的 O_2 和 NO_3^- 浓度剖面与实测剖面吻合度较高（O_2：$R^2>0.95$；NO_3^-：$R^2>0.90$）（图 12.9），表明了模拟的可靠性。此外，为了证明速率计算的可靠性，我们利用 PROFILE 和 REC 两类不同的软件对反应速率的剖面进行了模拟计算，结果表现出类似的反应速率区间和近似的速率值（图 12.9）。在下文的论述中，我们采用了 PROFILE 获得速率值，这是因为其操作的方便性及可提供更多的反应信息（Berg et al.，1998）。

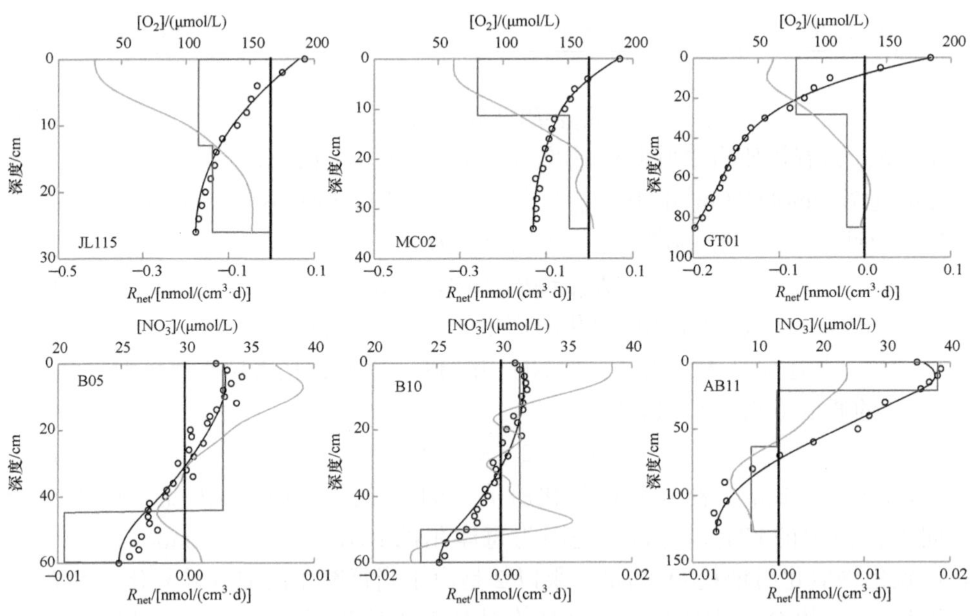

图 12.9 溶解氧和硝酸盐消耗速率随深度分布图（Liu and Peng，2019）

其中黑圈代表实测浓度，黑线代表拟合浓度，红线 / 绿线分别表示通过软件 PROFILE 和 REC 计算的反应速率，正值表示反应溶质生成，负值表示消耗

R_{net}（O_2）剖面表明沉积物中的 O_2 源于上覆水的扩散，其扩散通量在 6000m 水深点为 [34.34 ± 7.57（n=4）μmol/（m^2·d）]，在 GT01 点为 81.38（n=1）μmol/（m^2·d）。R_{net}（NO_3^-）剖面表明表层沉积物（0~45cm）为净硝酸盐产生区，底层（>45cm）为净硝酸盐消耗区。此外，R_{net}（NO_3^-）值在各个水深站位之间表现出较大的差异性（图 12.10）：最大的 R_{net}（NO_3^-）值位于站位 AB11[18.57 × 10^{-3}nmol/（cm^3·d）]，相比之下，在站位 B05 和 B10 速率值降为 2.94 × 10^{-3}nmol/（cm^3·d）和 3.10 × 10^{-3}nmol/（cm^3·d）。R_{net}（SO_4^{2-}）值在所有站位都很低，最高速率在站位 GC02 为 1.64 × 10^{-3}nmol（cm^3·d）。计算的 *R_{net}（NO_3^-）产生 / 消耗速率在 6000m、7000m、8638m 和 AB11 站位间分别为 0.98/0.16μmol N/（m^2·d），2.21/1.45μmol N/（m^2·d），

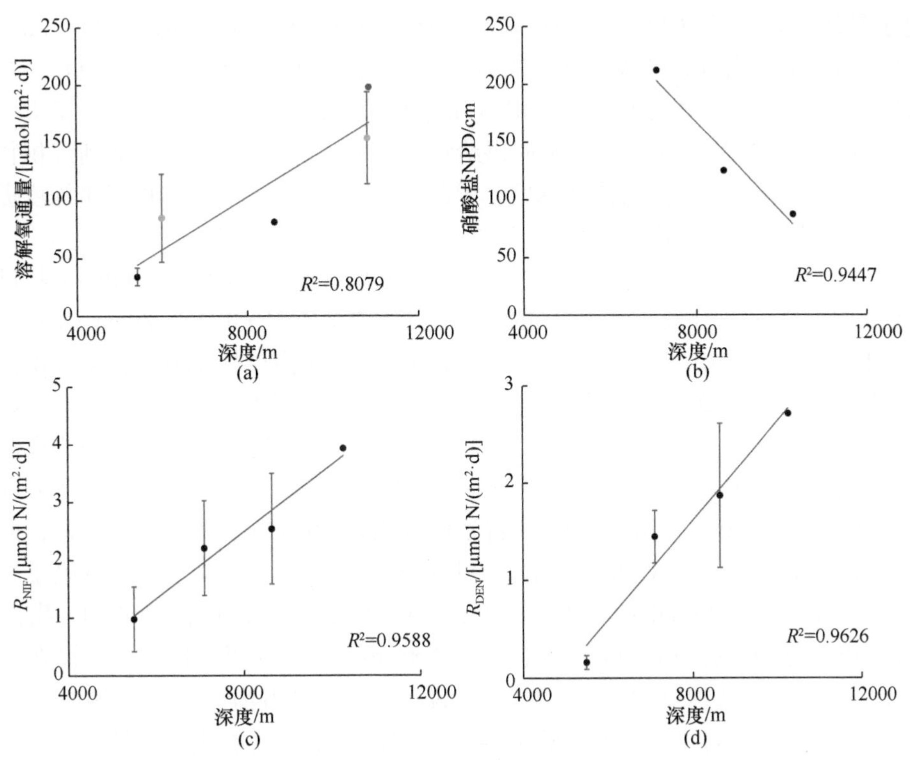

图 12.10　溶解氧通量（a）、硝酸盐渗透深度（NPD）（b）、硝化（R_{NIF}）速率（c）和反硝化（R_{DEN}）速率（d）随水深变化关系图（Liu and Peng，2019）

绿点数据来源于 Glud 等（2013），红点数据来源于 Luo 等（2018）

2.54/1.87μmol N/（m^2·d），3.93/3.71 μmol N/（m^2·d）。需要强调的一点是我们的计算值代表了最小速率值，这是因为模型提供了净反应速率而非总反应速率。

根据孔隙水地球化学参数，我们计算了深渊沉积物有机质成岩过程中可能涉及的各类生物地球化学反应的吉布斯自由能（表 12.2），计算的结果表明这些反应在深渊环境中在理论上是可能发生的，因为微生物代谢时需要的最小能量为 20kJ/mol e 反应（Schink，1997）。

12.3　深渊沉积物有机质早期成岩研究

12.3.1　深渊沉积物中 O_2 和 NO_3^- 渗透深度

深渊沉积物中 O_2 和 NO_3^- 渗透深度可以用于指示 O_2 和 NO_3^- 的消耗是受氧化剂

（电子受体，如 O_2 和 NO_3^-）限制还是受基质（一般指有机质）量的约束（Cai and Sayles，1996）。当沉积环境中存在较为丰富的有机质的来源时，O_2 和 NO_3^- 会被迅速消耗，导致其渗透深度很小，一般从几毫米到 10cm，这类环境主要包括大陆边缘。相比 O_2 和 NO_3^-，环境中有机质供给量较低时，O_2 和 NO_3^- 会扩散到沉积物中较深的部位，导致其较高的渗透深度。因此，沉积物中 O_2 和 NO_3^- 的渗透深度提供了有机质成岩路径和强度的信息。

在所有研究站位，表层沉积物都被完全氧化，氧的渗透深度（OPD）超过了最大的取样深度（108cm），唯一的例外是点 GT01，其 OPD 为 80cm（图 12.6，表 12.1），表明深渊沉积物中氧的消耗受有机质数量的限制。GT01 表层沉积物可能缺失，因此对于这一 OPD 值需要谨慎对待，但是我们的结果证明在马里亚纳海沟深渊沉积物中，O_2 在一定的沉积深度可以被耗竭。这一点有别于一些寡营养海域的沉积物（如南太平洋），那里 O_2 穿透整个沉积层，其 OPD 可达百米以上（D'Hondt et al.，2009）。虽然无法获得站位 AB11（10257m）的溶解氧数据，但是其硝酸盐渗透深度约为 85cm，考虑到有机质氧化过程中热力学上对各种电子受体利用的先后顺序（Froelich et al.，1979；Canfield and Thamdrup，2009），我们可以推断出该点 O_2 的渗透深度最大不会超过 85cm，因此这里我们可以假设在站位 AB11，O_2 最大渗透深度为 85cm。综合来说，马里亚纳海沟深渊沉积物中 O_2 的渗透深度与水深呈正向线性相关（R^2=0.94）（图 12.10），表明在更深的站位有更多的有机质供给。

沉积物中硝酸盐的渗透深度（NPD）受上覆海水中 NO_3^- 扩散和一些微生物参与成岩反应共同控制。这些反应包括硝化和反硝化反应（Glud et al.，2009；Wankel et al.，2015）。在富含有机质的大陆架沉积物中，NO_3^- 通常在沉积物 – 水界面以下几毫米至几厘米的深度范围内就被消耗完；相比之下，在寡营养海域的沉积物中，NPD 一般较深，有时甚至在整个沉积层中其浓度超过上覆水中的浓度，表明在这些沉积物中发生着强烈的硝化过程（D'Hondt et al.，2009；Wankel et al.，2015）。本次研究中，虽然在很多站位取样深度都未达到 NO_3^- 消失层位，但是根据线性外推的方法，[NO_3^-] 浓度剖面提供了最小的 NPD，在 7000m 和 8638m 站位分别为 212 ± 16cm（n=4）和 125cm（n=1）。Nunoura 等（2018）提供了最小的 NPD（85cm），在点 AB11。综合这些数据，可以明显发现在马里亚纳海沟深渊沉积物中 NPD 随着水深增加明显减小（图 12.10），表明在更深的站位有着更为强烈的 NO_3^- 消耗过程。

12.3.2 深渊沉积物中总有机质氧化

有机质的成岩过程与电子受体（如 O_2，NO_3^- 和 SO_4^{2-}）的可利用性密切相关，它们在孔隙水中的存在或缺失可以为研究沉积物的氧化还原状态提供重要的信息。因此，这些活性溶剂赋存状态及浓度被广泛用于研究沉积物中发生的各类生物地球化学过程（Froelich et al.，1979；Middelburg et al.，1993）。

模型计算的 R^*_{net}（O_2）、R^*_{net}（NO_3^-）和 R^*_{net}（SO_4^{2-}）速率值被用于计算定量深渊沉积物中各类成岩反应对有机质氧化的贡献。这里我们并未将 Fe/Mn 还原对有机质氧化的贡献包括进去，这是由于孔隙水中较低的 [Fe^{2+}]（<1.5 μmol/L，图 12.7），Mn 还原主要发生在一些含有较多锰结核的区域，如 CCZ（Clarion-Clipperton Zone，Pacific Ocean）（Volz et al.，2018）或 Black 盆地（Thamdrup et al.，2000）。尽管如此，深渊沉积物中 Mn 的生物地球化学过程还有待进一步的研究。综上，深渊沉积物中有机质的成岩（R_{OM}）可以被视为有氧呼吸（R_{AR}）、反硝化（R_{DEN}）和硫酸盐还原（R_{SR}）的总和。这里我们将 NO_3^- 生成归因于硝化过程，NO_3^- 消耗归因于反硝化作用。虽然氨的厌氧氧化也是 NO_3^- 消耗的另一重要路径，但是前人的分子学研究表明在马里亚纳海沟沉积物中这一过程是可以忽略的（Nunoura et al.，2018）。此外，由于极低的浓度，一些还原性代谢产物如 Fe^{2+}，NH_4^+ 和 H_2S 扩散到上覆海水中的通量也可以忽略不计。

在马里亚纳海沟沿着深度剖面的沉积物中计算的各类成岩反应速率见表 12.3。各个站位总的 OM 氧化速率为 27.19~118.82μmol C/（$m^2 \cdot d$）。最重要的特征之一是总有机质氧化速率随着站位水深的增加而增加，这与传统认识，即有机质氧化速率随着水深增加而减小（Glud，2008），形成鲜明的对比。这反映了在更深的站位具有更多的有机质供给，因为在各个站位之间源于上覆水扩散的氧化剂的量（如 O_2 和 NO_3^-）是一致的（表 12.1）。这一点可通过沉积物中 TOC 的深度剖面得到进一步的证明（图 12.8）；虽然在各个站位之间表层沉积物（0~30 cm）的 TOC 的量是近似的，但在深渊站位 TOC 含量随着深度变化不大且含量整体高于 6000m 站位，并未像 6000m 站位一样 TOC 含量在表层迅速降低，到深层才较为稳定。深渊站位较高的 TOC 含量及不规则的深度剖面暗示了较为迅速的沉积物的沉积和埋藏，这很可能是通过突发的构造活动所诱发的沉积物迁移而成（Bao et al.，2018）。深渊沉积物岩心明显的分层现象进一步说明了沉积物间歇性的输入（图 12.4，图 12.5）。

12.3.3　O_2 的通量和有氧呼吸

O_2 从上覆水扩散到沉积物中的通量在站位 GT01 为 81.38μmol/（$m^2 \cdot d$），这一值稍微低于 Glud 等（2013）报道的在 6000m 水深所计算的值 [（85 ± 38）μmol/（$m^2 \cdot d$）]。这种差异很可能是本次研究中较低的测量分辨率所导致的（5cm），而 Glud 等（2013）在研究中采用了原位测溶解氧的方式，其测量分辨率为毫米级别。研究已经证实低分辨率测量会导致通量的低估（Ziebis et al.，2012）。综合本书及前人已报道的有关马里亚纳海沟沉积物 O_2 通量的数据（Glud et al.，2013；Luo et al.，2018），可以发现在各个站位之间，O_2 通量随着水深的增加而增加（R^2=0.81）（图 12.10），证明了在更大水深的站位具有更高的 O_2 消耗速率。

前人的研究已经证实在深海沉积物中有氧呼吸是最重要的有机质成岩路径（Canfield，1993）。我们的研究支持这一观点，在马里亚纳海沟深渊沉积物中，90%以上的有机质成岩是通过有氧呼吸实现的（表 12.3），考虑到马里亚纳海沟位于寡营养水域之下，这种认识并不意外。然而我们的研究证实在所有站位中最大的 O_2 消耗区位于沉积物上部（图 12.9），而非氧化还原界面（即有氧–厌氧界面）附近，这说明扩散到沉积物的 O_2 绝大多数被用于有机质有氧呼吸，而非用于氧化从下层沉积物中扩散上来的还原性组分（如 NH_4^+、H_2S 等）（Berg et al.，1998）。综上，我们的研究表明，有氧呼吸控制了马里亚纳海沟表层沉积物的有机质成岩过程。

表 12.3 计算的反应速率（Liu and Peng，2019）

类型	单位	Abyssal sites	Hadal sites		
		5423~6010m	6980~7143m	8638m	10257m
O_2 flux at SWI	μmol O_2/（m^2·d）	–35.34±7.57（*n*=4）	nd	–81.38（*n*=1）	–154[a]
NO_3^- flux at SWI	μmol N/（m^2·d）	–0.14±0.28（*n*=4）	0.10±0.22（*n*=4）	0.07±0.06（*n*=2）	0.19（*n*=1）
NH_4^+ flux at SWI		<0.01（*n*=4）	<0.01（*n*=4）	0.03（*n*=2）	0.02（*n*=1）
*R_{net}（NO_3^-）production		0.98±0.56（*n*=4）	2.21±0.82（*n*=4）	2.54±0.96（*n*=2）	3.93（*n*=1）
*R_{net}（NO_3^-）consumption		–0.16±0.07（*n*=4）	–1.45±0.27（*n*=4）	–1.87±0.74（*n*=2）	–3.71（*n*=1）
*R_{net}（SO_4^{2-}）	μmol SO_4^{2-}/（m^2·d）	–0.05±0.04（*n*=2）	–0.03±0.04（*n*=3）	–0.02±0.03（*n*=2）	–0.03（*n*=1）
R_{DEN}	μmol C/（m^2·d）	0.20	1.81	2.34	4.64
R_{SR}		0.10	0.06	0.04	0.06
R_{AR}		26.89	nd	61.90	114.12
R_{OM}		27.19	nd	64.28	118.82

注：nd 表示未测。

12.3.4 厌氧成岩和深渊沉积物中氮（N）循环

前人已经对深渊沉积物中有机质的需氧成岩过程做了大量的研究（Glud et al.，2013；Wenzhofer et al.，2016；Luo et al.，2018），相比之下，厌氧成岩过程的认识非常有限。然而近年来的一些研究表明，在马里亚纳海沟深渊沉积物中存在大量与 N 代谢（如硝化反应和反硝化作用）相关的功能基因（Nunoura et al.，2018），暗示了在这种极端环境中可能存在着广泛的 NO_3^- 的生成和消耗。此外，NO_3^- 中 N 的稳定同位素研究也表明深渊沉积物中硝化和反硝化作用并存。本章基于孔隙水地球化学参数，对深渊沉积物中发生的厌氧成岩和 N 循环过程进行研究。

基于模型计算的反硝化速率在 6000m 站位仅仅为 0.20μmol C/（m^2·d）（n=4），相比之下在最深的站位 AB11，这一速率值增加到 4.64 μmol C/（m^2·d）（表 12.3）。根据计算的反硝化速率，我们同样观察到深度控制的反硝化速率与站位水深呈正线性相关（R^2=0.96，图 12.10）。考虑到沉积物中的反硝化速率与有机质的通量和底层水 O_2 和 NO_3^- 浓度密切相关（Middelburg et al.，1996），高速的反硝化过程进一步证明在更深站位拥有更多的有机质的来源。在所有站位之间，作为另一厌氧成岩过程的硫酸盐的还原速率非常低（<0.1 μmol C/（m^2·d），在总有机质氧化速率中所占比例不足 0.5%，这种可忽略的硫酸盐还原过程在开放大洋的深海沉积物中较为常见（Bowles et al.，2014），深渊沉积物中相对低的有机质的含量可能是限制硫酸盐还原过程的主要因素。事实上，低的硫酸盐还原过程更有利于与 N 代谢相关的过程，因为硫酸盐还原产生的 H_2S 会明显抑制微生物调节的硝化作用（Joye and Hollibaugh，1995）。吉布斯自由能的计算进一步表明在深渊环境下，基于反硝化作用的有机质成岩过程在热力学上比基于硫酸盐还原的有机质成岩过程更为有利。总的来说，我们的研究表明反硝化作用在深渊沉积物中是一个十分重要的过程，并且控制了有机质的厌氧氧化。

12.3.5　硝化作用

NO_3^- 速率剖面表明在沉积柱上部有着明显的硝酸盐产生过程，即硝化过程，且产成部位对应于最大孔隙水 NO_3^- 浓度区（图 12.9）。此外，在所有站位，通量计算表明 NO_3^- 从沉积物中同时向上覆水和下部沉积物扩散（表 12.3），证明硝化作用产生的 NO_3^- 供给了反硝化作用。虽然深度控制的硝化速率较低（0.98~3.93μmol N/（m^2·d），这一速率值接近于前人在太平洋东部 Clarion-Clipperton Zone 所计算的硝化速率（Volz et al.，2018）。由于较低的取样分辨率和箱式、重力柱取样过程中不可避免的表层沉积物扰动，我们推断这些值可能代表了硝化速率的下限，实际原位速率很可能高于这些值。尽管如此，计算的硝化速率也表现出随着取样站位水深的增加而增大（表 12.3）。考虑到硝化速率取决于 O_2 和基质 NH_4^+ 的供给，而 NH_4^+ 主要源于有机质的成岩，在更深的站位拥有较高的硝化速率表明了更高的有机质成岩活动，因为源于上覆水体扩散的 O_2 供给是充足的（Glud et al.，2013）。然而在所有站位各个深度 NH_4^+ 的浓度都很低，这很可能是因为成岩作用产生的 NH_4^+ 通过硝化作用被迅速消耗，导致孔隙水中的 NH_4^+ 并未大量累积。关于这一假设还有待进一步的实验证明。

根据模型计算，在所有深渊站位，基于深度的硝化速率都超过了反硝化速率，在 7000m、8638m 和 AB11 站位，硝化速率和反硝化速率分别为 2.21/1.45μmol N/（m^2·d）、2.54/1.87μmol N/（m^2·d）和 3.93/3.71μmol N/（m^2·d）。换句话说，在马里亚纳海沟深渊沉积物中，反硝化作用所需的所有 NO_3^- 都源于硝化反应。因此，可以得出结论：马里亚纳海沟深渊沉积物可能扮演着上覆海水中的 NO_3^- 源的角色，并且硝化和反硝化作用的直接耦合控制了深渊沉积物中 N 的循环。类似的特征在其他一些寡营养海域的沉积物中也有发现（Wankel et al.，2015）。然而依旧需要进一步的研究来探讨深渊沉积物成岩过程中 NO_3^- 的意义。

参考文献

Andersson J H, Wijsman J W M, Herman P M J, et al. 2004. Respiration patterns in the deep ocean. Geophysical Research Letters, 31: 1-4.

Arndt S, Jorgensen B B, LaRowe D E, et al. 2013. Quantifying the degradation of organic matter in marine sediments: A review and synthesis. Earth-Science Reviews, 123: 53-86.

Bao R, Strasser M, McNichol A P, et al. 2018. Tectonically-triggered sediment and carbon export to the Hadal zone. Nature Communications, 9: 121.

Berg P, Risgaard P N, Rysgaard S. 1998. Interpretation of measured concentration profiles in sediment pore water. Limnology and Oceanography, 43: 1500-1510.

Boudreau B P. 1997. Diagenetic Models and Their Implementation. Berlin: Springer Berlin Press.

Bowles M W, Mogollon J M, Kasten S, et al. 2014. Global rates of marine sulfate reduction and implications for sub-sea-floor metabolic activities. Science, 344: 889-891.

Burdige D J. 2007. Preservation of organic matter in marine sediments: controls, mechanisms, and an imbalance in sediment organic carbon budgets? Chemical Reviews, 107: 467-485.

Cai W J, Sayles F L. 1996. Oxygen penetration depths and fluxes in marine sediments. Marine Chemistry, 52: 123-131.

Canfield D E. 1993. Organic Matter Oxidation in Marine Sediments//Wollast R, Mackenzie F, Chou L. Interactions of C, N, P and S Biogeochemical Cycles and Global Change. Berlin: Springer Berlin Heidelberg Press.

Canfield D E, Thamdrup B. 2009. Towards a consistent classification scheme for geochemical environments, or, why we wish the term ‘suboxic’ would go away. Geobiology, 7: 385-392.

D’Hondt S, Spivack A J, Pockalny R, et al. 2009. Subseafloor sedimentary life in the South Pacific Gyre. Proceedings of the National Academy of Sciences of the United States of America, 106: 11651-11656.

Froelich P N, Klinkhammer G P, Bender M L, et al. 1979. Early oxidation of organic-matter in pelagic sediments of the eastern equatorial Atlantic-suboxic diagenesis. Geochimica Et Cosmochimica

Acta, 43: 1075-1090.

Glud R N. 2008. Oxygen dynamics of marine sediments. Marine Biology Research, 4: 243-289.

Glud R N, Thamdrup B, Stahl H, et al. 2009. Nitrogen cycling in a deep ocean margin sediment (Sagami Bay, Japan). Limnology and Oceanography, 54: 723-734.

Glud R N, Wenzhoefer F, Middelboe M, et al. 2013. High rates of microbial carbon turnover in sediments in the deepest oceanic trench on Earth. Nature Geoscience, 6: 284-288.

Hulme S M, Wheat C G, Fryer P, et al. 2010. Pore water chemistry of the Marina serpentinite mud volcanoes: a window to the seismogenic zone. Geochemistry Geophysics Geosystems, 11: Q01X09.

Joye S B, Hollibaugh J T. 1995. Influence of sulfide inhibition of nitrification on nitrogen regeneration in sediments. Science, 270: 623-625.

Lettmann K A, Riedinger N, Ramlau R, et al. 2012. Estimation of biogeochemical rates from concentration profiles: a novel inverse method. Estuarine Coastal and Shelf Science, 100: 26-37.

Liu S, Peng X. 2019. Organic matter diagenesis in hadal setting: Insights from the pore-water geochemistry of the Mariana Trench sediments. Deep-Sea Research Part I-Oceanographic Research Papers, 147: 22-31.

Luo M, Gieskes J, Chen L, et al. 2017. Provenances, distribution, and accumulation of organic matter in the southern Mariana Trench rim and slope: implication for carbon cycle and burial in hadal trenches. Marine Geology, 386: 98-106.

Luo M, Glud R N, Pan B, et al. 2018. Benthic carbon mineralization in hadal trenches: insights from *in situ* Determination of benthic oxygen consumption. Geophysical Research Letters, 45: 2752-2760.

Middelburg J J, Soetaert K, Herman P M J, et al. 1996. Denitrification in marine sediments: a model study. Global Biogeochemical Cycles, 10: 661-673.

Middelburg J J, Vlug T, Vandernat F. 1993. Organic-matter mineralization in marine systems. Global and Planetary Change, 8: 47-58.

Nunoura T, Nishizawa M, Hirai M, et al. 2018. Microbial diversity in sediments from the bottom of the Challenger Deep, the Mariana Trench. Microbes and Environments, 33: 186-194.

Schink B. 1997. Energetics of syntrophic cooperation in methanogenic degradation. Microbiology and Molecular Biology Reviews, 61: 262-282.

Stumm W, Morgan J J. 2012. Aquatic Chemistry: Chemical Equilibria and Rates in Natural Waters. New York: John Wiley & Sons.

Thamdrup B, Rossello M R, Amann R. 2000. Microbial manganese and sulfate reduction in Black Sea shelf sediments. Applied and Environmental Microbiology, 66: 2888-2897.

Ullman W J, Aller R C. 1982. Diffusion coefficients in nearshore marine sediments. Limnology and Oceanography, 27: 552-556.

Volz J B, Mogollón J M, Geibert W, et al. 2018. Natural spatial variability of depositional conditions, biogeochemical processes and element fluxes in sediments of the eastern Clarion-Clipperton Zone, Pacific Ocean. Deep Sea Research Part Ⅰ: Oceanographic Research Papers, 140: 159-172.

Wankel S D, Buchwald C, Ziebis W, et al. 2015. Nitrogen cycling in the deep sedimentary biosphere: nitrate isotopes in porewaters underlying the oligotrophic North Atlantic. Biogeosciences, 12: 7483-7502.

Wenzhofer F, Oguri K, Middelboe M, et al. 2016. Benthic carbon mineralization in hadal trenches: Assessment by *in situ* O-2 microprofile measurements. Deep-Sea Research Part I-Oceanographic Research Papers, 116: 276-286.

Ziebis W, McManus J, Ferdelman T, et al. 2012. Interstitial fluid chemistry of sediments underlying the North Atlantic gyre and the influence of subsurface fluid flow. Earth and Planetary Science Letters, 323: 79-91.

第 13 章

深渊沉积物中有机质来源：生物标志物指示

李季伟　他开文　陈祉言　彭晓彤

中国科学院深海科学与工程研究所

13.1 引言

太平洋板块俯冲到菲律宾板块形成的马里亚纳海沟是一个独特的生物地球化学热点区域。其内部碳元素的迁移转化和再循环过程，是全球碳循环的重要环节之一。研究发现马里亚纳海沟沉积物中高浓度的持久性有机污染物正影响着深渊生态系统。事实上，通过与水－岩石相互作用相关的地球化学反应，会产生氢气、甲烷、液态硫、二氧化碳和矿物质等，它们可能为该区域的各种微生物代谢提供燃料（Hand et al.，2012；Stern et al.，2006）。最近，Du 等（2019）对马里亚纳海沟俯冲带蚀变基岩伊丁石的碳同位素研究进一步表明，存在生物合成有机质过程。根据已有的研究，深渊底部相对于深海平原有着更为丰富的生物量，其中有机质的降解代谢活动远比前人估计的要活跃。马里亚纳俯冲带极端环境中微生物的生命活动是全球碳循环的重要组成部分，化能自养型微生物在原位形成有机组分及其生物矿化过程，必然在自生沉积物产物中留下地球化学和地质微生物学印迹。因此，研究深渊沉积物中有机碳的组成和来源，将进一步阐明微生物在极端环境中生存及其对全球生物地球化学循环的贡献。

13.1.1 GDGTs 概念

来源于古菌或细菌的甘油二烷基甘油四醚类化合物（GDGTs）是有机地球化学领域研究的热点之一，它们是古菌和细菌等微生物细胞膜脂的主要组成部分。基于这些化合物明显的生物学来源，GDGTs 被分为两类：类异戊二烯 GDGTs（isoGDGTs）和支链 GDGTs（brGDGTs）两大类（Schouten et al.，2013）。不同类型的 GDGTs 是特定微生物类群活动的重要生物标志物。brGDGTs 不同于古菌的 isoGDGTs 膜脂类化合物，brGDGTs 的碳链骨架是由支化的碳链烷烃结构组成的，且与甘油分子以酯键形式相连，通常 brGDGTs 具有 4~6 个甲基，并能包含最多两个可能由内部环化形成的环戊烷基。然而，isoGDGTs 包含多种化合物，主要含有 0~4 个五元环，但在某些情况也会含有 4~6 个五元环，其独特的类异戊烯烃结构与甘油分子以醚键的形式相连。

13.1.2 海洋中的 brGDGTs

brGDGTs 广泛分布在陆地环境，被认为是土壤细菌的生物标志物（Hopmans et al.，2004）。现有的研究对其他类型的细菌与其产生的相应的 brGDGTs 关系尚不明确。然而，Schouten 等（2013）发现 isoGDGTs 和 brGDGTs 都普遍出现在水相或陆地环境中，并且可以通过 BIT（branched and isoprenoid tetraethers）指数来评估陆地土壤有机物输入海洋环境的相对贡献（Hopmans et al.，2004）。

相对陆地环境，海洋沉积物中 brGDGTs 的相对丰度很低。这些海洋沉积环境中的 brGDGTs 的一种成因为陆源输入的贡献，如通过侵蚀、风力运输、河流径流或冰漂流（Weijers et al.，2014）。而同时，近年来越来越多的证据表明，brGDGTs 可以在海洋环境中原位产生（Hu et al.，2012；Peterse et al.，2009；Weijers et al.，2014）。例如，在热液喷口附近的沉积物中 brGDGTs 浓度和 BIT 指数都相对较高，表明热液微生物在原位产生了 brGDGTs（Hu et al.，2012）。此外，Weijers 等（2014）在远洋沉积物中也发现了具有环戊烷基结构的 brGDGTs，进而推测 brGDGTs 在海洋环境中也可能原位自生。

13.1.3　深渊沉积物 GDGTs 的研究意义

深渊极端环境中的微生物活动潜在影响着古菌和细菌特有的膜脂类化合物的产生与分布。然而，就它们在马里亚纳海沟及其俯冲环境中的分布和来源所展开的相关研究十分有限。通过 brGDGTs 和 isoGDGTs 脂类化合物分布特征及其与环境参数的响应关系，可以认识现代及过去的生物地球化学过程，重建古环境，为探讨地质演化历史上微生物记录环境变化发挥着重要作用。通常情况下，isoGDGTs 被认为是活动在海洋水相环境中古菌的特定生物标志物。例如，丰富的 Crenarchaeol 与硝化细菌相关的奇古菌门微生物密切相关，而 GDGT-0 主要由奇古菌和产甲烷广古菌合成（Weijers et al.，2009）。深渊沉积物中的 brGDGTs 以原位形成为主，细菌可能在更深部沉积物中扮演着重要的角色（Ta et al.，2019）。另外，深渊沉积物和岩石的生物标记数据显示，在俯冲带沉积柱中存在多种古菌和细菌，它们很可能参与了氨氧化和碳固定的有效生物地球化学循环（Nunoura et al.，2015）。深渊底部有机碳的输入可能与海沟俯冲过程引起的化能自养活动相关，brGDGTs 和部分烷烃的生物源可能直接来源于化能生态群落中的某些细菌或间接利用其产生的有机质生存，致使沉积物出现异常的 BIT 高值。然而，目前对马里亚纳深渊极端微生物群落的生物标志物的认识仍然有限，对于脂类生物标志物与代谢微生物种群之间的关系、丰度、多样性及其空间分布规律尚不明确，更对这些极端生命是通过何种途径来促进沉积物中有机碳的迁移转化和再循环的认识了解甚少。因此，进行深渊沉积物中有机组分来源的研究，对于深入认识地质构造活动对生物标志物组成的影响，评估深渊极端环境中微生物种群对合成有机物的贡献，揭示深渊底部有机碳源和迁移转化机理并进一步理解海洋碳循环和深海碳库有着重要的意义。

13.2 马里亚纳深渊样品采集及数据分析

13.2.1 样品采集

在2016~2017年中国科学院组织了TS01、TS03深渊航次，通过箱式采样器和着陆器插管的方式，采集了5058~10911m不同深度的深渊沉积物样品（表13.1）。箱式沉积物样品手动插管，获取了表层沉积物柱状样，然后通过无菌手段2cm进行了分层取样。所有沉积物样品存放于–80℃。另外，2016年在中国大洋矿产资源研究开发协会组织的DY-37航次中，通过多管沉积柱在雅浦海沟采集到沉积物样品（S01），并通过载人深潜器“蛟龙号”机械手在马里亚纳海沟南北部各采集了不同类型的岩石样品，将其存于无菌的样品袋中，存放在–80℃。这些沉积物和岩石样品均用于有机地化分析。

表13.1 沉积物和岩石样品信息

样品编号	经度	纬度	水深/m	类型	采样方式	航次
S01	138°40.86′E	9°39.67′N	5058	沉积物	多管沉积柱	DY-37
B01	141°58.50′E	10°51.36′N	5525	沉积物	箱式沉积	TS-01
B06	142°18.25′E	11°2.34′N	7022	沉积物	箱式沉积	TS-01
B09	141°59.65′E	10°59.65′N	7121	沉积物	箱式沉积	TS-01
B10	141°48.70′E	11°11.70′N	8638	沉积物	箱式沉积	TS-01
LR01	141°11.32′E	11°19.50′N	10911	沉积物	插管沉积	TS-03
JL118-G01	141°52.93′E	11°34.85′N	6697	岩石	深潜器机械采样	DY-37
JL119-G01	142°13.97′E	11°39.83′N	5997	岩石	深潜器机械采样	DY-37
JL120-G01	142°13.60′E	10°53.04′N	6296	岩石	深潜器机械采样	DY-37
JL120-G02	142°13.58′E	10°53.04′N	6296	岩石	深潜器机械采样	DY-37
JL121-G04	142°06.98′E	11°48.02′N	5552	岩石	深潜器机械采样	DY-37
JL115-G03-1	141°57.73′E	10°50.71′N	5544	岩石	深潜器机械采样	DY-37
JL115-G03-2	141°57.73′E	10°50.71′N	5544	岩石	深潜器机械采样	DY-37

13.2.2 GDGTs指数计算

BIT指数指示陆源和海洋的起源，计算公式根据Hopmans等（2004）的定义，

$$BIT = (brGDGTs\text{-}Ⅰa + brGDGTs\text{-}Ⅱa + brGDGTs\text{-}Ⅲa)/(brGDGTs\text{-}Ⅰa + brGDGTs\text{-}Ⅱa + brGDGTs\text{-}Ⅲa + Crenarchaeol) \quad (13.1)$$

GDGTs 甲基化指数 MBT（GDGTs 环化指标）和环化指标 CBT（甲基化指标）是根据 Weijers 等（2007）给出的方程确定的，即

$$MBT=([GDGTs–Ⅰ]+[GDGTs–Ⅰa]+[GDGTs–Ⅰb])/\sum[all\ brGDTs] \quad (13.2)$$

$$CBT=-\log([GDGTs–Ⅰa]+[GDGTs–Ⅱa])/([GDGTs–Ⅰ]+[GDGTs–Ⅱ]) \quad (13.3)$$

13.3　马里亚纳深渊表层沉积物有机地球化学特征及启示

13.3.1　深渊总有机碳特征物源指示

$\delta^{13}C$ 值对有机质的物源具有指示意义，如人类污水有机物的 $\delta^{13}C$ 值介于 –28‰~–23‰（Andrews et al.，1998），土壤有机质的 $\delta^{13}C$ 值介于 –42‰~–24‰（Goni et al.，2008；Kao and Liu，2000），但后者一般视环境而定，受当地植物影响较大。陆源 C3 植物的 $\delta^{13}C$ 值在 –32‰~–21‰（Deines，1980）。一般来说，海洋自生有机质比陆源有机质更为富集 ^{13}C，导致海洋自生有机质的 $\delta^{13}C$ 值（–24.5‰~–16‰）明显高于陆源有机质（Fontugne and Jouanneau，1978；Lamb et al.，2006）。据报道，海洋浮游植物的 $\delta^{13}C$ 值为 –24‰~–15‰（Hedges et al.，1997；Lamb et al.，2006），大型水生藻类为 –20‰~–18‰，细菌则为 –28‰~–12‰（Khan et al.，2015）。

对于不同物源 $\delta^{13}C$ 值重合的部分，则需要结合 C/N 做进一步判别。海洋自生有机质 C/N 范围在 4~10，陆源有机质 C/N 一般大于 12，在 20~500 变化。海沟沉积物的 C/N 为 3.00~8.21，其具有典型的非陆源输入的特征。如图 13.1 所示，C/N 和 $\delta^{13}C$ 值较为明显地区分陆源和海洋自生有机质。海沟的数据点落在了海洋颗粒有机碳和海洋浮游植物的有机碳氮化学特征范围。部分数据点位于 C/N 小于 5 的区域，而细菌的 C/N 一般为 4~6（Middelburg and Herman，2007；Tyson，1995），这可能指示了细菌来源。因此，根据总有机碳氮的化学特征，海沟沉积物中的有机碳来源于陆源的比例非常小，主要来源于海洋自生的有机质，如浮游植物、藻类、细菌等。

13.3.2　brGDGTs 的物源指示

尽管近年来一些研究结果表明，在全球海洋环境中也发现了 brGDGTs 的存在，并推测其可能来自海洋中微生物的原位输出（Peterse et al.，2009；Xiao et

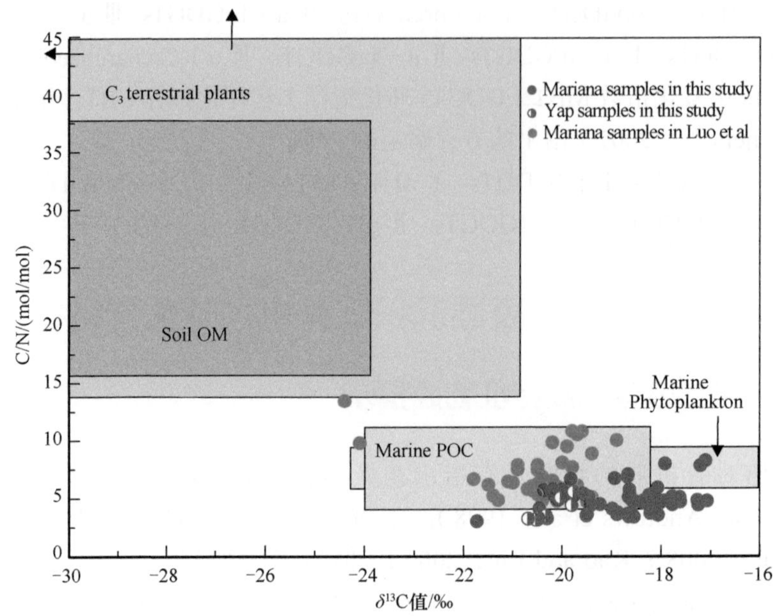

图 13.1 深渊沉积物 TOC/TN 和 TOC 碳稳定同位素关系图

al.，2016），但海洋中 brGDGTs 的丰度与古菌相比，有着数量级的差异（Weijers et al.，2014）。本章通过对 brGDGTs 在深渊中的分布特征、指标特征和不同环境中的 brGDGTs 进行比较与物源分析，探讨深渊有机碳内部来源的可能。

根据 brGDGTs 的分布特征，沉积物和蚀变岩石中均以不带环戊烷结构的 GDGT- Ⅰ，GDGT- Ⅱ和 GDGT- Ⅲ为主。带环戊烷结构的 brGDGTs 随着水深的加大逐渐减少，在 8km 和 10km 的水深绝大部分低于检测限。因此本书首先以 GDGT- Ⅰ、GDGT- Ⅱ和 GDGT- Ⅲ为分析对象。如图 13.2 所示，深渊沉积物中三者同比例分布，且 brGDGTs 中其余组分含量随 GDGT- Ⅰ的增减变化不大。与深渊的沉积物相似，西北太平洋 4km 水深的沉积物中三者的分布比例相对固定[图 13.2（b）]。海岸带环境为陆源和海源的混合端元环境，其数据点没有明显的比例分布[图 13.2（c）]，而中国东部沿岸的土壤同样表现为数据点离散[图 13.2（d）]。这说明海沟与海岸带、陆地等环境相比，brGDGTs 有其特有的组成比例，且在主要组成上有单一端元的特征，与其他海洋环境（如西北太平洋）相似。

[Ⅲ/Ⅱ]为 GDGT- Ⅲ丰度与 GDGT- Ⅱ丰度的比值，是 Xiao 等（2016）根据总结的不同海域中 brGDGTs 组成的差异提出的指示陆源与海洋自生有机质的一个指标。土壤中[Ⅲ/Ⅱ]小于 0.59（样品数 n=589），海洋中则大于 0.92（样品数 n=1354）。海沟沉积物中[Ⅲ/Ⅱ]的范围为 0.33~6.64，仅有一个样品小于 0.59，

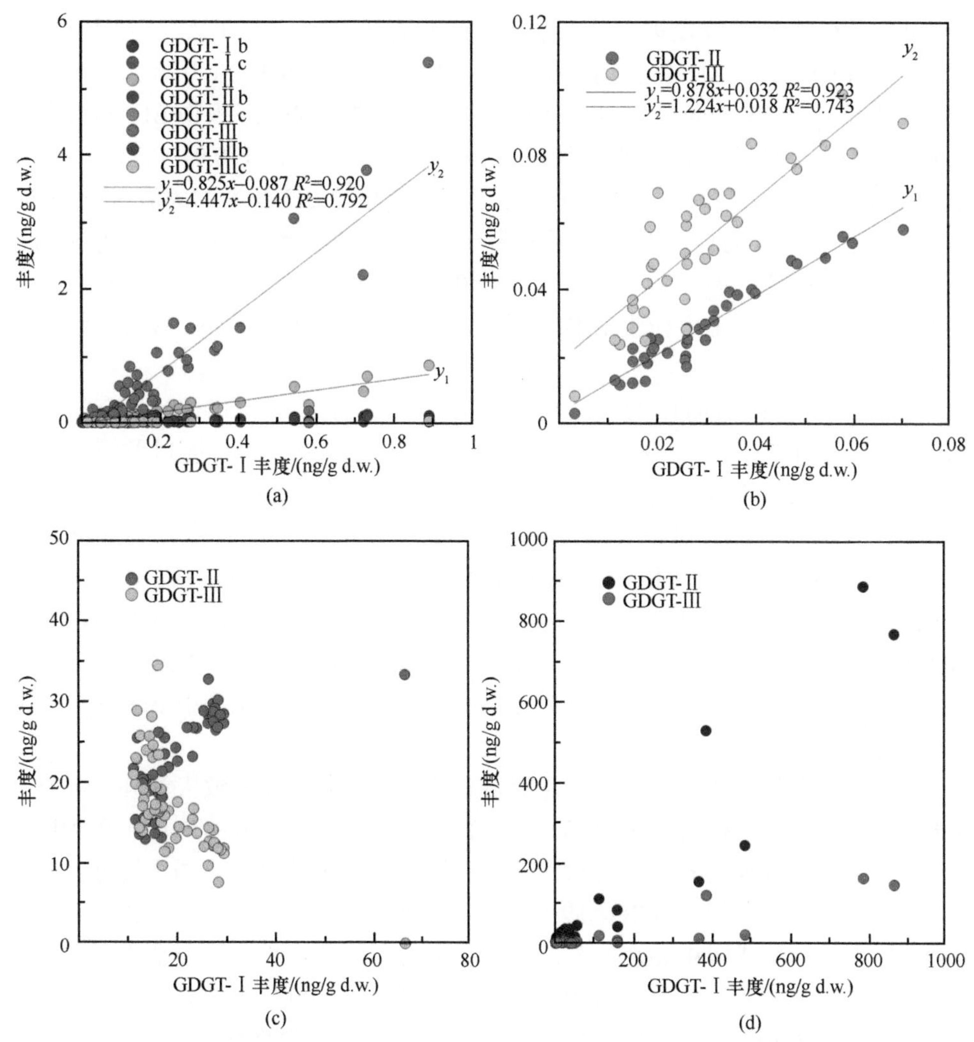

图 13.2　不同环境 GDGT-Ⅰ、GDGT-Ⅱ和 GDGT-Ⅲ的相关关系

（a）- 深渊环境，相较其他组分的 brGDGTs，GDGT-Ⅱ和 GDGT-Ⅲ含量较多且与 GDGT-Ⅰ呈显著线性关系；（b）- 西北太平洋沉积物（Yamamoto et al.，2016）；（c）- 中国东部海岸带沉积物（Lu et al.，2014）；（d）- 中国东部沿海省（区、市）土壤（吴霞，2015）

其余均远大于 0.92。海沟中蚀变岩石样品的 [Ⅲ / Ⅱ] 的范围为 1.83~4.55，同样显示海洋自生有机质的特征。

传统指示海洋中陆源有机质输入的 GDGTs 指标为 BIT 指数，是基于 brGDGTs 和海洋中 Crenarchaeol 的比值。Hopmans 等（2014）收集分析了全球多处海洋与土壤的 GDGTs，发现 brGDGTs 与 Crenarchaeol 的比值在海洋环境接近 0，而在陆地环境接近 1，因此 BIT 指数后被广泛应用于表征陆源有机质输入对海洋的贡献。BIT 指标值在陆地土壤中一般大于 0.9，在开放大洋沉积物中一般小于 0.15（Schouten et al.，2013）。马里亚纳海沟的沉积物 BIT 指标值介于 0.02~0.48，均值为 0.16；雅浦海沟沉积物 BIT 指标值介于 0.01~0.73，均值为 0.29。50% 沉积物样品的 BIT 指标值超过了海洋沉积物 BIT 指数的阈值 0.16（Xiao et al.，2016），25% 的样品 BIT 指标值为 0.2~0.48。这一数值虽然远小于观测到的土壤 BIT 指标值，但却远大于前人所报道的海洋远洋沉积物的 BIT 指标值，与河口沉积物、海岸带上方粉尘的 BIT 指标值相近（Damsté，2016；Weijers et al.，2014）。

根据沉积物中 GDGTs 的组分比例，深渊沉积物中的 brGDGTs 具有海洋环境的特征，且主要为单一端元的输入。根据前人的研究，距离河口及海岸带较近的大洋沉积物的 BIT 指标值随着远离大陆距离的增加迅速降至 0.04 左右的平均值（Weijers et al.，2014）。在离河口较近的远洋中已经很难检测到如此高丰度的 brGDGTs，而挑战者深渊远离欧亚大陆 2000 多千米，陆源物质输入难以导致深渊沉积物中异常的 BIT 指数高值。大气粉尘虽挟带较为丰富的 brGDGTs（BIT=0.15~0.42）（Weijers et al.，2014；Yamamoto et al.，2016），但粉尘进入海底后也会被海洋自生沉积物质迅速稀释，同样难以导致深渊沉积物中 BIT 指标值的整体提高。

综上，根据 BIT 指数的反映，深渊沉积物中存在相较于开放大洋环境异常高丰度的 brGDGTs，且根据其 brGDGT 组分的分布，深渊中 brGDGTs 应主要为同一来源。结合总有机碳氮的物源指示，brGDGTs 来自陆源的可能性弱。另外，由于 C/N 在陆源的数值大于海洋有机质，如果 brGDGT 为陆源输入，BIT 指数和 C/N 比值应当为正相关或弱相关性关系，二者在定义上应为正相关性关系或弱相关性关系。如图 13.3 所示，在深渊沉积物中二者呈现显著的负相关性，说明沉积物中的有机质应为海洋自生有机质，且 BIT 指数的高值并非由陆源输入。

从 TOC 和 GDGTs 分布的角度，TOC 随着水深的增加有增加的趋势，而 brGDGTs 和 isoGDGTs 的绝对值以及 TOC 均一化后的值也同样随着水深的增加有增加的趋势。对此，根据前人的研究可能有两种解释，第一，深渊独特的 V 形结构，使得上层海洋的有机碳在浊流、侧向流的作用下，向深渊底部聚集，使其成为有机碳沉降中心，形成“漏斗效应”（Itoh et al.，2011，2000）。第二，浅部具有更活跃的微生物降解活动，导致海洋上层丰富的有机质向深处输入的过程中，深渊底部相较于浅部保留了更多的有机质。对于“漏斗效应”，尽管侧向流和重力流能够向深渊底部输送深海平原物质（Glud et al.，2013；Luo et al.，2017），若单纯地向深渊底部转移输送有机碳，其 GDGTs 的占比应该不会有较大程度的改

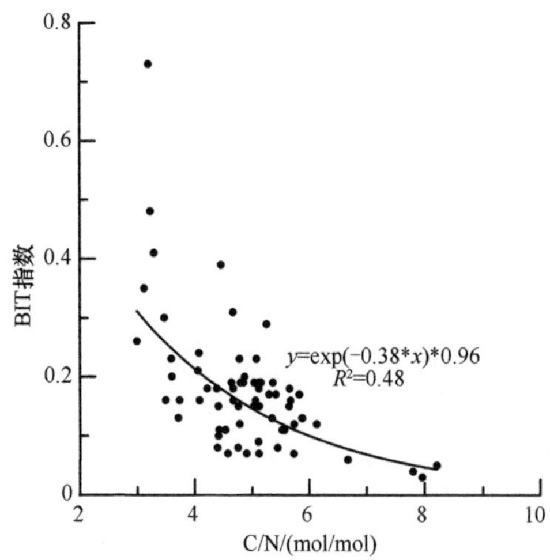

图 13.3　BIT 指数与 C/N 呈负相关关系

变。但根据 iso GDGT 和 brGDGT 所占 TOC 的比例可知，在 8km 和 10km 的沉积物中其占比大幅增加，远不同于 5km 水深的 GDGTs 占比。对于第二种解释，Glud 等（2013）在挑战者深渊 10817m 和 6018m 的深海平原区进行了一系列原位的测量实验，认为万米深渊底部相对深海平原区具有更快的氧消耗速率，这就意味着在深渊底部有着更丰富的微生物降解活动。因此，鉴于正常大洋上层水体中极低比例的细菌的 brGDGTs，我们推测海沟内部丰富的 brGDGTs 应该源于海沟本身。

13.3.3　brGDGTs 端元分析

深渊沉积物中的 brGDGTs 的组分呈一定的比例分布指示其主要为单一来源的特点。BIT 指数的高值和 TOC 分布特征的结合，指示深渊中的 brGDGTs 可能来自海沟内部自生的有机质。因此，我们通过收集如湖泊（Blaga et al.，2009）、土壤（吴霞，2015；Weijers et al.，2006）、海岸带（Lu et al.，2014）、开放大洋（Kim et al.，2010；Yamamoto et al.，2016）和热液地质体（Hu et al.，2012；Pan et al.，2016）等环境中的细菌 GDGTs 的组成，利用端元分析讨论深渊中 brGDGTs 所代表的部分有机碳的来源。

图 13.4 为 GDGTs 在不同环境中的端元分析，基于沉积物中占主要比例的 GDGT-0、Crenarchaeol 和 brGDGTs。图中海沟沉积物、蚀变岩石、开放大洋沉积物和中国东部海岸带沉积物的数据点距离较近，形成簇组，同时有两个西南印度洋中脊低温热液地质体的样品数据点落在海沟沉积物数据点附近，而土

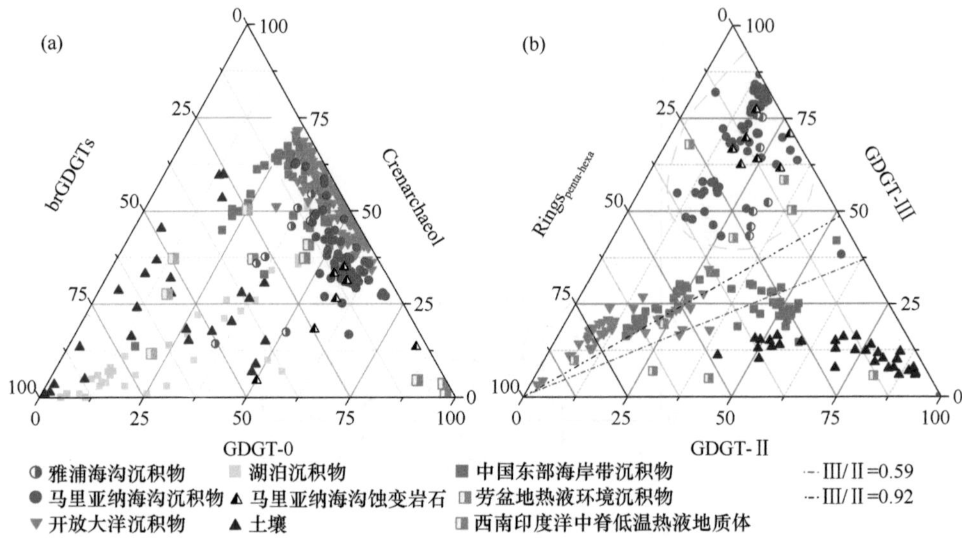

图 13.4 GDGTs 在不同环境中的端元分析

壤、河流、湖泊和其余的热液环境的数据点分散，远离海洋环境数据点的范围。图 13.4 分别以 brGDGTs 中的 GDGT- Ⅱ、GDGT- Ⅲ以及这两组中带环戊烷结构的 brGDGTs 之和为三个端元，有效地分离了不同环境的数据特征。图中的比值线是根据 GDGT- Ⅲ与 GDGT- Ⅱ的比值（记作Ⅲ / Ⅱ）而定，陆源环境的Ⅲ / Ⅱ小于 0.59，而海洋沉积物（陆源输入可能性小的海域）中的Ⅲ / Ⅱ大于 0.92（Xiao et al.，2016）。区别于正常开放大洋等其他环境，海沟沉积物和蚀变岩石数据点更偏向 GDGT- Ⅲ端元，远离其余两个端元，且带环戊烷结构的 brGDGTs 占比较低。其中两个西南印度洋中脊低温热液地质体和劳盆地热液环境沉积物的数据点落在海沟沉积物附近。

根据 brGDGTs 组分间比值的变化所建立的 CBT 指标（GDGTs 环化指标）和 MBT 指标（甲基化指标）一般用于反映陆地土壤的 pH 和年均大气温度（Schouten et al.，2013）。但二者同样能反映不同来源的 brGDGTs 的特征（图 13.5）。对于 CBT 指标，海沟、蚀变岩石、海岸带及热液环境主要分布在 –0.25~1.25，有着相似的特征，相较于开放大洋海，沟样品的数据点更靠近海岸带和热液环境。对于 MBT 指标，海沟沉积物主要集中在 0.13~0.37，其中有 12 个样品的 BIT 指数大于 0.2，与部分土壤、热液环境的数据较近，但相对分散并不能很明显地聚类。而当 GDGTs 环化指标和甲基化指标为双轴比较时，不同环境的特征能得到最明显的聚类效果。显然，在不同的聚类中，当 Crenarchaeol、GDGT-0 作为端元聚类时，因为二者为古菌 GDGTs 中主要的组分，且海洋环境中古菌 GDGTs 的丰度

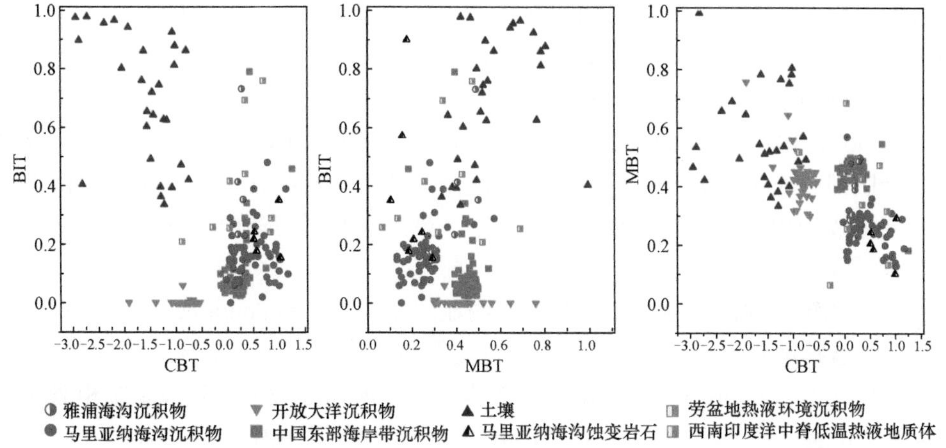

图 13.5　细菌 GDGTs 环化指标、甲基化指标及陆源输入指标的比较结果

大于细菌 GDGTs 的丰度，因而海岸带、开放大洋和海沟沉积物形成簇组，被划分为同一类别。但相较于海岸带开放大洋，海沟沉积物更偏向 GDGT-0 端元。而当以 brGDGTs 中具体的组分或 brGDGTs 的指标（CBT、MBT）为分类的端元时，海沟沉积物显示出其自身独特的组成特点，即相对于开放大洋、海岸带、陆相环境更偏向 GDGT- Ⅲ端元，且 GDGTs CBT 更高和 MBT 偏低。从侧面体现了在海洋环境中，含量较少的 brGDGTs 相较于 isoGDGTs 有着更为灵敏的物源指示意义。

综合比较，海沟沉积物和海沟中蚀变岩石有相似的物源特征。同时二者与部分低温热液地质体和热液喷口周围的沉积物数据点物源接近。因此从 brGDGTs 的角度，我们认为在寻找深渊有机碳物源的分析中，除普遍承认的海洋上层初级生产力带来的丰富有机质的输入外，海沟本身应存在与热液环境或低温热液环境相似的有机质输入来源。

13.3.4　有机质来源对深渊内部化能自养生物圈的启示

马里亚纳海沟位于太平洋与菲律宾板块碰撞的俯冲带，伴随板块俯冲过程，在海沟底部发生着频繁的火山、地震、水岩反应和热液流体等地质活动。海沟中蛇纹石化和玄武岩蚀变引起的流体活动、泥火山和低温热液现象及其孕育的化能自养微生物群落已被广泛报道（Fryer et al.，1999；Ohara et al.，2012；Stern et al.，2006）。本章研究的样品取自马里亚纳海沟南坡，属于俯冲下覆板块，虽然目前尚无俯冲半片上发现流体活动现象的报道，但在 2015 年和 2016 年的“蛟龙号”

调查航次中，中国科学院科考团队在南坡地区发现了由带状分布的海底流体活动造成的泥火山现象。在 BIT 指数高值的沉积物中，无机矿物数据显示其中含有较高丰度的沸石成分，以及绿泥石、蒙脱石等黏土矿物，可能与玄武岩的蚀变反应有关（Liou，1979）。我们推测俯冲板块引起了下覆板块形成裂隙和断层，海水灌入洋壳底部，通过水岩反应形成低温热液流体活动。这些含丰富的还原性物质的低温流体成为化能自养微生物的生存底物，最终孕育了海沟中广泛分布的类似热液生态群落的微生物生态群。

深渊系统与深海平原的微生物具有明显的差异性（Nunoura et al.，2015），其中一个显著特征是与热液环境微生物在一定程度上有重叠（Tarn et al.，2016）。本章的烷烃数据以及 brGDGTs 的端元分析也指示了海沟环境中与热液系统相似的物源信息。化能自养生态群落在海沟中已有相关报道，如日本海沟（7326m）（Fujikura，1999）、马里亚纳海沟（Hand et al.，2012；Ohara et al.，2012）。Tarn 等（2016）对挑战者深渊和其他海沟的沉积物进行了群落组成分析，发现了一些少见于正常大洋环境，却常出现于热液环境的菌群，包括交替假单胞菌属（*Pseudoalteromonas*）、ε- 变型菌（*Epsilon proteobacteria*）、广古菌属（*Euryarchaeota*）、交替单胞属（*Alteromonas*）、海杆菌（*Marinobacter*）、SAR324、海微菌属（*Marinimicrobia*）、*Thiovulgaceae* 和 SUP05 等占据较高比例（Tarn et al.，2016）。在马里亚纳海沟沉积物中生物分子数据中，也发现了较高丰度的 *Epsilonproteobacteria*、SUP05、*Alteromonas*、SAR324 和亚德食烷菌属（*Alcanivorax*）等嗜热微生物的存在（Nunoura et al.，2015）。

海沟内部与水岩反应有关的蚀变岩石样品中存在相较沉积物更高的 BIT 指数。而沉积物整体的 BIT 指数的均值极有可能受到了蚀变岩石同源的影响而普遍高于开放大洋的 BIT 指数。brGDGTs 和环烷烃是否直接来源于化能自养微生物仍然没有直接的证据。在过去对泥炭和土壤细菌膜脂的研究中，根据同位素证据，研究者推测 brGDGTs 的来源可能是兼性厌氧性的异养细菌（Pancost and Damsté，2003），但海洋自生 brGDGTs 的来源目前尚未有明确报道，其生源是否存在自养微生物仍然有待进一步开展培养分离鉴别工作。但是，基于 GDGTs 的端元分析等分析讨论，我们认为深渊内部应广泛存在利用水岩反应产生的低温流体生存的化能自养微生物群落。brGDGTs 的生物源可能直接来源于化能生态群落中的某些细菌或间接利用其产生的有机质生存，致使海沟沉积物出现整体相较于上层开放大洋异常的 BIT 指数高值（图 13.6）。

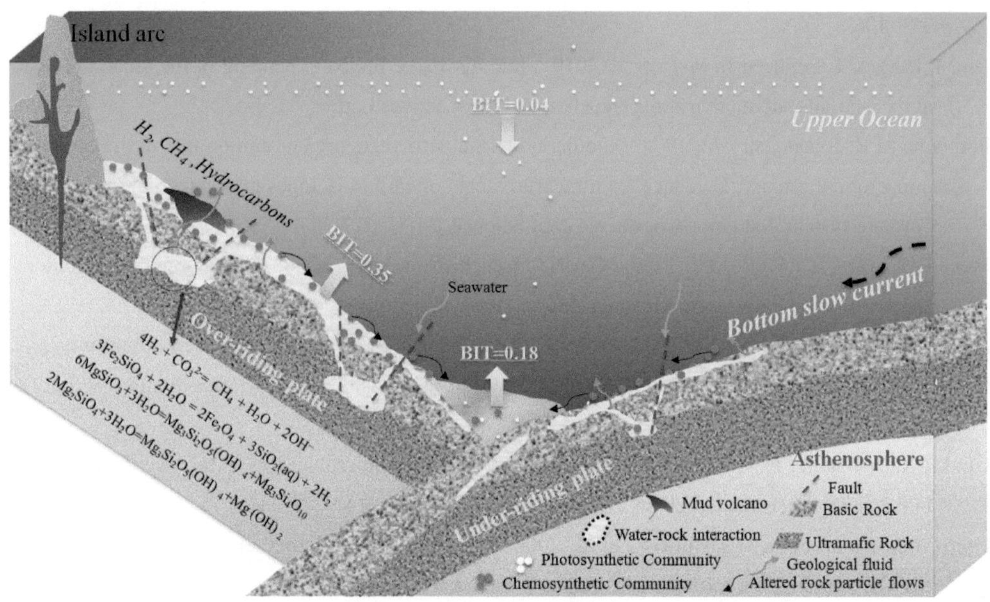

图 13.6　基于水岩反应的海沟内部化能自养生物圈概念模型图（Li et al.，2021）

参考文献

吴霞 . 2014. 甘油二烷基甘油四醚膜类脂在青藏高原库赛湖古环境重建中的应用研究 . 北京 : 中国地质大学 (北京).

Andrews J E, Greenaway A M, Dennis P F. 1998. Combined carbon isotope and C/N ratios as indicators of source and fate of organic matter in a poorly flushed, tropical estuary: Hunts Bay, Kingston Harbour, Jamaica. Estuarine Coastal & Shelf Science, 46(5): 743-756.

Blaga C I, Reichart G J, Heiri O, et al. 2009. Tetraether membrane lipid distributions in water-column particulate matter and sediments: a study of 47 European lakes along a north-south transect. Journal of Paleolimnology, 41(3): 523-540.

Damsté J S S. 2016. Spatial heterogeneity of sources of branched tetraethers in shelf systems: The geochemistry of tetraethers in the Berau River delta (Kalimantan, Indonesia). Geochimica et Cosmochimica Acta, 186: 13-31.

Deines P. 1980. The isotopic composition of reduced organic carbon. Terrestrial Environment A, 1:

329-406.

Du M, Peng X T, Seyfried Jr. W E, et al. 2019. Fluid discharge linked to bending of the incoming plate at the Mariana subduction zone. Geochemical Perspectives Letters, 11: 1-5.

Fontugne M R, Jouanneau J M. 1978. Modulation of the particulate organic carbon flux to the ocean by a macrotidal estuary: Evidence from measurements of carbon isotopes in organic matter from the Gironde system. Estuarine Coastal & Shelf Science, 24(3): 377-387.

Fryer P, Wheat C G, Mottl M J. 1999. Mariana blueschist mud volcanism: Implications for conditions within the subduction zone. Geology, 27(2): 103-106.

Fujikura K, Kojima S, Tamaki K, et al. 1999. The deepest chemosynthesis-based community yet discovered from the hadal zone, 7326 m deep, in the Japan Trench. Marine Ecology Progress Series, 190: 17-26.

Glud R N, Wenzhofer F, Middelboe M, et al. 2013. High rates of microbial carbon turnover in sediments in the deepest oceanic trench on Earth. Nature Geoscience, 6(4): 284-288.

Goni M A, Monacci N, Gisewhite R, et al. 2008. Terrigenous organic matter in sediments from the Fly River delta-clinoform system (Papua New Guinea). Journal of Geophysical Research Earth Surface, 113: Fo1S10.

Hand K P, Bartlett D H, Fryer P. 2012. Analyses of Outcrop and Sediment Grains Observed and Collected from the Sirena Deep and Middle Pond of the Mariana Trench. San Francisco: AGU Fall Meeting.

Hedges J I, Keil R G, Benner R. 1997. What happens to terrestrial organic matter in the ocean?. Organic Geochemistry, 27(5): 195-212.

Hopmans E C, Weijers J W H, Schefuss E, et al. 2004. A novel proxy for terrestrial organic matter in sediments based on branched and isoprenoid tetraether lipids. Earth and Planetary Science Letters, 224(1-2): 107-116.

Hu J F, Meyers P A, Chen G K, et al. 2012. Archaeal and bacterial glycerol dialkyl glycerol tetraethers in sediments from the Eastern Lau Spreading Center, South Pacific Ocean. Organic Geochemistry, 43: 162-167.

Itoh M, Kawamura K, Kitahashi T, et al. 2011. Bathymetric patterns of meiofaunal abundance and biomass associated with the Kuril and Ryukyu Trenches, Western North Pacific Ocean. Deep-Sea Research Part Ⅰ, 58(1): 86-97.

Itoh M, Matsumura I, Noriki S. 2000. A large flux of particulate matter in the deep Japan Trench observed just after the 1994 Sanriku-Oki earthquake. Deep Sea Research Part Ⅰ Oceanographic Research Papers, 47(10): 1987-1998.

Kao S J, Liu K K. 2000. Stable carbon and nitrogen isotope systematics in a human-disturbed watershed (Lanyang-Hsi) in Taiwan and the estimation of biogenic particulate organic carbon and nitrogen fluxes. Global Biogeochemical Cycles, 14(1): 189-198.

Khan N S, Vane C H, Horton B P. 2015. Stable carbon isotope and C/N geochemistry of coastal wetland sediments as a sea-level indicator. Handbook of Sea-Level Research, 1: 295-311.

Kim J H, van der Meer J, Schouten S, et al. 2010. New indices and calibrations derived from the distribution of crenarchaeal isoprenoid tetraether lipids: implications for past sea surface temperature reconstructions. Geochimica et Cosmochimica Acta, 74(16): 4639-4654.

Lamb A L, Wilson G P, Leng M J. 2006.A review of coastal palaeoclimate and relative sea-level reconstructions using δ^{13}C and C/N ratios in organic material. Earth-Science Reviews, 75(1-4): 29-57.

Li J W, Chen Z Y, Li X X, et al. 2021. The sources of organic carbon in the deepest ocean: implication from bacterial membrane lipids in the Mariana trench zone. Frontiers in Earth Science, 9: 22.

Liou J G. 1979. Zeolite facies metamorphism of basaltic rocks from the East Taiwan ophiolite. American Mineralogist, 64(1-2): 1-14.

Lu X X, Yang H, Song J M, et al. 2014. Sources and distribution of isoprenoid glycerol dialkyl glycerol tetraethers (GDGTs) in sediments from the east coastal sea of China: application of GDGT-based paleothermometry to a shallow marginal sea. Organic Geochemistry, 75: 24-35.

Luo M, Gieskes J, Chen L Y, et al. 2017. Provenances, distribution, and accumulation of organic matter in the southern Mariana Trench rim and slope: implication for carbon cycle and burial in hadal trenches. Marine Geology, 386: 98-106.

Middelburg J J, Herman P M J. 2007. Organic matter processing in tidal estuaries. Marine Chemistry, 106(1-2): 127-147.

Nunoura T, Takaki Y, Hirai M, et al. 2015. Hadal biosphere: Insight into the microbial ecosystem in the deepest ocean on Earth. Proceedings of the National Academy of Sciences of the United States of America, 112(11): 1230-1236.

Ohara Y, Reagan M K, Fujikura K, et al. 2012. A serpentinite-hosted ecosystem in the Southern Mariana Forearc. Proceedings of the National Academy of Sciences of the United States of America, 109(8): 2831-2835.

Pan A, Yang Q, Zhou H, et al. 2016. A diagnostic GDGT signature for the impact of hydrothermal activity on surface deposits at the Southwest Indian Ridge. Organic Geochemistry, 99: 90-101.

Pancost R D, Damsté J S S. 2003. Carbon isotopic compositions of prokaryotic lipids as tracers of carbon cycling in diverse settings. Chemical Geology, 195: 29-58.

Peterse F, Kim J H, Schouten S, et al. 2009. Constraints on the application of the MBT/CBT palaeothermometer at high latitude environments(Svalbard, Norway). Organic Geochemistry, 40(6): 692-699.

Schouten S, Hopmans E C, Damste J S S. 2013. The organic geochemistry of glycerol dialkyl glycerol tetraether lipids: a review. Organic Geochemistry, 54: 19-61.

Stern R J, Kohut E, Bloomer S H, et al. 2006. Subduction factory processes beneath the Guguan cross-chain, Mariana Arc: no role for sediments, are serpentinites important? Contributions to Mineralogy and Petrology, 151(2): 202-221.

Ta K, Peng X, Xu H, et al. 2019. Distributions and sources of glycerol dialkyl glycerol tetraethers in sediment cores from the Mariana subduction zone. Journal of Geophysical Research: Biogeosciences, 124: 857-869.

Tarn J, Peoples L M, Hardy K, et al. 2016. Identification of free-living and particle-associated microbial communities present in hadal regions of the mariana trench. Frontiers in Microbiology, 7: 665.

Tyson R V. 1995. Sedimentary Organic Matter. Berlin: Springer Netherlands.

Weijers J W H, Panoto E, van Bleijswijk J, et al. 2009. Constraints on the biological source(s) of the orphan branched tetraether membrane lipids. Geomicrobiology Journal, 26: 402-414.

Weijers J W H, Schefuss E, Kim J H, et al. 2014. Constraints on the sources of branched tetraether membrane lipids in distal marine sediments. Organic Geochemistry, 72: 14-22.

Weijers J W H, Schouten S, Spaargaren O C, et al. 2006. Occurrence and distribution of tetraether membrane lipids in soils: Implications for the use of the TEX 86 proxy and the BIT index. Organic Geochemistry, 37(12): 1680-1693.

Weijers J W H, Schouten S, van den Donker J C, et al. 2007. Environmental controls on bacterial tetraether membrane lipid distribution in soils. Geochimica et Cosmochimica Acta, 71(3): 703-713.

Xiao W J, Wang Y H, Zhou S Z, et al. 2016. Ubiquitous production of branched glycerol dialkyl glycerol tetraethers (brGDGTs) in global marine environments: a new source indicator for brGDGTs. Biogeosciences, 13(20): 5883-5894.

Yamamoto M, Shimamoto A, Fukuhara T, et al. 2016. Source, settling and degradation of branched glycerol dialkyl glycerol tetraethers in the marine water column. Geochimica et Cosmochimica Acta, 191: 239-254.

第 14 章

深渊环境中的持久性有机污染物

彭晓彤[1]　Dasgupta Shamik[1]　陈明玉[2]

1. 中国科学院深海科学与工程研究所

2. 南方科技大学

14.1 引言

14.1.1 持久性有机污染物定义

持久性有机污染物（persistent organic pollutants，POPs）是指具有长期残留性、生物蓄积性和半挥发性，并对人类健康和环境具有严重危害的高毒性有机污染物。由于不易降解，POPs 能够通过各种环境介质进行长距离迁移。POPs 种类主要包括有机氯农药（OCPs）、多氯代二苯并二噁英 / 呋喃（polychlorinated dibenzo-p-dioxins and dibenzofurans，PCDD/Fs）、多氯联苯（polychlorinated biphenyls，PCBs），以及后来列入《关于持久性有机污染物的斯德哥尔摩公约》的多溴联苯醚（PBDEs）、全氟化合物（PFASs）和邻苯二甲酸酯（PAEs）等几十种物质。

PCBs 和 PBDEs 是环境中常见的两种 POPs。PCBs 由联苯分子构成，其中氢原子被一个或多个氯原子取代。根据氯原子的数量及其在联苯环上的位置，理论上可以形成 209 种 PCB 同系物。类似地，PBDEs 具有二苯醚分子的结构，其中氢原子被一个或多个溴原子取代，因此也可以形成 209 种 PBDE 同系物。POPs 还包括一些生产和生活过程中产生的附加化学物质，如二噁英，其主要来源于某些工业过程和城市、医疗废物等的焚烧过程（图 14.1）。

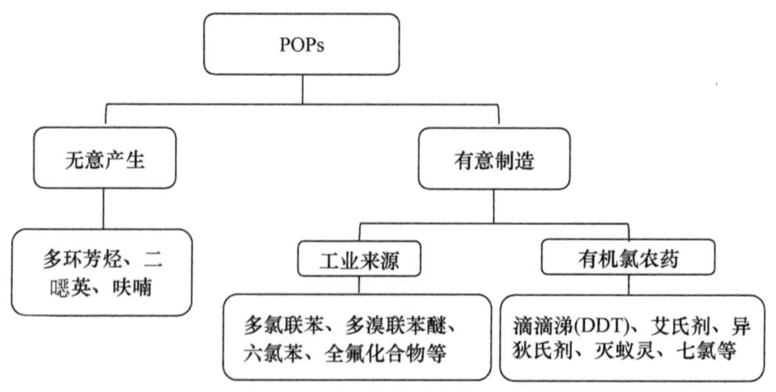

图 14.1 环境中的 POPs 来源及类型

14.1.2 持久性有机污染物的特征

POPs 具有持久性、远距离迁移性、生物蓄积性和生物毒性等特征。其在环境中的驻留时间长，并在海洋食物网中有较强的生物蓄积效应，因而对生物体有干扰内分泌、致畸和致癌性等危害（Alharbi et al.，2018）。PCBs 和 PBDEs 等 POPs 在过去几十年已在全球范围内被广泛报道。

PCBs 是一种合成化学品，因其相对良好的电绝缘性能而被用于变压器、电容器、液压油、油漆、天花板和地板砖的添加剂等。PCBs 自 20 世纪 30 年代开始生产，1930~1993 年全球 PCBs 总产量达 130 万 t（Breivik et al.，2002）。直到 70 年代全球禁令颁布后停产，但仍有大量的 PCBs 滞留在垃圾填埋场和海洋环境中。另外，从 60 年代开始，PBDEs 主要作为阻燃剂广泛用于油漆、塑料、地毯和窗帘等日常消费品中，在 2006 年被欧盟限制使用。

14.2　海洋环境中的持久性有机污染物

14.2.1　持久性有机污染物的分布

尽管许多 POPs 已经停止生产，但由于 POPs 的疏水性和低水溶性，大量 POPs 仍在全球环境中滞留，并在食物链中积累。

1966 年，PCBs 首次在梭子鱼体中被检出（Jensen，1966）。随后，研究者在各类环境，甚至在极地环境中都检测到 PCBs，并逐渐认识到 PCBs 对环境的巨大危害性（Edwards，1971；Kalmaz and Kalmaz，1979；Hung et al.，2005；Bengtson et al.，2008）。如今，PCBs 被证实在全球范围内广泛存在。多名研究者对我国边缘海和陆架地区沉积物中的 PCBs 和 PBDEs 已经开展了研究。例如，黄海及其邻近海域 PCBs 含量的最高值位于胶州湾，其均值达到 10.3 ng/g d.w.（郭军辉等，2011）。东海及其邻近海域 PCBs 含量的最高值位于浙江的乐清湾，其均值为 14.1 ng/g d.w.（Yang et al.，2011）。在黄海及其邻近海域，PBDEs 污染最为严重的区域位于大沽河口和黄河河口。大沽河口的总 PBDEs（∑PBDEs，除 BDE-209）为 0.65 ng/g d.w.，BDE-209 含量为 3.27 ng/g d.w.（Zhen et al.，2016），而黄河河口的∑PBDEs 为 0.69 ng/g d.w.，BDE-209 含量为 2.79 ng/g d.w.。南黄海表层沉积物中 PBDEs 的含量与近岸地区相比明显偏低，∑PBDEs 和 BDE-209 分别为 0.24 ng/g d.w. 和 0.65 ng/g d.w.（Wang et al.，2016a）。最近的研究发现，东海内陆架表层沉积物中 PBDEs 的含量相对较低，∑PBDEs 和 BDE-209 含量分别为 0.12 ng/g d.w. 和 0.54 ng/g d.w.，与南黄海的含量相当（Wang et al.，2016b）。

此外，前人的研究发现，在地中海北部的克里特岛南部边缘，沉积物总 PCBs（∑PCB；33 种 PCBs 同源物）浓度在 38~1182 pg/g d.w. 变化，平均值为（267 ± 176）pg/g d.w.。其中，高度氯化的 PCB153+168、PCB 180 和 PCB 158 贡献最高（每个含量占∑PCB 的 7%~11%）（Mandalakis et al.，2014）。而地中海亚得里亚海表面沉积物中总 PCBs（$\sum_{28}$PCBs）的含量为 0.1~2.2 ng/g d.w.（Combi et al.，2016）。前人

的研究结果也揭示了白令海表层沉积物和沉积柱中 PCBs 和 PBDEs 的存在。白令－楚科奇陆架地区沉积物中∑PCB 含量为 286pg/g d.w.，而 PBDEs（不包括 BDE-209）显示出较低的浓度（中值范围为 3.5~6.6pg/g d.w.）值（Ma et al.，2015）。然而，这些研究只关注了浅海的陆架区域，深渊中的 PCBs 和 PBDEs 几乎未被探索过。

14.2.2 持久性有机污染物的迁移及循环

POPs 的物理化学性质使其在各种环境介质中（如空气、水体、土壤和沉积物）滞留，进入并积累于海洋和陆地食物网中（Lohmann et al.，2007）。有证据表明，大多数持久性有机污染物的挥发性较高，常温下就足以在空气、水和土壤中蒸发和沉降。热带和亚热带地区温暖的气候有利于 POPs 从地球表面蒸发。较高纬度的凉爽气候有利于 POPs 从大气沉降到土壤和水体中（Mackay and Wania，1995）。通常，大气被认为是 POPs 向地表水运输的最重要和最快捷的途径。POPs 在气相和气溶胶相之间分配，主要通过与颗粒结合的干式沉积方式以及大气与海洋表面之间的扩散性气体交换将其从大气中清除。对于主要以气相存在于大气中的 POPs 类型 [PCBs、六六六（HCHs）和更轻的多环芳烃（PAHs）] 而言，大气－表层海水之间的气体交换是其在全球规模中最主要的沉积过程（Jurado et al. 2004）。溶解的有机碳、颗粒物和浮游植物等都可以充当海水中疏水性的 POPs 载体。Maldonado 等（1999）研究了黑海中 PAHs 在垂直剖面上的分布。结果表明，PAHs 的最高值出现在 30m 深度，这主要归因于该深度浮游植物的高生物量。在 POPs 从水体到沉积物的运输中，浮游植物发挥着重要作用。一方面，浮游植物吸收 POPs，从而降低水中的 POPs 浓度（Dachs and Eisenreich，2000）。另一方面，与浮游植物有关的 POPs 从水体沉降，最终积聚在沉积物中。这两个过程推动了 POPs 从大气到海洋的输运，被称为“生物泵”（Dachs et al.，2002）。POPs 的生物有效性取决于诸如正辛醇－水分配系数和正辛醇－空气分配系数等物理化学参数，它们都是与温度相关的常数。因此，温度升高将显著影响不同相态之间 POPs 的分布。海洋生物从沉积物、水体或消费营养级别较低的其他物种来吸收这些 POPs，因此较高营养级别的生物体中的 POPs 水平就会被放大，人类如果长期食用此类海鲜可能产生严重的毒理反应。尽管人们普遍认为，大气是海洋中 POPs 的主要来源，但河流等环境也可能是沿海环境和开放大洋中 POPs 的重要来源。POPs 从环境到海洋的循环及其在海洋中的迁移如图 14.2 所示。

海洋覆盖了地球表面的 70%，并具有重要的有机碳储集层，它们可以作为许多 POPs 的优先吸附相。因此，海洋在调控局域和全球范围环境内 POPs 的输运、迁移和分布等方面发挥着重要作用（Wania and Mackay，1996；Dachs et al.，

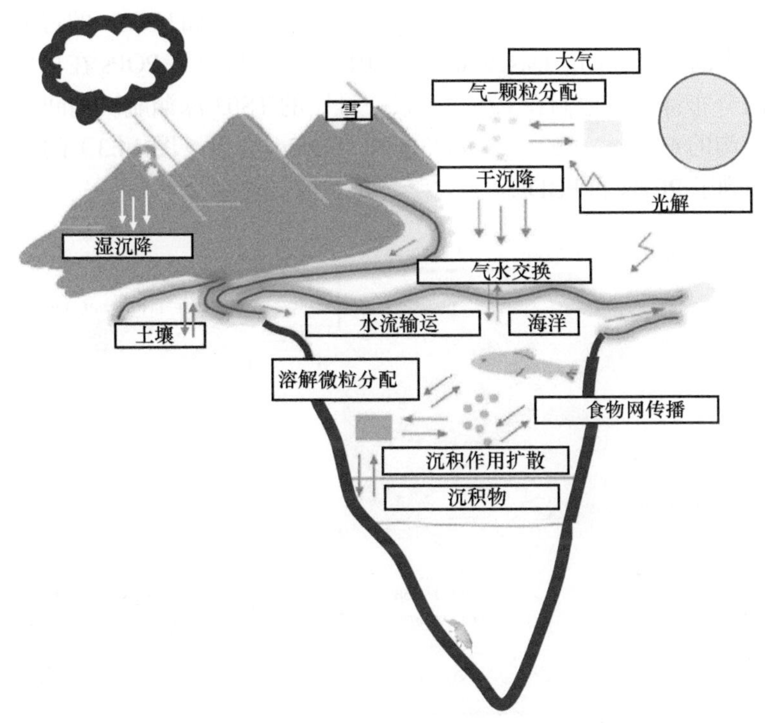

图 14.2　各种自然环境中 POPs 的运输、沉积和积累过程（Catalan et al.，2013）

2002）。海洋广阔的体积意味着它们可能是最重要的 POPs 储库。最近 20 年的大量研究表明，海水 [地中海（Castro-Jiménez et al.，2012）、黄海]，海洋沉积物（Moreno-González and Lcón，2017），海洋生物（Clukey et al.，2018），甚至是漂浮的微塑料或树脂颗粒（Zhang et al.，2015）中都存在 POPs。

通常，陆架区的海洋沉积物很可能是 POPs 的重要储存库（Ma et al.，2015）。这些沉积物可能会为这些化学物质提供长期的汇，这在一定程度上取决于有机碳的生物地球化学过程。然而，最新的研究表明，深渊（如马里亚纳海沟）可能是 POPs 最终的汇合库（Jamieson et al.，2017 ；Dasgupta et al.，2018），其 PCBs 的浓度甚至与地球上一些污染最严重的区域相当。

14.3　马里亚纳深渊中的持久性有机污染物

14.3.1　沉积物中的持久性有机污染物

许多研究集中在海洋生物体中 POPs 的浓度及其影响，而很少有人探讨深渊沉积物中此类污染物的浓度。值得注意的是，通过生物积累的 POPs 的特征可能与赋存于沉积物中的明显不同。Dasgupta 等（2018）最早报道了 POPs 在马里亚纳海沟沉积物中的分布特征。他们在 R/V“探索一号”的 TS03 深渊航次期间，分别在南马里亚纳海沟的 6980m、8638m、9373m 和 10908m 深度（图 14.3）的五个沉积物样品中检测到了 PCBs 和 PBDEs。

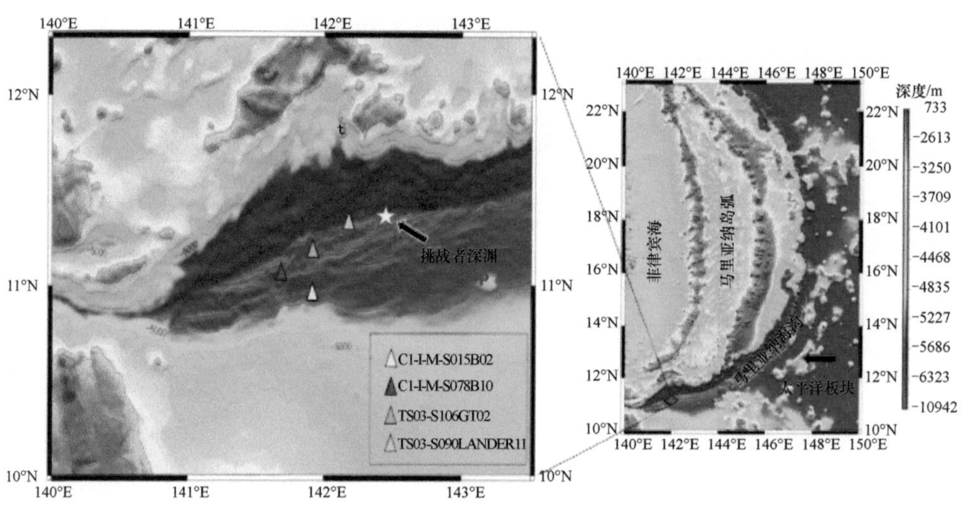

图 14.3 太平洋马里亚纳海沟采样点位置（Dasgupta et al.，2018）

该研究在沉积物样品中共检测到 37 种 PCB 同系物和 10 种 PBDE 同系物。低氯化的同系物如 CB-8、CB-37、CB-52 和 CB-60 最多，它们的浓度为 1460~3300 pg/g d.w.。PBDEs 浓度范围为 245（TS03-S106（S））~591 pg/g d.w.（TS03-S090）。低、中质量的 PBDEs，如 BDE-47 和 BDE-153，在样品中较为常见。

∑PCBs 浓度范围为 931~4200 pg/g d.w.，平均为 2423.8 pg/g d.w.。马里亚纳沉积物中 PCBs 的低、中氯 PCB 同系物含量较高。图 14.4 和图 14.5 分别给出了马里亚纳海沟中 PCB 同系物和 PBDE 同系物的总浓度。

值得注意的是，未观察到∑PCBs 随深度变化的明显趋势（Dasgupta et al.，2018）。高浓度的低氯化 CB（如 CB-52）可能来自使用氯氧化的工艺。此外，高氯化物可通过细菌分解而降解为轻质化合物（Kim et al.，2004）。中等氯化 CB 的存在，如 Penta-CB（CB-101）和 Hexa-CB（CB-138 和 CB-153）可能与颗粒有机物的化合物分配作用有关。

CB-180 等高氯 PCBs 可能来自工业污水形式的陆地污染，也可能来自海上交通（Hong et al.，2005）。Dasgupta 等（2018）通过测量十二种类二噁英（dl-）CB

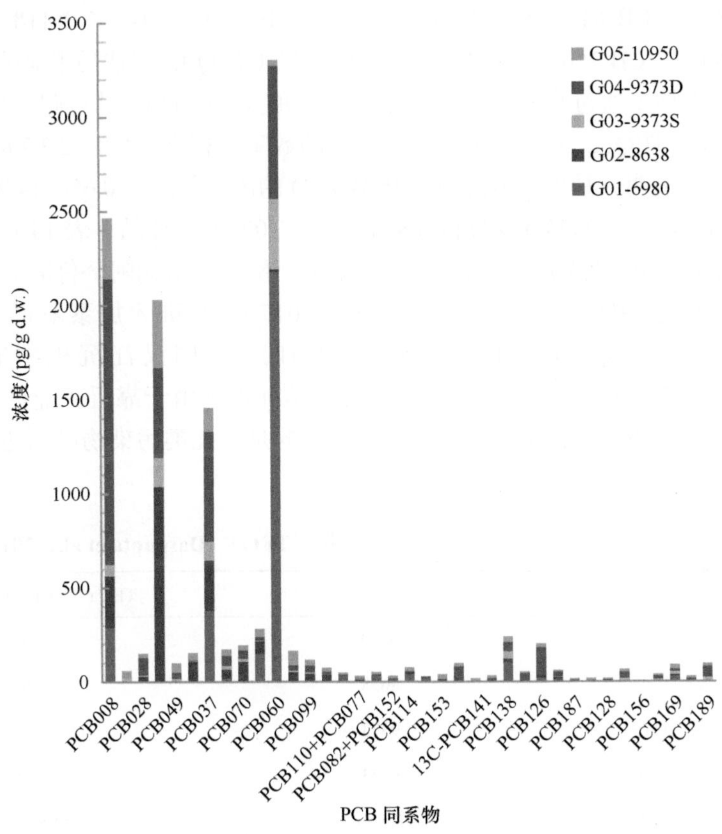

图 14.4　不同水深不同采样点 PCB 同系物浓度条形图（Dasgupta et al.，2018）

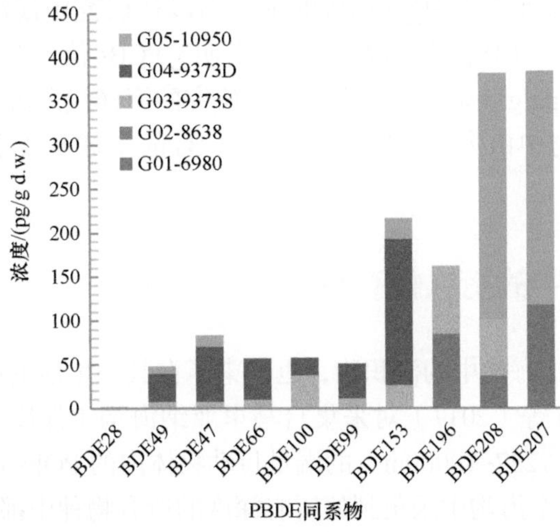

图 14.5　不同水深不同采样点的 PBDE 浓度条形图（Dasgupta et al.，2018）

同系物（CB-77、CB-81、CB-126、CB-169、CB-105、CB-114、CB-118、CB-123、CB-156、CB-157、CB-166 和 CB-189）的毒性当量（TEQ），评估马里亚纳海沟沉积物中 PCBs 的毒性（通过将测得的浓度乘以适当的 WHO-TEFs 进行归一化）。分别将这些分析物的 TEQ_{PCBs} 浓度表示为一个单一的数字，相当于仅由 2,3,7,8-TCDD 产生的毒性。结果表明，马里亚纳海沟 dl-PCB-TEQ 的浓度范围为 0.650~14.9pg/g d.w.，TEQ_{PCBs} 的最高记录为 9373m 深度的 TS03-S106GT02（D）样品（表 14.1）。这些结果高于过去对浅水沉积物中 TEQ_{PCBs} 的研究结果。例如，伊朗阿萨鲁耶（Asaluyeh）港口的 TEQ 值为 0.001~3.4（Arfaeinia et al.，2017），西班牙加泰罗尼亚地中海沉积物 TEQ 值为 0.03~24.8（Eljarrat et al.，2001），韩国汉江沉积物 TEQ 值为 0.0118~0.626（Kim et al.，2004）。浅水表层海洋沉积物由于靠近工业区以及大气相互作用而易受 POPs 的影响。然而，令人惊讶的是，此类污染物已到达地球上的最深处，并在这些深海区域高度累积。

表 14.1 马里亚纳海沟沉积物样品的毒性当量（TEQ）（Dasgupta et al.，2018）

样品编号	深度 /m	TEQ (∑ PCBi*TEF)
C1-I-M-S015B02	6980	2.92666
C1-I-M-S078B10	8638	2.202598
TS03-S106GT02 (S)	9373	0.654365
TS03-S106GT02 (D)	9373	14.874955
TS03-S090LANDER11	10950	2.400852

将马里亚纳海沟沉积物中∑ PCBs 的浓度与以往研究中浅海中的浓度进行了比较（Dasgupta et al.，2018，图 14.6）。结果表明∑ PCBs 值（范围为 931~4195pg/g d.w.，平均值为 2424pg/g d.w.）显著高于前人研究的海洋浅层沉积物的值，并高于在干净的沿海沉积物中由大气传输引起的∑ PCBs 的全球基线水平（<1ng/g d.w.）（Phillips，1986）。

14.3.2 生物体中的持久性有机污染物

POPs 不仅污染了海沟中的沉积物，也污染了在其中生活的端足类动物。英国阿伯丁大学 Jamieson 等（2017）对采集自马里亚纳海沟（深度 7841~10250m）和克马德克海沟（深度 7227~10000m）的端足目动物体内的 POPs 进行了分析。

结果表明，在两个海沟中采集到的所有深度的所有物种中都检测到了 PCBs 和 PBDEs（图 14.7 和图 14.8）。在深度大于 7000m 的深渊区域，马里亚纳海沟端足

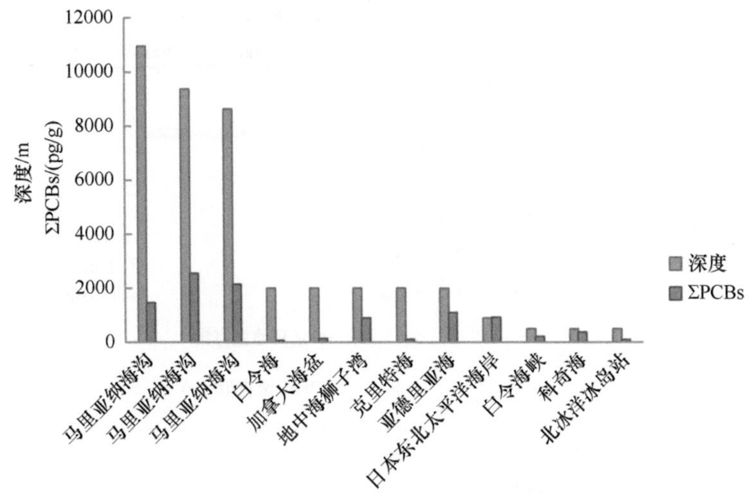

图 14.6　马里亚纳海沟沉积物中的∑ PCBs 浓度与全球其他海洋沉积物的比较

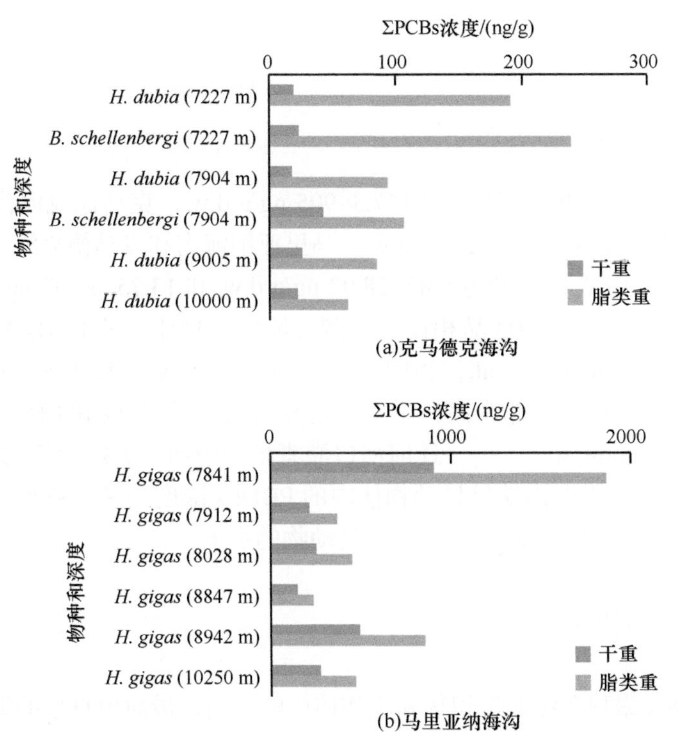

图 14.7　克马德克海沟和马里亚纳海沟端足目动物中∑ PCBs 浓度 [据（Jamieson et al.，2017）修改]

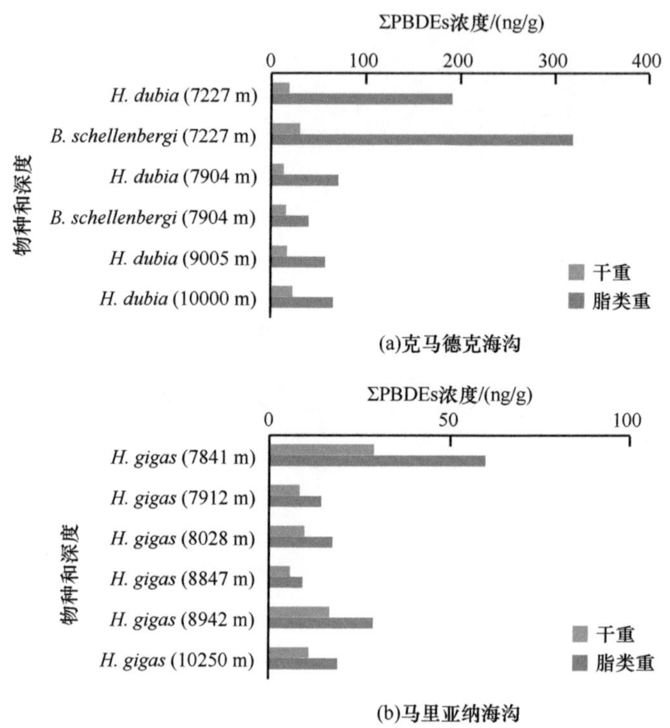

图 14.8 克马德克海沟和马里亚纳海沟端足目动物中∑ PBDEs 浓度 [据（Jamieson et al.，2017）修改]

目动物中检测到的∑ PCBs 浓度为 147.3~905 ng/g d.w.，克马德克海沟端足目动物中∑ PCBs 浓度为 18.03~42.85 ng/g d.w.。马里亚纳海沟和克马德克海沟端足目动物中 PBDEs 浓度变化范围分别为 5.82~28.93 ng/g d.w. 和 13.75~31.02 ng/g d.w.。与来自海洋浅层和表面环境的样品相比，深渊环境中生物体内的 PCBs 浓度和 PBDEs 浓度相对较高（Jamieson et al.，2017）。这项研究还发现，来自马里亚纳海沟端足目动物体内的 PCBs 浓度非常高，是克马德克海沟端足目动物的 15 倍，甚至高于中国污染最严重的河流之一——辽河河口灌溉稻田中捕获的螃蟹体内测得的数据。与此相比，克马德克海沟端足目动物体内的 PBDEs 浓度是马里亚纳海沟端足目动物的 5 倍，并高于新西兰北岛沿海端足目动物的水平。

14.3.3 累积机制

对于 POPs 累积在深渊沉积物和生物体中的原因，最简单直接的解释是这些污染物通过水中颗粒物长距离的垂直运输到达深渊底部（Jamieson et al.，2017）。然而，考虑到沉积物和生物体中检测到的高浓度 POPs，应该有更多的途径共同作用于深渊沉积物。事实上，表层来源物质输运至深渊最深处的影响因素并不是唯一的，而是取决于多个因素。例如，温盐环流、海水化学性质、污染源位置、水团对流混合、海底地形、海底构造地质事件（滑坡和地震等）、生物摄取和粪便排泄等。这些因素并不相互独立，而且在很大程度上随着研究区的地质和地理环境而变化。

与来自海洋浅层和表面环境的样品相比，马里亚纳海沟生物体 PCBs 具有明显的高含量。Jamieson 等（2017）考虑了导致这种高浓度污染物在深渊存在的多种可能原因。一方面太平洋大垃圾场靠近马里亚纳海沟，可能会导致降解的塑料碎片和源自塑料的化学物质直接沉降至海沟；另一方面，化学物质可能来自进入深渊的生物腐肉。深渊动物通过进食这些腐肉，使得其体内积聚大量 PCBs。

深渊端足目动物体内的 PCBs 浓度高于马里亚纳深渊沉积物中的，其原因可能是这些生物能够快速定位并消耗任何颗粒有机质（POM）。此外，污染物可能会在较大的端足目动物内脏的蜡酯中积聚，在长期食物匮乏时被用作能量储备（Lee et al.，2006）。深渊生物群落（如 Hirondellidae）往往沿着海沟轴线积聚。在那里，重力驱动的沉积物往下坡运输形成了营养丰富的环境（Ichino et al.，2015）。同时，生物摄入、排泄以及在死后排出体内累积的污染物等因素也可能是马里亚纳海沟沉积物中 PCBs 浓度和 PBDEs 浓度较高的原因之一（Dasgupta et al.，2018）。

此外，深渊漏斗状地形有利于污染物沿着与大地构造事件（如海底滑坡和地震）有关的沟槽轴线位置积聚（Turnewitsch et al.，2014）。在深渊沉积物中，黏土矿物（伊利石、绿脱石、斜绿泥石和斜方钙沸石）丰富，这可能暗示 POPs 在黏土表面或间隙层中的结合会对沉积物中污染物的聚集起一定作用（Dasgupta et al.，2018）。深渊 POPs 的发现表明，人为污染物已到达地球上最遥远的地方，我们生活的星球可能已经不存在能完全与人类活动隔离的净土。无论这些有毒的人为污染物来源如何，深渊都是这些污染物的巨大储库，并对污染具有明显的放大效应。当然，考虑到它们的持久性，深渊沉积物中高浓度的 POPs 将直接影响深渊生态系统。因此，在未来工作中需要评估这些人为污染物对深渊生态系统的影响，需要对深渊环境中的人为污染进行更详细的空间分布和生态毒理学研究。

参考文献

郭军辉，殷月芬，郑立，等. 2011. 胶州湾东岸表层沉积物中多氯联苯的分布特征及风险评价. 农业环境科学学报，30(5):8.

Alharbi O M, Khattab R A, Ali I. 2018. Health and environmental effects of persistent organic pollutants. Journal of Molecular Liquids, 263: 442-453.

Arfaeinia H, Asadgol Z, Ahmadi E, et al. 2017. Characteristics, distribution and sources of polychlorinated biphenyls (PCBs) in coastal sediments from the heavily industrialized area of Asalouyeh, Iran.Water Science and Technology, 76(12): 3340-3350.

Bengtson N S, Poulsen A H, Kawaguchi S, et al. 2008. Persistent organohalogen contaminant burdens in Antarctic krill (euphausia superba) from the eastern Antarctic sector: a baseline study. Science of the Total Environment, 407: 304-314

Blankenship L E, Levin L A. 2007. Extreme food webs: Foraging strategies and diets of scavenging amphipods from the ocean's deepest 5 kilometers. Limnology and Oceanography, 52(4): 1685-1697.

Breivik K, Sweetman A, Pacyna J M, et al. 2002. Towards a global historical emission inventory for selected PCB congeners — A mass balance approach: 1. Global production and consumption. Science of the Total Environment, 290(1-3): 181-198.

Castro-Jiménez J, Berrojalbiz N, Wollgast J, et al. 2012. Polycyclic aromatic hydrocarbons (PAHs) in the Mediterranean Sea: Atmospheric occurrence, deposition and decoupling with settling fluxes in the water column. Environmental Pollution, 166: 40-47.

Catalan J, Bartrons M, Camarero L, et al. 2013. Mountain Waters as Witnesses of Global Pollution// Pechan P, de Vries G. Living with Water. New York: Springer Preaa.

Clukey K E, Lepczyk C A, Balazs G H, et al. 2018. Persistent organic pollutants in fat of three species of Pacific pelagic longline caught sea turtles: accumulation in relation to ingested plastic marine debris. Science of the Total Environment, 610: 402-411.

Combi T, Miserocchi S, Langone L, et al. 2016. Polychlorinated biphenyls (PCBs) in sediments from the western Adriatic Sea: Sources, historical trends and inventories. Science of the Total Environment, 562: 580-587.

Dachs J, Eisenreich S J. 2000. Adsorption onto aerosol soot carbon dominates gas-particle partitioning of polycyclic aromatic hydrocarbons. Environmental Science & Technology, 34(17): 3690-3697.

Dachs J R, Lohmann W A, Ockenden L, et al. 2002. Oceanic biogeochemical controls on global dynamics of persistent organic pollutants. Environmental Science & Technology, 36(20): 4229-4237.

Dasgupta S, Peng X, Chen S, et al. 2018. Toxic anthropogenic pollutants reach the deepest ocean on Earth. Geochemical Perspectives Letters, 7: 22-26.

Edwards R. 1971. Polychlorobiphenyls, their occurrence and significance-review. Chemistry & Industry, 47:1340-1348.

Eljarrat E, Caixach J, Rivera J. 2001. Toxic potency of non- and mono-ortho PCBs, PCDDs, PCDFs, and PAHs in Northwest Mediterranean sediments (Catalonia, Spain). Environmental Science & Technology, 35 (18): 3589-3594.

Hong S H, Yim U H, Shim W J, et al. 2005. Congener-specific survey for polychlorinated biphenyls in sediments of industrialized bays in Korea: Regional characteristics and pollution sources. Environmental Science & Technology, 39: 7380-7388.

Hung H, Blanchard P, Halsall C J, et al. 2005. Temporal and spatial variabilities of atmospheric polychlorinated biphenyls (PCBs), organochlorine (OC) pesticides and polycyclic aromatic hydrocarbons (PAHs) in the Canadian Arctic: Results from a decade of monitoring. Science of the Total Environment, 342(1-3): 119-144.

Ichino M C, Clark M R, Drazen J C, et al. 2015. The distribution of benthic biomass in hadal trenches: A modelling approach to investigate the effect of vertical and lateral organic matter transport to the seafloor. Deep-Sea Research Part Ⅰ, 100: 21-33.

Jamieson A J, Malkocs T, Piertney S B, et al. 2017. Bioaccumulation of persistent organic pollutants in the deepest ocean fauna. Nature Ecology & Evolution, 1(3): 1-4.

Jensen S. 1966. Report of a new chemical hazard. New Scientist, 15: 612.

Jurado E, Lohmann R, Meijer S N, et al. 2004. Latitudinal and seasonal capacity of the surface oceans as a reservoir of polychlorinated biphenyls. Environmental Pollution, 128(1): 149-162.

Kalmaz E V, Kalmaz G D. 1979. Transport, distribution and toxic effects of polychlorinated biphenyls in ecosystems. Ecological Modelling, 6(3): 223-251.

Kim M K, Kim S, Yun S, et al. 2004. Comparison of seven indicator PCBs and three coplanar PCBs in beef, pork, and chicken fat. Chemosphere, 54: 1533-1538.

Lee R F, Hagen W, Kattner G. 2006. Lipid storage in marine zooplankton. Marine Ecology Progress Series, 307: 273-306.

Lohmann R, Breivik K, Dachs J, et al. 2007. Global fate of POPs: Current andfuture research directions. Environmental Pollution, 150: 150-165.

Mackay D, Wania F. 1995. Transport of contaminants to the Arctic: partitioning, processes and models. Science of the Total Environment, 160: 25-38.

Maldonado C, Bayona J M, Bodineau L. 1999. Sources, distribution, and water column processes of aliphatic and polycyclic aromatic hydrocarbons in the northwestern Black Sea water. Environmental Science & Technology, 33(16): 2693-2702.

Mandalakis M, Polymenakou P N, Tselepides A, et al. 2014. Distribution of aliphatic hydrocarbons, polycyclic aromatic hydrocarbons and organochlorinated pollutants in deep-sea sediments of the southern cretan margin, eastern mediterranean sea: a baseline assessment. Chemosphere, 106: 28-35.

Ma Y, Halsall C J, Crosse J D, et al. 2015. Persistent organic pollutants in ocean sediments from the North Pacific to the Arctic Ocean. Journal of Geophysical Research: Oceans, 120: 2723-2735.

Moreno-González R, León V M. 2017. Presence and distribution of current-use pesticides in surface marine sediments from a Mediterranean coastal lagoon (SE Spain). Environmental Science and Pollution Research, 24(9): 8033-8048.

Phillips D J H. 1986. Use of organisms to quantify PCBs in marine and estuarine environments//Waid J S. PCBs and the Environment Vol. II. Boca Raton: CRC Press.

Turnewitsch R, Falahat S, Stehlikova J, et al. 2014. Recent sediment dynamics in hadal trenches: Evidence for the influence of higher frequency (tidal, near-inertial) fluid dynamics. Deep Sea Research Part Ⅰ: Oceanographic Research Papers, 90: 125-138.

Wang G, Peng J, Xu X, et al. 2016a. Polybrominated diphenyl ethers in sediments from the Southern Yellow Sea: Concentration, composition profile, source identification and mass inventory. Chemosphere, 144: 2097-2105.

Wang G, Peng J, Zhang D, et al. 2016b. Characterizing distributions, composition profiles, sources and potential health risk of polybrominated diphenyl ethers (PBDEs) in the coastal sediments from East China Sea. Environmental Pollution, 213: 468-481.

Wania F, Mackay D. 1996. Peer reviewed: tracking the distribution of persistent organic pollutants. Environmental Science & Technology, 30(9): 390A-396A.

Yang H, Xue B, Jin L, et al. 2011. Polychlorinated biphenyls in surface sediments of Yueqing Bay, Xiangshan Bay, and Sanmen Bay in East China Sea. Chemosphere, 83(2): 137-143.

Zhang W, Ma X, Zhang Z, et al. 2015. Persistent organic pollutants carried on plastic resin pellets from two beaches in China. Marine Pollution Bulletin, 99(1-2): 28-34.

Zhen X, Tang J, Xie Z, et al. 2016. Polybrominated diphenyl ethers (PBDEs) and alternative brominated flame retardants (aBFRs) in sediments from four bays of the Yellow Sea, North China. Environmental Pollution, 213: 386-394.

第 15 章

深渊环境中的微塑料

陈明玉[1]　彭晓彤[2]

1. 南方科技大学

2. 中国科学院深海科学与工程研究所

15.1 引言

15.1.1 微塑料定义、食物链迁移及潜在危害

塑料是一种用途广泛且价格便宜的材料，现在已经取代了许多传统材料，如木材、玻璃和金属，并成为人们现代生活中不可替代的一部分。自 20 世纪 50 年代全世界开始大量生产塑料以来，塑料产量呈指数增长（Andrady，2011）。据估计，全世界到 2015 年已生产了约 83 亿 t 塑料，预计其中的 63 亿 t 已经变成了垃圾（Geyer et al.，2017）。塑料的强度和耐久性等优越性质，同时也阻碍了它们在水生环境中降解，这导致了塑料垃圾在海洋中不断累积。在 2010 年有约 4.8×10^6~12.7×10^6t 的塑料垃圾进入海洋，到 2025 年这一数值可能会增加一个数量级（Jambeck et al.，2015）。塑料垃圾是一种普遍的海洋污染物。除海洋表面外，塑料的潜在汇还包括海洋水体、沉积物和生物群。例如，Peng 等（2019）在西太平洋的西沙海槽峡谷地区发现了大型塑料垃圾场，塑料制品在西沙海槽的海底普遍存在，垃圾丰度最高可达 51929 个 /km^2。其中，最普遍的垃圾类型是手提袋、塑料瓶和食品包装袋。这项研究表明，人类活动的垃圾已经严重地污染了深海区域。

大塑料在近岸储库长时间滞留使其有充分的时间破碎为更小的碎片，从而更利于其向海洋环境迁移（图 15.1）。在海洋环境中破碎的塑料主要以微塑料（尺寸 <5mm）的形式存在（Arthur et al.，2009）。环境中的微塑料有许多途径可以从陆地经由河流输送到海洋，河流是微塑料向海岸带迁移的主要途径之一，其余途径还包括工业和城市废水倾泻、污水处理排放等（Horton and Dixon，2017）。而微塑料从近海输送到深海海底的主要几个途径包括：①水体中漂浮或悬浮物质的沉降作用或生物过程传输；②重力驱动的近底重力流 / 密度流传输；③温盐环流的改造和传输作用；④内潮 / 内波传输（Kane and Clare，2019）。

研究表明，微塑料以直接或间接的方式通过底栖生物转移进入食物链中（Claessens et al.，2013）。底栖生物群落是海洋生态系统的重要组成部分，约占整个海洋生物区系的 98%。许多底栖生物，包括多毛类、软体动物（双壳类和腕足类）、棘皮动物和桡足类动物，会摄食微塑料颗粒和纤维（Cole et al.，2013）。海洋生物在摄入微塑料后，可能会产生严重的内部阻塞、内分泌功能障碍等反应（Lo and Chan，2018），而人类也正通过摄食含高丰度微塑料的海产品等途径而暴露于微塑料的威胁中。

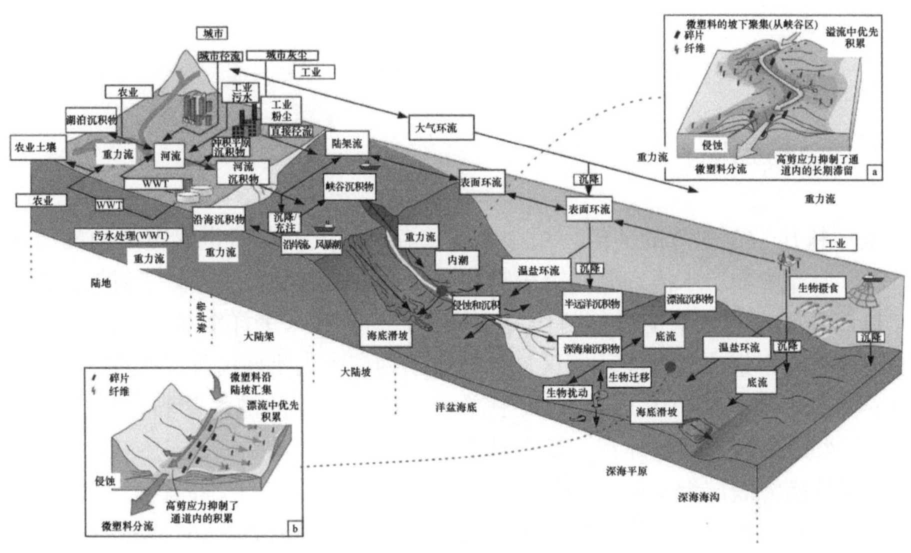

图 15.1　微塑料在海洋环境中的迁移途径

插图分别显示了微塑料在海底峡谷（a）和深海平原（b）中的分布和传输路径（Kane and Clare，2019）。

15.1.2　微塑料类型

海洋中的微塑料污染可以分为两种：初级微塑料和次级微塑料（Sundt et al.，2014）。初级微塑料通常是指以微小颗粒的形式直接释放到环境中的塑料，其主要来源有：①有意生产和使用的微塑料，包括化妆品、个人护理消费产品等。塑料类型通常有聚丙烯、聚乙烯、尼龙和聚四氟乙烯等。Cheung and Fok（2017）估计，中国内陆每年释放到水生环境中的此类微塑料可达 306.9t。②塑料工业生产或运输过程中因为事故原因无意排放到环境中的塑料微粒，包括聚苯乙烯、聚乙烯和聚氯乙烯等。③其他产品或活动的固有副产品。例如，来自造船厂和码头的航海涂料、建筑物表面涂料，合成纺织品的洗涤，以及塑料制品在日常使用过程中的磨损、废弃物处理和循环过程中产生的微塑料颗粒（Boucher and Friot，2017）。

次级微塑料是暴露在海洋环境中的大塑料破碎形成的微塑料。这种微塑料是管理不善的垃圾，如塑料袋、塑料箱、塑料瓶，特别是绳索和渔网等随意丢弃的塑料经过光降解或其他风化作用而碎裂成越来越小的碎片（Reisser et al.，2013；Boucher and Friot，2017）。此外，大塑料也可以通过生物活动直接变成微小碎片颗粒。土壤或沉积物中的微塑料也可能通过重新悬浮作用而重新进入环境中（Boucher and Friot，2017）。

15.2 远洋与深海环境中的微塑料

15.2.1 远洋水体中的微塑料

微塑料几乎在地球的任何环境中都普遍存在。人们在全世界范围内的海洋水体表层、海洋中深层水体、海洋沉积物和海洋生物体内都发现了微塑料的存在。

目前关于海洋表层的微塑料研究有诸多报道。在太平洋海域，研究发现塑料和微塑料易于聚集在太平洋环流区域，即所谓的“大太平洋海洋垃圾带”（Kaiser，2010；Zhang et al.，2010）。在北太平洋中央环流聚集的漂浮塑料垃圾丰度大于33000个/km^2，包括塑料碎片、塑料球和塑料薄膜等（Moore et al.，2001）。位于西太平洋的南海表层海水的微塑料丰度范围为0~7.47个/L（Cai et al.，2018）。而在大西洋海域，东北大西洋表层海水微塑料丰度的平均值为2.46个/m^3（Lusher et al.，2014）。然而，目前关于深海中微塑料丰度的研究较匮乏。有限的研究表明，北冰洋微塑料丰度随深度在0~7.5个/m^3变化（Kanhai et al.，2018）。北大西洋罗科尔（Rockall）海槽的微塑料丰度为0.07个/L（Courtene et al.，2017）。

15.2.2 深海沉积物中微塑料

目前海底微塑料的丰度和分布数据相对匮乏。有限的研究表明，渤海沉积物中的微塑料丰度为40~340个/kg（Zhao et al.，2018），欧洲北海南部的沉积物中微塑料的丰度为0~3146个/kg（Maes et al.，2017）。然而，之前的研究几乎都是陆架区域的微塑料分布，对深度大于1500m的深海区域的研究十分稀少。直到2013年，人们才发现深海沉积物中存在微塑料（van Cauwenberghe et al.，2013）。Woodall等（2014）报道了在东北大西洋、地中海和西南印度洋2000 m以上深度的表层沉积物中微塑料丰度低于800个/L。在深度更深的尼罗河深海扇和千岛–堪察加海沟沉积物中检出的微塑料丰度则较低（van Cauwenberghe et al.，2013；Woodall et al.，2014；Fischer et al.，2015）。然而，Bergmann等（2017）报道，北冰洋HAUSGARTEN观测站附近沉积物中的微塑料丰度比以前的研究要高得多，在2573m处的最高丰度为6590个/kg，而在5108m处丰度为5390个/kg。

Chen等（2020）的研究表明，我国南海北部沉积物中的微塑料污染始于20世纪80年代。沉积物中的微塑料丰度随时间快速增加，到2018年其平均值达到224个/kg，几乎是20世纪80年代的6倍。这种趋势和当地工业的塑料生产总量的增长趋势吻合。

15.3　马里亚纳深渊微塑料分布

目前对深渊环境中的微塑料研究甚少。为了评估深渊海底微塑料的丰度、分布和归宿，Peng 等（2018）采集和分析了马里亚纳海沟南部挑战者深渊底部水样（采样水深 2500~11000m）和沉积物样品（采样水深 5500~11000m）中的微塑料（图 15.2）。

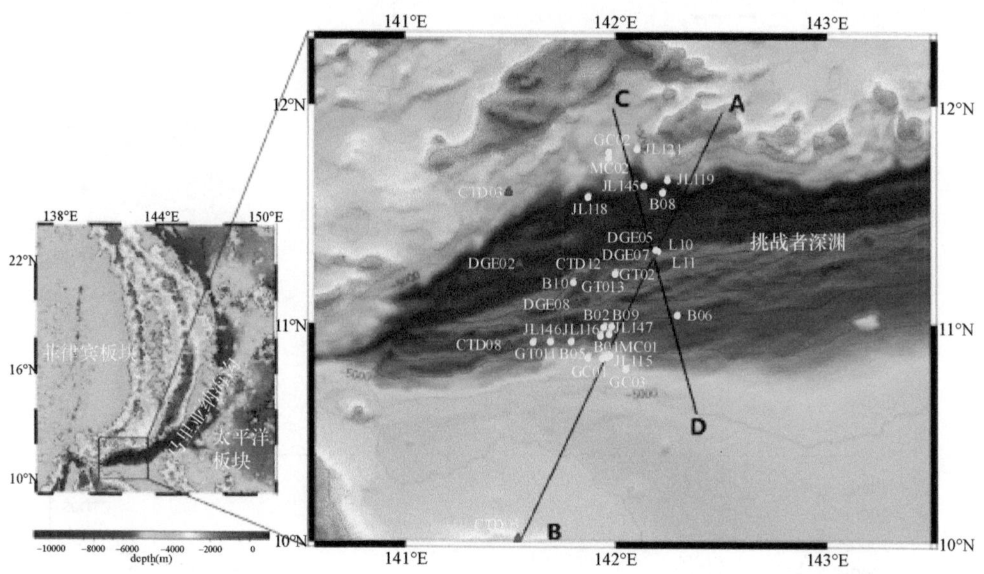

图 15.2　马里亚纳海沟水体（红色三角形）和沉积物采样点（黄色圆点）（Peng et al.，2018）

15.3.1　深渊水体中的微塑料丰度与分布

通过光学显微镜和拉曼光谱仪鉴定的结果证实，在深渊底部水中含有丰富的微塑料。微塑料的形状有纤维状、杆状和粒状，颜色主要有蓝色、红色、白色、绿色和紫色（图 15.3）。微塑料纤维在所有微塑料中占主导地位，在海水样品中的长度通常为 1000~3000μm，而在沉积物样品中的长度大多为 100~500μm。底部水中的微塑料丰度的范围为 2.1~13.5 个 /L。除 6802m 处的海水样品中，微塑料丰度达到 13.5 个 /L 外，总体上微塑料丰度随深度增加而升高（图 15.4）。在 10903m 处，微塑料丰度达到 11.43 个 /L，比开放大洋中次表层水中的微塑料丰度高 4 倍左右。这些开放大洋包括东北太平洋（Desforges et al.，2014）、南太平洋副热带环

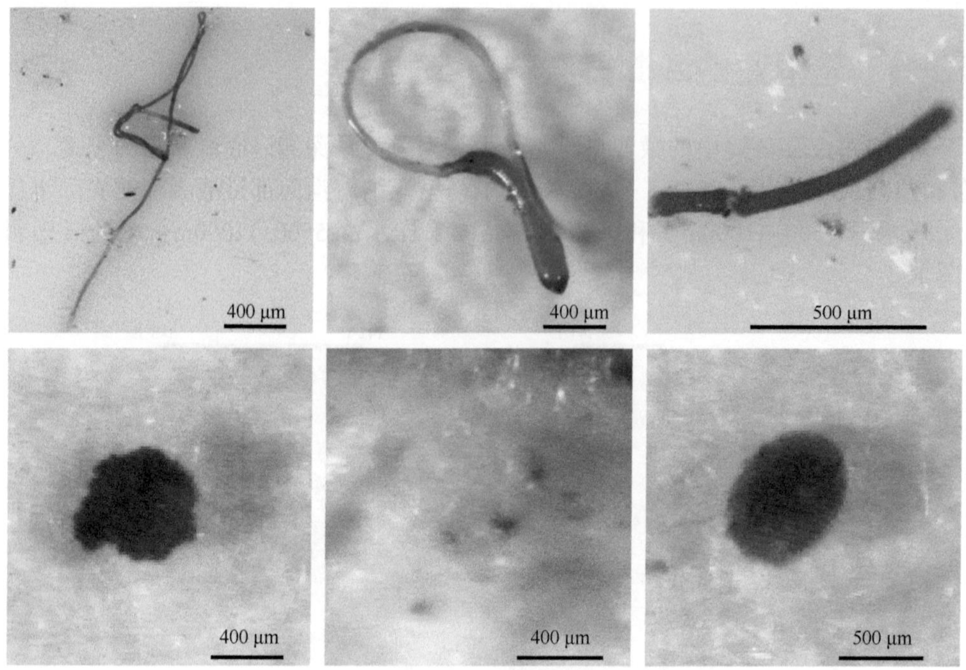

图 15.3　在海水样品中微塑料的典型形态

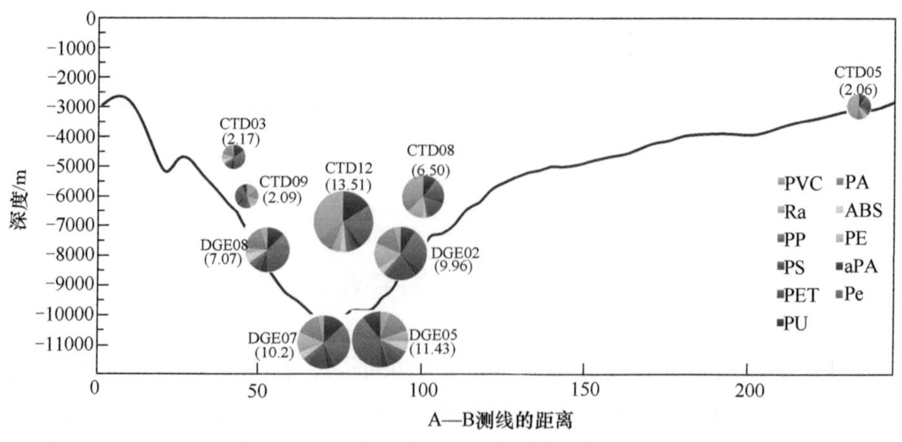

图 15.4　马里亚纳海沟水体样品中微塑料丰度和组成剖面（Peng et al.，2018）

饼状图代表微塑料组成，括号中的数字表示微塑料的丰度，单位为个/L，X轴表示图 15.2 中 A—B 测线的距离。其中 PVC- 聚氯乙烯，PA- 聚酰胺，Ra- 人造丝，ABS- 聚丙烯腈类，PP- 聚丙烯，PE- 聚乙烯，PS- 聚苯乙烯，aPA- 芳纶，PET- 聚对苯二甲酸类，Pe- 聚酯，PU- 聚氨酯，下同

流（Eriksen et al.，2013）、北大西洋（Courtene et al.，2017）和北冰洋（Kanhai et al.，2018）（表 15.1）。深渊底部水中的微塑料丰度也被认为与长江河口和乔治亚

（Georgia）海峡等受到微塑料严重污染的海岸地区的丰度相当（Zhao et al.，2014；Desforges et al.，2014）。

表 15.1　世界开放大洋中水体和沉积物中微塑料的丰度（Peng et al.，2018）

样品类型	深度 /m	丰度 /（个 /L）	研究区域	参考文献
海水	2673~10908	2.06~13.51	马里亚纳海沟	Peng et al.，2018
海水	4.50	3.20±0.60	佐治亚海峡	Desforges et al.，2014
海水	1	4.14±2.46	长江河口区	Zhao et al.，2014
海水	1	0.02（个 /m^2）	南太平洋副热带环流	Eriksen et al.，2013
海水	4.50	0.28±0.18	东北太平洋	Desforges et al.，2014
海水	2227	0.07	北大西洋罗卡尔海槽	Courtene-Jones et al.，2017
海水	50~4369	0.02~0.38	北冰洋中央海盆	Kanhai et al.，2018
沉积物	5108~10908	200~2200（0.27~6.20 p/g）	马里亚纳海沟	Peng et al.，2018
沉积物	2783~5570	44~3463.71（0.04~6.59 p/g）	北冰洋 HAUSGARTEN 观测站	Bergmann et al.，2017
沉积物	900~1000	28~80	西南印度洋	Woodall et al.，2014
沉积物	1400~2200	120~800	东北大西洋	Woodall et al.，2014
沉积物	300~1300	200~700	地中海	Woodall et al.，2014
沉积物	2419~4881	0~40	南大洋极地前缘	van Cauwenberghe et al.，2013

15.3.2　深渊沉积物中微塑料丰度与分布

在深渊沉积物中也普遍发现了颜色多样的微塑料（图 15.4）。与底部水体相似，沉积物中也有很多微塑料纤维。沉积物中的微塑料丰度范围为 200~2200 个 /L（图 15.5）。在 7000~11000m 的深渊沉积物中微塑料丰度通常较高。在 7180m 处，微塑料丰度最大值达到 2200 个 /L。与其他深海沉积物中微塑料丰度对比表明（表 15.1），在马里亚纳深渊沉积物中检测到的微塑料丰度最大值比大西洋和地中海沉积物中的最大值高 2 倍以上，是西南印度洋和南大西洋深海沉积物的 20 倍左右。它与北冰洋 HAUSGARTEN 观测站 2783m 处深海沉积物中的微塑料最高丰度（3464 个 /L）相当（Bergmann et al.，2017）。

在马里亚纳深渊底部水体样品中共鉴定出 11 种不同的聚合物，包括聚氯乙烯、聚酰胺、人造丝、聚丙烯腈类、聚丙烯、聚乙烯、聚苯乙烯、芳纶、聚对苯二甲酸类、聚酯和聚氨酯（图 15.4）。聚对苯二甲酸类在底部水中占最大比例（19%），其次是聚酰胺（14%）、聚氯乙烯（13%）、聚氨酯（12%）、聚酯（11%）、聚苯乙

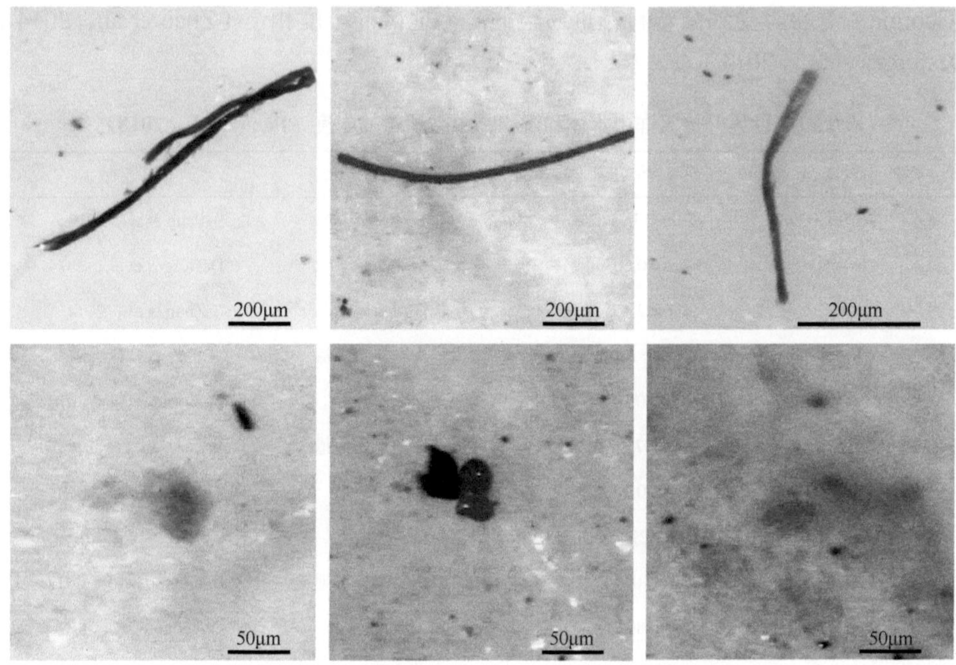

图 15.5 沉积物样品中微塑料的典型形态

烯（11%）和人造丝（9%）（图 15.4）。在沉积物中，聚酯占最大比例（19%），其次是聚丙烯（15%）、聚氨酯（14%）、聚酰胺（12%）、聚酰胺（12%）、聚氯乙烯（10%）、人造丝（10%）和聚乙烯（9%）（图 15.6）。这种微塑料组成与其他深海环境中报道的组成略有不同。例如，聚丙烯和聚乙烯在北太平洋的水体中最为丰富（Rios et al.，2007）。聚酯，其次是丙烯酸纤维，在东北大西洋、地中海和西南印度洋沉积物中占主导地位（Woodall et al.，2014），而聚氯乙烯、聚酰胺和聚丙烯在北极沉积物中占 76%（Bergmann et al.，2017）。这种成分差异可能反映了各种深海区域中微塑料来源的差异，以及各种微塑料之间垂直传输过程的差异。该研究中发现的所有聚合物可能来自纺织品、绳索、渔具（网、线等）、塑料饮料瓶和包装材料（Andrady，2011；Claessens et al.，2011；Napper and Thompson，2016），人造丝也可能来源于个人卫生用品和香烟过滤嘴（Woodall et al.，2014）。

15.3.3 深渊微塑料来源及启示

马里亚纳深渊底部水体和沉积物中微塑料可能来自西北太平洋的工业化地区和“大太平洋海洋垃圾带”。在该地区，太平洋表面环流可能会导致微塑料长距离

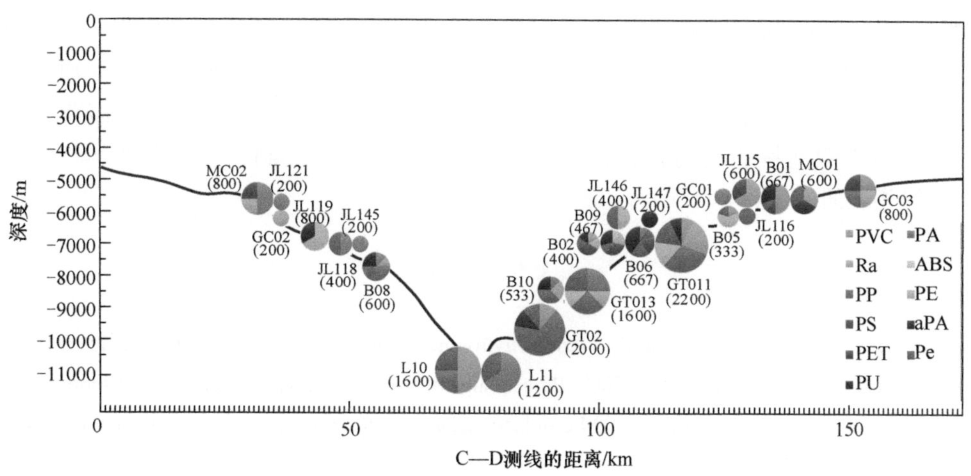

图 15.6　马里亚纳海沟沉积物样品中微塑料丰度和组成剖面（Peng et al.，2018）

运输到马里亚纳海沟（Tseng et al.，2016）。除聚丙烯和聚乙烯外，该研究中发现的所有聚合物类型均表现为负浮力（Andrady，2011），因此这些微塑料最终都将会下沉到海底。生物体捕食、浮游植物附着，以及与有机碎片和微小有机颗粒的结合将增强微塑料的沉降作用与沉降速度（Katija et al.，2017；Zarfl and Matthies，2010）。据报道，日本海沟表层物质向深渊海底的垂直输运速度可达 64~78m/d（Oguri et al.，2013）。此外，马里亚纳深渊区域有相对大的物质沉积速率（Glud et al.，2013），部分原因可能是深渊区域地震、滑坡引发的沉积物沿下坡方向运移（Itou et al.，2000）。与此同时，海沟 V 形地貌增加了微塑料进入深渊区域的下行通量（Nunoura et al.，2015），底流与潮汐作用也可以进一步增强颗粒的下沉作用（Taira et al.，2004；Turnewitsch et al.，2014），从而促进微塑料在马里亚纳海沟底部的积聚。由于这些海沟与微塑料的任何直接输入源头都相距很远，因此，底流和水体沉降被认为是深渊底部微塑料迁移的主要过程。此项研究结果证实了整个南马里亚纳深渊底部水体和沉积物中都存在微塑料，表明海洋中“消失的”塑料的一部分已经转移到地球上最深的海洋。考虑到全球深渊区的辽阔（约占全球海底的 1%~2%）以及深渊底部水体和沉积物中的高微塑料丰度，深渊区域可能是地球上最大的微塑料汇之一。

马里亚纳海沟的微塑料研究表明，尽管微塑料主要在陆地上产生，但最终仍会在深海（包括深渊）水体和沉积物中积累。从地表到挑战者深渊深处的距离并没有想象中的那么遥远，人类与这些极端环境的距离也并非遥不可及。最近的研究发现，即使是在看起来很遥远的深海海槽和深渊中的生物也同样无法避免摄入微塑料。在 Rockall 海槽中，66 种无脊椎动物中有 48% 摄入的微塑料数量与沿海物种相当（Courtene et al., 2017）。Jamieson 等（2019）报道，在世界上最深的 6 个深渊中捕获的端足类动物消化系统内部均发现了五颜六色的塑料纤维和塑料颗粒。然而，迄今关于深渊微塑料污染的研究还显得十分薄弱，未来迫切需要开展深渊环境中微塑料的空间分布、来源、运输途径、降解机制、生态毒理学和环境修复等相关研究工作。

参考文献

Andrady A L. 2011. Microplastics in the marine environment. Marine Pollution Bulletin, 62: 1596-1605.

Arthur C, Baker J, Bamford H, et al. 2009. Proceedings of the International Research Workshop on the Occurrence, Effects, and Fate of Microplastic Marine Debris. (NOAA Technical Memorandum NOS-OR&R-30).

Bergmann M, Wirzberger V, Krumpen T, et al. 2017. High quantities of microplastic in arctic deep-sea sediments from the HAUSGARTEN observatory. Environmental Science & Technology, 51: 11000-11010.

Boucher J, Friot D. 2017. Primary Microplastics in the Oceans: a Global Evaluation of Sources. Gland: International Union for Conservation of Nature and Natural Resources (IUCN).

Cai M G, He H X, Liu M Y, et al. 2018. Lost but can't be neglected: Huge quantities of small microplastics hide in the South China Sea. Science of the Total Environment, 633: 1206-1216.

Chen M, Du M, Jin A, et al. 2020. Forty-year pollution history of microplastics in the largest marginal sea of the western Pacific. Geochemical Perspective Letters, 13: 42-47.

Cheung P K, Fok L. 2017. Characterisation of plastic microbeads in facial scrubs and their estimated emissions in Mainland China. Water Research, 122: 53-61.

Claessens M, Meester S D, Landuyt L V, et al. 2011. Occurrence and distribution of microplastics in marine sediments along the Belgian coast. Marine Pollution Bulletin, 62: 2199-2204.

Claessens M, van Cauwenberghe L, Vandegehuchte M B, et al. 2013. New techniques for the detection of microplastics in sediments and field collected organisms. Marine Pollution Bulletin, 70: 227-233.

Cole M, Lindeque P, Fileman E, et al. 2013. Microplastic Ingestion by Zooplankton. Environmental Science & Technology, 47: 6646-6655.

Courtene J W, Quinn B, Gary S F, et al. 2017. Microplastic pollution identified in deep-sea water and ingested by benthic invertebrates in the Rockall Trough, North Atlantic Ocean. Environment Pollution, 231: 271-280.

Desforges J P W, Galbraith M, Dangerfield N, et al. 2014. Widespread distribution of microplastics in subsurface seawater in the NE Pacific Ocean. Marine Pollution Bulletin 79: 94-99.

Eriksen M, Maximenko N, Thiel M, et al. 2013. Plastic pollution in the South Pacific subtropical gyre.

Marine Pollution Bulletin, 68: 71-76.

Fischer V, Elsner N O, Brenke N, et al. 2015. Plastic pollution of the Kuril–Kamchatka Trench area (NW pacific). Deep Sea Research Part II: Topical Studies in Oceanography 111: 399-405.

Geyer R, Jambeck J R, Law K L. 2017. Production, use, and fate of all plastics ever made. Science Advances, 3(7): e1700782.

Glud R N, Wenzhöfer F, Middelboe M, et al. 2013. High rates of microbial carbon turnover in sediments in the deepest oceanic trench on Earth. Nature Geoscience. 6: 284-288.

Horton A A, Dixon S J. 2018. Microplastics: an introduction to environmental transport processes. Wiley Interdisciplinary Reviews: Water, 5(2): e1268.

Itou M, Matsumura I, Noriki S. 2000. A large flux of particulate matter in the deep Japan Trench observed just after the 1994 Sanriku-Oki earthquake. Deep Sea Research Part I: Oceanographic Research Papers, 47: 1987-1998.

Jambeck J R, Geyer R, Wilcox C, et al. 2015. Plastic waste inputs from land into the ocean. Science, 347: 768-771.

Jamieson A J, Brooks L S R, Reid W D K, et al. 2019. Microplastics and synthetic particles ingested by deep-sea amphipods in six of the deepest marine ecosystems on Earth. Royal Society Open Science, 6(2): 180667.

Kaiser J. 2010. The dirt on ocean garbage patches. Science, 328(5985): 1506.

Kane I A, Clare M A. 2019. Dispersion, Accumulation, and the Ultimate Fate of Microplastics in Deep-Marine Environments: A Review and Future Directions. Frontiers in Earth Science, 7: 80.

Kanhai L D K, Gårdfeldt K, Lyashevska O, et al. 2018. Microplastics in sub-surface waters of the Arctic Central Basin. Marine Pollution Bulletin, 130: 8-18.

Katija K, Choy C A, Sherlock R E, et al. 2017. From thc surface to the seafloor: How giant larvaceans transport microplastics into the deep sea. Science Advance, 3(8): e1700715.

Lo H K A, Chan K Y K. 2018. Negative effects of microplastic exposure on growth and development of Crepidula onyx. Environment Pollution, 233: 588-595.

Lusher A L, Burke A, O'connor I, et al. 2014. Microplastic pollution in the Northeast Atlantic Ocean: validated and opportunistic sampling[J]. Marine Pollution Bulletin, 88(1-2): 325-333.

Maes T, van Der Meulen M D, Devriese L I, et al. 2017. Microplastics Baseline Surveys at the Water Surface and in Sediments of the North-East Atlantic. Frontiers in Marine Science, 4: 135.

Moore C J, Moore S L, Leecaster M K, et al. 2001. A comparison of plastic and plankton in the North Pacific central gyre. Marine Pollution Bulletin, 42(12): 1297-1300.

Napper I E, Thompson R C. 2016. Release of synthetic microplastic plastic fibres from domestic washing machines: effects of fabric type and washing conditions. Marine Pollution Bulletin, 112: 39-45.

Nunoura T, Takaki Y, Hirai M, et al. 2015. Hadal biosphere: insight into the microbial ecosystem in the deepest ocean on Earth. Proceedings of the National Academy of Sciences, 112: 1230-1236.

Oguri K, Kawamura K, Sakaguchi A, et al. 2013 Hadal disturbance in the Japan Trench induced by the 2011 Tohoku–Oki Earthquake. Scientific Reports, 3: 1915.

Peng X T, Chen M C, Shun D, et al. 2018. Microplastics contaminate the deepest part of the world's ocean. Geochemical Perspectives Letters, 9(1): 1-5.

Peng X, Dasgupta S, Zhong G, et al. 2019. Large debris dumps in the northern south china sea. Marine Pollution Bulletin, 142: 164-168.

Reisser J, Shaw J, Wilcox C, et al. 2013. Marine plastic pollution in waters around Australia: characteristics, concentrations, and pathways. PloS One, 8(11): e80466.

Rios L M, Moore C, Jones P R. 2007. Persistent organic pollutants carried by synthetic polymers in the ocean environment. Marine Pollution Bulletin, 54: 1230-1237.

Sundt P, Schulze P E, Syversen F. 2014. Sources of Microplastic Pollution to the Marine Environment. Oslo: Norwegian Environment Agency.

Taira K, Kitagawa S, Yamashiro T, et al. 2004. Deep and bottom currents in the Challenger Deep, Mariana Trench, measured with super-deep current meters. Journal of Oceanography, 60: 919-926.

Tseng Y H, Lin H, Chen H C, et al. 2016. North and equatorial pacific ocean circulation in the core-ii hindcast simulations. Ocean Modelling, 104: 143-170.

Turnewitsch R, Falahat S, Stehlikova J, et al. 2014. Recent sediment dynamics in hadal trenches: evidence for the influence of higher frequency (tidal, near-inertial) fluid dynamics. Deep Sea Research Part I: Oceanographic Research Papers, 90: 125-138.

van Cauwenberghe L, Vanreusel A, Mees J, et al. 2013. Microplastic pollution in deep-sea sediments. Environment Pollution, 182: 495-499.

Woodall L C, Sanchez-Vidal A, Canals M, et al. 2014. The deep sea is a major sink for microplastic debris. Royal Society Open Science, 1(4): 140317.

Zarfl C, Matthies M. 2010. Are marine plastic particles transport vectors for organic pollutants to the Arctic? Marine Pollution Bulletin. 60: 1810-1814.

Zhang Y, Zhang Y B, Feng Y, et al. 2010. Reduce the plastic debris: a model research on the great Pacific ocean garbage patch. Advanced Materials Research, 13: 59-63.

Zhao J M, Ran W, Teng J, et al. 2018. Microplastic pollution in sediments from the Bohai Sea and the Yellow Sea, China. Science of the Total Environment, 640: 637-645.

Zhao S, Zhu L, Wang T, et al. 2014. Suspended microplastics in the surface water of the Yangtze Estuary System, China: first observations on occurrence, distribution. Marine Pollution Bulletin, 86: 562-568.

第 16 章

海底深渊生物体内甲基汞的来源与传输途径

刘　羿　袁晶晶　孙若愚

天津大学 地球系统科学学院

16.1 引言

16.1.1 汞的特性与毒性

1. 汞的基本性质

汞（Hg），俗称水银，原子序数为 80，在元素周期表中位于第 6 周期第Ⅱ B 族，是常温常压下唯一以液态形式存在的金属元素。汞在地球中天然存在，并通过火山活动、岩石风化以及近几百年来的人类活动释放到环境中。金属汞的化学性质较为稳定，但能与大部分普通金属形成合金，称作汞齐。另外，金属汞在常温下能与硫或铜单质发生反应生成稳定的化合物。金属汞易挥发，大气中 90% 以上的汞是以气态单质汞 [Hg（0）] 的形式存在，且 Hg（0）进入大气后能驻留 0.5~1.5 年的时间。汞的化合物包括无机汞化合物和有机汞化合物。无机汞化合物主要是单质汞与强氧化性物质（Cl_2、Br_2、O_3 等）发生化学反应生成的含汞盐类。有机汞化合物分子中含有碳 – 汞键，主要有甲基汞（MeHg）、乙基汞和苯基汞等。不论是无机汞还是有机汞，它们都具有极强的毒性，其中 MeHg 被认为是毒性最强的汞形态。

2. 汞的毒性

汞具有神经毒性和遗传毒性，即使是低水平的汞暴露也会对神经系统产生一定损害。不同种类的汞及其化合物进入人体后，会蓄积在不同部位。单质汞主要蓄积在肾脏和大脑，含汞盐类主要蓄积在肾脏，而有机汞主要蓄积在血液及中枢神经系统。过量的汞暴露会造成精神和行为失常、大脑发育缓慢、语言和听觉障碍等临床症状。尤其值得关注的是，MeHg 具有极强的神经毒性，可以穿透胎盘屏障进入胎儿体内，导致新生儿出现智力低下、生长缓慢等神经系统疾病。

人类对 MeHg 的主要暴露途径是食用水产品，尤其是海洋鱼类。在水环境中，无机汞一般在厌氧微生物的作用下形成 MeHg，而 MeHg 能够被生物有效地富集并沿食物链传递和放大，从而对高营养级的动物以及人类造成严重的毒害作用。进入生物体的 MeHg 会破坏或损伤中枢神经系统和其他器官的细胞结构，并且易与含巯基的蛋白质相互作用，一方面破坏蛋白质的正常功能，另一方面也使得进入生物体的 MeHg 难以有效排泄。

16.1.2　汞稳定同位素分馏

汞在自然界中有七个稳定同位素，分别是 ^{196}Hg、^{198}Hg、^{199}Hg、^{200}Hg、^{201}Hg、^{202}Hg 和 ^{204}Hg，其对应的自然丰度分别为 0.15%、9.97%、16.87%、23.10%、13.18%、29.86% 和 6.87%。

由于不同的汞同位素间具有质量数和其他原子核参数（磁性、半径 / 体积）之间的差异，不同的物质和相态之间可能存在汞同位素组成的差异，这种差异被称为汞同位素分馏。汞同位素不但具有常见的质量分馏（mass-dependent fractionation，MDF），而且具有非常大的奇数同位素非质量分馏（mass-independent fractionation of odd isotopes，odd-MIF）和极其罕见的偶数同位素非质量分馏（mass-independent fractionation of even isotopes，even-MIF）。这使得汞成为自然界中唯一具有三种同位素分馏模式的金属元素。一般用同位素相对比值来表示同位素的分馏的大小，以 δ 来表示：

$$\delta^{xxx}\mathrm{Hg}(‰)=\left[\frac{\left(\dfrac{^{xxx}\mathrm{Hg}}{^{198}\mathrm{Hg}}\right)_{\mathrm{sample}}}{\left(\dfrac{^{xxx}\mathrm{Hg}}{^{198}\mathrm{Hg}}\right)_{\mathrm{NIST3133}}}-1\right]\times 1000 \tag{16.1}$$

式中，xxx 为除 ^{198}Hg 外的其他汞同位素的质量数，国际标准汞溶液 NIST 3133 用于校正和标准化样品汞同位素比值；（^{xxx}Hg/^{198}Hg）$_{\mathrm{sample}}$ 为测得的样品汞同位素比值；（^{xxx}Hg/^{198}Hg）$_{\mathrm{NIST\ 3133}}$ 为测得的标准溶液 NIST 3133 的汞同位素比值。当 $\delta>0$ 时，表明样品相对标准溶液富集 ^{xxx}Hg；当 $\delta<0$ 时，表明样品相对标准溶液亏损 ^{xxx}Hg。

汞同位素非质量分馏值用符号 Δ 来表示（Blum and Bergquist，2007）：

$$\Delta^{xxx}\mathrm{Hg}(‰)=\delta^{xxx}\mathrm{Hg}-\beta\times\delta^{202}\mathrm{Hg} \tag{16.2}$$

式中，β 为动力学质量分馏比例因子（scaling factor），^{199}Hg、^{200}Hg、^{201}Hg、^{204}Hg 对应的 β 值分别为 0.2520、0.5024、0.7520、1.4930。

通常，用 δ^{202}Hg、Δ^{199}Hg 和 Δ^{200}Hg 来分别表示汞同位素质量分馏、奇数同位素的非质量分馏以及偶数汞同位素的非质量分馏。几乎所有的生物地球化学过程都能够产生汞同位素的质量分馏。奇数汞同位素非质量分馏发生在特定的生物化学过程中，一般涉及光化学反应（Bergquist and Blum，2007）。偶数汞同位素的非质量分馏被认为可能与大气对流顶层的 Hg（0）的非均质光氧化有关（Chen et al.，2012）。由于汞同位素在物理、化学和生物转化过程中能够沿着特定的轨迹进行分馏，因此可根据汞同位素的变化分馏规律来示踪汞在环境中的转化过程及归趋（Blum et al.，2014；Sun et al.，2019）。

汞同位素在淡水以及海洋环境汞循环示踪方面具有独到的优势。研究表明水体无机汞的光还原以及 MeHg 的光降解过程一方面会造成释放到大气中的 Hg（0）亏损奇数汞同位素（Δ^{199}Hg<0），同时也造成了水体富集奇数汞同位素（Δ^{199}Hg>0）。此外，无机汞的光还原以及 MeHg 的光降解所产生的同位素分馏信号可以用 Δ^{199}Hg 与 Δ^{201}Hg 的斜率（分别为 1.0 左右和 1.3 左右）进行有效的区分（Blum and Bergquist，2007；Zheng and Hintelmann，2009）。

汞在生物体内的累积及其沿食物链（网）发生的生物富集和生物放大主要是以 MeHg 的形态进行，而这些过程并不产生汞同位素分馏，因此水生生物（如鱼等）的汞同位素信号可以直接用来反映其生活水环境中的同位素变化的信息（Kwon et al.，2012）。由于水体中的汞同位素组成测试目前还存在较大的技术挑战，诸多研究利用生物的汞同位素组成来示踪水体中所发生的汞的生物地球化学循环，其中比较典型的是汞甲基化和去甲基化过程。研究发现水生生物的 Δ^{199}Hg 的变化范围可达到 7‰，其主要受控于水体 MeHg 光降解的程度（Blum et al.，2014）。

16.2 汞的生物地球化学循环

汞的生物地球化学循环可描述为：岩石中的汞被人类活动及自然过程释放到环境中，经过大气、陆地和海洋的传输和转化，最终汇聚至海洋沉积物，下沉回岩石圈。汞主要以 Hg（0）、无机氧化汞 [Hg（Ⅱ）] 和 MeHg 的形态在环境中进行迁移转化。不同形态的汞在环境迁移、转化、生物摄取及生物毒性等方面存在较大差异，因此汞在环境中的形态转化过程对汞的生物地球化学循环起着重要作用。

16.2.1 大气汞

大气汞的来源有自然源和人为源。其中自然源主要包括火山活动、森林火灾，以及土壤和水体汞的再排放等。人为源主要是手工和小规模采金（约 38%），其次是煤炭燃烧（约 21%）、有色金属冶炼（约 15%）和水泥生产（约 11%）（UNEP，2019）。由于大气 Hg（0）的长滞留时间，进入大气中的汞可随全球大气环流进行长距离迁移。在大气中，不同形态的汞可相互转化，包括气态 Hg（0）均相氧化成气态 Hg（Ⅱ）、气态 Hg（0）非均相氧化成颗粒态 Hg（P）、气态 Hg（Ⅱ）溶解至云雾中形成溶解态 Hg（Ⅱ）、气态 Hg（Ⅱ）吸附至颗粒物中转化为颗粒态 Hg（P）、含水颗粒态 Hg（P）或云雾中的溶解态 Hg（Ⅱ）还原成气态 Hg（0）。大气中 Hg（0）的氧化降低了汞的大气驻留时间，氧化后的 Hg（Ⅱ）和 Hg（P）易于通过干湿沉降等过程从大气中清除并进入陆地和海洋环境。另外，陆地和海洋的汞也可通过再释放过程以 Hg（0）的形态进入大气中。

16.2.2　陆地汞

陆地生态系统（如植物、土壤等）是大气汞的重要汇。森林生态系统在全球汞循环中扮演着重要角色，其生物地球化学循环过程可总结为：植物叶片 – 大气界面的汞交换、植物 – 土壤系统的汞交换、土壤 – 大气汞交换、地表径流 – 土壤 – 地下渗流系统汞交换等。森林生态系统作为全球大气汞的重要汇，可直接接受大气干湿沉降带来的汞，并通过枯枝落叶转移至土壤并在此固定下来。一些森林系统观测到大气汞亏损事件，被认为跟森林树木吸收大气 Hg（0）有很强的关联。北极苔原土壤中汞的富集被认为是苔原植物强烈吸收大气 Hg（0）造成的。另外，陆地生态系统的汞也可以通过光还原反应、土壤微生物的异氧呼吸等返回大气中。此外，陆地汞还会通过陆源输送（河流、土壤侵蚀）进入海洋。

16.2.3　水体汞

氧化 / 还原和甲基化 / 去甲基化过程是水体汞的关键转化过程，影响着水气界面汞的交换以及 MeHg 的水平。

水中的零价汞可以在黑暗条件下被氧化，但是光照可显著促进溶解气态汞的氧化。水体中汞的氧化剂主要包括羟基自由基（•OH）、臭氧、活性卤素、过氧酸（如过氧乙酸和间氯过苯甲酸）、碳酸根自由基、溶解有机质（dissolved organic matter，DOM）等。水中二价汞也可发生还原反应生成零价汞，该过程受到汞的形态、溶解氧、pH、DOM 和共存离子的影响。对于淡水和海水体系，诸多研究都观察到溶解气态汞的生成随日照强度和季节的变化。由于光的衰减，光照对深层水中汞氧化 / 还原的影响可忽略不计。深层水中汞的氧化 / 还原机制可能主要由 DOM 和生物参与。

水体环境是汞甲基化的重要场所，生成的 MeHg 能够沿食物链生物富集和生物放大。汞的甲基化包括生物甲基化和非生物甲基化途径。微生物的甲基化作用是环境中 MeHg 的主要来源，该过程主要在厌氧环境中进行。研究表明，硫酸盐还原菌（sulfate-reducing bacteria，SRB）、铁还原菌（iron-reducing bacteria，FeRB）和产甲烷菌（methanogens）等几种主要微生物由于携带甲基化酶（*HgcAB*）氨基酸序列，因此具有汞的甲基化能力（Parks et al.，2013）。微生物的甲基化效率受到 Hg（II）的供给和生物可利用性以及 *HgcAB* 活性等的影响。此外，也有研究表明无机二价汞、一价汞和零价汞在气相和水相中都可能经化学反应生成 MeHg 或乙基汞等有机汞化合物。

在自然环境中，MeHg 降解途径主要包括生物和非生物光化学降解两种。研究发现 MeHg 的还原性微生物降解过程（去甲基化）主要和生物体内存在的有机汞裂解酶（*MerB*）和汞还原酶（*MerA*）有关。*MerB* 首先将 MeHg 的 C—Hg 键断裂，产生 CH_4 和无机 Hg（II），随后 *MerA* 将 Hg（II）还原为 Hg（0）。MeHg 的降解速率与微生物的种类及其活性有关，绝大部分甲基化微生物同时具有去甲基化的能力。MeHg 的非生物降解过程主要包括化学降解和光化学降解。一般认为 MeHg 化学降解的途径主要是其与硫化氢（H_2S）反应生成硫化二甲基汞。表层水环境中的 MeHg 主要通过光降解来进行去甲基化，其主要机制包括：MeHg 与天然 DOM 的络合物通过分子内电子传递进行 MeHg 降解；光照导致天然有机物产生单线态分子氧（$^1O_2$）进而推动 MeHg 降解；硝酸盐光分解反应或光照芬顿反应产生 •OH 进而推动 MeHg 光降解。因此，MeHg 的光降解过程主要受到光照强度和 DOM 的影响。

16.3 海洋汞的生物地球化学循环

16.3.1 上部海洋汞循环与垂向分布

海洋在全球汞的生物地球化学循环中扮演着重要的角色。它是重要的汞汇，其汞来源主要包括自然源和人为源，如汞的大气沉积、河流和海底地下水排放，以及深海热液喷口的输入。同时，海洋汞的再释放也使得它成为大气汞的重要来源。表层海洋中的空气–海洋汞交换控制着海洋中汞的浓度。另外，汞在海洋环境中经历着各种复杂的生物地球化学过程。然而，目前大部分关于海洋汞的研究还局限在上部海洋（<1000m）。上部海洋包括表层海洋（0m 至 100~150m）和中层海洋（100~150m 至 1000m）。在表层海洋，阳光中大部分的可见光都可以照射进来，海洋表层的浮游植物在这里生存，因此这一层被称为光合作用带（epipelagic zone）。中层海洋的水域是中层带（mesopelagic zone），穿透这一层的光线已经相当昏暗，同时这一层的含氧量也急剧下降，易形成贫氧环境。

上部海洋汞的无机汞过程包括：溶解态 Hg（0）在光照、生物以及黑暗非生物化学作用下氧化为 Hg（II）；Hg（II）通过光化学和生物作用还原为 Hg（0），并导致表层海洋 Hg（0）过饱和从而排向大气；Hg（II）通过与颗粒和有机配体结合形成颗粒态 Hg（P）；Hg（P）下沉并矿化生成 Hg（II）。此外，海洋中的无机汞在一定环境条件下可转化为单甲基汞（MMHg）和气态二甲基汞（DMHg）；MMHg 和 DMHg 之间也能够进行相互转化。目前的研究表明开放海域的 MeHg 生成机制不同于陆地水体和沿海地区。汞的甲基化反应主要发生在异养生物活跃的低氧温跃层的中层水中（100~1000m）。虽然部分中层水中形成的MMHg可以通过扩散和海水上涌传输至海洋表层水，但是富氧的表层水也能够产生MMHg。由于表层水体强烈的光降解作用，表层水体的MMHg一般含量不高。由于上部海洋是海洋生物的主要活动场合，因而上部海洋的MMHg会在食物链中传递和放大，并富集在鱼体中。MMHg在海洋环境中的生成、分布、迁移、转化和生物累积过程是汞环境行为与健康影响的重点研究领域。表层海洋特别是开放海域表层海洋中的大部分汞输入来自大气的干湿沉降。进入海洋的Hg（II）可以通过海洋循环和颗粒物的沉降进行横向或垂直的运输，并且在特定环境中完成与其他形态的汞之间的转化。对于总汞（THg）来说，生物的吸收和颗粒的下沉有助于汞从表层海洋向深水区迁移。这种所谓的"生物泵"作用导致THg浓度在海洋环境中的垂直分布类似于营养元素，使得表层海水具有较低的THg浓度，而在中层海洋的缺氧温跃层水域以及深海水域中具有较高汞浓度。前述对不同形态的汞的垂直剖面的测量结果表明，THg、Hg（0）、MeHg的浓度都是在表层较低，但随着深度增加而增加（Lamborg et al.，2014）。对于Hg（0）和MeHg，他们在表层海水原位降解和挥发造成了汞的损失，致使其在表层水中的浓度较低。

在大西洋和太平洋中，由于有机物呼吸过程能够释放汞并且微生物在有机物降解的过程中能够产生MeHg，因此温跃层（150~1000m）中的THg浓度和MeHg浓度要超过他们在上层海水（<150m）中的浓度。图16.1显示的是热带北太平洋上部水体的THg浓度和MeHg浓度的垂向分布（Hammerschmidt and Bowman，2012；Kim et al.，2017；Munson et al.，2015；Sunderland et al.，2009）。其中西部水域位于马里亚纳海沟和雅浦海沟附近（11°N~22°N，129°E~148°E）（Kim et al.，2017），东部水域位于夏威夷群岛附近（12°N~23°N，152°W~155°W）（Munson et al.，2015；Sunderland et al.，2009）。从图16.1中可以看出，虽然两个水域的THg浓度和MeHg浓度相差很大，但是其垂向分布剖面却很类似，即在低氧温跃层的中层水中富集，而在表层水中亏损。然而，此种分布模式并不适用于北冰洋以及南极附近的海洋，它们的表层海水中的THg浓度往往高于温跃层，这主要是由于融化的冰和河流的汞输入。

16.3.2 深海汞循环与垂向分布

深海是指1000m以下的海洋，包括次深海区（bathyal zone，1000~4000m）、深渊区（abyssal zone，4000~6000m）和海沟区（hadal zone，>6000m）。由于采样难度较大，关于深海汞生物地球化学循环（来源、迁移途径与转化）的研究较

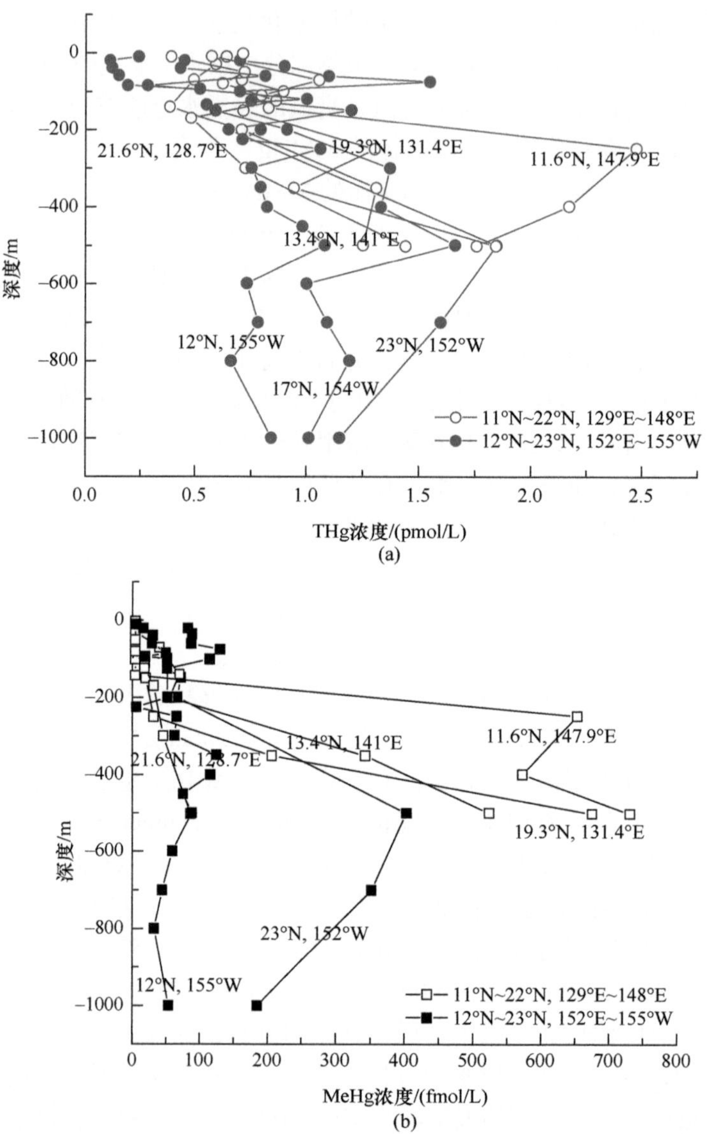

图 16.1 上部海洋汞浓度分布曲线：北太平洋东部（Kim et al.，2017）和西部热带水域（Munson et al.，2015；Sunderland et al.，2009）中的 THg（a）和 MeHg（b）浓度在上部海洋的分布

少。原位数据和模型研究表明，通过上部海水以及颗粒物下沉至深海的汞通量极低（Kim et al.，2017；Munson et al.，2015；Zhang et al.，2020）。迄今也没有数据证实深海是否原位产生 MeHg。已有的实测数据表明，深海区域的 THg 与 MeHg 的浓度与中层海洋类似，并没有明显的降低；部分海域 MeHg 占总汞的比例甚至高达

50%（Bowman et al.，2015，2016；Hammerschmidt and Bowman，2012；Lamborg et al.，2014；Munson et al.，2015；Sunderland et al.，2009）。

16.4　海沟生物汞来源与转化的同位素示踪

16.4.1　研究概况

通常利用海水、沉积物以及海洋生物等介质中汞的研究来探究汞在海洋环境中的生物地球化学循环过程，但是目前的研究还主要集中于中上层海洋环境，关于深层海洋中汞的研究还十分稀少，尤其是海沟和海底峡谷这种深海带。一方面，是因为受到潜水以及深海采样技术发展的限制，另一方面，挟带海洋 MeHg 的深海生物数量稀缺，生物活动范围较大也是很重要的影响因素。尽管深海有极高的水压和极低的温度，但依然发现有生命。深海生物是深海环境中汞污染的良好指示生物，也是深海汞循环研究的良好载体。

最近随着我国自主研发的潜水器、着陆器和采样器的应用，深海探测和采样技术获得了迅猛的发展。人为源污染物，如持续性有机污染、微塑料何时进入海沟及其对海沟生物的影响成为研究的热点。海沟汞的研究才刚刚起步，但是一些最新的发现对认识深海汞循环具有重大的意义。本章研究团队最近对最深海洋马里亚纳海沟（挑战者深渊最深达 10900m）以及邻近的雅浦海沟（最深点达 8527m）（图 16.2）的典型生物（狮子鱼、片脚类动物 – 钩虾）（图 16.3）和沉积物开展汞含量及同位素组成的相关研究。马里亚纳海沟和雅浦海沟的生物样品采自 7000~11000m 深度处；沉积物采自马里亚纳海沟的 5500~9200m 深度处。最近，北京大学等相关单位也报道了马里亚纳海沟、马绍海沟以及新不列颠海沟中钩虾的总汞含量和 MeHg 含量（Liu et al.，2020）。

16.4.2　海沟生物的汞含量

本研究中的马里亚纳和雅浦海沟中钩虾总汞浓度和 MMHg 浓度列于表 16.1。马里亚纳海沟中钩虾的 THg 浓度的变化范围为 235~1070 ng/g（干重，下同），均值为（566 ± 230）ng/g（1SD，n=24）；雅浦海沟只有 2 个钩虾样品，其 THg 浓度的变化范围为 316~324 ng/g，均值为（320 ± 6）ng/g（1SD）。体长较大的 *Alicella gigantea*（769 ng/g）以及狮子鱼（970 ng/g）的 THg 浓度明显偏高。MMHg 浓度的变化范围为 18~403 ng/g，其均值在马里亚纳海沟和雅浦海沟分别为（137 ± 148）ng/g（1SD，n=10）和（49 ± 13）ng/g（1SD，n=2）。MMHg 占 THg 的比例在钩

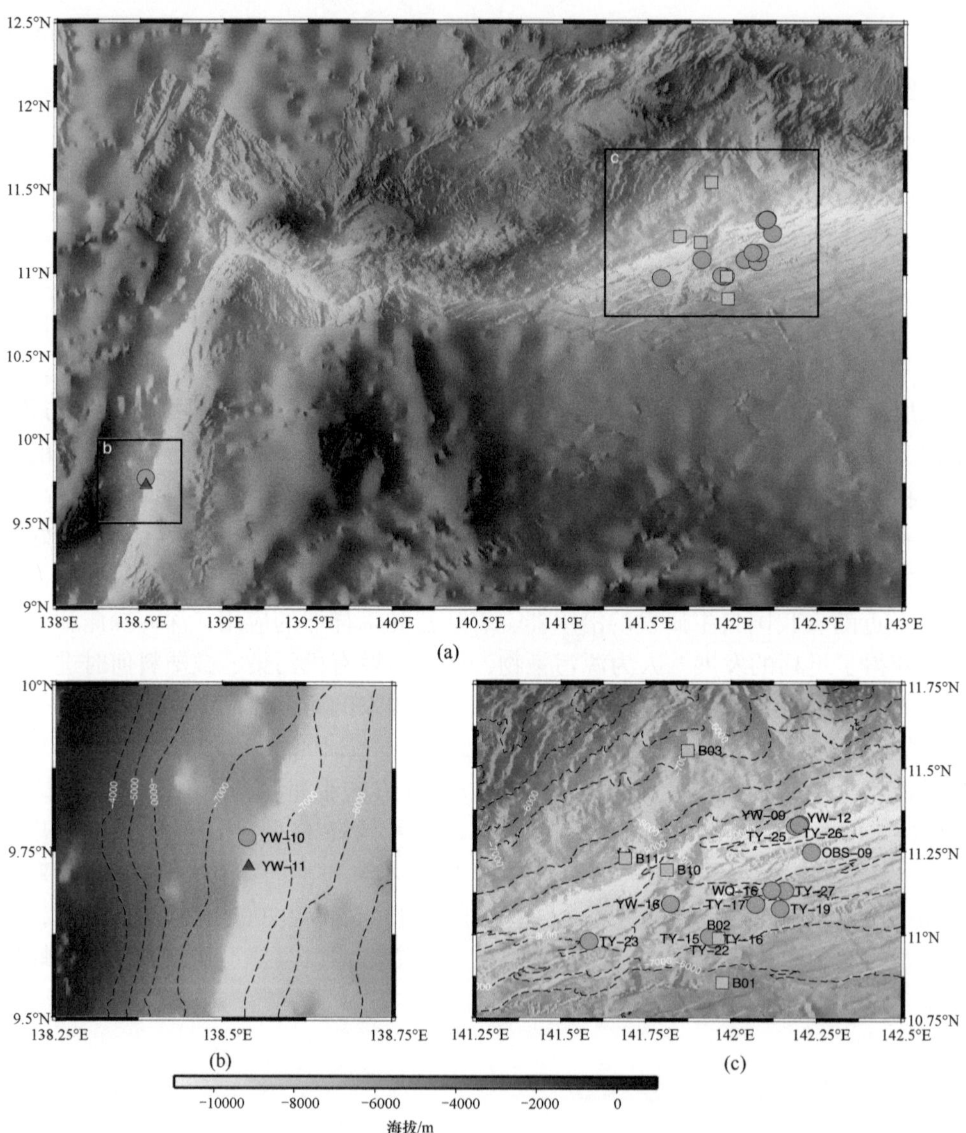

图 16.2　样品分布图：北太平洋区域（a）的雅浦海沟（b）和马里亚纳海沟（c）的样品分布图（Sun et al., 2020）

●－钩虾；□－沉积物；▲－狮子鱼

虾中为 3%~59%，其均值在马里亚纳海沟和雅浦海沟分别为 21% ± 20%（1SD，n=10）和 15% ± 4%（1SD，n=2）。深海狮子鱼以钩虾为食，其 MMHg 浓度（809 ng/g）和比例（83%）比钩虾要高很多。

图 16.3　海沟生物典型的生物标本照片：狮子鱼（a）和两个种属的钩虾 [（b）*Alicella gigantea*，（c）*Hirondellea gigas*）]

Liu 等（2020）最近对马里亚纳海沟、马绍海沟以及新不列颠海沟中钩虾的总汞浓度和 MMHg 浓度进行了采样和测试，测试结果列于表 16.2。总体上来看，THg 浓度和 MMHg 浓度在不同海沟钩虾中变化较大。其中，马里亚纳海沟的 THg 浓度和 MMHg 浓度均值分别为（522 ± 465）ng/g（1SD，n=3）和（87 ± 87）ng/g（1SD，n=3），与作者课题组测得的马里亚纳海沟的钩虾数据相差不大，但是相对于淡水及海岸带区域里类似的片脚类动物，海沟中的钩虾明显富集 THg 和 MMHg（表 16.2）。

先前的研究表明海沟中的钩虾具有较长的生命周期及较为缓慢的新陈代谢效率，这可能促进其对环境中汞的逐渐累积。我们发现钩虾的 THg 浓度与它们的身体长度（即寿命）具有一定的正相关关系（R^2 = 0.124，P = 0.084）[图 16.4（a）]。有趣的是，MMHg 占 THg 的比例却与钩虾的体长呈现显著的负相关关系（R^2 = 0.483，P = 0.018）[图 16.4（b）]。这可能表明钩虾体内发生了去甲基化过程。以前的研究在等足类动物、鱼类及哺乳动物体内都发现有去甲基化过程（Li et al.，2019）。

16.4.3　海沟生物的汞同位素组成

本章研究的马里亚纳海沟和雅浦海沟中钩虾汞的同位素值如表 16.3 所示，其 δ^{202}Hg、Δ^{199}Hg 和 Δ^{201}Hg 的变化范围分别为 –0.05‰~0.54‰、1.26‰~1.70‰ 和

表 16.1　海沟生物采样信息及其总汞浓度和 MMHg 浓度（全组织，干重）

海沟名称	样品编号	采样器	物种	采样日期（年月日）	经度	纬度	采样深度 /m	单个样品的生物个数 / 个	身体平均长度 /cm	总汞浓度 /（ng/g）	MMHg 浓度 /（ng/g）
马里亚纳海沟	TY-15	Tian Ya	*H. gigas*	20160715	141°57.51′E	10°59.35′N	6985	3	1.0	319	NA
马里亚纳海沟	TY-16	Tian Ya	*H. gigas*	20160719	141°56.87′E	10°59.25′N	7034	2	1.4	299	NA
马里亚纳海沟	TY-17-1	Tian Ya	*H. gigas*	20160722	142°04.38′E	11°05.46′N	7850	1	3.5	338	NA
马里亚纳海沟	TY-17-2	Tian Ya	*H. gigas*	20160722	142°04.38′E	11°05.46′N	7850	1	2.5	1070	NA
马里亚纳海沟	TY-17-3	Tian Ya	*H. gigas*	20160722	142°04.38′E	11°05.46′N	7850	1	3.0	274	19.7
马里亚纳海沟	TY-19-1	Tian Ya	*H. gigas*	20160726	142°08.65′E	11°04.71′N	7619	1	4.5	967	NA
马里亚纳海沟	TY-19-2	Tian Ya	*H. gigas*	20160726	142°08.65′E	11°04.71′N	7619	2	2.1	275	NA
马里亚纳海沟	TY-22-1	Tian Ya	*H. gigas*	20170130	141°56.19′E	10°59.67′N	7125	1	4.0	563	NA
马里亚纳海沟	TY-22-2	Tian Ya	*H. gigas*	20170130	141°56.19′E	10°59.67′N	7125	1	3.0	681	NA
马里亚纳海沟	TY-22-3	Tian Ya	*A. gigantea*	20170130	141°56.19′E	10°59.67′N	7125	1	12	769	42.8
马里亚纳海沟	TY-23-1	Tian Ya	*H. gigas*	20170210	141°35.02′E	10°58.84′N	8226	1	3.0	484	98.3
马里亚纳海沟	TY-23-2	Tian Ya	*H. gigas*	20170210	141°35.02′E	10°58.84′N	8226	1	3.0	662	103.0
马里亚纳海沟	TY-25	Tian Ya	*H. gigas*	20170305	142°11.42′E	11°19.50′N	10908	2	2.3	278	19.0
马里亚纳海沟	TY-26	Tian Ya	*H. gigas*	20170308	142°11.32′E	11°19.50′N	10911	1	2.5	235	NA
马里亚纳海沟	TY-27	Tian Ya	*H. gigas*	20170311	142°09.42′E	11°07.95′N	8152	5	2.0	833	403
马里亚纳海沟	YW-9	Yuan Wei	*H. gigas*	20170128	142°11.96′E	11°19.79′N	10901	4	1.5	566	33.6
马里亚纳海沟	YW-12-1	Yuan Wei	*H. gigas*	20170302	142°12.11′E	11°19.92′N	10904	1	3.3	611	NA
马里亚纳海沟	YW-12-2	Yuan Wei	*H. gigas*	20170302	142°12.11′E	11°19.92′N	10904	1	2.7	553	NA
马里亚纳海沟	YW-12-3	Yuan Wei	*H. gigas*	20170302	142°12.11′E	11°19.92′N	10904	1	3.5	760	35.5
马里亚纳海沟	YW-12-4	Yuan Wei	*H. gigas*	20170302	142°12.11′E	11°19.92′N	10904	1	4.0	626	17.6
马里亚纳海沟	YW-16-1	Yuan Wei	*H. gigas*	20170313	141°49.34′E	11°5.51′N	7895	5	1.6	564	NA
马里亚纳海沟	WQ-16-1	Wan Quan	*H. gigas*	20170312	142°07.13′E	11°08.05′N	7917	2	2.3	803	294.2
马里亚纳海沟	WQ-16-2	Wan Quan	*H. gigas*	20170312	142°07.13′E	11°08.05′N	7917	3	1.3	470	NA
马里亚纳海沟	OBS-09	OBS	*H. gigas*	20170226	142°14.04′E	11°14.86′N	10026	1	2.0	583	NA
雅浦海沟	YW-10-1	Yuan Wei	*H. gigas*	20170219	138°32.24′E	9°46.24′N	7869	2	2.8	316	39.4
雅浦海沟	YW-10-2	Yuan Wei	*H. gigas*	20170219	138°32.24′E	9°46.24′N	7869	4	1.5	324	58.2
雅浦海沟	YW-11	Yuan Wei	*snailfish*	20170223	138°32.38′E	9°43.66′N	7884	1	25	970	808.5

注：*H. gigas* 表示 *Hirondellea gigas*；*A. gigantea* 表示 *Alicella gigantea*；NA 表示未测试。

表 16.2　文献报道的海沟及其他水域的钩虾的 THg 和 MMHg

海沟名称	THg		MMHg		MMHg 比例 /%
	浓度 /（ng/g）	1SD	浓度 /（ng/g）	1SD	
新不列颠海沟 -M	257	74	204	109	80
新不列颠海沟 -E	539	148	87	39	16
马绍海沟	974	809	22	6	3
马里亚纳海沟	522	465	87	87	17
淡水	142	110	30	29	21
海岸带	56	46	42	33	76
深海深渊区	527	595	33	30	8

资料来源：Liu et al.，2020。

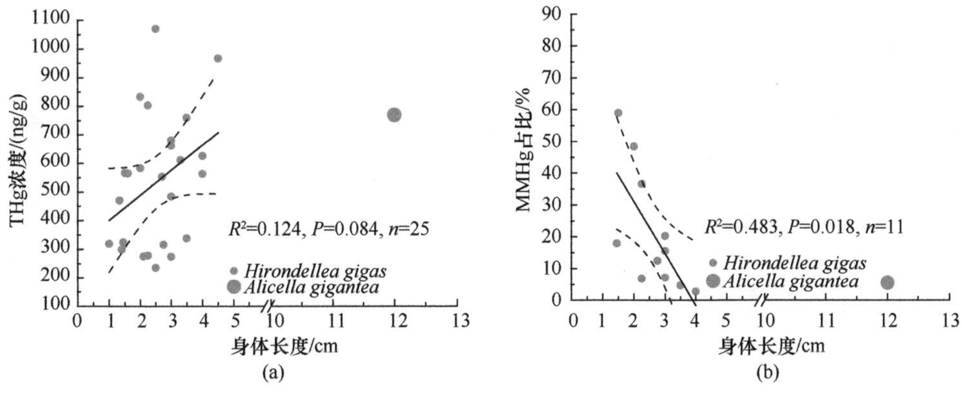

图 16.4　海沟中钩虾的体长与 THg 浓度和 MMHg 占比的线性相关关系图（Sun et al., 2020）

1.01‰~1.37‰。雅浦海沟约 8000 m 深度处狮子鱼汞同位素组成（δ^{202}Hg=0.20‰；Δ^{199}Hg=1.43‰；Δ^{201}Hg=1.18‰）也落在此范围。海沟生物的同位素组成与北太平洋上部 300~600m 深度处鱼类的同位素组成（Blum et al.，2013；Motta et al.，2019）非常类似（图 16.5）。无论是汞同位素的质量分馏还是奇数同位素非质量分馏的变化范围只有 0.5‰ 左右，且它们与 MMHg 占比无明显相关关系（图 16.6）。此外，钩虾的汞同位素组成与样品深度、采样地点和采样时间没有任何关系（图 16.7；表 16.3）。值得注意的是，钩虾的 δ^{202}Hg 与 THg 浓度之间（R^2 = 0.269，P = 0.009）以及钩虾的 Δ^{199}Hg 与身体长度之间（R^2 = 0.183，P = 0.042）存在一定的正相关关系（图 16.7）。这表明钩虾的生理过程可能影响其汞同位素组成。然而，从相关系数的大小来看，该过程仅能解释 20%~30% 的汞同位素值的变化。

表 16.3 海沟生物的汞同位素组成

样品编号	组织类型	THg 浓度 /（ng/g，d.w.）	MMHg 浓度 /（ng/g，d.w.）	n	δ^{202}Hg/‰	2SD/‰	Δ^{199}Hg/‰	2SD/‰	Δ^{200}Hg/‰	2SD/‰	Δ^{201}Hg/‰	2SD/‰	Δ^{204}Hg/‰	2SD/‰
TY-15	全组织	319	NA		NA		NA		NA		NA		NA	
TY-16	全组织	299	NA		NA		NA		NA		NA		NA	
TY-17-1	全组织	338	NA	2	0.36	0.15	1.35	0.13	0.10	0.02	1.19	0.03	–0.09	0.06
TY-17-2	全组织	1070	NA	1	0.38		1.36		0.05		1.12		–0.08	
TY-17-3	全组织	274	19.7	1	0.22		1.38		0.13		1.17		–0.10	
TY19-1	全组织	967	NA	2	0.26	0.04	1.50	0.03	0.06	0.02	1.20	0.05	–0.11	0.03
	肌肉	403	NA	1	0.26		1.40		0.10		1.13		–0.07	
TY19-2	全组织	275	NA	2	–0.02	0.04	1.62	0.04	0.10	0.01	1.33	0.01	–0.13	0.02
TY-22-1	全组织	563	NA	1	0.34		1.56		0.09		1.27		–0.06	
TY-22-2	全组织	681	NA	1	0.31		1.64		0.08		1.35		–0.12	
TY-22-3	全组织 肠道	769	42.8	1	0.29		1.63		0.05		1.31		–0.12	
	平行样			1	0.30		1.65		0.08		1.37		–0.05	
	腹部	580	12.0	1	0.32		1.70		0.09		1.35		–0.06	
TY-23-1	全组织	484	98.3	1	0.36		1.50		0.08		1.21		–0.14	
TY-23-2	全组织	662	103.0	1	0.32		1.47		0.09		1.18		–0.08	
TY-25	全组织	278	19.0	1	0.03		1.26		0.06		1.01		–0.15	
TY-26	全组织	235	NA	1	–0.05		1.39		0.04		1.16		–0.03	
TY-27	全组织	833	403	1	0.17		1.27		0.09		1.09		–0.13	
YW-9	全组织	566	333.6	1	0.23		1.29		0.04		1.04		–0.18	

续表

样品编号	组织类型	THg 浓度 /（ng/g，d.w.）	MMHg 浓度 /（ng/g，d.w.）	*n*	δ^{202}Hg/‰	2SD/‰	Δ^{199}Hg/‰	2SD/‰	Δ^{200}Hg/‰	2SD/‰	Δ^{201}Hg/‰	2SD/‰	Δ^{204}Hg/‰	2SD/‰
YW-12-1	全组织	611	NA	1	0.24		1.42		0.08		1.17		–0.08	
YW-12-2	全组织	553	NA	1	0.54		1.42		0.08		1.14		–0.06	
YW-12-3	全组织	760	35.5	1	0.37		1.62		0.02		1.30		–0.10	
YW-12-4	全组织	626	17.6	2	0.44	0.06	1.64	0.01	0.09	0.02	1.34	0.13	–0.14	0.08
	脂肪	246	7.9	1	0.33		1.57		0.02		1.28		–0.10	
YW-16-1	全组织	564	NA	1	0.49		1.50		0.11		1.22		–0.10	
WQ-16-1	全组织	803	294.2	1	0.40		1.51		0.09		1.27		–0.11	
WQ-16-2	全组织	470	NA	2	0.30	0.03	1.52	0.01	0.12	0.03	1.34	0.11	–0.07	0.06
OBS-09	全组织	583	NA	1	0.18		1.35		0.07		1.14		–0.15	
YW-10-1	全组织	316	39.4	1	0.11		1.38		0.07		1.10		–0.09	
YW-10-2	全组织	324	58.2	1	0.10		1.30		0.09		1.01		–0.11	
YW-11	肌肉	970	808.5	1	0.20		1.43		0.09		1.18		–0.09	

注：*n* 表示测试次数；NA 表示未测试；SD 表示（standard deviation，标准差）。

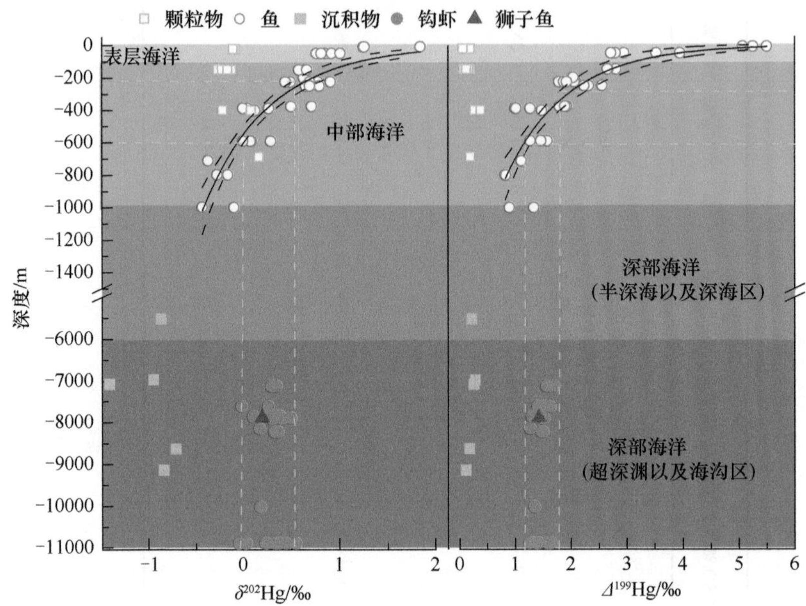

图 16.5 北太平洋区域样品中汞同位素质量分馏和奇数非质量分馏随水深的变化

曲线表示上部海洋鱼体的汞同位素组成（Blum et al.，2013；Motta et al.，2019）与深度的最佳回归线（δ^{202}Hg：$R^2 = 0.812$，$P < 0.001$，$n = 37$；Δ^{199}Hg：$R^2 = 0.749$，$P < 0.001$，$n = 37$）。虚线表示马里亚纳海沟和雅浦海沟生物的汞同位素组成（Sun et al., 2020）所对应的上部海洋的深度范围

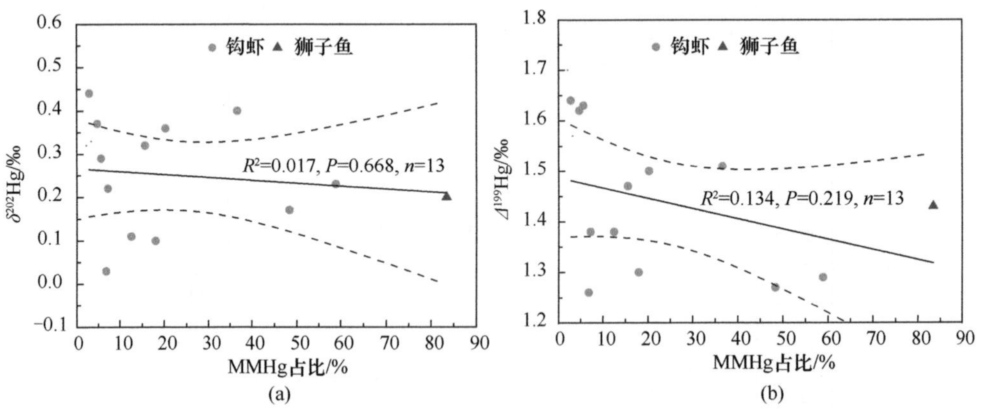

图 16.6 马里亚纳海沟和雅浦海沟中钩虾的汞同位素组成与 MMHg 占比的线性关系（Sun et al., 2020）

与海沟生物样品不同的是，沉积物样品具有负的 δ^{202}Hg（–0.96‰ ± 0.27‰，1SD，$n = 5$）和非常小的奇数同位素非质量分馏（Δ^{199}Hg：0.20‰ ± 0.07‰）；Δ^{201}Hg：0.18‰ ± 0.04‰，1SD，$n = 5$）（表 16.4）。深海沉积物的奇数同位素非质量分馏的幅度与上层海洋悬浮颗粒物一致（图 16.5）。

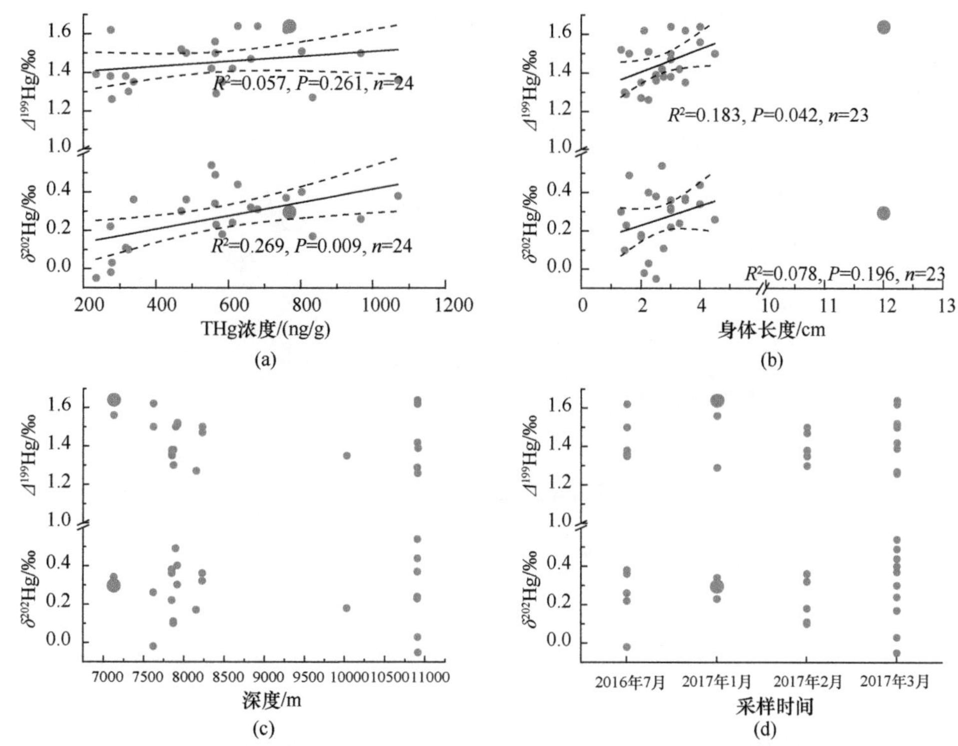

图 16.7　马里亚纳海沟和雅浦海沟中钩虾的同位素组成与其他参数之间的关系

表 16.4　海沟沉积物的汞同位素组成

样品编号	经度	纬度	采样深度 /m	THg 浓度 /（ng/g）	δ^{202}Hg/‰	Δ^{199}Hg/‰	Δ^{200}Hg/‰	Δ^{201}Hg/‰	Δ^{204}Hg/‰
B01	141°58.50′E	10°51.36′N	5525	12.1	−0.87	0.21	0.05	0.19	−0.04
B02	141°57.87′E	10°59.38′N	6980	6.0	−0.95	0.28	0.04	0.19	−0.12
B03	141°52.38′E	11°33.19′N	7082	11.9	−1.42	0.25	0.03	0.24	0.07
B10	141°48.70′E	11°11.70′N	8638	21.9	−0.71	0.17	0.02	0.15	−0.10
B11	141°41.38′E	11°13.71′N	9150	6.6	−0.84	0.11	0.03	0.13	−0.02

海沟中钩虾和狮子鱼都具有一定程度的偶数汞同位素非质量分馏（Δ^{200}Hg：0.02‰~0.13‰；Δ^{204}Hg：−0.18‰~−0.03‰），这与海沟沉积物以及北太平洋上部海洋的悬浮颗粒物 / 鱼类非常一致（Blum et al.，2013；Motta et al.，2019）（图 16.8）。上部海洋鱼类与海沟生物较为一致的偶数汞同位素非质量分馏揭示了它们最初汞的来源较为一致，可能为大气降水沉降的 Hg（II）。现有理论认为 Δ^{200}Hg

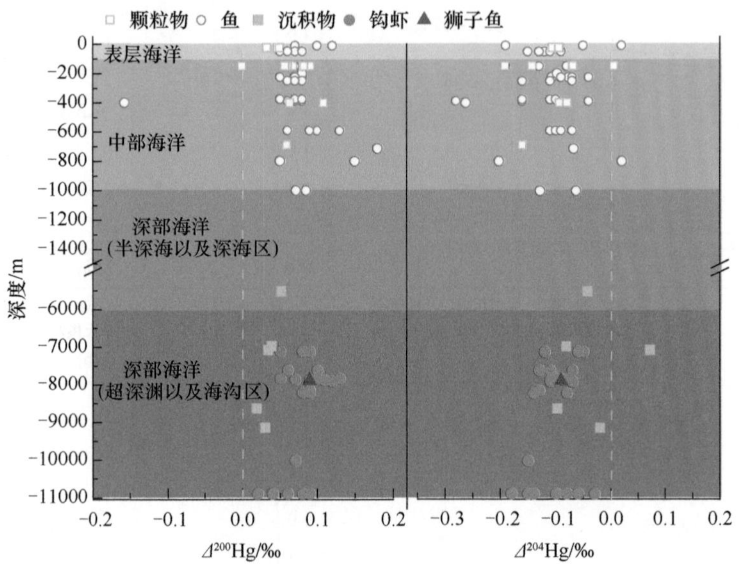

图 16.8　北太平洋区域样品中偶数汞同位素非质量分馏值随水深的变化

样品包括上部海洋鱼体 / 沉积物（Blum et al.，2013；Motta et al.，2019）以及马里亚纳海沟和雅浦海沟生物 / 沉积物

主要起源于高层大气 Hg（0）的光氧化，且该信号并不被表层地球的生物地球化学过程改变（Chen et al.，2012）。

奇数同位素非质量分馏信号主要产生于 Hg（II）的光还原以及 MMHg 的光降解（Blum and Bergquist，2007；Zheng and Hintelmann，2009），并且这两个过程产生的特征值 Δ^{199}Hg/Δ^{201}Hg 分别为 1.0 左右和 1.3 左右。我们发现上部海洋生物和海沟生物具有相似的 Δ^{199}Hg/Δ^{201}Hg[分别为（1.20 ± 0.01）和（1.15 ± 0.08），1SE] [图 16.9（a）]，非常接近其他地区报道的近地表水域鱼体的 Δ^{199}Hg/Δ^{201}Hg（约为 1.2），表明海沟生物与上部鱼体奇数汞同位素非质量分馏信号的产生过程较为类似，其来源于 MMHg 的光降解。此外，实验室的控制试验表明，MMHg 的光降解过程能够产生一个特征性的 Δ^{199}Hg/δ^{202}Hg，约为（2.43 ± 0.10）（Blum and Bergquist，2007）。北太平洋上部水体鱼体的 Δ^{199}Hg/δ^{202}Hg 与之类似，为（2.13 ± 0.19）（1SE）[图 16.9（b）]（Motta et al.，2019）。我们所研究的海沟生物的同位素值变化范围较小，难以定义特征性的 Δ^{199}Hg/δ^{202}Hg，但是相对于上部水体中鱼体的 Δ^{199}Hg 与 δ^{202}Hg 关系的趋势线，部分海沟生物样品的 δ^{202}Hg 值的变化趋势明显向右偏移 [图 16.9（b）]。这可能表明海沟生物的 MMHg 相对于上部鱼体中的 MMHg 发生了一定程度的微生物去甲基化过程。微生物去甲基化过程不会发生非质量分馏，但会发生质量分馏，使得残留的 MMHg 富集重的汞同位素（Kritee

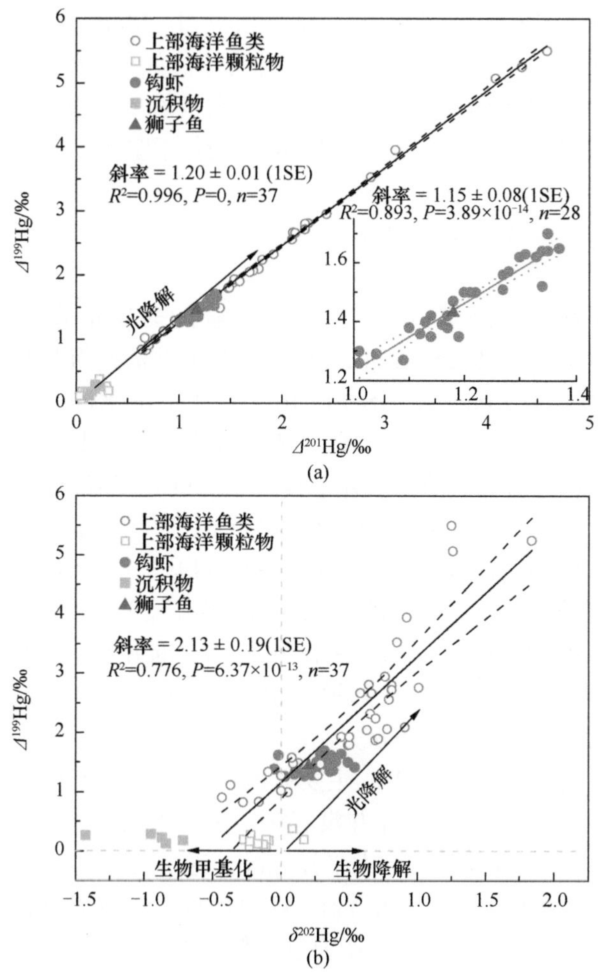

图 16.9　北太平洋区域样品的 Δ^{201}Hg 和 Δ^{199}Hg（a）及 δ^{202}Hg 和 Δ^{199}Hg（b）的关系图解

样品包括上部海洋鱼体 / 沉积物（Blum et al.，2013；Motta et al.，2019）以及马里亚纳海沟和雅浦海沟生物 / 沉积物。（a）中的插图显示的海沟生物样品，图中的箭头表示控制实验观测到的生物甲基化（Rodríguez et al.，2009）、MMHg 的生物降解和光降解（Blum and Bergquist，2007；Kritee et al.，2009）过程中同位素分馏轨迹

et al.，2009）。

虽然海沟中钩虾 MMHg 占总汞的比例仅为 3%~59%，但是钩虾的 Δ^{199}Hg/Δ^{201}Hg 却反映的是 MMHg 光降解的信号，而且其 δ^{202}Hg 和 Δ^{199}Hg 与 MMHg 所占比例没有任何相关关系（图 16.9）。此外，尽管总汞浓度和 MMHg 浓度差别较大，钩虾的全组织与其分离组织（肌肉、脂肪、肠道）的汞同位素组成之间没有显著的汞同位素组成的差别（表 16.3）。以上证据表明钩虾体内的无机汞很可能来自其吸收的 MMHg 的体内去甲基化，且该过程并没有造成显著的汞同位素分馏。海

沟沉积物（表 16.2）以及先前报道海洋悬浮颗粒物（Motta et al.，2019）、沉积物（Gehrke et al.，2009）的 δ^{202}Hg 和 Δ^{199}Hg 都非常小。如果钩虾吸收了海洋环境中的无机汞，那么其总汞的同位素值将会比现在的测量值要小很多。因此，钩虾 THg 的同位素组成可以用来代表其吸收的 MMHg 的同位素组成。

16.4.4 海沟生物汞来源和传输途径

北太平洋区域上部海洋不同粒径的颗粒物的非质量分馏值比较均一（如 Δ^{199}Hg=0.16‰ ± 0.09‰）（Motta et al.，2019）。我们在海沟沉积物中发现了类似的非质量分馏值（0.20‰ ± 0.07‰，1SD）。由于生物甲基化过程并不产生非质量分馏且深海区域无光照，因而如果深海的沉积物或水柱中产生 MMHg，其 Δ^{199}Hg 应该较小，接近 0.2‰。海底热液一般并不具有非质量分馏值，其 Δ^{199}Hg 接近 0，因此如果热液产生 MMHg，其 Δ^{199}Hg 应该也接近 0。海沟中的钩虾一般以海水下沉的有机颗粒物为食，并且生活在热液周围的沉积物中。如果沉积物或热液中产生 MMHg，这些具有很小非质量分馏值的 MMHg 将有很大可能进入钩虾中，但是钩虾的 Δ^{199}Hg 均值为 1.47‰ ± 0.13‰，这表明其 MMHg 并不是来自深海原位产生的 MMHg，而是来自表层海洋经过光降解的 MMHg。因此，本章研究认为钩虾中的 MMHg 来自表层海洋 MMHg 的下沉。

表层海洋的 Hg（II）和 MMHg 主要以两种途径传输到中层海洋和深海，即颗粒物和海水下沉。由于北太平洋并没有深层水的生成，来自北大西洋的下沉水需要经过近千年的时间才能传输到太平洋底部。这个时间尺度远大于 MMHg 的降解时间（通常为几十年至数百年），因而 MMHg 通过海水下沉传输至深海不太可能。那么，上部海水的 MMHg 很可能通过颗粒物下沉至深海。先前的汞同位素研究发现北大西洋上部海水鱼体中的 δ^{202}Hg 和 Δ^{199}Hg 随着水深增加呈现递减的趋势（图 16.5）（Blum et al.，2013）。

本章研究发现 7000~11000m 深度处钩虾的汞同位素组成与北太平洋 300~600m 深度处的鱼类十分相似。我们假设上部海水的 MMHg 通过颗粒物下沉至深海，并利用如下的公式计算下沉的颗粒物中 MMHg 的同位素组成。

$$\delta^{202}\mathrm{Hg}_{\mathrm{upper}}=(C_{\mathrm{surf}}\times\delta^{202}\mathrm{Hg}_{\mathrm{surf}}+C_{\mathrm{int}}\times\delta^{202}\mathrm{Hg}_{\mathrm{int}})/(C_{\mathrm{surf}}+C_{\mathrm{int}})$$

$$\Delta^{199}\mathrm{Hg}_{\mathrm{upper}}=(C_{\mathrm{surf}}\times\Delta^{199}\mathrm{Hg}_{\mathrm{surf}}+C_{\mathrm{int}}\times\Delta^{199}\mathrm{Hg}_{\mathrm{int}})/(C_{\mathrm{surf}}+C_{\mathrm{int}})$$

$$\Delta^{201}\mathrm{Hg}_{\mathrm{upper}}=(C_{\mathrm{surf}}\times\Delta^{201}\mathrm{Hg}_{\mathrm{surf}}+C_{\mathrm{int}}\times\Delta^{201}\mathrm{Hg}_{\mathrm{int}})/(C_{\mathrm{surf}}+C_{\mathrm{int}})$$

式中，下标 upper、surf 和 int 分别表示上部海洋（0~1000m）、表层海洋（0~100m）和中部海洋（100~1000m）的 MMHg；C 为 MMHg 的浓度：根据已报道的北太平洋的数据（Hammerschmidt and Bowman，2012；Munson et al.，2015），计算出表层和中部海洋的 MMHg 浓度分别为（18 ± 7）pmol/L（1SD）和（38 ± 19）pmol/L（1SD）。表层海洋的 MMHg 同位素值用表层鱼体的汞同位素组成表示，其 δ^{202}Hg、Δ^{199}Hg 和 Δ^{201}Hg 分别为 1.06‰ ± 0.35‰、3.84‰ ± 1.15‰ 和 3.13‰ ± 0.97‰（1SD）（Blum et al.，2013；Motta et al.，2019）。中层海洋的 MMHg 同位素值用北太平洋的悬浮颗粒物表示，其 δ^{202}Hg、Δ^{199}Hg 和 Δ^{201}Hg 分别为 –0.62‰ ± 0.13‰（校正由甲基化过程造成的 –0.5‰ 偏移）、0.16‰ ± 0.09‰ 和 0.13‰ ± 0.10‰（1SD）（Blum et al.，2013；Motta et al.，2019；Rodríguez et al.，2009）。最终计算得出的上部海洋下沉颗粒物中 MMHg 的 δ^{202}Hg、Δ^{199}Hg 和 Δ^{201}Hg 分别为 –0.05‰ ± 0.30‰、1.44‰ ± 0.75‰ 和 1.16‰ ± 0.60‰（1SD）。

计算得出的下沉颗粒物中 MMHg 的 Δ^{199}Hg 与海沟生物的 Δ^{199}Hg 均值（1.47‰ ± 0.13‰，1SD）基本一致，这说明上部海水的 MMHg 很可能通过颗粒物的下沉传输至深海。以往的研究发现颗粒物下沉是 Hg（II）传输至下层海洋的主要过程（Lamborg et al.，2016）。本章研究认为上部海洋的 MMHg 也很可能通过有机颗粒物快速下沉至深海。

16.4.5　海沟汞的甲基化与去甲基化过程

如图 16.10 所示的概念图展示了马里亚纳 / 雅浦海沟区域汞的甲基化和去甲基化过程的奇数汞同位素非质量分馏及表层海洋 MMHg 的奇数汞同位素非质量分馏是如何传输至深海并进入食物链的。相对于计算得出的下沉颗粒物中 MMHg 的 δ^{202}Hg（–0.05‰ ± 0.30‰，1SD），海沟生物的 δ^{202}Hg 均值（0.27‰ ± 0.14‰，1SD）要稍微偏高，偏高的幅度与控制实验观测到的 MMHg 的生物去甲基化的幅度（约为 0.4‰）（Kritee et al.，2009）类似。结合图 16.9（b）所示的海沟生物 δ^{202}Hg 分布趋势相对于上部海洋生物 Δ^{199}Hg/δ^{202}Hg 趋势线的右向偏移，本研究认为颗粒物中的 MMHg 在向深海传输的过程中发生了一定程度的生物去甲基化。

通过上述分析，可以得到一个初步的结论，即深海环境存在 MMHg 的去甲基化过程，而基本上不存在汞的甲基化过程。无论是非光照条件下的 MMHg 降解还是 MMHg 的生成都主要是由生物参与的。现有理论认为 MMHg 的产生需要具有 *hgcAB* 基因的厌氧微生物参与，而无论是好氧微生物还是厌氧微生物都能够使 MMHg 降解（Parks et al.，2013）。因此，相对于促进 MMHg 生成的微生物，能够降解 MMHg 的微生物在自然界中更广泛存在。海沟区域的水体一般温度较低、缺乏营养但却有较高的氧气含量（Nunoura et al.，2015），这些环境因素可能抑制了厌氧微生物的甲基化能力。此外，降解 MMHg 的深海微生物也可能存在于钩

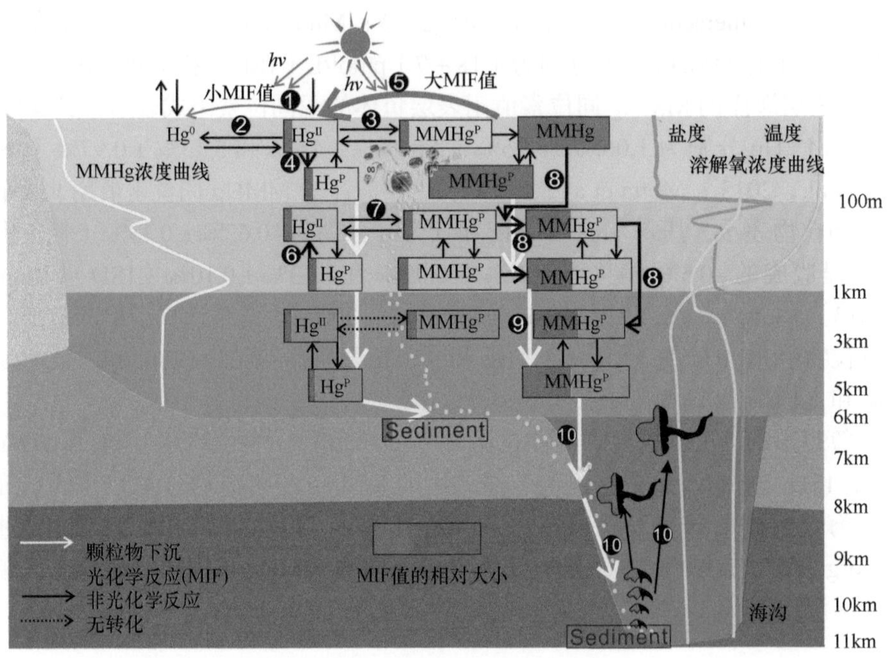

图 16.10 海洋系统汞循环示意图

数字表示不同过程：①－生物还原；②－光还原；③－生物甲基化；④－吸附；⑤－光降解；⑥－解吸附；⑦－生物甲基化；⑧－垂直混合；⑨－颗粒物下沉；⑩－累积与传递。图中的溶解态 MMHg 浓度曲线参考 Hammerschmidt 和 Bowman（2012）和 Munson 等（2015）；马里亚纳海沟海域的溶解氧浓度曲线参考 Nunoura 等（2015）；马里亚纳海沟海域的海水的盐度和温度来自本研究的原位测试

虾的肠道中（Li et al.，2019），使得钩虾累积的 MMHg 能够在体内发生原位降解[图 16.4（b）]。

实地测试发现溶解态 MMHg 和毒性更大的 DMHg 在全球大洋中具有相似的变化趋势（Bowman et al.，2015，2016；Hammerschmidt and Bowman，2012；Munson et al.，2015；Zhang et al.，2020），这表明 MMHg 和 DMHg 间的转化比较缓慢。这与本章研究发现的深海基本上不存在汞的甲基化过程的结论相一致。事实上，海水中 MMHg 和 DMHg 的关系难以限定。现有理论认为，由于转化速率较慢，Hg（II）很难直接形成 DMHg（Lehnherr et al.，2011），但是 Hg（II）可以通过形成 MMHg，继而再形成 DMHg。本章研究发现，深海中的 MMHg 是由上部海洋传输过来的而不是原位生成的，而主要以气态存在的 DMHg 却很难通过颗粒物传输。如果 MMHg 难以通过微生物作用原位生成，那么 DMHg 也难以通过微生物作用原位生成。这意味着深海中的 DMHg 可能是通过非生物作用生成的。

16.4.6　人为活动与深海汞污染

由上述分析得知，海沟生物的 MMHg 主要来自上层海洋，深海中几乎不产生 MMHg；表层海洋经过光降解的 MMHg 与中层海洋未经光降解的 MMHg 混合，继而通过下沉的颗粒物进入深海食物链系统。基于下面的二元混合模型，本章研究估算生物体内 37%~48% 的汞来自表层海洋，52%~63% 的汞来自中层海洋。

$$\varDelta^{199}\mathrm{Hg}_{\mathrm{sam}} = f_{\mathrm{surf}} \times \varDelta^{199}\mathrm{Hg}_{\mathrm{surf}} + f_{\mathrm{int}} \times \varDelta^{199}\mathrm{Hg}_{\mathrm{int}}$$
$$f_{\mathrm{surf}} + f_{\mathrm{int}} = 1$$

式中，下标 sam、surf 和 int 分别表示测试的钩虾、表层海洋的 MMHg（$\varDelta^{199}$Hg=3.84‰ ± 1.15‰，1SD）以及中层海洋的 MMHg（$\varDelta^{199}$Hg=0.16‰ ± 0.09‰，1SD）（Blum et al.，2013；Motta et al.，2019）；f 为钩虾体内来自表层海洋及中层海洋的 MMHg 的比例。

几个世纪的人为活动严重影响了当今的汞循环，当今的大气 Hg（0）相对于工业革命前提高了 3~7 倍。近期 *Nature* 发表的一篇论文指出当今海洋有 6 万多吨人为源汞，其中 2/3 位于上层海洋，其余 1/3 位于快速深层水形成区的北大西洋深层水和南极底层水（Lamborg et al.，2014）。本章研究在无深层水形成的北太平洋海沟中发现光降解的 MMHg 的信号，表明深海人为源汞的输入量可能要比以前认为的要多得多，人为源汞可能已经侵入地表的每一个角落。据预测，未来全球气候变化和人类活动将会显著增加上部海洋 MeHg 的生成量（Schartup et al.，2019）。上部海洋增加的 MMHg 势必会很快传递至深层海洋，并对海沟生态系统造成威胁。

16.5　未来研究展望

近十几年来，研究人员对海洋汞的来源、分布、迁移和转化开展了一些基础性的研究工作，取得了重要的进展。这些研究多集中于中上层海洋环境，但其中也还有很多细节及机理仍不清楚，如海洋 – 大气界面汞交换过程、浮游生物对海洋 MeHg 的传递和转化、高叶绿素区 MeHg 浓度较高的机理等。

目前利用汞同位素技术研究海洋汞循环已经非常普遍，但是在此方面也存在很多问题，如海水中汞同位素的测量精度不高，以及生物体内难以分别测试不同形态的汞等问题。另外，目前对深海环境中汞和汞同位素的研究少之又少。马里亚纳海沟生物群落中的汞及其同位素的研究为研究深海水域中汞的生物地球化学循环打开了一扇门，相信将来会有更多关于深海环境汞循环的研究陆续开展。深海汞循环的研究对理解全球汞循环及构建全球汞循环模型都具有重要意义。

本章研究认为未来关于深海的更多的工作应该集中在以下几个方面：第一，深海海水采样及其 THg/MeHg 同位素测试。目前，高效的深海海水采样与其无污染保存方法较为困难，而且由于海水中的汞含量较低，其高精度同位素测试技术还未有效地建立。第二，原位微生物培养和同位素标记技术。综合利用微生物分离纯化技术与基因测试手段，认清深海微生物的生态结构和功能。通过在深海海水中加入同位素稀释剂，示踪汞的生物地球化学过程，特别是汞的甲基化和去甲基化过程。第三，深海食物链的结构及其汞传递过程。探究深海的食物链主要是由什么构成的，它们与上层食物链有什么直接关系，食物链中的生物在相互作用过程中是如何影响汞的传递与汞同位素分馏的。第四，海底其他汞源及其生物可利用性。探究海底的热液和冷泉对深海汞的输入量如何，以及它们释放的汞会不会发生甲基化，进而累积至深海生物中。

参考文献

Bergquist B A, Blum J D. 2007. Mass-dependent and independent fractionation of Hg isotopes by photoreduction in aquatic systems. Science, 318(5849): 417-420.

Blum J D, Bergquist B A. 2007. Reporting of variations in the natural isotopic composition of mercury. Analytical and Bioanalytical Chemistry, 388(2): 353-359.

Blum J D, Popp B N, Drazen J C, et al. 2013. Methylmercury production below the mixed layer in the North Pacific Ocean. Nature Geoscience, 6(10): 879-884.

Blum J D, Sherman L S, Johnson M W. 2014. Mercury isotopes in earth and environmental sciences// Jeanloz R. Annual Review of Earth and Planetary Sciences, 42: 249-269.

Bowman K L, Hammerschmidt C R, Lamborg C H, et al. 2015. Mercury in the North Atlantic Ocean: the U.S. GEOTRACES zonal and meridional sections. Deep Sea Research Part Ⅱ: Topical Studies in Oceanography, 116: 251-261.

Bowman K L, Hammerschmidt C R, Lamborg C H, et al. 2016. Distribution of mercury species across a zonal section of the eastern tropical South Pacific Ocean (US GEOTRACES GP16). Marine Chemistry, 186: 156-166.

Chen J, Hintelmann H, Feng X, et al. 2012. Unusual fractionation of both odd and even mercury isotopes in precipitation from Peterborough, ON, Canada. Geochimica et Cosmochimica Acta, 90: 33-46.

Gehrke G E, Blum J D, Meyers P A. 2009. The geochemical behavior and isotopic composition of Hg in a mid-Pleistocene western Mediterranean sapropel. Geochimica et Cosmochimica Acta, 73(6): 1651-1665.

Hammerschmidt C R, Bowman K L. 2012. Vertical methylmercury distribution in the subtropical North

Pacific Ocean. Marine Chemistry, 132-133: 77-82.

Kim H, Soerensen A L, Jin H, et al. 2017. Methylmercury mass budgets and distribution characteristics in the western Pacific Ocean. Environmental Science & Technology, 51(3): 1186-1194.

Kritee K, Barkay T, Blum J D. 2009. Mass dependent stable isotope fractionation of mercury during mer mediated microbial degradation of monomethylmercury. Geochimica et Cosmochimica Acta, 73(5): 1285-1296.

Kwon S Y, Blum J D, Carvan M J, et al. 2012. Absence of fractionation of mercury isotopes during trophic transfer of methylmercury to freshwater fish in captivity. Environmental Science & Technology, 46(14): 7527-7534.

Lamborg C H, Hammerschmidt C R, Bowman K L, et al. 2014. A global ocean inventory of anthropogenic mercury based on water column measurements. Nature, 512(7512): 65-68.

Lamborg C H, Hammerschmidt C R, Bowman K L. 2016. An examination of the role of particles in oceanic mercury cycling. Philosophical Transactions of the Royal Society A: Mathematical, Physical and Engineering Sciences, 374(2081): 20150297.

Lehnherr I, Louis V L S, Hintelmann H, et al. 2011. Methylation of inorganic mercury in polar marine waters. Nature geoscience, 4(5): 298-302.

Li H, Zhao J, Cui L, et al. 2019. Intestinal Methylation and Demethylation of Mercury. Bulletin of Environmental Contamination and Toxicology, 102(5): 597-604.

Liu M, Xiao W, Zhang Q, et al. 2020. Methylmercury bioaccumulation in deepest ocean fauna: implications for ocean mercury biotransport through food webs. Environmental Science & Technology Letters, 7(7): 469-476.

Motta L C, Blum J D, Johnson M W, et al. 2019. Mercury cycling in the North Pacific Subtropical Gyre as revealed by mercury stable isotope ratios. Global Biogeochemical Cycles, 33(6): 777-794.

Munson K M, Lamborg C H, Swarr G J, et al. 2015. Mercury species concentrations and fluxes in the Central Tropical Pacific Ocean. Global Biogeochemical Cycles, 29(5): 656-676.

Nunoura T, Takaki Y, Hirai M, et al. 2015. Hadal biosphere: Insight into the microbial ecosystem in the deepest ocean on Earth. Proceedings of the National Academy of Sciences, 112(11): E1230-E1236.

Parks J M, Podar M, Bridou R, et al. 2013. The genetic basis for bacterial mercury methylation. Science, 339(6125): 1332-1335.

Rodríguez G P, Vladimir N E, Romain B, et al. 2009. Species-specific stable isotope fractionation of mercury during hg(ii) methylation by an anaerobic bacteria (desulfobulbus propionicus) under dark conditions. Environmental Science & Technology, 43(24): 9183-9188.

Schartup A T, Thackray C P, Qureshi A, et al. 2019. Climate change and overfishing increase neurotoxicant in marine predators. Nature, 572(7771): 648-650.

Sunderland E M, Krabbenhoft D P, Moreau J W, et al. 2009. Mercury sources, distribution, and bioavailability in the North Pacific Ocean: insights from data and models. Global Biogeochemical Cycles, 23(2).

Sun R, Martin J, Helen A M, et al. 2019. Modelling the mercury stable isotope distribution of Earth surface reservoirs: implications for global Hg cycling. Geochimica et Cosmochimica Acta, 246: 156-173.

Sun R, Yuan J, Sonke J E, et al. 2020. Methylmercury produced in upper oceans accumulates in deep Mariana Trench fauna. Nat Commun 11, 3389 : https://doi.org/10.1038/s41467-020-17045-3UNEP. 2019. Global Mercury Assessment 2018. UN Environment Programme, Chemicals and Health Branch Geneva, Switzerland.

Zhang Y, Soerensen A L, Schartup A T, et al. 2020. A global model for methylmercury formation and uptake at the base of marine food webs. Global Biogeochemical Cycles, 34(2): e2019GB006348.

Zheng W, Hintelmann H. 2009. Mercury isotope fractionation during photoreduction in natural water is controlled by its Hg/DOC ratio. Geochimica et Cosmochimica Acta, 73(22): 6704-6715.